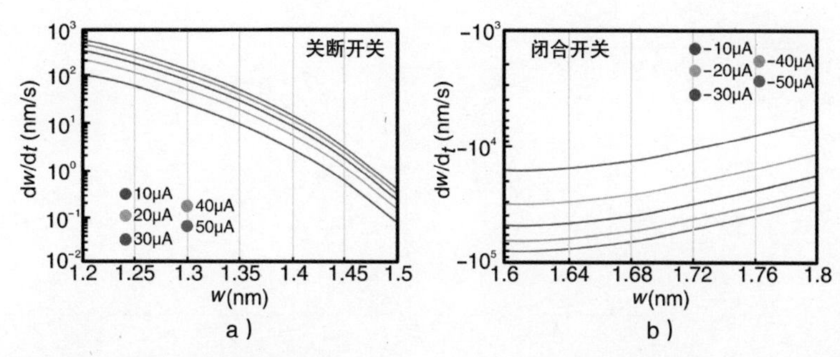

图 1-7　文献［20］中的 TiO_2 忆阻器模型。a）基于离子传输的关断开关动态路线图；b）闭合开关动态路线图

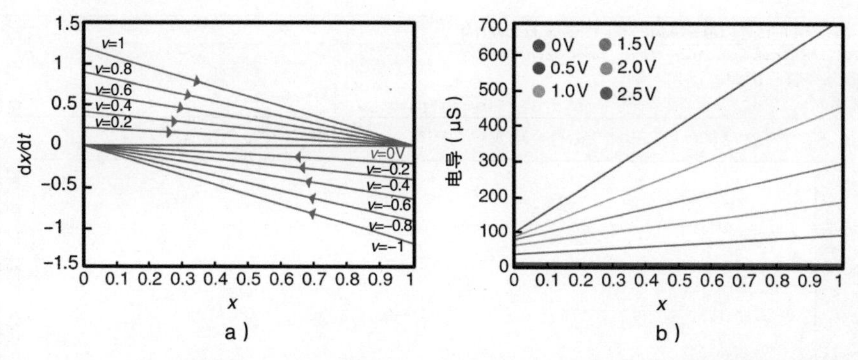

图 1-9　文献［23］中的氧化钽忆阻器模型。a）基于导电丝形成的动态路线图，式（1-12）；b）状态电导，式（1-13）。注意，随着电压的增加，所有 $v>0$ 的曲线斜率减小

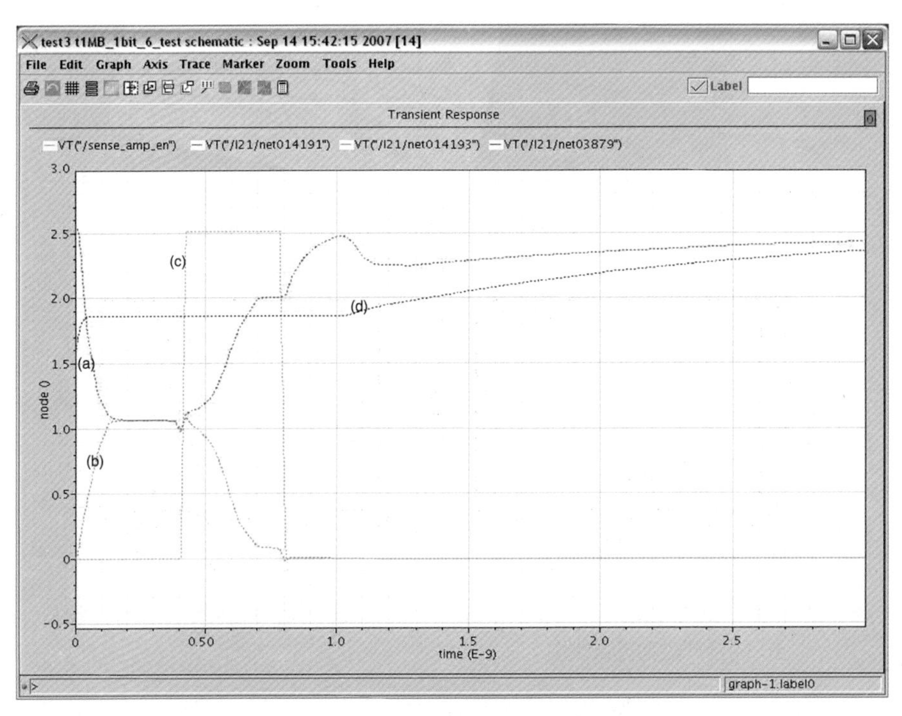

图 2-21　在列解码器读取“高”之前，利用传感放大器的存储器的 HSPICE 仿真结果

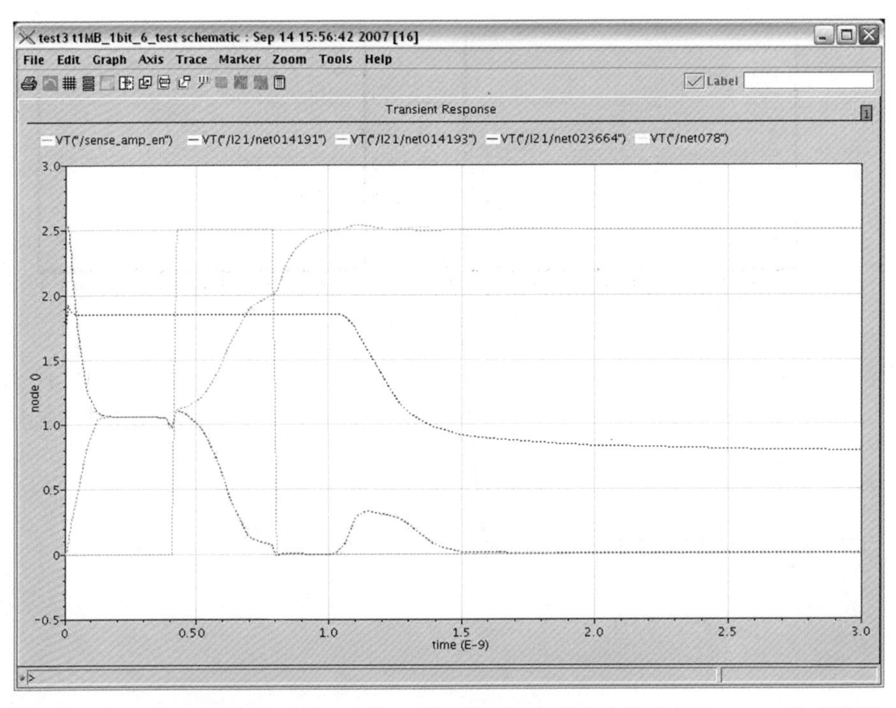

图 2-22　在列解码器读取“低”之前，利用传感放大器的存储器的 HSPICE 仿真结果

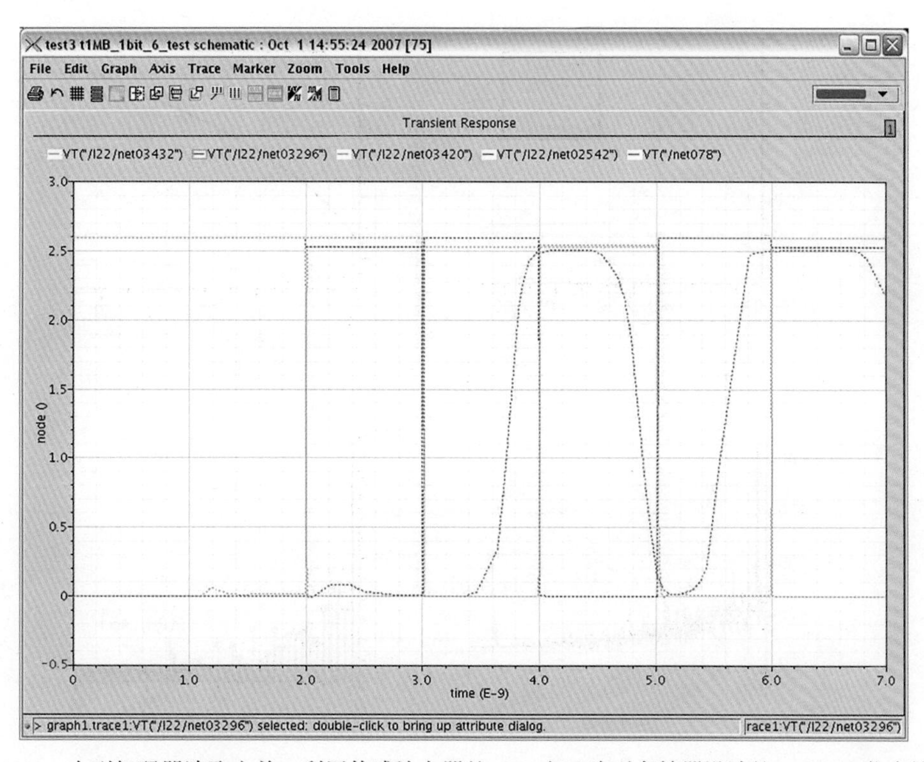

图 2-23　在列解码器读取之前，利用传感放大器的 1Kb 交叉阵列存储器设计的 HSPICE 仿真结果

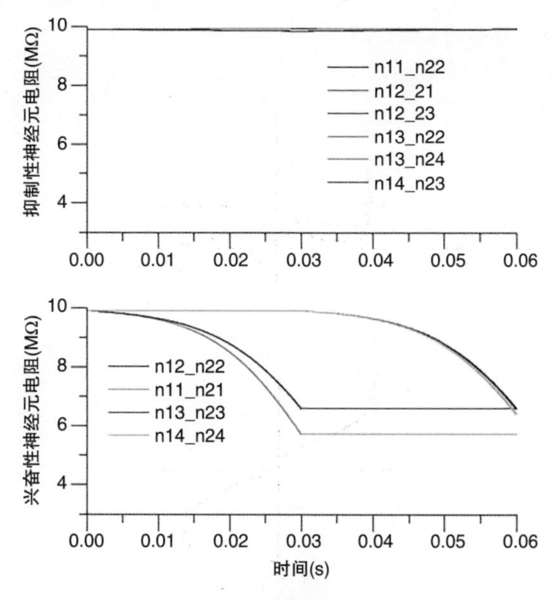

图 5-10　使用规定的 XOR 训练方案的训练模式（上）训练期间的抑制性突触未改变，（下）使用时间戳训练的兴奋性突触

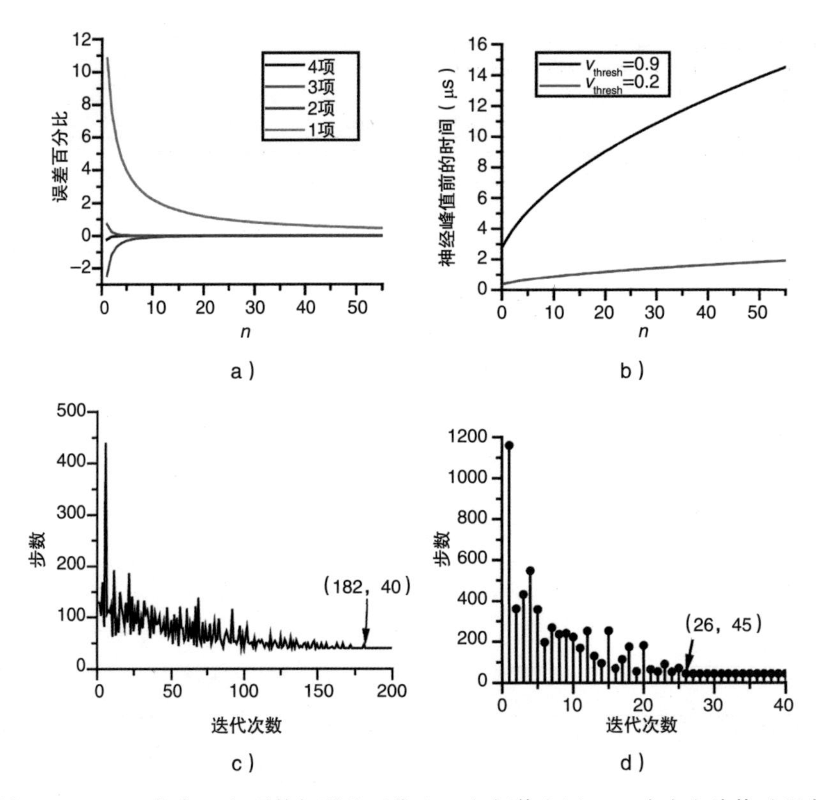

图 6-4　模型 MATLAB 仿真。a）项数与误差百分比；b）阈值电压 v_{thresh} 在充电峰值过程中的作用；c）使用基值函数收敛的步数；d）使用忆阻器收敛的步数

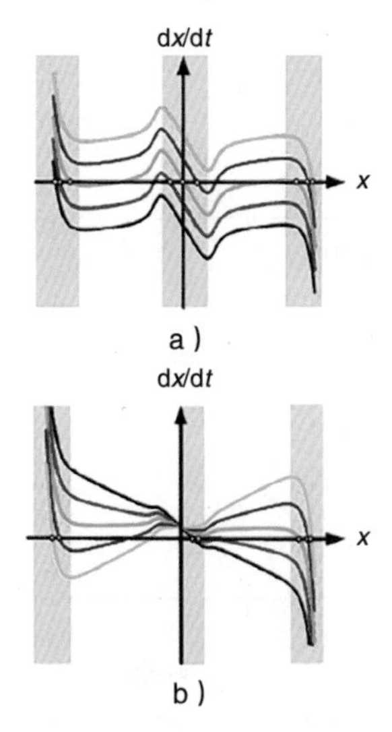

图 7-4　a）$a_{ij,ij}$=20μA/V，w=100μA、50μA、0μA、−50μA 和 −100μA；b）w=100μA，$a_{ij,ij}$=400μA/V、200μA/V、0μA/V、200μA/V 和 400μA/V 驱动点图

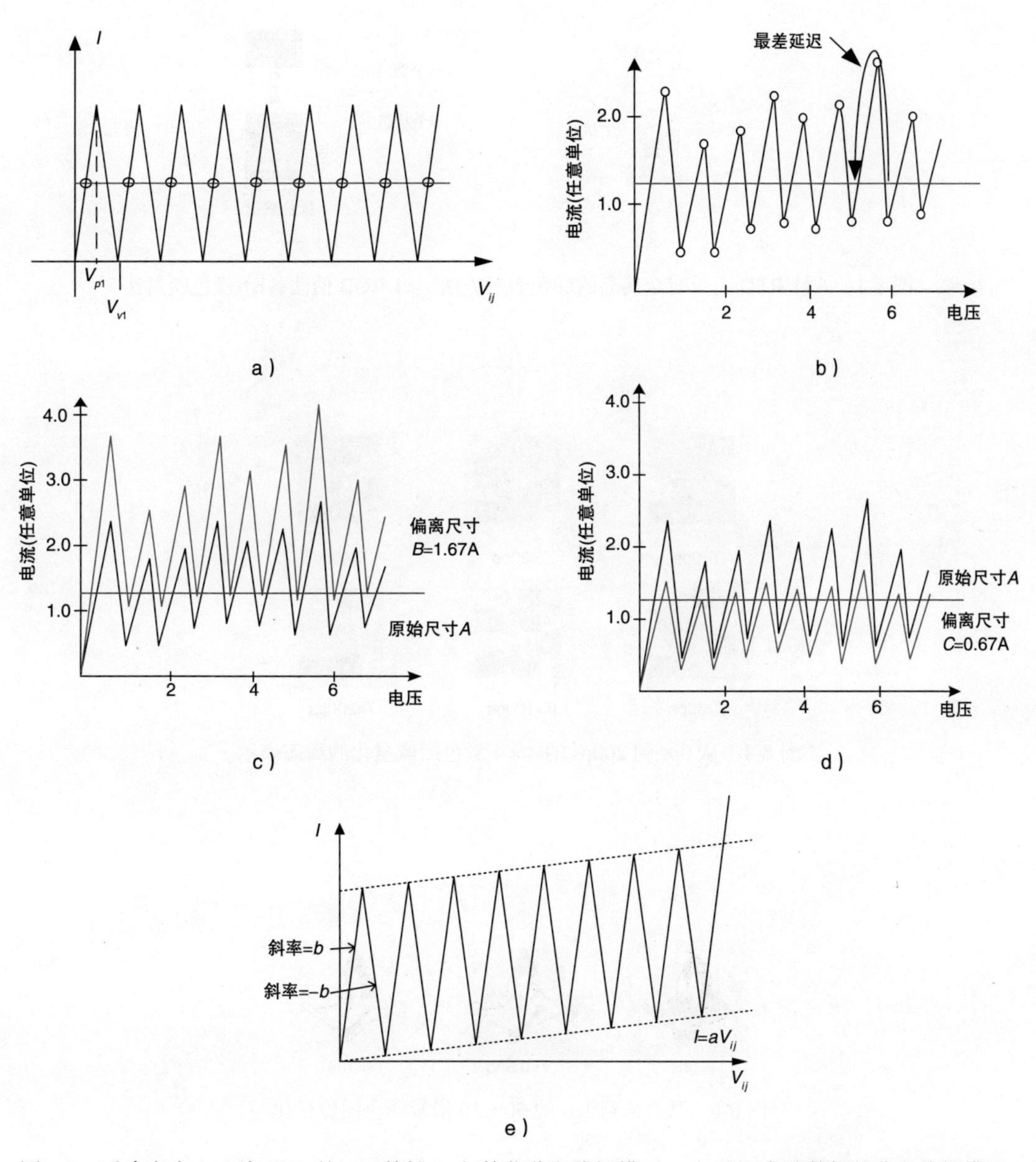

图 8-2　垂直方向上八峰 RTD 的 I–V 特性。a）简化分段线性模型；b）基于实验数据的分段线性模型；c）有效功能的最大尺寸偏差；d）有效功能的最小尺寸偏差；e）具有线性直流偏移的分段线性型

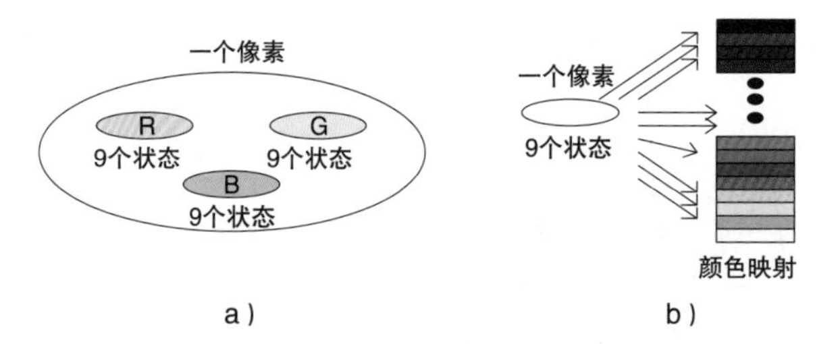

图 8-3　八峰 RTD 上带有金属岛的颜色表示方法。a）RGB 值法；b）颜色映射法

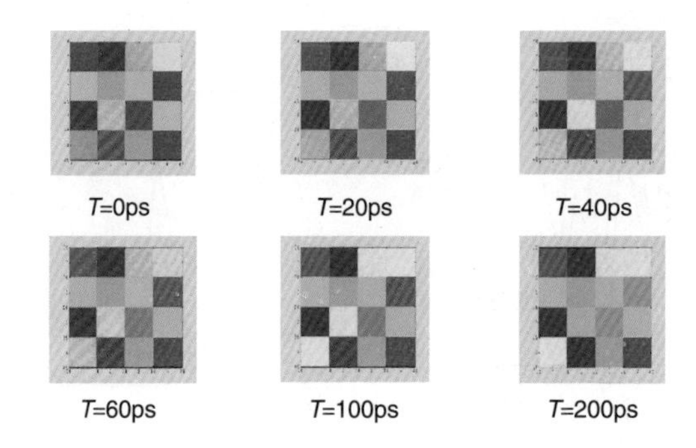

图 8-4　从 0ps 到 200ps 的 4×4 彩色图像量化的瞬态表示

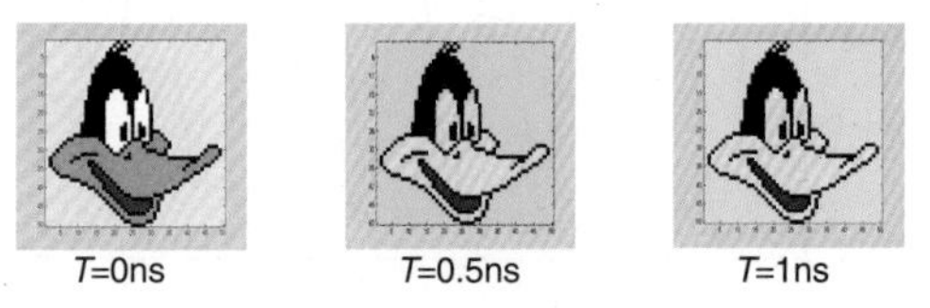

图 8-6　从 0ns 到 1ns 的 50×50 像素彩色图像量化

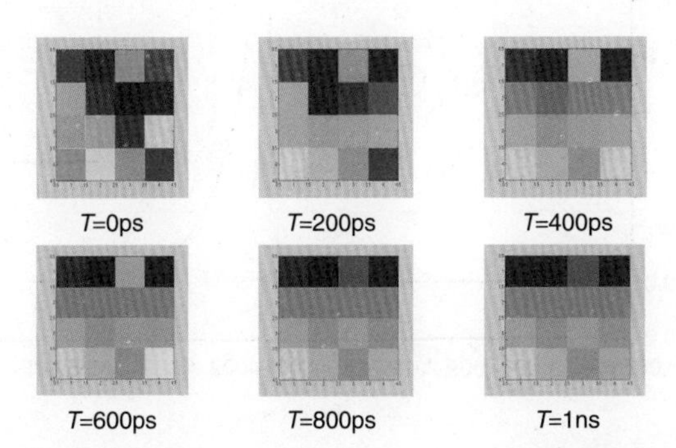

图 8-8　光滑函数从 0ps 到 1ns 的 4 × 4 彩色图像的瞬态表示

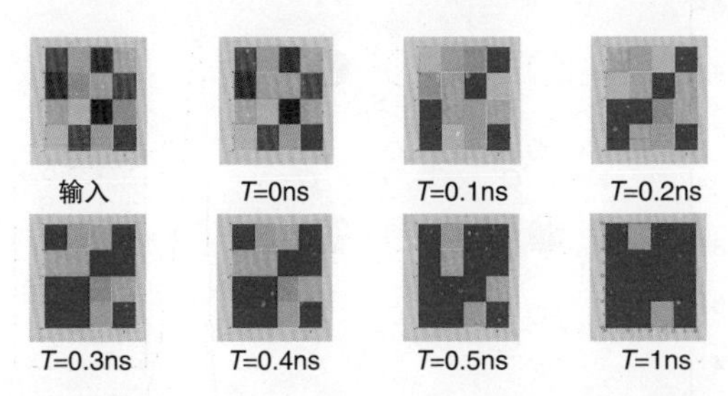

图 8-13　使用图 8-12 所示电路对 4 × 4 像素图片中的青色进行提取

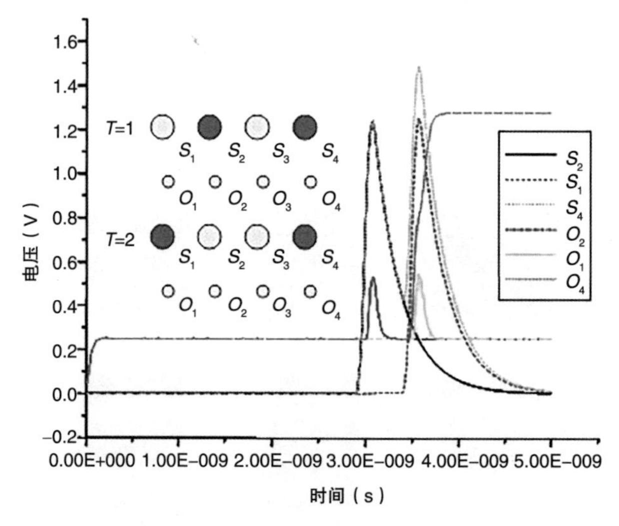

图 9-5　速度为 0 的速度调谐滤波器的 HSPICE 仿真结果

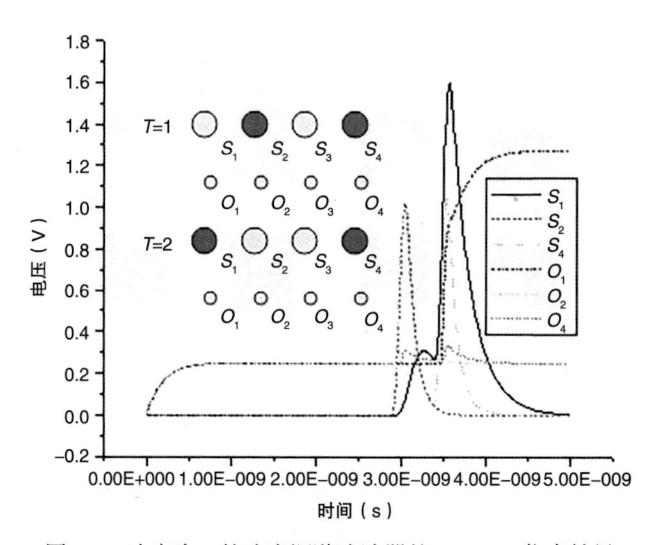

图 9-6　速度为 1 的速度调谐滤波器的 HSPICE 仿真结果

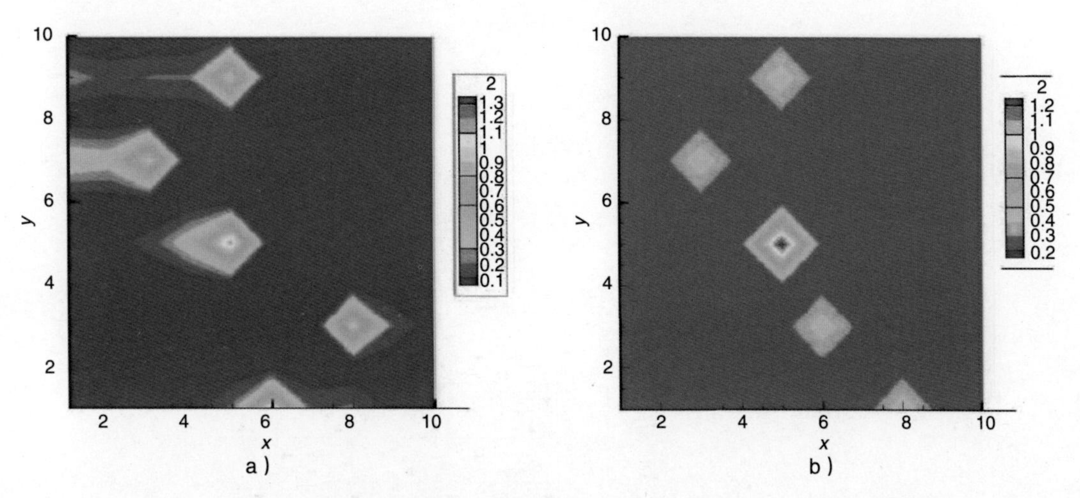

图 9-7　0 像素 / 秒调谐滤波器的实验结果。a）输入运动对象；b）输出过滤对象

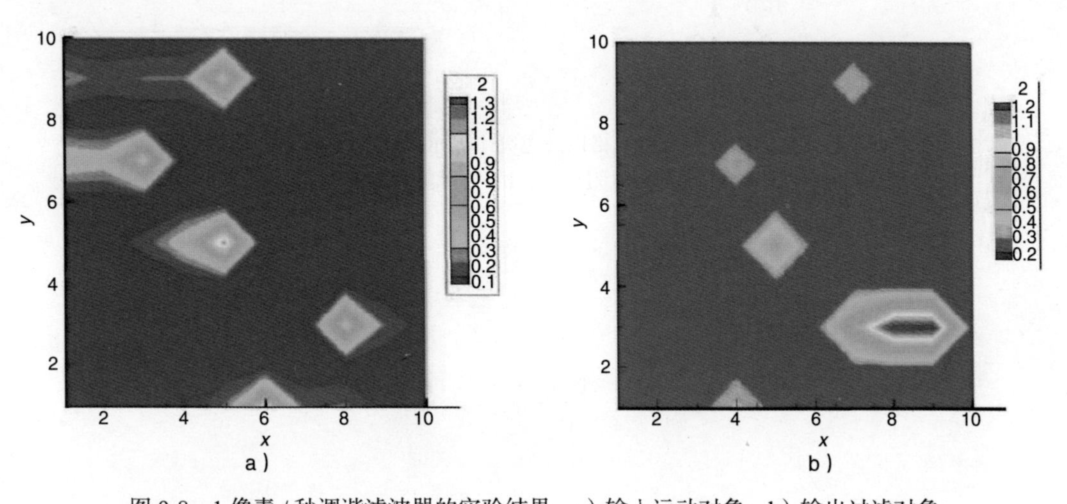

图 9-8　1 像素 / 秒调谐滤波器的实验结果。a）输入运动对象；b）输出过滤对象

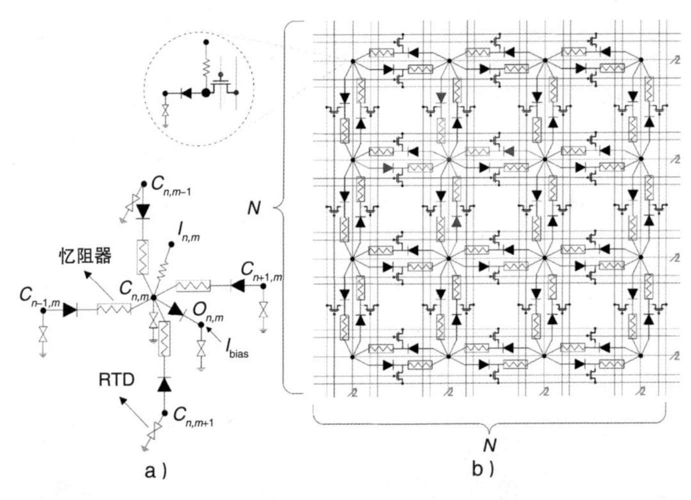

图 10-2　单元结构图。单位单元格以红色突出显示。红线和绿线表示访问晶体管的编程连接。a）可变电阻单元；b）处理阵列的俯视图

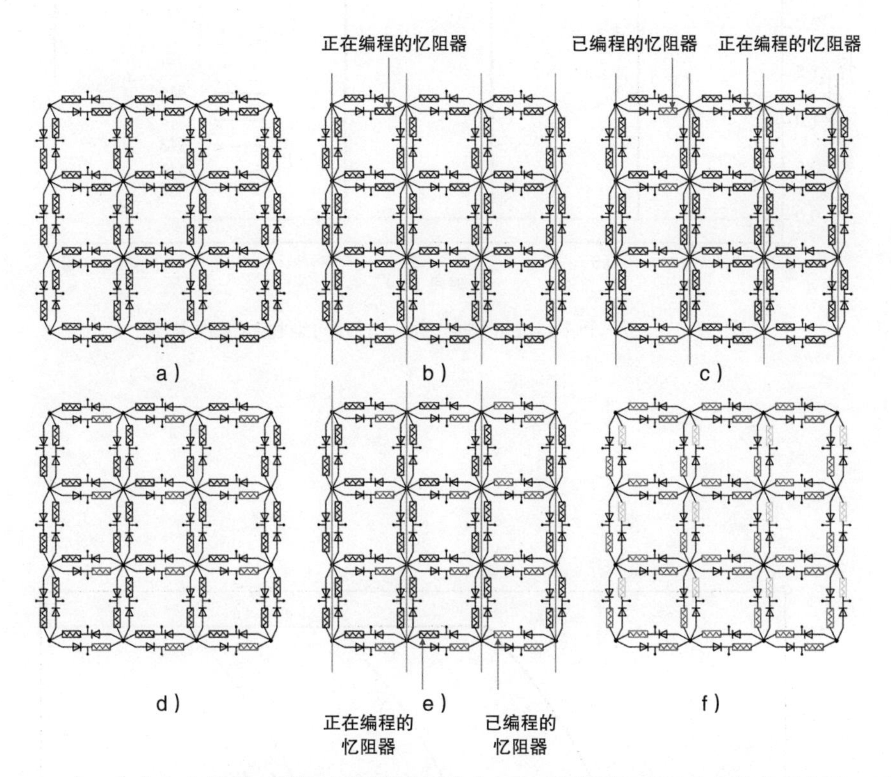

图 10-4 在一个方向上编程。绿线表示低压电平（0V）；其他颜色表示改变的高压电平。可变电阻器件的不同颜色表示不同的最终电阻。a）处于初始状态的阵列；b）从左到右开始编程；c）从左到右完成第一列编程；d）所有从左到右完成连接的编程；e）从右到左方向完成第一列的编程；f）所有连接在所有方向编程后的整个阵列

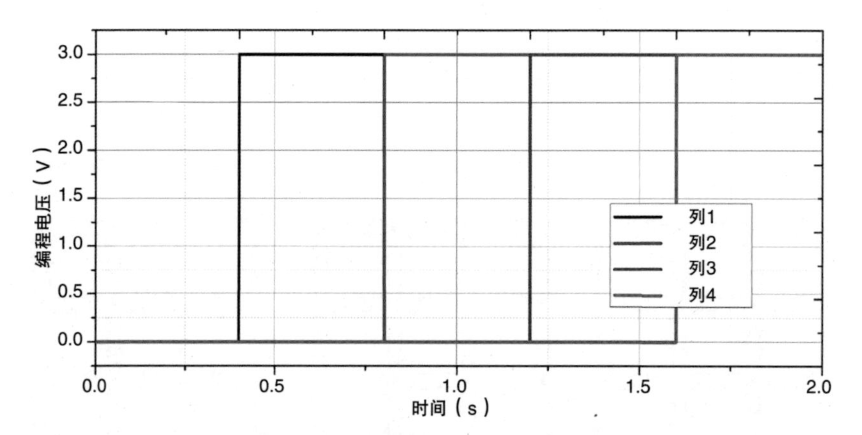

图 10-5　在一个 4×4 的阵列中按一个方向编程：编程电压

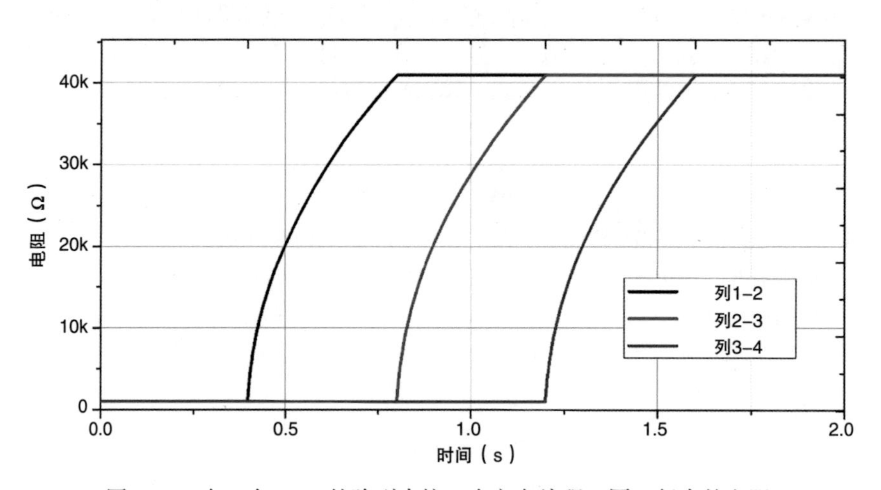

图 10-6　在一个 4×4 的阵列中按一个方向编程：同一行中的电阻

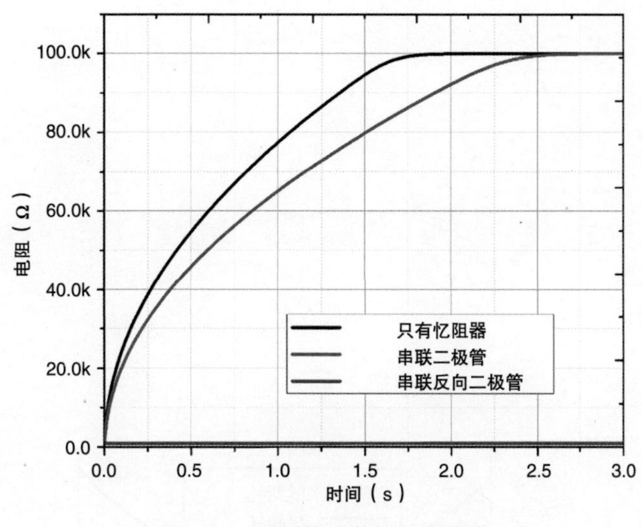

图 10-7　不同偏置条件下的连接

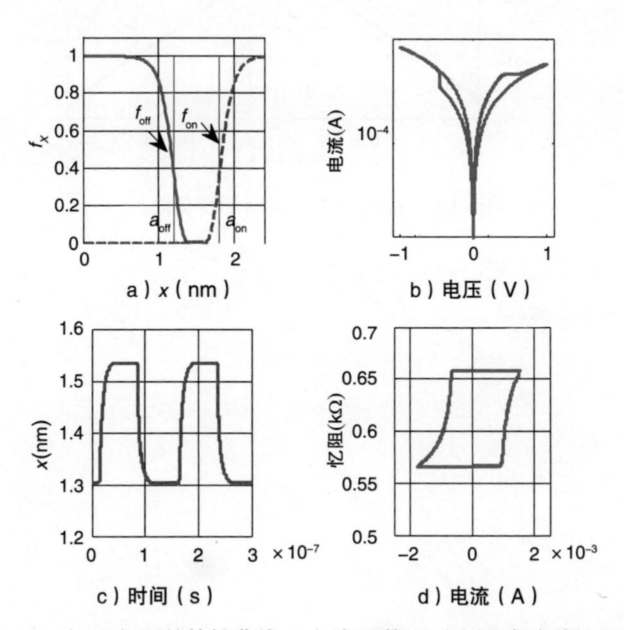

图 11-2　忆阻器在 v=sin（2πf）下的特性曲线。a）窗函数 f_{on}（x)（蓝色虚线）和 f_{off}（x)（红色实线）；b）电压与电流之间的关系；c）状态变量 x 的变化；d）设备中忆阻值与电流之间的关系

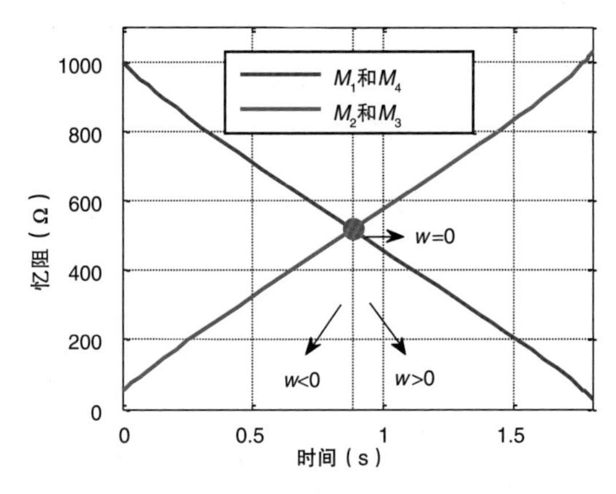

图 11-6　桥电路中忆阻器的变化曲线

表 12-3　BP-MWNN 分类器

记录	BP 神经网络		MWNN	
	输入向量	输出向量	具有 WTA 行为的输出	分类结果
1	{2，3，1，2，1，0，0，0，0，0，0，0，0，2，0，0，1，0，0，2，1，2，2，0，0，0，0，0，0，0，0，2，0}	{1.03082150，−0.06557043，0.00863432，0.01264964，0.06634284，−0.03107488}	纵轴 v，横轴 t（×10⁻⁵）；图例 1–6	银屑病（牛皮癣）
2	{3，2，1，3，0，0，0，0，0，0，1，0，1，2，0，3，2，0，1，0，1，0，0，0，0，0，0，3，0，0，0，1，0}	{−0.05508221，0.91115232，0.01084680，0.10613479，0.00340466，0.09781484}	纵轴 v，横轴 t（×10⁻⁵）；图例 1–6	脂溢性皮炎
3	{1，1，1，2，2，2，0，2，0，0，0，2，0，0，0，2，2，0，1，0，0，0，0，0，2，0，2，0，2，0，0，3，3}	{0.04603663，−0.06130094，0.98628654，0.01201888，0.05594145，−0.00411883}	纵轴 v，横轴 t（×10⁻⁵）；图例 1–6	扁平苔藓

（续）

记录	BP 神经网络		MWNN	
	输入向量	输出向量	具有 WTA 行为的输出	分类结果
4	{2，2，2，1，0，0，0，0，0，0，0，0，1，0，0，0，2，0，0，0，0，0，0，0，0，1，0，2，0，0，0，2，0}	{−0.13204039，0.29050715，−0.06002621，0.65121912，0.08087675，0.14979199}	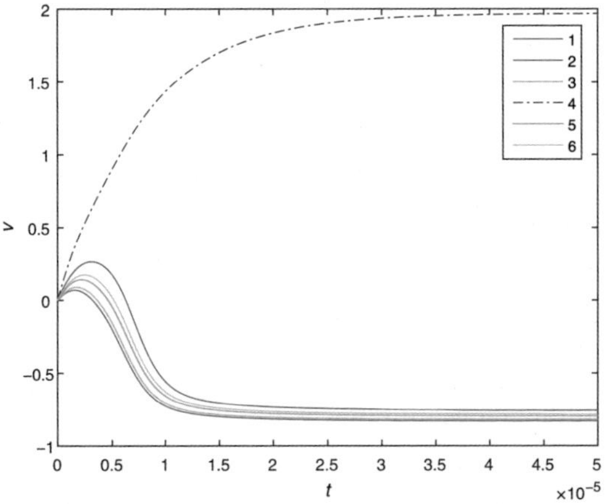	玫瑰糠疹
5	{3，2，2，0，0，0，0，0，0，0，0，0，0，0，1，0，2，0，0，0，1，0，0，0，0，0，0，0，0，0，0，2，0}	{−0.02883893，−0.15524329，−0.04431461，0.16526339，0.95013090，0.13961385}	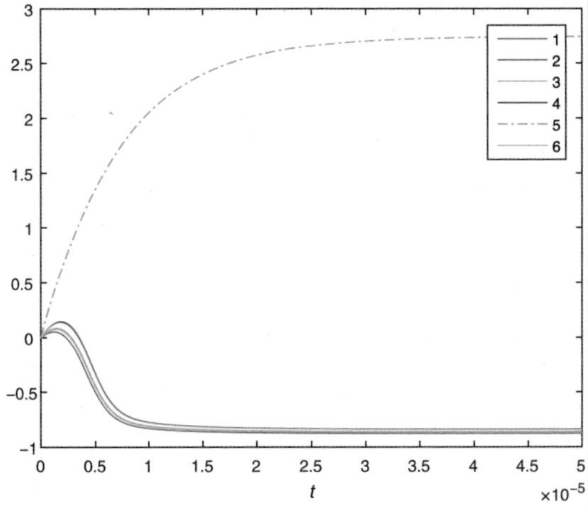	慢性皮炎
6	{2，2，1，0，0，0，2，0，2，0，0，0，0，0，0，3，2，0，1，0，0，0，0，0，0，0，0，3，0，2，2，2，0}	{−0.09570358，0.18649829，0.00099481，−0.04136459，0.03260639，1.04644850}	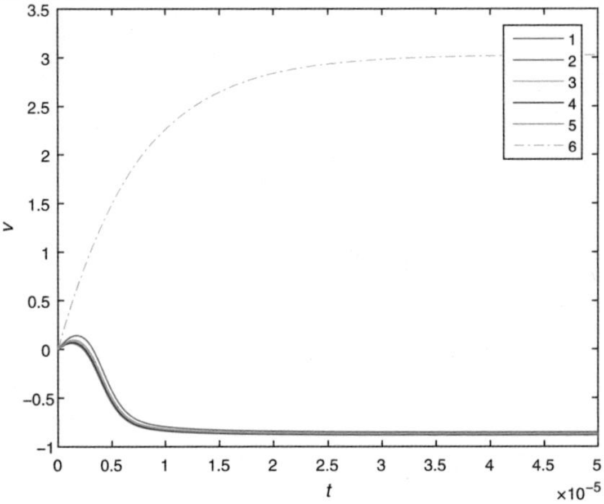	毛发红糠疹

纳米忆阻器与神经形态计算

[美] 皮纳基·马祖姆德（Pinaki Mazumder）
亚尔辛·耶尔马兹（Yalcin Yilmaz） 著
艾东格·依邦（Idongesit Ebong）
[韩] 李宇铉（Woo Hyung Lee）
于永斌 胡小方 符艺原 译

Neuromorphic Circuits for Nanoscale Devices

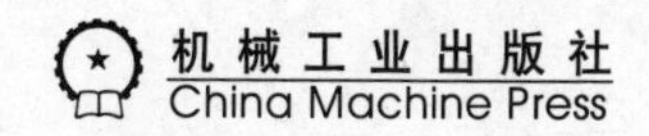

图书在版编目（CIP）数据

纳米忆阻器与神经形态计算 /（美）皮纳基·马祖姆德（Pinaki Mazumder）等著；于永斌，胡小方，符艺原译．-- 北京：机械工业出版社，2022.4

（IC 设计与嵌入式系统开发丛书）

书名原文：Neuromorphic Circuits for Nanoscale Devices

ISBN 978-7-111-70411-9

Ⅰ．①纳…　Ⅱ．①皮…　②于…　③胡…　④符…　Ⅲ．①纳米材料 - 非易失性存贮器 - 研究　Ⅳ．① TP333.8

中国版本图书馆 CIP 数据核字（2022）第 051306 号

北京市版权局著作权合同登记　图字：01-2020-3431 号。

本书阐述了纳米器件的工作原理，重点介绍了如何利用纳米器件的工作原理设计用于非易失性存储器、神经网络训练 / 学习和图像处理的神经形态电路。第 1 章至第 4 章从物理特性、器件建模、电路仿真、架构等方面介绍了忆阻器交叉阵列存储器；第 5 章和第 6 章介绍了基于学习的神经形态设计；第 7 章至第 10 章研究了基于量子隧穿器件的图像处理、视频运动处理和彩色图像处理算法；第 11 章和第 12 章介绍并分析了基于忆阻器的细胞神经网络。

本书适合纳米忆阻器与神经形态计算相关专业的高年级本科生及研究生阅读。

纳米忆阻器与神经形态计算

出版发行：机械工业出版社（北京市西城区百万庄大街 22 号　邮政编码：100037）

责任编辑：王　颖　　责任校对：殷　虹

印　　刷：中国电影出版社印刷厂　　版　　次：2022 年 5 月第 1 版第 1 次印刷

开　　本：186mm×240mm　1/16　　印　　张：16.25　　插　　页：8

书　　号：ISBN 978-7-111-70411-9　　定　　价：89.00 元

客服电话：（010）88361066　88379833　68326294　　投稿热线：（010）88379604

华章网站：www.hzbook.com　　读者信箱：hzjsj@hzbook.com

THE TRANSLATOR'S WORDS

译者序

Pinaki Mazumder 教授是密歇根大学安娜堡分校电气工程与计算机科学系的终身教授、IEEE 会士和 AAAS 会士，主要研究 CMOS 超大规模集成电路设计、半导体存储系统、计算机辅助设计工具和电路设计。早在 2008 年惠普实验室研制出忆阻器原型器件时，以 Pinaki Mazumder 教授为代表的学者就开始着手研究忆阻器及其神经形态计算，并取得了丰硕的成果，本书就是这些成果的集大成者。

本书涵盖忆阻器的发现与定义、数学模型、物理特性、器件系统以及神经形态计算，在此基础上，主要研究了基于忆阻器的数字存储器与多级存储架构、STDP、Q-Learning 与迷宫搜索、细胞神经网络、BP 神经网络、循环神经网络、WTA 神经网络及其设计以及动力学与应用，重点分析了纳米电子器件、CMOS 忆阻器神经形态芯片、滤波器设计及其图像处理等。

本书聚焦于忆阻器、纳米器件电路、神经形态计算、图像处理等方面，具有基础性与系统性、理论性与工程性、前沿性与前瞻性、纯粹性与完备性的特点，是人工智能前沿领域中的新兴著作，适合忆阻器、神经形态计算、类脑智能与纳米器件方向的高年级本科生、研究生、老师和工程师阅读。

在翻译过程中，我们得到了本书作者以及西南大学段书凯教授、电子科技大学钟守铭教授和西藏大学尼玛扎西教授的指导，同时电子科技大学数字信息系统研究室的研究生刘英、汤亦凡、唐倩、彭辰辉、陆瑞军、艾梦巍、王昊、程曼、黄成、杨岱锦、莫洁虹以及西南大学的沈嘉润等对本书部分章节的翻译工作提供了帮助，在此对他们的辛勤付出表示感谢！

纳米忆阻器与神经形态计算是一个快速发展的新兴交叉领域，新模型、新概念、新问题、新方法、新应用层出不穷，限于译者的研究水平和学识，书中难免存在错误和不当之处，敬请读者指正！

于永斌

2021 年 12 月

于电子科技大学

PREFACE

前　言

1987年，当我在伊利诺伊大学完成博士论文时，加州理工学院的John Hopfield向伊利诺伊大学香槟分校物理光学实验室的学生们讲述了他在神经网络方面的开创性研究，我有幸得以聆听。他描述了如何设计和制造循环神经网络芯片，以快速解决标准旅行商问题(Traveling Salesman Problem，TSP)，因为TSP中的城市数迅速增加，没有物理计算机可以在渐近有界的多项式时间内解决该问题，所以该问题是NP完全的。

John Hopfield的开创性工作证明，如果组合算法的“目标函数”可以用二次型表示，那么可对循环人工神经网络中的突触连接进行相应的编程，通过组成神经元之间的大量相互作用来降低(局部极小化)目标函数的值。Hopfield的神经网络由可以随机初始化的侧连接神经元组成，该网络可以迭代减少固有Lyapunov能量函数，以达到局部极小状态。值得注意的是，在神经元未提供自反馈的循环神经网络的动力学作用下，Lyapunov函数单调递减。

在我作为助理教授进入密歇根大学后不久，我首先与一名博士生一起开发了具有异步状态更新的仿真神经网络，然后与另一名学生一起开发了具有同步状态更新的数字神经芯片。这些神经电路旨在通过在二分图中找到节点覆盖、边缘覆盖或对匹配来修复问题，进而修复VLSI芯片。在我们的图表示中，二分图中的一组顶点表示故障电路元件，而另一组顶点表示备用电路元件。为了将有故障的VLSI芯片重组为无故障的工作芯片，在嵌入式内置自检电路识别出有故障的电路元件后，通过可编程开关元件自动调用备用电路元件。

最重要的是，与TSP问题一样，二维阵列修复也可以表示为NP完全问题，因为修复算法寻找最佳的备用行和备用列的数量，这些备用行和备用列可以用于绕过位于存储阵列内的故障部件，如存储单元、字线和位线驱动器、传感放大器等。因此，由计数器和其他模块组成的简单数字电路很难解决这种自修复问题。值得注意的是，由于无法部署VLSI芯片的输入和输出引脚来将它们与深度嵌入的电路模块连接，因此无法使用外部数字计算机来确定如何修复嵌入式阵列。

在1989年和1992年，我分别获得了两项NSF拨款，将神经形态自修复设计风格扩展到了更广泛的嵌入式VLSI模块，例如存储器阵列、处理器阵列、可编程逻辑阵列等。然而，这种通过内置自检和自修复来提高VLSI芯片产量的方法略显超前，因为20世纪

90 年代早期最先进的微处理器只有几十万个 MOS 晶体管，并且亚微米 CMOS 技术很稳定。因此，在为各种类型的 VLSI 电路模块开发了基于神经网络的自修复 VLSI 芯片设计方法之后，我停止了对 CMOS 神经网络的研究。我对继续将神经网络应用于其他类型的工程问题并不太感兴趣，因为我想继续专注于 VLSI 的研究。对神经形态 VLSI 电路的研究发表在新书 *Learning in Energy-Efficient Neuromorphic Computing Algorithm and Architecture Co-Design Neuromorphic Circuits for Nanoscale Devices* 中。

另外，为了推广几种可能推动 VLSI 的新兴技术，在 20 世纪 90 年代初，美国国防高级研究计划局(DARPA)发起了超电子技术项目，即超密集、超快速计算组件研究计划，日本国际贸易工业部(MITI)启动了量子功能器件(QFD)项目。在这两个研究项目中，由于早期大量创新性非 CMOS 技术的成功，美国国家纳米技术计划(NNI)得以启动，该计划是一项由 20 个部门和独立机构参与的美国政府研究与开发(R&D)计划，旨在推动纳米技术革命，以影响行业乃至整个社会。

在 1995 年至 2012 年期间，我的研究团队首先专注于基于量子物理学的器件和量子隧穿器件的电路建模，然后利用一维(谐振隧穿二极管)、二维(纳米线)和三维(量子点)约束量子器件，广泛研究用于图像和视频处理的细胞神经网络(Cellular Neural Network，CNN)电路。随后，通过使用电阻性突触器件(通常称为忆阻器)和 CMOS 神经元，我们开发了基于学习的神经网络电路。我们还通过在计算节点中将量子隧穿和忆阻器件混合，开发了模拟电压可编程纳米计算架构。

本书的大部分内容包含我的三个博士生的论文，因此这三人都被列为本书的合著者。此外，我还邀请了一些访问研究科学家加入 CNN 的相关研究工作，以扩大本书的讨论范围。本书大体上按以下方式组织：

第 1 章至第 4 章从物理特性、器件建模、电路仿真、体系结构和性能评估等方面介绍电阻 RAM 存储器，即忆阻器交叉阵列存储器。第 5 章和第 6 章介绍使用忆阻器进行基于学习的神经形态设计，具体而言，在忆阻器基板上实现脉冲时间依赖可塑性(Spiking Timing Dependent Plasticity，STDP)和 Q 学习算法。第 7 章至第 10 章介绍各种类型的量子隧穿器件以及如何利用它们来设计基于超高速和低功耗忆阻器的图像处理、视频运动处理和彩色图像处理算法。此外，为了在单个量子点或量子盒阵列上实现多种功能，我们将处理器阵列与可编程忆阻器相结合，从而改变处理器阵列的时空特性。这种混合设计可以解释为一种实现模拟电压可编程纳米计算机以及各种时空滤波系统的新方法。第 11 章介绍基于忆阻器的细胞神经网络的设计，这是中国重庆西南大学的段书凯教授研究组在 2011 年和 2012 年访问我的研究组时在密歇根州开始进行研究的。第 12 章对基于忆阻器的 CNN 进行了更为严格的分析，这是电子科技大学(UESTC)的于永斌教授在 2013 年和 2014 年访问我的研究团队时开始研究的内容。

为了利用忆阻器、量子隧穿和自旋转矩纳米磁性器件建立这些不同的研究课题，我请 Steve Kang 教授、Kamran Eshraghian 教授和 Jason Eshraghian 博士为不完全熟悉这些新兴技术及其在神经形态计算中的应用的读者编写了本书的教学介绍。第 1 章从基本操作原理出发，对这些技术进行了很好的回顾，因此，本书可用于纳米级神经形态学电路和体系结构的高级课程。

在第 2 章中，W. H. Lee 和我描述了我们使用基于银-非晶氧化硅的忆阻器结构开发的首个交叉阵列存储器技术，并详细介绍了交叉阵列存储器架构，本章还提供了适当的分析模型和计算，包括用于可扩展交叉阵列设计的静态功耗建模。

在第 3 章中，I. Ebong 和我介绍了交叉阵列存储器设计的实际问题，以说明如果进行多次读取操作，单元性能就会下降。具体而言，本章提出了对单级单元（Single Level Cell，SLC）忆阻存储器进行编程和擦除的程序，实践证明，该程序具有自适应方案，该方案源于器件属性，使得访问忆阻存储器更加可靠。

在第 4 章中，Y. Yilmaz 和我讨论了基于忆阻器的多层单元（Multi Level Cell，MLC）的可靠性架构设计，该架构使用了减少约束的读-监控-写方案。此外，我们描述了一种新的读取技术，该技术可以成功地区分由于阵列中的读取/写入干扰而导致的电阻漂移下的电阻状态。最后，我们提供了分析关系的推导，以阐述选择外围器件参数的设计方法。

在第 5 章中，I. Ebong 和我描述了基于脉冲时间依赖可塑性（STDP）的赢者通吃（Winner Takes All，WTA）神经网络架构的设计，该架构用于二维网格结构上物体的位置检测。我们证明了采用忆阻器实现 STDP 的模拟方法优于纯数字方法。

在第 6 章中，I. Ebong 和我提出了一个尝试，将更高层次的学习与忆阻器交叉阵列建立联系，从而为实现自配置电路铺平了道路。将该方法或者说是训练方法与 Q 学习进行了比较，以再次强调可靠地使用忆阻器可能不需要知道每个器件的精确电阻，而是使用器件之间的相对大小进行工作。

在第 7 章中，S. Li、I. Ebong 和我提出了一种基于谐振隧穿二极管（Resonant Tunneling Diode，RTD）的 CNN 结构，通过驱动点图分析、稳定性和建立时间研究、电路仿真等方法对其运行情况进行了详细描述。对不同 CNN 实现方式的比较研究表明，基于 RTD 的 CNN 在集成密度、运行速度和功能性方面优于常规的 CMOS 技术。

在第 8 章中，W. H. Lee 和我介绍了一种新的彩色图像处理方法，该方法利用多峰谐振隧穿二极管在二极管的量化状态下对颜色信息进行编码。多峰谐振隧穿二极管是由可编程的无源和有源器件局部连接的二维垂直柱阵列组成，实现了量化、颜色提取、图像平滑、边缘检测和线条检测等多种彩色图像处理功能。为了处理输入图像中的颜色信息，本章采用两种不同的颜色表示方法：一种使用颜色映射，另一种直接使用 RGB 表示。

在第 9 章中，W. H. Lee 和我演示了一种纳米级速度调谐滤波器的设计，该滤波器采用谐振隧穿二极管执行时间滤波以跟踪运动和静止的物体。新的速度调谐滤波器不仅适用于纳米计算，而且在面积、功率和速度方面也优于其他方法。通过分析模型表明，我们所提出的用于速度调谐滤波器的纳米结构在特定区域内是渐近稳定的。

在第 10 章中，Y. Yilmaz 和我提出了一种新颖的结构，用由量子点和可变电阻器件组成的可编程人工视网膜进行图像处理。这是一种模拟可编程电阻网格结构，在最基本的层次上模拟生物视网膜的细胞连接，该结构能够执行各种实时图像处理任务，如边缘检测和线条检测。单元结构采用称为量子点的三维受限谐振隧穿二极管进行信号放大和锁存，这些量子点通过非易失性的连续可变电阻元件在相邻单元之间互联。

在第 11 章中，段教授的团队提出了一种基于忆阻器的紧凑型 CNN 模型及其性能分析和应用。在新的 CNN 设计中，忆阻器桥电路作为突触电路元件，替代了传统 CNN 结构中的复杂乘法电路，此外，利用忆阻器的负微分电阻（Negative Differential Resistance，NDR）和非线性 $I-V$ 特性替代了传统 CNN 中的线性电阻。该章所提出的 CNN 设计具有高密度、无波动性、突触权重可编程等优点，通过仿真证实了所提出的基于忆阻器的 CNN 设计操作，这些操作可用于实现几种图像处理功能，并与传统 CNN 进行了比较。由于忆阻器突触权重的变化，用蒙特卡罗仿真演示了所提出的 CNN 的行为。

最后，在第 12 章中，于教授的团队描述了基于忆阻器的 WTA 神经网络和基于忆阻器的循环神经网络。该章阐述两种忆阻神经网络设计的理论原理，对它们进行了动力学分析，并研究了这两种神经网络的行为。在此理论分析的基础上，他们将 WTA 神经网络应用于皮肤病分类器中，并改进了仿真结果。

Pinaki Mazumder

A C K N O W L E D G E M E N T S

致 谢

首先，我要感谢我的几位同事。在 1989 年，我通过采用 Hopfield 网络概念发表了有关 VLSI 存储器自修复的第一篇论文。过去 30 年间，他们一直鼓励我继续进行神经计算方面的研究。尤其是，我要感谢加州大学伯克利分校的 Leon O. Chua 教授和 Ernest S. Kuh 教授，伊利诺伊大学香槟分校的 Steve M. Kang 教授、Kent W. Fuchs 教授和 Janak H. Patel 教授，德克萨斯大学奥斯汀分校的 Jacob A. Abraham 教授，弗吉尼亚联邦大学的 Supriyo Bandyopadhyay 教授，爱荷华大学的 Sudhakar M. Reddy 教授，匈牙利布达佩斯技术大学的 Tamas Roska 教授和 Csurgay Arpad 教授。

其次，我要感谢美国国家科学基金会的同事。从 2007 年 1 月至 2008 年 12 月我在计算机和信息科学与工程局(CISE)担任新兴模型和技术计划的项目主管，然后从 2008 年 1 月至 2009 年 12 月，在工程部(ED)担任自适应智能系统计划的项目主管。特别要感谢 CISE 计算与通信基础部的 Robert Grafton 博士和 Sankar Basu 博士。感谢 ED 的电子通信和网络系统(ECCS)部门的 Radhakrisnan Baheti 博士、Paul Werbos 博士和 Jenshen Lin 博士在过去的多年中为我提供研究资金，让我对基于学习的系统进行研究，从而使我能够深入研究用于类脑计算的 CMOS 芯片设计。

除了美国国家科学基金会之外，我还获得了美国空军科学研究所 Gernot Pomrenke 博士的资助，用于开发纳米级神经形态电路，他曾领导美国国防高级研究计划局(DARPA)享有声望的超电子计划，以培育新兴技术及其独特应用。1999 年超电子计划结束后，美国海军研究办公室(ONR)的 Lawrence Cooper 博士支持了我的工作，使我的研究团队能够利用量子隧穿器件(如谐振隧穿二极管、纳米线和量子点)设计几种类型的神经网络。2004 年，Larry 从 ONR 退休后，Chaggan Baatar 博士接任 Larry 项目的项目主管，继续支持我的研究。我也要感谢美国陆军研究办公室的 Dwight Woolard 博士和 DARPA 的 Todd Hilton 博士为我提供了使用电阻式存储器或忆阻器开发纳米级神经形态电路的资金。特别感谢韩国科学技术高等研究院(KAIST)的 Kyounghoon Young 教授和首尔国立大学的 Kwang Seo Seok 教授，他们通过韩国政府在 Tera 和纳米器件倡议下发起的一项合作研究中为我提供了资金。

献词

西方古典音乐在17世纪和18世纪蓬勃发展，是因为许多匿名的赞助人欣赏贝多芬等大师的音乐，资助他们进行创作活动，这样他们就可以专心致志地创作音乐，而不会因为教学谋生而负担过重。

现代工程研究同样需要大量的研究经费来支持，甚至买断研究人员在大学里的成果：利用内部和外部的半导体芯片代工厂制造概念验证集成芯片，对发明进行测试、测量和验证，最后通过在期刊上发表以及在国际会议和研讨会上向研究界展示工作来传播研究成果。作为研究人员，我们对我们的项目主管深表谢意，他们不仅提供了研究经费以使我们的研究得以继续进行，而且还激励我们挑战在无雷达的船只上进行未知知识海洋的航行。归根结底，在我们的研究事业中，旅途就是回报。

本书献给以下政府机构中为我们提供研究经费的人：美国(NSF、DARPA、AFOSR和ARO)，澳大利亚(外交贸易部和联邦政府)，中国(国家自然科学基金会)和韩国(澳大利亚-韩国基金会和韩国政府TND项目)。

我谨代表本书的所有作者谢谢你们。

Pinaki Mazumder
密歇根大学

ABOUT THE AUTHORS

作者简介

Pinaki Mazumder 教授是密歇根大学安娜堡分校电气工程与计算机科学系的教授。他在包括 AT&T 贝尔实验室在内的工业研发中心工作了六年。1985 年，他在印度的著名电子公司 Bharat Electronics 发起了 CONES 项目，开发了几种用于消费类电子产品的高速和高压模拟集成电路，这是第一个基于 C 建模的超大规模集成（VLSI）综合工具。Mazumder 教授在 VLSI 领域耕耘数载，共发表 200 多篇技术论文，出版 4 本专著。他目前的研究方向包括纳米级 CMOS 超大规模集成电路设计、计算机辅助设计工具、量子 MOS 和谐振隧穿器件等新兴技术的电路设计、半导体存储系统以及超大规模集成电路芯片的物理合成。Mazumder 博士是美国科学促进协会会员。他曾获得“数字技术卓越奖”、BF Goodrich 国家大学发明奖和美国国防高级研究计划局研究卓越奖。

Yalcin Yilmaz 博士毕业于密歇根大学电气工程系，目前是 Cadence Design Systems 公司的 Tensilica 微处理器设计团队的首席设计工程师。他一直致力于开发微处理器内核、多处理器子系统及其外围设备的微体系结构和规范。他曾研究过使用 CMOS 以及包括谐振隧穿二极管和忆阻器在内的新兴技术的建模、仿真及低功耗数字和模拟电路设计。

Idongesit Ebong 博士毕业于密歇根大学电气工程系，目前是 Leydig，Voit&Mayer 公司的专利代理人，专注于电子、计算机和机械工程。他在模拟电路和数字电路的设计方面有丰富的经验，并且经常在电路设计中涉及一些奇异的器件结构，如忆阻器、谐振隧穿二极管和隧穿晶体管。他在以下实践领域为小型和大型客户申请了美国和国际专利：机器学习、神经网络、电信、光学系统、半导体器件以及工业测量和制造设备。

Woo Hyung Lee 博士毕业于密歇根大学电气工程系，目前是 Intel 公司 CPU 核心开发团队的工程经理。他领导的设计团队负责所有设计质量标准的设计优化和设计流程的开发以增强设计工具。在加入 Intel 之前，他曾担任 Oracle 和 Apple 公司的技术主管。

CONTENTS

目　录

CHAPTER 1

第1章

导　论

Jason Eshraghian、Sung-Mo Kang 和 Kamran Eshraghian

1.1 发现

忆阻器(memristor)的研究经过漫长而曲折的道路才发展到今天，正是因为越来越多研究人员对于忆阻器的研究，其发展才得到了极大的推动。忆阻器最初只是一个为了补全无源电路四大基本变量之间关系的完整性而提出的模糊的猜想。蔡少棠(Leon Chua)注意到无源电路四大基本变量之间的关系存在空缺——电阻器构成了电压和电流的关系，电感器构成了磁通量和电流的关系，电容器构成了电荷量与电压的关系，却没有一种无源基本元件可以将电荷量和磁通量联系起来，因此蔡少棠教授猜测忆阻器就是这个问题的答案[1]。

忆阻器与电阻不同，虽然没有物理规则规定忆阻器必须存在，但是也没有规则否定它的存在。德米特里·门捷列夫(Dmitri Mendeleev)敏锐地观察到元素的物理和化学性质与它们的相对原子质量有某种“周期性”的关系。当门捷列夫把所有元素排列好后，他发现横排上有空缺。他并没有将其视作自己理论的问题，而是看作发现新元素的契机。他通过计算缺失元素的相对原子质量来预测它们的性质——不出意外，他的预测是对的。当镓在 1875 年被发现时，它的性质与门捷列夫的预测惊人地相似。虽然他自然并没有义务填满这些表格，但是这些表格中的空白处正是发现新元素或者像忆阻器这样新器件的好契机。

事实证明，一个可以关联电荷量和磁通量的固态器件也将具有电学可控的电阻。忆阻器是一种能以电阻的形式存储“记忆”的装置，这也正是它名字的由来。在本章中，我们将详细描述它的功能是如何实现的。重要的是要了解理想忆阻器的发现是如何引起争议的。现已提出许多模拟忆阻器[2-5]，但是这些模拟忆阻器需要内部供电。虽然已经制造出以电阻的形式存储内容的固态器件，在特定的情况下，甚至可以近似地表现为理想忆阻器。但是，在实现理想忆阻器中，如何利用磁通量改变电荷(反之亦然)仍然是一个有待解决的问题。

Chua 在 1971 年首次提出忆阻器概念的那一刻[1]会是理解这个有争议且常被误解的元件的一个很好的起点。本章阐明了理想忆阻器的工作机制，以及“忆阻器”这个概念是如何扩展到“忆阻设备”和“忆阻系统”的。忆阻器件用磁通量(或电荷)替代了一些其他依赖于器件的特性，无论是离子传导、相变还是电子自旋方向。在此过程中，记忆器件仍然能够保持理想忆阻器的特性，这使得它们非常有用。

在延续历史教训的过程中，忆阻器的广义概念最终与惠普于 2008 年发明的二氧化钛(TiO_2)固态电路元件联系起来，正是后者掀起了忆阻器研究的热潮。此后，许多电路设计师和物理学家将研究重心转移到使用忆阻器作为克服 CMOS 制程限制的可能解决方案上。

忆阻器的纳米级优势已用于逻辑电路，如可高度集成性被应用于存储器中[8]、概率性被应用于安全领域[9]、可重构性被应用于模拟与数字电路中[10-12]，这些性质的组合还被应用在神经形态计算中[13]。我们正处在大规模生产一种极具颠覆性的新兴技术的风口浪尖。然而，忆阻器的发现之路错综复杂，其行为具有非线性，使得人们对什么是忆阻器以及它的机理产生了许多困惑和误解。因此，以往表现出忆阻器捏滞回线的器件和机制被错误分类：从霍奇金-赫胥黎方程模拟的神经元活动[14]，到特定工作区域下基于量子物理的共振隧道二极管[15]。在本章中，我们将澄清这些误解，同时为真正理解忆阻器打下坚实的基础。从理想忆阻器开始，到最近的固态器件的发现及其在神经形态计算中的实现。

1.2　忆阻器

1.2.1　定义

关联电荷和磁通量的装置是什么样的呢？以这种方式思考这个问题可能就是为什么在提出忆阻器概念后四十年才实现它的原因。正如参考文献[7]中提到的，由惠普实验室开发的 TiO_2 器件与磁通或其他磁现象没有明显的联系。蔡少棠教授认为，电荷和磁通量(q 和 φ)，应该只从数学上而不应从物理机制上考虑。在考虑这些实体忆阻器之前，我们将回归基础理论并深入研究理想忆阻器。由此，很容易理解为什么忆阻器仍然保留其理想的对应元件的优点，而不考虑基于磁通量的机制。

忆阻器具有以下特性：

- 无源性
- 双端设备
- 在双极性周期信号激励下，器件特性曲线为 V-I 平面上的一条捏滞回线
- V-I 特性曲线通过零点(原点)

如果电流是电荷流动的速度，那么电荷就是电流对时间的积分。磁通量可以用电压通过类似的关系来定义。这些定义可以更直观地用电压和电流而不是 q 和 φ 来描述忆阻器。

忆阻器方程最简单的形式是与电荷有关(或者与磁通量有关)的欧姆定律:

$$v=M(q)i \tag{1-1}$$

$$i=\frac{v}{M(\varphi)} \tag{1-2}$$

其中与电荷(或磁通量)有关的电阻 M 称为忆阻，代替了线性电阻 R。在与电荷相关的情况下，忆阻的变化取决于通过忆阻器的累积(或历史)电荷量。因此，在没有任何电流的情况下，累积电荷量保持不变，M 不变。因此，忆阻器是一种很好的无源非易失性存储器。也就是说，存储内容是使用忆阻 M 的值存储的，即使在电源关闭后，存储内容仍然保持不变。

现在假设有一个磁通量控制的理想忆阻器，并以一种等价但略有不同的形式表示。如果我们施加一个时变电压(如交流电源或周期脉冲)，那么磁通量和电流随时间变化:

$$i(t)=G(\varphi(t))v(t) \tag{1-3}$$

电导 G(也称电阻抗)是电阻的倒数，即 $1/R$，它是磁通量随时间变化的函数，实际上是由电压控制的。电荷控制的忆阻器可以类似地推导出:

$$v(t)=\frac{i(t)}{G(q(t))} \tag{1-4}$$

由图 1-1 可知，电压是磁通量的时间导数，电荷是电流的时间导数。假设电导是电阻的倒数，即 $G=I/V$，则有:

$$G=\frac{\mathrm{d}q}{\mathrm{d}\varphi} \tag{1-5}$$

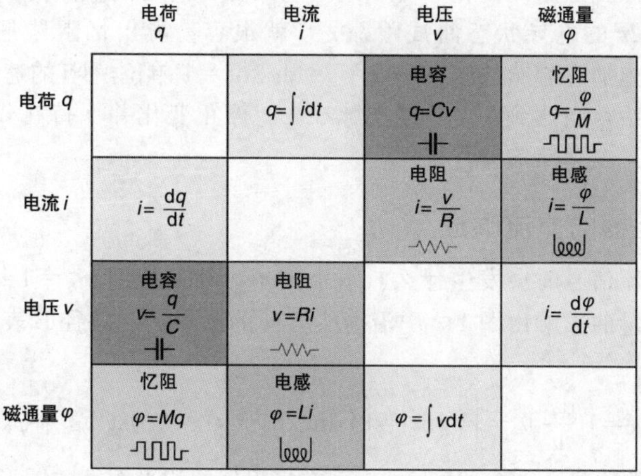

	电荷 q	电流 i	电压 v	磁通量 φ
电荷 q		$q=\int i\mathrm{d}t$	电容 $q=Cv$	忆阻 $q=\frac{\varphi}{M}$
电流 i	$i=\frac{\mathrm{d}q}{\mathrm{d}t}$		电阻 $i=\frac{v}{R}$	电感 $i=\frac{\varphi}{L}$
电压 v	电容 $v=\frac{q}{C}$	电阻 $v=Ri$		$i=\frac{\mathrm{d}\varphi}{\mathrm{d}t}$
磁通量 φ	忆阻 $\varphi=Mq$	电感 $\varphi=Li$	$\varphi=\int v\mathrm{d}t$	

图 1-1 基本电路元素和变量关系矩阵

式(1-3)~式(1-5)是 Chua 描述忆阻器的形式，尽管在断言这是理想忆阻器的真正数学表达之前，还有一些条件需要满足。从这些方程也无法得知忆阻器丰富的动力学特征，需要进一步研究。理解忆阻器复杂非线性动力学的最佳方法是跟踪状态变量在相平面上的运动，如图 1-2b 所示。忆阻器的状态变量是磁通量，则有 $\mathrm{d}\varphi/\mathrm{d}t=V$。

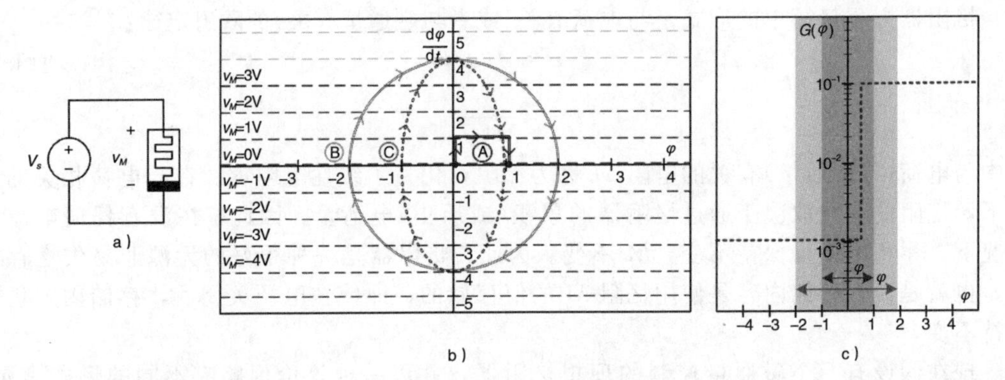

图 1-2　a) 连接电压源的忆阻器；b) 用多个不同驱动输入的动态路线图绘制理想忆阻器 $\varphi-\mathrm{d}\varphi/\mathrm{d}t$ 相平面：A 显示磁通量脉冲输入的响应，B 显示磁通量对交流输入的响应(见式(1-6))，C 显示磁通量对更高频率交流输入的响应(见式(1-7))；c) 理想状态下磁通量和电导 $\varphi-G(\varphi)$ 的关系。在本例中，我们假设低电导 $G_L=10^{-3}$S，高电导 $G_H=10^{-1}S$，及 $\varphi_T=0.5$ 的切换阈值。阴影区域表示 x 在 B 和 C 变化的范围，x 为输入频率的函数

图 1-2 为理想忆阻器在相平面上的动态路线图(Dynamic Route Map，DRM)。当不施加电压时，$V=\mathrm{d}\varphi/\mathrm{d}t=0$，表示磁通量不变，因此沿 x 轴上的任何点都保持静止。

1.2.2　理想忆阻器的直流响应

现在让我们在忆阻器两端施加 $V=1$V，$t=1$s 的电压脉冲图 1-2 所示的矩形运动路径 A 显示了这一过程中磁通量的变化，可以通过电压脉冲的时间积分为 1 来证明。

如果利用图 1-2c 的电导状态曲线跟踪 φ，就很容易看出忆阻器是如何转换状态的。对于阶跃响应，当施加直流脉冲时，φ 以 $V_S=\mathrm{d}\varphi/\mathrm{d}t=1$ 单位/秒[⊖] 的速度线性增加。忆阻器从低电导状态开始，当达到 V_S 后停止脉冲，φ 停止变化并保持在较高的水平。因此，忆阻器表现出非易失性存储的特性。

1.2.3　理想忆阻器的交流响应

当我们施加交流信号时会发生什么？举个例子，我们使用 $V_S=4\sin(2t)$V 的电压源。该正弦输入对磁通量的影响由图 1-2 中沿箭头方向的圆形运动路径 B 表示。磁通量 φ 可以求得解析解：

$$\varphi=\int\frac{\mathrm{d}\varphi}{\mathrm{d}t}\mathrm{d}t=\int V_S\,\mathrm{d}t=\int 4\sin(2t)\,\mathrm{d}t=-2\cos(2t)+\varphi_0 \tag{1-6}$$

我们假设积分常数项 $\varphi_0=0$。$V_S-\varphi$ 表示在忆阻器的相平面上的圆形轨迹。在初始时间 $t=0$ 时，将假设的积分常数项 $\varphi_0=0$ 带入式(1-6)中得到了磁通量初始状态 $\varphi(t=0)=-2$。很容易看出，每当 V_S 达到最大值或最小值时，φ 就会越过图 1-2b 的 y 轴。磁通量循环范围

⊖ 我们注意到电荷-磁通量关系是纯理论的。虽然磁通量的国际单位是韦伯(Wb)，但在这里无量纲，以避免误导读者，因为这样的装置还没有被发现。通量常被其他一些物理机制所代替。我们将在 1.3 节中更深入地探讨这个问题。

为$-2 \leqslant \varphi \leqslant 2$。

同样，我们可以在图 1-2c 的电导图上跟踪 φ，其显示了电导周期性切换的路线。在交流励磁下，我们施加一个连续变化的电压范围，所以用电压来计算电流响应是很有用的，也可以用图 1-3 中的图表来计算。

从图 1-2b 中的相平面 $\mathrm{d}\varphi/\mathrm{d}t-\varphi$，以及图 1-2c 中的 $G(x)-\varphi$ 曲线，我们已经能够推出 $v_M(t)$、$\varphi(t)$、$i(t)$和 $q(t)$。然后，我们利用时变的 $\varphi(t)$和 $q(t)$曲线来找出图 1-3f 中电荷与通量之间的关系，这可以完全表征一个理想忆阻器。

我们对 $v_M(t)$和 $i(t)$执行相同的操作，以在图 1-3g 中找到电压和电流之间的关系。图 1-3f～g 中的两个斜率代表高电导和低电导水平。因此，理想磁控忆阻器的 V-I 平面的特性曲线是一条捏滞回线[16]。

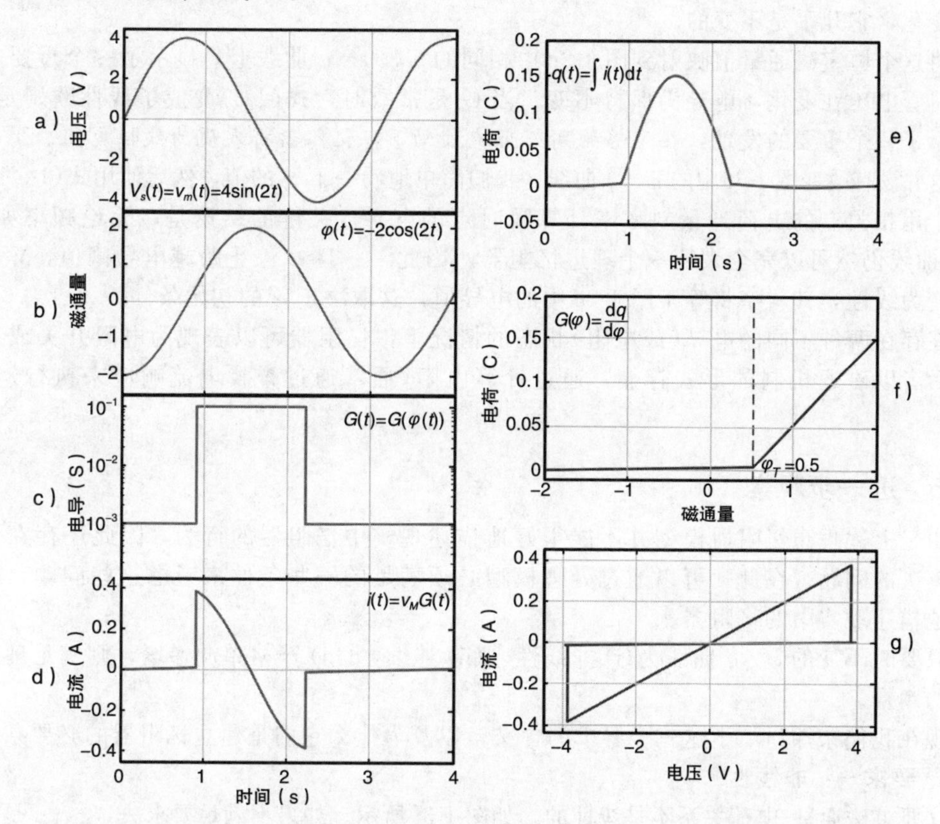

图 1-3　理想忆阻器响应。a) 电压-时间；b) 磁通量-时间；c) 电导-时间；d) 电流-时间，注意电流仍然在高阻状态下流动，只比峰值低 100 个数量级；e) 电荷-时间；f) 单调递增的磁通-电荷曲线；g) 电压-电流平面上的捏滞回线

荷控忆阻器的捏滞回线可通过类似的过程导出。

1.2.4　理想忆阻器的交流响应：更高的频率

当增加驱动电压的频率时会发生什么呢？我们可以在保持振幅不变的情况下，将频率增加一倍，得到 $V_S=4\sin(4t)$ V 的输入。对磁通量 φ 再次解析求解，方法与式(1-6)相同：

$$\varphi=\int V_S\mathrm{d}t=-\cos(4t)+\varphi_0 \tag{1-7}$$

这一次，磁通量在 $-1\leqslant\varphi\leqslant 1$ 之间振荡。如式(1-6)所示上限和下限从 ± 2 开始降低。参照图 1-2b 中的相平面，磁通量的运动以运动路径 C 表示。直观地看，这是有道理的。频率的增加对应于电压变化率的增加，使得磁通量在每次电压迭代中变化的时间更少。因此，运动路径开始向内“挤压”。

随着频率的增加，运动路径将继续挤压，当频率接近∞时，磁通量的边界将趋于 $-1/\infty\leqslant\varphi\leqslant 1/\infty$。这个范围非常小，我们可以近似 $\mathrm{d}\varphi/\mathrm{d}t=0$。如果我们能够测量磁通量的变化，它几乎是不变的。

将这个恒定磁通量值映射到图 1-2c 中相同的 $G(\varphi)-\varphi$ 曲线上，显示了一个重要的结果。尽管电压在变化，电导仍保持不变。当 G 是常数时，式(1-3)变成了线性欧姆定律。这暗示了一个重要的发现：*在足够的高频交流激励下，忆阻器将表现为线性电阻。*

这并没有改变图 1-3f 中的 $\varphi-q$ 曲线。我们简单地看一下 φ 的值，然后使用式(1-5)——相当于用相关点的电荷通量斜率来计算瞬时点的电导。关键的结论是，无论频率如何，$\varphi-q$ 曲线仍然可以完全表征一个理想忆阻器。因此，一旦 φ 停止跨越电导阈值，V-I 曲线将变为线性，其斜率将等于图 1-2c 中的电导值，这取决于 φ 的初始条件。

在存在两种不同的电导(或电阻)状态的情况下，忆阻器可以表现为电阻开关或存储器，后者以磁通机制的形式存储，通过计算电阻(通常通过查找电流响应来执行)实现可读。

1.2.5　进一步观察

由于上述理想忆阻器模型并不能很好地描述现实中忆阻器的行为，因此还存在一些需要解决的问题。在此，可以通过处理模型必须满足的一些条件来考虑这些问题，从而更好地描述现实中的忆阻器。

只要时不变的 $\varphi-q$ 曲线为(i) 非线性，(ii) 连续，(iii) 严格单调递增，则满足理想忆阻器的判据。

现在我们来探讨一下这三个要求的含义，以及为什么它们是建立忆阻器的必要条件。

1. 要求一：非线性

这要求磁通量-电荷关系不是线性的，如图 1-3f 所示。如果不满足要求一，$\varphi-q$ 是线性的，那么 $G(\varphi)-\varphi$ 将是一个单值函数。也就是说，不管驱动频率如何，忆阻器的电导和电阻都是恒定的。因此，要求一是必要的，否则器件将只是一个电阻，如图 1-4 所示。

2. 要求二：连续 $\boldsymbol{\varphi-q}$

如果不满足要求二，那么当 φ 增加时，会有一个瞬间的电荷跳跃。图 1-5 中的磁通量-电荷关系表明，$\varphi(t)=0$，$\mathrm{d}q/\mathrm{d}t=\infty$。一个在每次开关过程中都通过无限大电流的模型很难描述现实世界中开关过程是如何发生的。

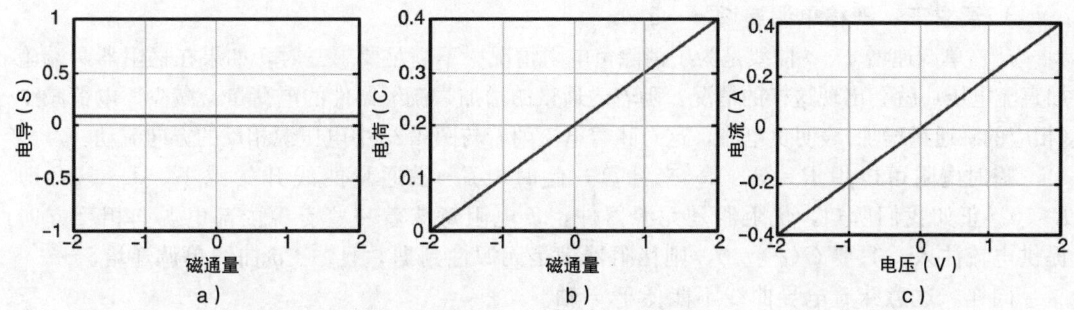

图 1-4 电阻对应的线性通量-电荷曲线。a) 单值电导函数；b) 线性磁通量-电荷关系；c) 电压-电流服从欧姆定律的曲线

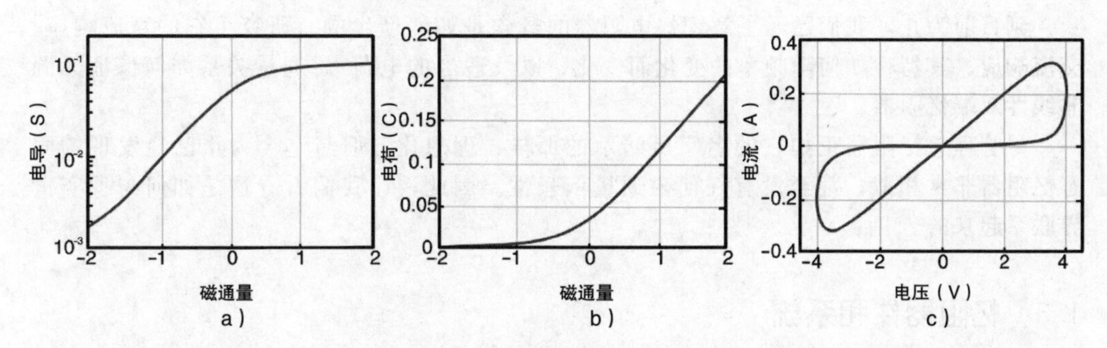

图 1-5 理想忆阻器的响应，其中 $G(\varphi)$是一个连续函数。a) 磁通量-电导的逻辑函数；b) 磁通量-电荷的关系曲线；c) 电压-电流平面上的捏滞回线。注意，转换比图 1-2g 中的前一种情况更平滑，因此模拟了物理上更可行的切换机制

我们可以通过将“连续的”替换为“连续可微的”来进一步细化这个标准，在这种情况下，图 1-3f 中的 $\varphi-q$ 曲线只能是分段可微的。也就是说，即使它在各段之间是不可微的，它的子域内部是可微的。其结果是电流的增大减小或瞬时开关状态的转换所耗时间 $t=0$。实际上，电流增大时间不会是零，因为我们生活在一个“模拟”的世界里，所以总有使物理器件能够从低阻态向高阻态转变所需最小能量的有限且很短的时间间隔。

假设的 $\varphi-q$ 曲线的分段线性性质造成了图 1-3c、e 和 g 中的突变。这一突变可以通过确保 $G(\varphi)$是一个连续函数(或连续可微且上升下降时间均不为 0 的函数)来解决。因此，我们可以通过平滑图 1-3b 中的 $G(\varphi)$对有限切换时间进行精确建模，其曲线的连续导数如图 1-5 所示。这可以通过使用逻辑函数来建模磁通量和电导之间的关系来实现。

虽然图 1-2b 磁通量-电压关系在所有情况下都是固定的，但 $G(\varphi)-\varphi$ 关系依赖于器件，不需要像图 1-2c 中那样是阶跃函数。

现在我们研究增加频率对这种更现实的理想忆阻器模型的影响。在这种情况下，随着电压频率的增加，周期性磁通的变化范围将再次减小并收敛到零。这两种电导曲线将逐渐收敛，表现为线性电阻。这种情况与图 1-2c 中阶跃函数 $G(\varphi')$曲线的区别在于，一旦磁通停止越过阈值，后者立即变为线性电阻。

3. 要求三：严格单调递增 $\varphi-q$

严格单调递增 $\varphi-q$ 曲线是为了消除负电阻情况。不满足要求三时，如果在忆阻器两端施加直流电压，就会出现这样的情况：随着磁通量的增加，流经器件的电荷量会减少。电荷减少(相应的磁通量增加)表明负电流，这意味着电流朝着与图 1-2a 中电压源相反的方向流动。

瞬时电阻可以用 $R=\mathrm{d}\varphi/\mathrm{d}q'$ 来计算，此时电荷-磁通量曲线开始减小，$\mathrm{d}q<0$，即 $R<0$。正如我们所知，忆阻器是无源器件，负电阻意味着一些有源内部电源向相反方向提供电流注入。只要 $G(\varphi)=0$，则忆阻器满足无源性判据，且 $\varphi-q$ 曲线单调递增。

同样，这意味着电导曲线不能低于 x 轴。

1.2.6　小结

到目前为止，我们已经了解记忆电阻器的概念是如何产生的。研究了它的直流响应、交流响应、其特性如何随频率的变化而变化，以及适当的电荷-磁通量关系如何保证无源非线性双端忆阻器。

尽管理想忆阻器正如它的名字所暗示的那样：理想化，但与迄今为止已经发现的固态忆阻器非常相似，甚至没有任何磁通量依赖性。因此，让我们看看这是如何与现实世界联系起来的。

1.3　忆阻器件和系统

1.3.1　定义

如果没有磁通量，存储器在物理忆阻器中到底存储什么？如果磁通量不再是我们开关器件的物理机制，它还能被称为“第四基本电路元件”吗？这些是本节将探讨的一些问题，因为我们要考虑是什么导致了忆阻器的泛化。

1976 年，在忆阻器的假设提出几年后，Chua 和 Kang 扩展了忆阻器的定义，进一步将“忆阻器件和系统”定义为不再严格依赖磁通量来存储的存储器[6]。这种概括意味着我们可以把一些已经存在的系统归类为忆阻器件，比如热敏电阻[17]，霍奇金-赫胥黎膜模型描述的离子系统[14]，以及放电管[18]。

有趣的是，在 2008 年发现的惠普 TiO_2 忆阻器，按这个定义就是一种忆阻器件。他们在《自然》杂志上发表的论文“*The missing memristor found*”㊀，标题是促使研究人员将忆阻器(memristor)和忆阻器件(memristive device)互换使用的催化剂，这自然导致了一些混淆[7]。Chua 通过将这些忆阻器件称为“通用的”和“扩展的”忆阻器来解决这种混淆。我们将会看到目前为止所发现的固态忆阻器通常分为通用型或扩展型忆阻器。

不管用什么命名法，这三种类型的忆阻器(理想型、通用型和扩展型)都表现出一种非线性特性，这种特性彻底改变了许多研究人员设计电路的方式。我们将会看到，这三

㊀ 这一标题与 Chua 1971 年的论文标题“*Memristor-the missing circuit element*”相反。

种忆阻器的子类都表现出细微的优势，因为它们都是电子控制的电阻，并以电阻的形式存储的存储器。通过类比，当一个 PN 结处于反向偏压时，损耗区的大小可以作为一个伪介电层来控制。改变这种反向偏置电压可以改变介电层的大小，从而引起可测量电容的变化——这种装置就是变容二极管。在没有一对平行的金属板的情况下，我们仍然可以把这个装置看作是一个电子控制的电容器，而不考虑驱动它的物理机制。相应地，其在许多有用的应用领域有一席之地，如压控振荡器和射频滤波器。

忆阻器并非完全不同。可采用一系列物理机制来实现非易失性的电子可变电阻性存储器。无论它们是基于金属氧化物还是依赖于相变，它们都可以在数学上被描述为忆阻系统，我们不能因为忆阻器是否为“基本”的争论而忽视它们的有用性：如果忆阻器能够达到与开关磁通机制相同的目的，那么关于通用的和扩展的忆阻器基本性质的争论只会达到哲学的目的，对可能被开发出的电路几乎没有影响。

时不变[⊖]压控忆阻系统描述如下：

通用忆阻器：

$$\frac{\mathrm{d}x}{\mathrm{d}t}=f(x,\ v)$$
$$i=G(x)v \tag{1-8}$$

扩展忆阻器：

$$\frac{\mathrm{d}x}{\mathrm{d}t}=f(x,\ v)\quad i=G(x,\ v)v \tag{1-9}$$

一般情况下与状态相关的欧姆定律与式(1-3)中的相同，其中 φ 被替换为状态 x，$\mathrm{d}x/\mathrm{d}t$ 的动态状态方程现在有点不同，因为它对状态 x 有额外的依赖。如果我们将之前对 $q-\varphi$ 理想模型的所有观测值转换为 $q-x$，那么这些通用和扩展的情况将能够大致描述所有电子控制的电阻开关。我们可以通过以下步骤来证明这一点：

(1) 了解各种功能材料中的电阻开关机制；

(2) 分析这些电阻性开关机制的电模型；

(3) 按照式(1-8)和式(1-9)对忆阻器件的定义进行比较；

(4) 按照式(1-3)对理想忆阻器的定义进行比较。

这些将在下面的小节中进行介绍，同时给出电阻式开关背后基本机制的物理描述。

1.3.2　电阻开关机制

当电阻型随机存取存储器(Resistive Random-Access Memory，ReRAM)首次被引入时，其机制并没有被很好地理解，且一系列电阻型开关被广泛地归类为随机存取存储器，但没有详细说明其开关机制的物理性质。这导致了所有由电场调节的非易失性电阻型开关材料被归类在电阻型随机存取存储器下，除了一些特殊的类别，包括相变硫族化合物和磁阻存储器。

在描述开关机制方面存在许多理论，尽管经验证据为理解不同材料中的主要机制提

⊖ Chua 和 Kang 在 1976 年的论文中简要提及了时变。在这里，为了简单起见，我们将遵循时不变。

供了强有力的支持，但局部成像的困难导致了表征的不确定性。电阻开关可以是离子传输、焦耳加热引起的相变、导电丝的形成和接触界面的产物。区分这些影响是一项困难而重要的工作。

在描述下面的一些机制前，我们需要注意这些效应不太可能彼此独立存在。

1.3.3 离子传输

正如前面提到的，在 R. Stanley Williams 的带领下，惠普实验室的团队在意识到忆阻器与固态TiO_2 薄膜器件的联系后，重新燃起了对忆阻器的研究。事实上，TiO_2 薄膜中电阻开关的发现要早于 Chua 对忆阻器的假设，这可能要追溯到 1965 年[20]。这就是电阻型 RAM(ReRAM)和忆阻器之间的联系的发现。

惠普最初的忆阻器件由一层绝缘TiO_2 和一层缺氧TiO_{2-x} 构成，夹在用于施加电场的铂电极之间。

文献[7]中提出的理论指出，电开关是由带正电荷的空穴漂移通过阻挡层而发生的，从而增加了绝缘层的有效宽度，如图 1-6b 所示。通过用负场吸引正空穴，该过程可逆，这增加了绝缘TiO_2 层的宽度，如图 1-6c 所示。

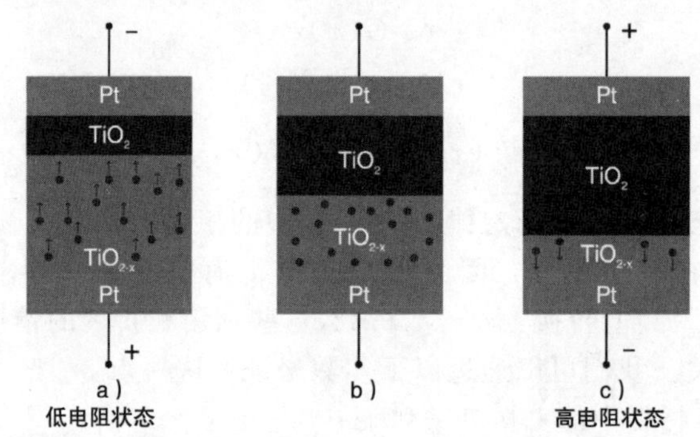

图 1-6　TiO_2 忆阻器中离子的传输。a) 正电压排斥，扩大了缺氧层；b) 电阻状态在电流停止后仍然存在；c) 负电压吸引氧空位，扩大了绝缘TiO_2 层

次年，惠普发布了TiO_2 器件的动态模型，以更好地理解电场存在时的状态演化㊀。利用回归技术拟合实验数据，他们给出了关断($i>0$)的解析表达式：

$$\frac{\mathrm{d}w}{\mathrm{d}t}=f_{\mathrm{off}}\left(\frac{i}{i_{\mathrm{off}}}\right)\exp\left[\exp\left(-\frac{w-a_{\mathrm{off}}}{w_c}-\frac{|i|}{b}\right)-\frac{w}{w_c}\right] \tag{1-10}$$

以及闭合($i<0$)的解析表达式：

$$\frac{\mathrm{d}w}{\mathrm{d}t}=f_{\mathrm{on}}\left(\frac{i}{i_{\mathrm{on}}}\right)\exp\left[\exp\left(-\frac{w-a_{\mathrm{on}}}{w_c}-\frac{|i|}{b}\right)-\frac{w}{w_c}\right] \tag{1-11}$$

所有拟合参数 f_{off}、i_{off}、a_{off}、b、w_c、f_{on}、i_{on} 和 a_{on} 由文献[21]给出。

式(1-10)和式(1-11)如图 1-7 所示，这是物理意义上的离子传输。施加正电压，导电

㊀ 尽管 $\mathrm{d}w/\mathrm{d}t$ 依赖于 R_{ON} 和 R_{OFF}(高阻态和低阻态)，但在 2008 年的《自然》原稿中也提供了一个动态模型。正如我们所看到的，这两个值不一定是常数，它们本身在记忆装置中就是一个依赖于状态的项。

TiO_2 层的宽度就会扩大。增加施加的电压，动态路线图将向上移动，对应于宽度 w 的更快变化。其工作原理与理想忆阻器的分析非常相似，只不过是不同的曲线形状。

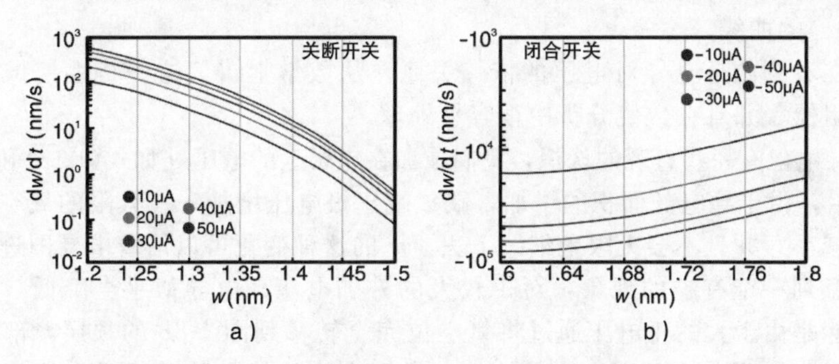

图 1-7　文献[20]中的TiO_2 忆阻器模型。a) 基于离子传输的关断开关动态路线图；b) 闭合开关动态路线图(见彩插)

1.3.4　导电丝的形成

为了进一步加快开关时间，提高开关电阻比，提升忆阻器的可靠性，惠普公司继续用其他金属氧化物电阻开关进行实验。他们的实验表明，氧化钽是一种比较可控和可靠的选择。

两层具有不同化学计量的钽氧化物被堆叠在一起，一层是富氧的，一层是缺氧的，通过施加外部电压可以控制两层之间的氧空位交换。这与离子传输理论的不同之处在于氧空位形成了一个传导通路，人们普遍认为这两种开关机制是密不可分的。事实上，大多数电阻性开关现象被认为是两个电极之间产生导电丝的结果，起到断路器或开关的作用。导电丝的形成是在纳秒的时间内，纳米的尺度上发生的[22]。

例如，在图 1-8 中，富氧层的负电压会产生一种力来排斥带负电荷的氧离子。这就留下了一个导电氧空位，随着空位的增多，形成了传导通路进行电运输。相反，正电压会把氧离子吸回导电通道，从而增加电阻。

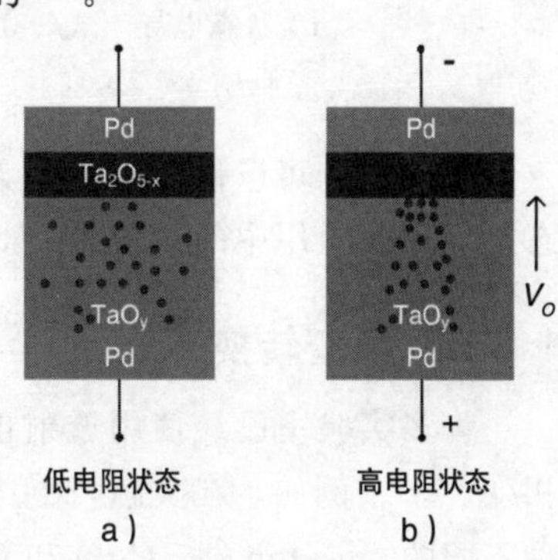

图 1-8　文献[23]中的在氧化钽忆阻器中制备导电丝的例子。a) 氧空位导致高电阻状态；b) 在氧空位运动方向 V_O 形成的导电丝

文献[24]中的氧化钽忆阻器用了如下的紧凑模型：

$$\frac{\mathrm{d}x}{\mathrm{d}t}=\lambda\sin(\eta v)\begin{cases}\dfrac{1-x}{\tau_0} & v>0\\[2ex] \dfrac{x}{\tau_0} & v<0\end{cases}\tag{1-12}$$

$$I=G(x,\ v)=\left[\frac{\alpha}{v}(1-\mathrm{e}^{-\beta v})+\frac{x\gamma}{v}\sinh(\delta v)\right]v\tag{1-13}$$

其中，状态变量 x 表示由于氧空位浓度增加而形成的导电丝的整体面积分数。

变量α、β、γ、δ、η、λ和τ是材料相关的特性。这些方程的形式与式(1-9)中的扩展忆阻器形式完全吻合。为了简化分析和理解，我们把所有这些常数都当作“1”来生成dx/dt和$G(x)$的曲线。

我们现在看到的是电导对电压的依赖关系。从数学上讲，这一特性使扩展忆阻器有别于通用忆阻器，并且在数值分析中很容易处理。

为了对导电丝有一些直观的认识，我们施加在钽层上的电压v如式(1-12)和式(1-13)㊀。如图1-9所示，由于导电丝面积的增加，缺氧端正极电压增加x。有限的氧空位意味着x的变化逐渐减小，并且不会无限地继续下去。x的这种变化可以沿着电导图进行跟踪，在这里我们注意到一个有趣的现象：对于较大的外加电压，电导似乎会降低。造成这一现象的原因可能是由于大的正电压通过将氧空位完全转移到图1-8b的顶层，部分抵消了导电丝效应。氧化钽层中氧空位的缺乏使得它变得高度绝缘，并且两层之间的电阻也越来越高。

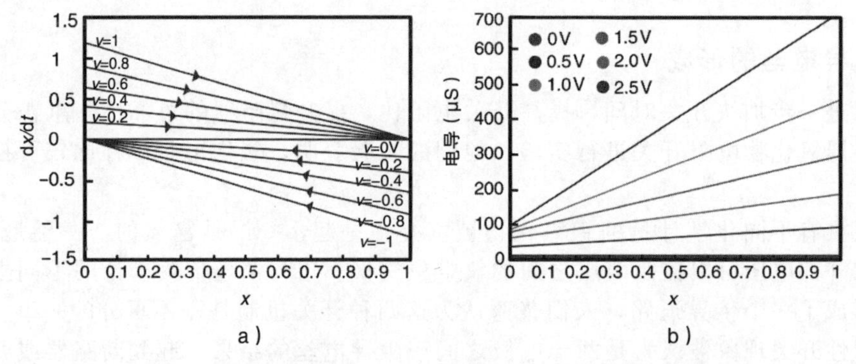

图1-9　文献[23]中的氧化钽忆阻器模型。a) 基于导电丝形成的动态路线图，式(1-12)；b) 状态电导，式(1-13)。注意，随着电压的增加，所有$v>0$的曲线斜率减小(见彩插)

现在我们可以使用电压精确地调整模拟值范围内的电导。我们很快就会看到它在多态神经形态应用中的价值。

1.3.5　相变转换

许多实验室已经使用透射电子显微镜来识别与导电丝同时发生的其他开关机制，即相变[25-27]。例如，在文献[28]中介绍了Pt/CuO/Pt开关的相变，其中缺氧的导电丝由两种不同的Cu-O组成：CuO和Cu_2O。

也有固态电池使用相变作为其主要的电阻开关机制，这些由一组硫元素构成。相变材料是传统的金属合金(锗Ge、砷As、锑Sb和碲Te)，当它们合在一起时，会形成硫族化物。非金属合金具有多种稳定状态，每种稳定状态都有其独特的电阻特性。

㊀　你可能已经注意到，不同的化学计量可以在不同的层结构中产生不同的行为。尽管在所有的情况下，导电丝有望成为主要的电阻开关。

如图 1-10 所示，非晶相与无序的玻璃成分相似，具有高电阻性，而晶相更像是导电金属。

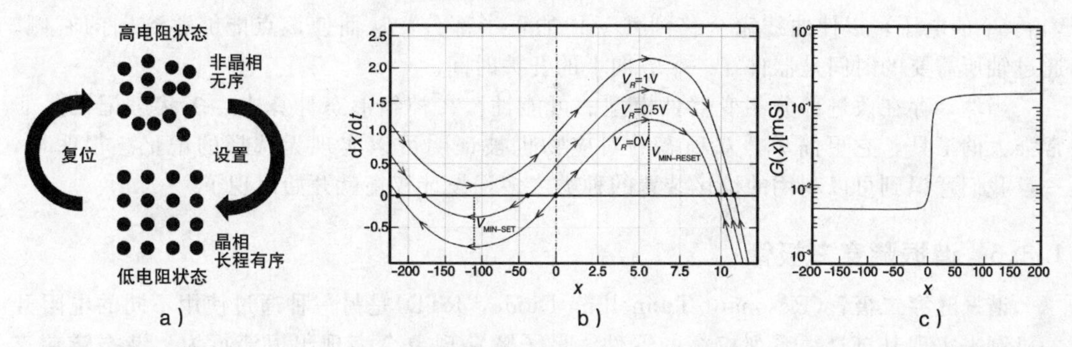

图 1-10 相变转换。a) 介于非晶相和晶相之间；b) 式(1-14)的动态路线图，注意左右平面之间的不对称性，这是由于明显不同的开关时间；c) 式(1-15)的状态-电导关系

要在这些状态之间切换，必须将材料加热到一定的温度，这可以通过在给定时间内施加高于一定阈值的电压来实现。例如，假设该器件最初处于高阻非晶相，如果在其端口上施加电压，则该器件由于具有电阻性而散热，因此温度也会升高。如果保持在它的“设置”电压(例如 $V_{SET}\approx 0.7V$[29])，材料将变得足够热而使分子重新排列成晶体结构。也就是说，温度需要保持足够长的时间(例如，$t_{SET}\approx 100ns$[29])。

为了“复位”，我们施加一个高得多的电压(例如，$V_{RESET}\approx 1.2V$[29])来推动温度足够高，使分子结构恢复到熔融状态，从而熔化晶体结构。为了成功地过渡到高阻非晶相，必须在复位开关时间内(例如，$t_{RESET}\approx 10ns$[29])施加该电压。

这个过程与我们目前遇到的器件有很大的不同。我们现在使用的是电压阈值来实现开关，而不是依靠状态阈值开关电导(例如，图 1-2c 中的 $\varphi_T=0.5$)。该电压不仅必须施加一定的时间，而且由于是电压阈值，不能累计施加以引导开关。换句话说，我们之前研究的所有案例，理论上都可以应用多个电压脉冲来逐步改变 x、w 或 φ 的状态。在具有理想相变形式的电阻开关中(并且在没有二次开关机制以及诸如温度相关的电阻漂移、热不稳定性等缺陷的情况下)，该装置将只存储低或高电阻状态的存储器——非晶相或晶相。

这还属于忆阻器的描述范畴吗？有些人会说不，因为相变存储器件不像离子传输和导电丝那样依靠氧空位来切换状态。但是，根据通用或扩展忆阻器的实际定义，没有理由不能用式(1-8)或式(1-9)中的一对动力学方程来描述相变存储器。在具有理想相变的情况下，相变存储器[29]为：

$$\frac{\mathrm{d}x}{\mathrm{d}t}=\begin{cases}\alpha x(x+\beta)\pm|v_R| & x\leqslant 0\\ -\eta x(x-\gamma)\pm|v_R| & x\geqslant 0\end{cases} \tag{1-14}$$

$$i(x)=v_R\left(\frac{g_s}{1+\mathrm{e}^{sx}}+g_r\right) \tag{1-15}$$

其中，当要“设置”时在动态表达式上加上$|v_R|$，“复位”时减去$|v_R|$。α、β、η、γ、s、g_s 和 g_r 都是和材料相关的常数，都可以通过一组特征相平面方程来计算。这也被称

为“双稳态忆阻器”，因为在它的动态路线图上有两个点表现出稳定性，在稳态状态下，状态总是倾向于这两个点中的任意一个[30]。要从左侧的稳定点切换，必须施加略高于 $V_{\text{MIN-SET}}$ 的电压，以使曲线完全移到 dx/dt 的正半部分，从而使该点能够移到图的右侧。通过轴所需要的时间是器件在一个方向上的开关时间。

当然，存在改进部分相变器件模型的可能性。在神经形态计算中，多状态记忆是非常强大的工具，它更简单、双稳态的对应物也被证明可以实现无选择的记忆。很明显，一旦我们意识到可以利用的记忆装置的种类之多，设计权衡就开始出现了。

1.3.6 谐振隧穿二极管

谐振隧穿二极管(Resonant Tunnelling Diode，RTD)是另一种通过使用不同的电阻开关机制来实现其自身一系列权衡的器件。量子隧穿现象会表现出迟滞行为。谐振隧穿二极管的一种常见结构是双势垒量子阱结构。双重势垒产生有限能态，能阻止电子通过结构，除非它们处于一定的能级。这种结果使其应用于多层存储单元和逻辑，并产生电阻性开关特性[31]。

在一个简化的2D视图中，该器件由图1-11a中 I 和 V 区域带隙相对较小的半导体制成的重掺杂触点组成。这些区域分别称为发射极和集电极。当器件处于平衡状态而无外部偏置时，电子可能不处于克服这些障碍所必需的能量水平，这符合经典物理学，根据量子理论，电子也不能谐振能量下通过。在没有施加电场的情况下，谐振隧穿二极管中存在一个均匀的费米分布，这意味着没有电流流动。

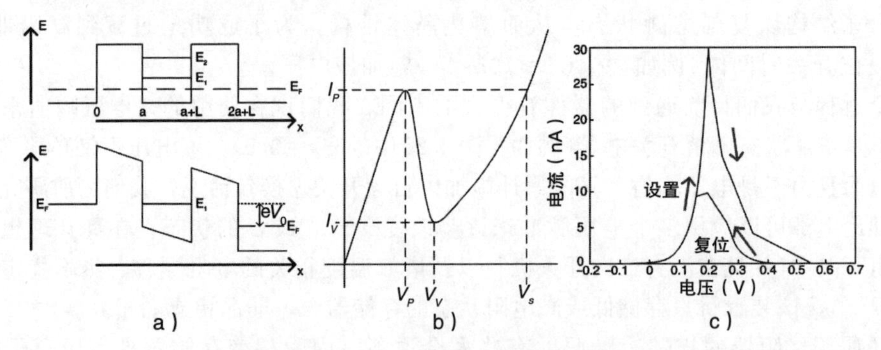

图1-11 谐振隧穿二极管的操作。a) 平衡(上)和外加偏压(下)作用下的双势垒结；b) 电流-电压特性[32]；c) 设置和复位操作[33]

当施加到区域 I 的电压增加时，区域 I 的费米能级也相对于其他区域增加——电流开始流动。在量子阱中，通过它的电子可能只有离散的能量值。这些能量值可以根据文献[32]的推导来计算，当发射极接触处的电子能量等于阱中离散的允许状态时，电子在此谐振能量下通过双势垒的隧道存在近似1的传输概率，这就是谐振隧穿。能发生谐振隧穿电压所对应的电流值也被称为峰值电流 I_P。此时，单位面积的隧穿电子数达到最大值。在电阻开关方面，这可以看作是图1-11c中器件进入低电阻状态的设置过程[33]。

如果电压增加超过这个峰值，那么在谐振隧穿二极管中会出现一个有趣的现象，称为负微分电阻。当发射极结合处的电子能量超过谐振能量时，电子保持横向动量的同时通过隧道进入量子阱的概率迅速减小。相应地，隧穿电流密度急剧下降。这也可以从图 1-11c 中的向下箭头看到，最小点通常被称为谷电流 I_V。

由此，我们对谐振隧穿二极管中电阻型开关的分析可以从两个方向进行。第一个方向是，继续增加施加在发射极上的电压。这将增加电子能量的分布，电子热离子发射将使载流子克服构成电子势垒的材料的功函数。累积起来，通过量子阱的更高能级的谐振能量也会促进通过势垒的隧穿。经典理论和量子理论的结合使电流密度持续增加，如图 1-11b 中 V-I 特性的上升尾端所示。

分析的第二个方向是，降低谷电流的电压，而不是进一步提高电压。在图 1-11c 所示的复位过程中，可以应用反向直流电压扫描将电池恢复到高阻状态[33]。全石墨烯谐振隧穿二极管与我们目前考虑的其他电阻开关之间的一个主要区别是，高阻状态实际上是负微分电阻。

综上所述，如果峰值电流 I_P 由峰值电压 V_P 驱动，谷电流 I_V 由谷电压 V_V 驱动，并且通过图 1-11b 中更高的二次电压 V_S 也可以获得峰值电流，那么文献[32]中提出的重要的谐振隧穿二极管参数很容易推导如下：

$$R_{\mathrm{SET}}=\frac{V_P}{I_P} \tag{1-16}$$

$$R_{\mathrm{SET2}}=\frac{V_S-V_V}{I_P-I_V} \tag{1-17}$$

$$|R_N|=\frac{V_V-V_P}{I_P-I_V} \tag{1-18}$$

根据图 1-11c，式(1-18)可由局部复位峰值来计算复位电阻 R_{RESET}。

1.3.7 磁阻式存储器、纳米粒子和多态器件

到目前为止，我们已经介绍了理想忆阻器和四个物理电阻开关模式——离子传输、导电丝、相变和量子隧穿，这些都是最知名的电阻开关机制，仍有众多的其他技术有各自的优势和挑战。

1. 自旋转移力矩

一个新兴技术的例子是自旋转移力矩忆阻器，它利用电子自旋方向的变化来改变电阻[34]。当一个固定磁层，其极性与自由磁层方向相同(如图 1-12 所示为平行状态)时，自旋转移力矩忆阻器能够通过高电流，这是由于相同的磁场方向产生的低电阻。在极性相反或反平行的情况下，器件将显示出大的电阻。

开关机制可以描述如下：对于设置过程(即从反平行到平行)，电子电流必须从固定层作用到自由层。在这种情况下，只有自旋方向与固定磁体方向一致的电子才能通过自由层。自由层的极性因此与电子自旋一致，这是由于角动量从电子自旋向自由场方向的转移，并且器件转换为低电阻状态。自旋方向与固定层相反的电子在隧道结处反射(图 1-12 使用 MgO)。

相反地，复位过程可以使用从自由层到固定层相反方向的电流。自旋电流被反射回来，从而使用上述相同的机制将自由磁体从平行转到反平行。因此，忆阻器切换到高电阻状态。

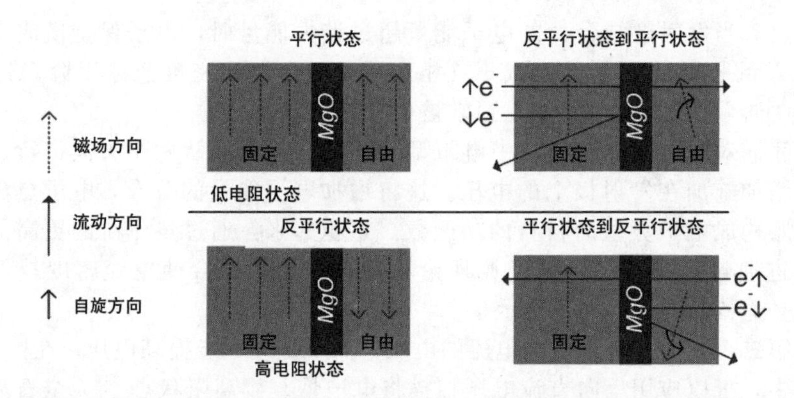

图 1-12　自旋转移力矩磁隧道结忆阻器。当自由磁层的磁场与固定磁层的磁场方向相同，或处于低电阻状态时，即平行状态。当自由磁层的磁场与固定磁层的磁场方向相反，或处于高电阻状态时，即反平行状态。这两种状态之间的开关机制是由电流的流向决定的

2. 纳米粒子

另一个有趣的例子是胶体金属氧化物纳米粒子，它已经被证明与有机材料具有良好的相容性[35]。纳米 ZnO 溶液在其开/关状态之间表现出较大的电阻比，这对于许多现实应用来说是一种非常理想的特性，特别是低成本的存储电路。有人提出，ZnO 纳米颗粒在氧化铟锡(ITO)和铝之间的层状开关机制是由于 Al/ZnO 界面的势垒发生了变化，这是由 1.3.3 节解释的氧空位的离子迁移和氧分子的吸附和解吸作用引起的。

3. 多态存储器

我们之前提到过多态忆阻器(multi-state memristor)，它可以有多种形状和形式，可能由于离子迁移的模拟和连续跃迁，也可能或由于多个平行的导电丝的生成。与现有的基于机制的理论不同，多态忆阻器的特性可以有无限多种形式——在一种假设情况下，可能会在 $G(x)$曲线中看到许多离散部分，或更有可能的情况是，$G(x)$是连续函数，其不同状态之间存在预先确定的公差范围。后一种形式的多态忆阻器已经开发成功并应用于图像处理[36]、多级比例逻辑门[37]、卷积滤波[38]和神经形态计算应用[13]。下一节将会说明，受大脑启发的神经形态处理器使用存算一体化的架构。经典的内存，大小、延迟和吞吐量，造成了传统冯·诺依曼架构中主要的性能瓶颈。其他有趣的扩展可用电导率状态数量的方案，包括使用输入频率调制[39]或状态耦合[40-41]来扩大器件可访问的状态的范围(见图 1-13)。

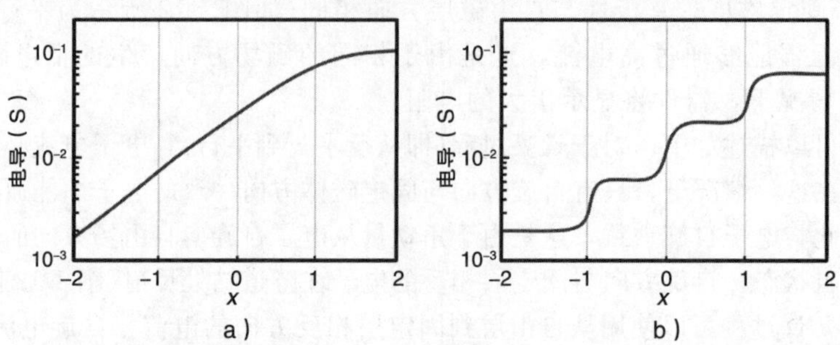

图 1-13　多态存储器的例子。a) 连续电导；b) 理论四态多阶电导

1.4 神经形态计算

忆阻器已用于构建密集的存储单元，创建可重新编程逻辑[42-43]，以及在安全领域中利用其随机性[44]。内存自然是有意义的，因为它是电阻式内存设备。2017 年 3 月，在英特尔 3D Xpoint 中实现了相变随机存取存储器 RAM[45]，在存储电路方面取得了一定成果。安全应用领域还通过研究其电路级动力学特性来生成混沌行为[4,46,47]，以及利用忆阻器开关机制在原子层面上的不确定性实现在物理上不可克隆函数[9]。

但有人认为忆阻器最具颠覆性的领域将是神经形态计算。除了冯·诺依曼架构之外，人们用神经形态计算克服 CMOS 所带来的限制。神经形态学之所以如此有前途，是因为其处理人工智能(Artificial Intelligence，AI)算法所需的能量要少得多，就像我们的大脑使用不到 20W 的功率处理信息和存储记忆一样。数字电路的研究主流是把我们所理解的微米级别的器件缩小一千倍，然后期望它也能表现出同样的性能。当我们接近 5nm 尺度时，电子场开始扰乱周围电子的行为。相反的策略是：看看在纳米尺度上自然发生的事情，并尝试从这些神经元中构建一些东西。因此，为了沿着摩尔定律的轨迹进一步发展，我们有三种基本方式：*方式一为电路的基本技术需要改变；方式二为架构需要针对我们的具体需求进行优化；方式三为两者的混合。*

很明显，我们现在主张的是*方式一*：忆阻器。通过利用忆阻器像人工神经元一样的特性，我们可以构建专门针对某些类型的机器学习算法(如深度神经网络)优化的架构。关于*方式二*，随着机器学习的普及程度大幅上升，我们日常生活对机器学习产生了一定的依赖性。例如，行业内依赖机器学习进行欺诈检测、健康诊断和预测分析。神经网络是目前最好的机器学习算法之一，它的灵感来自人类大脑中神经元的功能。据估计，人类大脑有 1000 亿个神经元，每个神经元有多达 10 000 个突触连接，而且消耗的能量比一个灯泡还少。尽管典型的冯·诺依曼架构没有为神经网络进行优化，神经网络还可以处理大量的数据，参数的数量通常远远超过数千万。神经形态计算的动机是理解大脑处理信息的基本原理，然后将这些原理转换成硬件，从而产生有用的东西。设计神经形态芯片的关键是理解它可能运行的算法的结构，因此，神经形态计算是继续遵循摩尔定律轨迹的一种解决方案。

因此，结合*方式一*和*方式二*的*方式三*是假定的。由于可以使用神经网络来计算任何函数㊀，因此加速器和神经形态芯片为我们提供了使摩尔定律广义的、以价值为导向的版本在这一特定的、越来越重要的用途中继续存在的机会。许多研究人员已经发现，忆阻器能够发挥突触和神经元的功能，因此，一项重大的任务是将这些功能扩展成基于新架构的更大的网络，以开发类似于人类大脑运行方式的基于忆阻器的超大规模集成电路系统(VLSI)。

㊀ 这句话有两点请注意：1) 仅限于逼近函数，但要达到期望的精度；2) 仅适用于连续函数。

1.4.1 忆阻突触

人类大脑可以通过大量神经元的交流来完成复杂的任务，如非结构化的数据分类和图像识别。神经元通过突触相互联系，突触可以是电性质的，也可以是化学性质的。在化学突触中，动作电位触发突触前神经元释放神经递质。这些分子与突触后细胞上的受体结合，从而影响神经元产生动作电位的几率。普遍认为，动作电位要么以最大程度发生，要么不发生(图 1-14)。

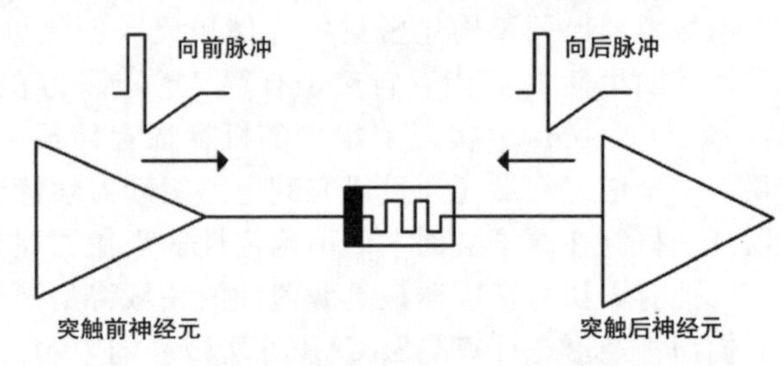

图 1-14 以记忆为基础的突触具有随时间变化的可塑性，其波形被用作突触前突(左)和突触后突(右)从 CMOS 神经元传播

另外，两个神经元之间的突触要灵活得多。调节这种强度的一种方法是改变释放神经递质的数量。在神经网络中，这种机制可以通过使用忆阻器及其可重构电导来表示突触的强度或权重来模拟。忆阻器可以作为突触，形成突触前突和突触后突 CMOS 神经元之间的连接[48]。当突触前神经元在突触后神经元之前被触发时，相当于在忆阻器上施加一个正电压，这将使忆阻器状态增加。到目前为止，在我们对忆阻器的所有分析中，正电压会引起电导的增加(或至少使状态向电导的增加靠近)。

当然也有例外，例如在某些导电丝中，足够高的电压会导致氧空位从富含空位的材料中完全转移。导电氧空位的完全转移会导致器件突然切换回高电阻状态[23]。值得注意的是，不是所有的电阻开关都适用。一个好的忆阻器选择是能够可靠地存在多态记忆，这样它就可以反映不同范围的电导值。

在突触后神经元在突触前神经元之前被触发的情况下，忆阻器接收到一个负电压，导致状态下降和电导下降，由如下表示：

$$\Delta t = t_{\text{pre}} - t_{\text{post}} \tag{1-19}$$

其中，Δt 是突触前神经元和突触后神经元触发的时间间隔，其定义为从突触前突刺激的初始时间到突触后突刺激的初始时间的间隔。当 $\Delta t > 0$ 时，通过忆阻突触的电流增加，从而电导也增加，反之亦然。忆阻器电导的依赖性，在本书中通常被称为“权重”，其构成与时间相关的学习规则的基础，如利用神经网络模拟生物大脑所必需脉冲时序依赖可塑性(Spike-Timing-Dependent-Plasticity，STDP)。

1.4.2 忆阻神经元

除了突触，忆阻器也被用作神经元。上一节中神经元的概念还不完整——一个真正的生物神经元对感官输入(如视网膜的光)作出反应，它的工作原理是通过树突接受许多输入。树突是自神经元胞体伸出的较短而分支多的突起，树突将输入信号传递给神经元，这些信号在神经元体内积累。如果输入的总和超过某一阈值，那么神经元就很有可能被激活，在忽略随机性的模型中，神经元一定会被激活。这种放电通常以细胞膜电位突增的形式出现。

尽管这抓住了“人工神经元模型”的本质，生物神经元仍然非常复杂。其思想是，如果加权输入的和超过了给定的阈值，那么输出将由传递函数决定。在前几节中用来描述状态-电导关系的逻辑函数就是传递函数的一种常用选择。我们知道在忆阻器中，多个输入是通过增加状态或通量来积累的，因此，忆阻器的电导并不一定要持续增加，它所需要的只是阈值[49]。

在这种情况下，可能希望有一个更类似于图 1-2c 中离散阶跃函数的状态-电导关系。使用内存保持状态意味着初始条件变得相关，并且需要一个额外的读取步骤来判断器件距离阈值有多近。

这可以通过使用如式(1-14)所示的双稳态形式的相变神经元来解决。状态将始终初始在一个已知的双稳点，因此可以将状态阈值等同于电压阈值。此外，如果在式(1-15)中的 s 值很大，则器件将趋向于电导开关。不同类型的忆阻器意味着神经元和突触可以以不同的方式实现。在优化基于忆阻器的神经形态电路时，选择合适的器件、适当的阈值、可靠性和切换速度来匹配处理更大操作所需的学习规则是一项重大的设计决策。

1.4.3 忆阻神经网络

当这些神经元和突触在更大的网络中结合时，它们能够以比传统的冯·诺依曼架构更有效的方式进行复杂的计算。实际上，神经网络只不过是一组相互连接的人工神经元的集合，当赋予它们正确的权重时，它们就是分析数据和执行认知任务的强大方法。在神经网络中使用忆阻器简化了 DNN 算法的硬件映射。首先，与单纯的 CMOS 芯片相比，它们在每次乘积累加运算(Multiply-And-Accumulate，MAC)操作中需要的器件更少。从图 1-15 可以看出，乘积累加运算操作是自述性的，输入的权重是“乘”，求和对应“累加”，在神经网络推理中是占主导地位的运算。与 CMOS 中可能超过 40 个晶体管用于二进制乘法器相比，每个乘法器只需要一个忆阻器。另一个优点是内存(内核或权值存储)与计算之间的物理距离缩短了。这减少了延迟和信号退化的脆弱性，并且需要更少的能

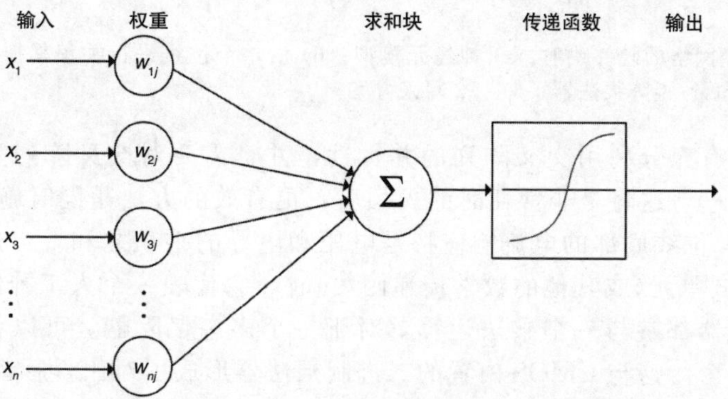

图 1-15 神经元模型。每个神经元接受 n 个输入，每个输入都由一个权值调节，然后这些在求和块相加，并通过传递函数。传递函数可以有多种形式，如逻辑函数、ReLU 函数、双曲正切函数等

量来存储和获取权重——冯·诺依曼架构的这个特殊瓶颈不再是一个问题。基于忆阻器的神经形态电路和加速器的使用展示了广阔的应用前景，因为它们为数据密集型应用提供了内存中计算的架构。

在忆阻器的使用中，处理机器学习推理最流行的实现方式是将其构造成密集的交叉阵列(crossbar)结构[37,50]。交叉阵列结构由上下两层垂直的纳米线层组成，两层之间沉积着忆阻材料。因此，在每个连接处形成一个忆阻器，如图1-16的原理图所示。

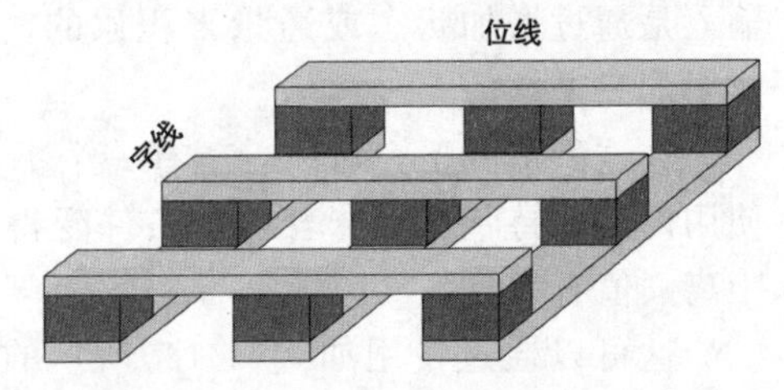

图1-16　3×3忆阻器交叉阵列结构

交叉阵列的三个过程包含读取、写入和训练。

1. **读取**

从单个忆阻器读取数据是很简单的。例如，假设我们希望只从顶部器件读取数据，如图1-17b所示，在这种情况下，在V_1施加足够小的读电压，以不扰动忆阻器的状态。所有其他字线(word-lines)从V_2到V_m接地，所有位线(bit-lines)固定为零。必须小心地对待列线，因为接地线可能会使电流通过不同的支路。通常，它们是用一个具有非对称电导的装置夹住的(如二极管)以确保所有的电流都向下流动。利用欧姆定律可用输出端的电流值计算忆阻器的权重。

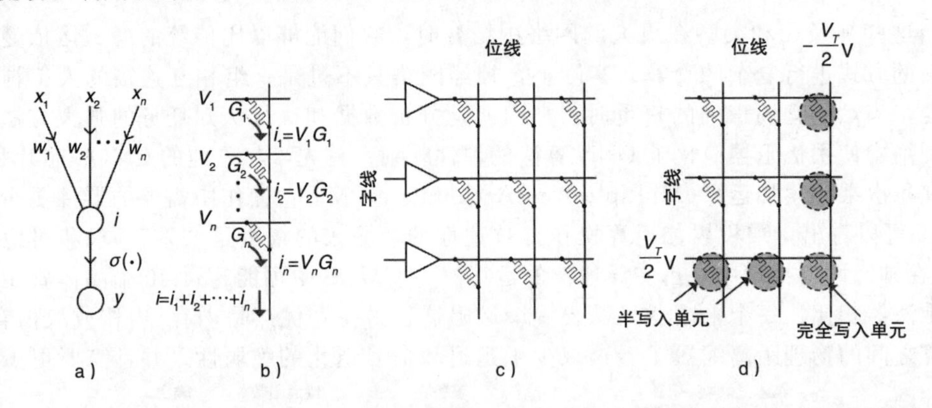

图1-17　神经网络的硬件映射。a) 神经元模型；b) 沿单个位线进行乘积累加运算时读取；c) 向量-矩阵乘法器；d) $v/2$写入方案

这个过程没有充分利用交叉阵列的并行性，并且需要对交叉阵列上的每一个忆阻器进行读取过程——这将是非常耗时的。相反，更有效的方法是同时施加从V_1、V_2到V_m的输入电压。位线底部的电流响应将是电压和电导的乘积之和。当这个输出通过一个单独的sigmoid单元(或其他的数学传递函数)时，它代表一个人工神经元的整个计算过程。每个忆阻器都参与一个乘法运算，对于一个多态忆阻器，可以将权重设置为这些值中的任意一个。这与CMOS内置的二进制乘法器形成了对比，后者可能需要40多个晶体管。

但这只是利用一个单一的位线，我们可以继续优化。如果这个乘积累加运算操作分布在不同的位线上，那么我们就可以看到更高精度的计算，即每一列代表不同的位。另外，如果需要的是速度而不是精度，可以将其他位线的权重分配给接受相同输入的其他神经元。因此，我们可以在一个周期内有效地处理多个通道。

2. 写入

在写入过程中，突触的权重被写入忆阻器的电导值。忆阻器的多种类型意味着有多种写入模式。$V=2$ 时，写入如图 1-17d 所示，所选单元相对应的字线和位线的电压相等但方向相反，电压为阈值的一半，所以通过忆阻器的总电势足以开关器件(假设所需的设置或复位时间内电压保持)。假设所有的忆阻器都处于初始状态，当忆阻器能量不足($V/2$)时，只有所选的忆阻器会切换电导状态。这可能会出现问题，因为所有未选定的忆阻器都将被部分选定(或伪选定)[51]。除非它们在每个循环之后都进行复位，否则将来的写入操作将导致无意的切换。

一种方法是采用理想形式的相变忆阻器，由于其双稳态特性，在没有开关的情况下可以恢复到原来的状态。这种机制的缺点是不能利用多态优势，因此双稳态忆阻器的结果是不能一次写入超过一位。避免这种情况的方法是使用附加位线作为同一个神经元中的附加位。

有一种概念上简单的方法是使用多态金属氧化物器件，同时避免在单元中进行伪选择。通过在每个单元中实现一个晶体管一个忆阻器(1T1M)方案，我们可以使用晶体管作为一个通道器件来阻止所有非预期的写入。晶体管与栅线相连，栅线通过驱动电压、列线和行线来控制忆阻器。这种方法已经在 64 态忆阻器上进行了实验，代价是降低了每个单元的体积密度[36]。该方案的灵活性在于它不仅不局限于使用晶体管，而且二极管已被证明可以在 1D1M 的单元中工作。

3. 训练

既然我们知道如何读取和写入不同类型的忆阻器，问题就变成了我们在写入什么？神经元之间的每个连接都有一个与之相关的权重，必须对这些权重进行优化，以生成输出，该输出告诉我们关于输入的信息。一般来说，训练是通过最小化损失函数来完成的。优化函数的算法有很多，其中最常见的一种算法就是梯度下降法。算法的细节很烦琐，所以为了保持我们对忆阻交叉阵列结构应用的关注，这里不再赘述。

到目前为止，芯片上训练的实施已被证明是一个利基的应用。例如，ISAAC 处理器依赖于芯片外预先训练好的权重[37]。然后，GPU 上离线计算的权重被映射到交叉阵列上的电导。将训练过程与交叉阵列分离的好处是显而易见的——它节省了执行训练的额外电路，并确保了所有器件之间的一致性，这是商业嵌入式系统(如移动电话处理器)所需要的。然而，又有这样芯片的需求：可以执行权重复杂的数据更新并持续在芯片上的训练。

ISAAC 处理器的这个缺点在 PipeLayer 神经网络加速器中得到了解决，它使用金属氧化物忆阻器来支持训练(学习)和推理阶段的加速[50]。在推理中，数据通过神经网络前向移动；在训练中，数据反向移动并基于误差最小化更新权重。在 PipeLayer 中，通过使用基于脉冲的方案来提高处理效率，而不是像在 ISAAC 中那样对数据输入使用电压。虽然基于脉冲的处理需要更多的周期来提供信息，但是消除了 DAC 带来的开销，并且通过在设计中使用集成触发神经元进一步消除了对 ADC 的需要。

这些是能够加速机器学习算法的神经形态芯片的例子。忆阻器交叉阵列也可用于实现异步 STDP 学习规则，其中忆阻器按前一节中描述的方式用作突触。STDP 学习在生物学中是异步和在线进行的，这意味着突触的权重与计算和脉冲传输同时更新。文献[52]的工作将图 1-14 中表现为突触的忆阻器概念扩展到更大的交叉阵列，并描述了动作电位形状对 STDP 忆阻器权重更新函数的影响。

1.5 本章总结

通过本章的学习，我们对忆阻器、忆阻器件及其阻性开关机制有了基本认识。从自旋转移记忆电阻和谐振隧穿二极管中的量子效应，到离子迁移和空位效应。这些物理机制是揭示如何利用电阻开关作为一种同时存储内存和处理计算方法的关键，从而认识到它们在扩展摩尔定律不可避免的局限性方面的作用。

我们在本章探索的纳米级器件，包括 RRAM、基于 STTRAM 的忆阻器和 RTD，以及它们在神经形态计算中的一般应用，多层记忆细胞和神经网络处理将在接下来的章节中作为构建更复杂架构的起点。除了设计方面的考虑、挑战和权衡之外，还有许多其他需要考虑的问题，包括交叉阵列存储、二值化数字存储、多层架构的性能评估，以及如何应用 STDP 等学习规则，这些都将在本书的前几章中进一步深入讨论。在交叉阵列中，使用复合连接的忆阻器之间的相对电阻将需要更高的学习水平，然后我们将把重点转移到使用 RTD 进行图像处理和时间滤波。为了完成对纳米级阻性开关应用的分析，我们将转向在细胞神经网络的硬件实现中使用忆阻器。

目前的主流趋势是在纳米级器件中使用电阻开关作为处理和存储信息的手段，在此过程中可以实现大量的物理机制。但是，只有进一步了解这些组件与神经元和突触的相似性，我们才能开始将这些新兴的记忆技术应用到超密集、快速和高效学习机制的发展中，就像生物大脑一样。

致谢

本项工作得到了澳大利亚外交和贸易部，澳大利亚-韩国基金会(AKF00640)，参与澳大利亚政府研究培训计划奖学金的澳大利亚联邦政府和 iDataMap 公司的支持。

参考文献

[1] Chua, L., 1971. "Memristor – the missing circuit element", *IEEE Transactions on Circuit Theory* 18(5), pp. 507–519.

[2] Kim, H., Sah, M.P., Yang, C., Cho, S. and Chua, L.O., 2012. "Memristor emulator for memristor circuit applications", *IEEE Transactions on Circuits and Systems I: Regular Papers*, 59(10), pp. 2422–2431.

[3] Sánchez-López, C., Mendoza-Lopez, J., Carrasco-Aguilar, M.A. and Muñiz-Montero, C., 2014. "A floating analog memristor emulator circuit", *IEEE Transactions on Circuits and Systems II: Express Briefs*, 61(5), pp. 309–313.

[4] Zheng, C., Iu, H.H., Fernando, T., Yu, D., Guo, H. and Eshraghian, J.K., 2018. "Analysis and generation of chaos using compositely connected coupled memristors", *Chaos: An Interdisciplinary Journal of Nonlinear Science*, 28(6), p. 063115.

[5] Shin, S., Zheng, L., Weickhardt, G., Cho, S. and Kang, S.M.S., 2013. "Compact circuit model and hardware emulation for floating memristor devices", *IEEE Circuits and Systems Magazine*, 13(2), pp. 42–55.

[6] Chua, L.O. and Kang, S.M., 1976. "Memristive devices and systems", *Proceedings of the IEEE*, 64(2), pp. 209–223.

[7] Strukov, D.B., Snider, G.S., Stewart, D.R. and Williams, R.S., 2008. "The missing memristor found", *Nature,* 453(7191), p. 80.

[8] Eshraghian, K., Cho, K.R., Kavehei, O., Kang, S.K., Abbott, D. and Kang, S.K., 2011. Memristor MOS content addressable memory (MCAM): Hybrid architecture for future high performance search engines. IEEE Transactions on Very Large Scale Integration (VLSI) Systems, 19(8), pp. 1407–1417.

[9] Kim, J., Ahmed, T., Nili, H., Yang, J., Jeong, D.S., Beckett, P., Sriram, S., Ranasinghe, D.C. and Kavehei, O., 2018. A physical unclonable function with redox-based nanoionic resistive memory. IEEE Transactions on Information Forensics and Security, 13(2), pp. 437–448.

[10] Yu, D., Iu, H.H.C., Fernando, T. and Eshraghian, J., 2016. Memristive and memcapacitive astable multivibrators. Oscillator Circuits: Frontiers in Design, Analysis and Applications, 32, p. 51.

[11] Pershin, Y.V. and Di Ventra, M., 2010. Practical approach to programmable analog circuits with memristors. IEEE Transactions on Circuits and Systems I: Regular Papers, 57(8), pp. 1857–1864.

[12] Shin, S., Kim, K. and Kang, S.M., 2011. Memristor applications for programmable analog ICs. IEEE Transactions on Nanotechnology, 10(2), pp. 266–274.

[13] Indiveri, G. and Liu, S.C., 2015. Memory and information processing in neuromorphic systems. Proceedings of the IEEE, 103(8), pp. 1379–1397.

[14] Hodgkin, A.L. and Huxley, A.F., 1952. A quantitative description of membrane current and its application to conduction and excitation in nerve. The Journal of physiology, 117(4), pp. 500–544.

[15] Esaki, L. and Tsu, R., 1970. Superlattice and negative differential conductivity in semiconductors. IBM Journal of Research and Development, 14(1), pp. 61–65.

[16] Chua, L., 2014. "If it's pinched it's a memristor", *Semiconductor Science and Technology*, 29(10), p. 104001.
[17] Sapoff, M. and Oppenheim, R.M., 1963. Theory and application of self-heated thermistors. Proceedings of the IEEE, 51(10), pp. 1292–1305.
[18] Francis, V.J., 1948. Fundamentals of discharge tube circuits.
[19] Chua L., 2015. Everything you wish to know about memristors but are afraid to ask. Radioengineering, 24(2), p. 319.
[20] Argall, F., 1968. Switching phenomena in titanium oxide thin films. Solid-State Electronics, 11(5), pp. 535–541.
[21] Pickett, M.D., Strukov, D.B., Borghetti, J.L., Yang, J.J., Snider, G.S., Stewart, D.R. and Williams, R.S., 2009. Switching dynamics in titanium dioxide memristive devices. Journal of Applied Physics, 106(7), p. 074508.
[22] Jeong, D.S., Thomas, R., Katiyar, R.S., Scott, J.F., Kohlstedt, H., Petraru, A. and Hwang, C.S., 2012. Emerging memories: resistive switching mechanisms and current status. Reports on progress in physics, 75(7), p. 076502.
[23] Yang, Y., Sheridan, P. and Lu, W., 2012. Complementary resistive switching in tantalum oxide-based resistive memory devices. Applied Physics Letters, 100(20), p. 203112.
[24] Zhang, T., Yin, M., Lu, X., Cai, Y., Yang, Y. and Huang, R., 2017. Tolerance of intrinsic device variation in fuzzy restricted Boltzmann machine network based on memristive nano-synapses. Nano Futures, 1(1), p. 015003.
[25] Kwon, D.H., Kim, K.M., Jang, J.H., Jeon, J.M., Lee, M.H., Kim, G.H., Li, X.S., Park, G.S., Lee, B., Han, S. and Kim, M., 2010. Atomic structure of conducting nanofilaments in TiO_2 resistive switching memory. Nature nanotechnology, 5(2), p. 148.
[26] Hwan Kim, G., Ho Lee, J., Yeong Seok, J., Ji Song, S., Ho Yoon, J., Jean Yoon, K., Hwan Lee, M., Min Kim, K., Dong Lee, H., Wook Ryu, S. and Joo Park, T., 2011. Improved endurance of resistive switching TiO_2 thin film by hourglass shaped Magnéli filaments. Applied Physics Letters, 98(26), p. 262901.
[27] Strachan, J.P., Pickett, M.D., Yang, J.J., Aloni, S., David Kilcoyne, A.L., Medeiros-Ribeiro, G. and Stanley Williams, R., 2010. Direct identification of the conducting channels in a functioning memristive device. Advanced materials, 22(32), pp. 3573–3577.
[28] Yajima, T., Fujiwara, K., Nakao, A., Kobayashi, T., Tanaka, T., Sunouchi, K., Suzuki, Y., Takeda, M., Kojima, K., Nakamura, Y. and Taniguchi, K., 2010. Spatial redistribution of oxygen ions in oxide resistance switching device after forming process. Japanese Journal of Applied Physics, 49(6R), p. 060215.
[29] Dong, X., Xu, C., Xie, Y. and Jouppi, N.P., 2012. Nvsim: A circuit-level performance, energy, and area model for emerging nonvolatile memory. IEEE Transactions on Computer-Aided Design of Integrated Circuits and Systems, 31(7), pp. 994–1007.
[30] Ascoli, A., Tetzlaff, R., Chua, L.O., Strachan, J.P. and Williams, R.S., 2016, March. Fading memory effects in a memristor for Cellular Nanoscale Network applications. In Proceedings of the 2016 Conference on Design, Automation & Test in Europe (pp. 421–425). EDA Consortium.

[31] Mazumder, P., Kulkarni, S., Bhattacharya, M., Sun, J.P. and Haddad, G.I., 1998. Digital circuit applications of resonant tunneling devices. Proceedings of the IEEE, 86(4), pp. 664–686.
[32] Sun, J.P., Haddad, G.I., Mazumder, P. and Schulman, J.N., 1998. Resonant tunneling diodes: Models and properties. Proceedings of the IEEE, 86(4), pp. 641–660.
[33] Pan, X. and Skafidas, E., 2016. Resonant tunneling based graphene quantum dot memristors. Nanoscale, 8(48), pp. 20074–20079.
[34] Wang, X., Chen, Y., Xi, H., Li, H. and Dimitrov, D., 2009. Spintronic memristor through spin-torque-induced magnetization motion. IEEE electron device letters, 30(3), pp. 294–297.
[35] Wang, D.T., Dai, Y.W., Xu, J., Chen, L., Sun, Q.Q., Zhou, P., Wang, P.F., Ding, S.J. and Zhang, D.W., 2016. Resistive switching and synaptic behaviors of TaN/Al2O3/ZnO/ITO flexible devices with embedded Ag nanoparticles. IEEE Electron Device Lett, 37(7), pp. 878–881.
[36] Li, C., Hu, M., Li, Y., Jiang, H., Ge, N., Montgomery, E., Zhang, J., Song, W., Dávila, N., Graves, C.E. and Li, Z., 2018. Analogue signal and image processing with large memristor crossbars. Nature Electronics, 1(1), p. 52.
[37] Lee, J., Eshraghian, J.K., Jeong, M., Shan, F., Iu, H.H.C., Cho, K., 2019. Nano-programmable logics based on double-layer anti-facing memristors. Journal of nanoscience and nanotechnology, 19(3), pp. 1295–1300.
[38] Shafiee, A., Nag, A., Muralimanohar, N., Balasubramonian, R., Strachan, J.P., Hu, M., Williams, R.S. and Srikumar, V., 2016. ISAAC: A convolutional neural network accelerator with in-situ analog arithmetic in crossbars. ACM SIGARCH Computer Architecture News, 44(3), pp. 14–26.
[39] Eshraghian, J.K., Kang, S.M., Baek, S.B., Orchard, G., Iu, H.H.C., Lei, W. 2019. Analog weights in ReRAM accelerators. IEEE International Conference on Artificial Intelligence Circuits and Systems. IEEE.
[40] Eshraghian, J.K., Iu, H.H., Fernando, T., Yu, D. and Li, Z., 2016, May. Modelling and characterization of dynamic behavior of coupled memristor circuits. In Circuits and Systems (ISCAS), 2016 IEEE International Symposium on (pp. 690–693). IEEE.
[41] Eshraghian, J.K.J., Iu, H.H. and Eshraghian, K., 2018. Modeling of Coupled Memristive-Based Architectures Applicable to Neural Network Models. In Memristor and Memristive Neural Networks. InTech.
[42] Gao, L., Alibart, F. and Strukov, D.B., 2013. Programmable CMOS/memristor threshold logic. IEEE Transactions on Nanotechnology, 12(2), pp. 115–119.
[43] Cho, S.W., Eshraghian, J.K., Eom, J.S. and Cho, K.R., 2016. Storage logic primitives based on stacked memristor-CMOS technology. Journal of nanoscience and nanotechnology, 16(12), pp. 12726–12731.
[44] Nili, H., Adam, G.C., Hoskins, B., Prezioso, M., Kim, J., Mahmoodi, M.R., Bayat, F.M., Kavehei, O. and Strukov, D.B., 2018. Hardware-intrinsic security primitives enabled by analogue state and nonlinear conductance variations in integrated memristors. Nature Electronics, 1(3), p. 197.
[45] Hady, F.T., Foong, A., Veal, B. and Williams, D., 2017. Platform storage performance with 3D XPoint technology. Proceedings of the IEEE, 105(9), pp. 1822–1833.

[46] Petras, I., 2010. Fractional-order memristor-based Chua's circuit. IEEE Transactions on Circuits and Systems II: Express Briefs, 57(12), pp. 975–979.
[47] Corinto, F., Ascoli, A. and Gilli, M., 2011. Nonlinear dynamics of memristor oscillators. IEEE Transactions on Circuits and Systems I: Regular Papers, 58(6), pp. 1323–1336.
[48] Jo, S.H., Chang, T., Ebong, I., Bhadviya, B.B., Mazumder, P. and Lu, W., 2010. Nanoscale memristor device as synapse in neuromorphic systems. Nano letters, 10(4), pp. 1297–1301.
[49] Eshraghian, J.K., Cho, K., Zheng, C., Nam, M., Iu, H.H.C., Lei, W. and Eshraghian, K., 2018. Neuromorphic Vision Hybrid RRAM-CMOS Architecture. IEEE Transactions on Very Large Scale Integration (VLSI) Systems, 26(12), pp. 2816–2829.
[50] Song, L., Qian, X., Li, H. and Chen, Y., 2017, February. Pipelayer: A pipelined reram-based accelerator for deep learning. In High Performance Computer Architecture (HPCA), 2017 IEEE International Symposium on (pp. 541–552). IEEE.
[51] Eshraghian, J.K., Cho, K.R., Iu, H.H., Fernando, T., Iannella, N., Kang, S.M. and Eshraghian, K., 2017. Maximization of Crossbar Array Memory Using Fundamental Memristor Theory. IEEE Transactions on Circuits and Systems II: Express Briefs, 64(12), pp. 1402–1406.
[52] Serrano-Gotarredona, T., Masquelier, T., Prodromakis, T., Indiveri, G. and Linares-Barranco, B., 2013. STDP and STDP variations with memristors for spiking neuromorphic learning systems. Frontiers in neuroscience, 7, p. 2.

CHAPTER 2

第2章

交叉阵列存储模拟和性能评估

Woo Hyung Lee 和 Pinaki Mazumder

本章将对交叉阵列存储(crossbar memory)单元进行电建模并设计具体的外围电路，包括列、行译码器，检测单元电阻差的传感电路和读写控制电路。通过建立静态功耗分析模型，提出功耗优化设计方案。为了改善区域开销，引入复用器(MUX)逻辑来减少连接到所有位线的传感放大器的数量。此外，还将讨论由于交叉阵列存储阵列与CMOS外围电路尺寸不匹配而导致的交叉阵列存储器设计的规模化问题。

2.1 引言

2.1.1 动机

由于CMOS FET器件在关断状态下的漏电流越来越大，且工艺参数的散射导致阈值电压波动较大，使得CMOS技术的规模化受挫。为了克服CMOS规模化问题所带来的不可克服的局限性，目前研究人员正寻求用碳纳米管、纳米线、分子器件等纳米级器件来代替用于超高密度数字芯片的传统CMOS器件[1-6]。

这些纳米级器件的研制需要利用纳米器件的超小型特征尺寸发明新的结构[7]。电路级的纳米体系结构和板级的纳米计算机系统体系结构的创新将保证从纳米级CMOS技术中获益。此外，由于在纳米级上的高缺陷密度和工艺变化使体系结构变得非常不可靠，因此需要具有容错性的体系结构。交叉阵列结构中[1-6]，活性材料夹在两组相互交叉的导电纳米线之间，这种结构在纳米结构和系统结构两个层面上都显示出了解决这些特性的潜力。

交叉阵列结构具有许多优点，因为每个单元都可以实现为一个双端器件，它是由两个交叉的纳米线在每个交叉点捕获复合材料而形成的。因为其设计简单，万亿级存储器在不含外围电路下可实现芯片金属线宽度小于5纳米。基于两组导电纳米线之间的活性物质，该交叉阵列结构可以是非易失性的。这种非易失性特点提供了即时重启和更长的待机时间，从而延长了电池寿命。

然而，由于交叉阵列结构本身难以实现足够的增益和反演，因此用交叉阵列结构实现一般的逻辑运算并不容易。这种困难来自交叉阵列结构的端子数。由于交叉阵列是双端器件，反演函数的实现非常困难。即使可以实现反演函数，其增益也不足以用于一般的反演逻辑。为了克服这一困难，我们对混合 CMOS/交叉阵列结构进行了研究[8-9]。有了这些结构，一些逻辑功能将转移到底层 CMOS 电路并且交叉阵列提供可重新配置的互联和线-或(wired-OR)操作。该系统作为一个整体，在相同的单位面积功率下，预计至少能提高两个数量级的功能密度，与按相同设计规则制造的 CMOS 系统相比，具有类似的逻辑延迟。然而，在 CMOS 层上制造交叉阵列结构面临着重大的挑战，例如 CMOS 元件与交叉阵列的配准。这里，将 CMOS 电路附加到交叉阵列的约束是如何将解码器长度与阵列的宽度/长度匹配。

在本章中，Lu 教授的团队研究了一种基于硅(Si-based)的交叉阵列存储器件。由于在硅基板上可以用 CMOS 加工技术完全制备易失性和非易失性开关器件，因此对其可行性进行了严格的研究[10-13]。从加工技术的角度来看，这些器件制造成本不高，结构简单。

2.1.2　其他存储器

在非易失性开关纳米电子器件中，相变存储器(Phase-Change memory device，PC-MD)、磁性存储器和分子存储器被认为是传统存储器的有力替代。

自 2000 年以来，相变存储器的商业化得到了严谨的研究，其基本功能是利用热将硫族化合物的玻璃态转化为非晶态和结晶态。与传统的非易失性存储器相比，相变存储器具有更快的切换速度和更高的性能。然而，相变存储器在温度敏感性方面有一个明显的缺点。由于温度随用户加工时间甚至存储操作时间的变化而变化，因此温度敏感性是一个具有挑战性的特性。此外，该器件需要较高的编程功耗，而且相变存储器的密度与传统的非易失性存储器(如 FLASH[14])不兼容。

自 20 世纪 90 年代以来，磁性存储器(Magnetic Memory Device，MMD)被研究用于取代传统的存储器，并在密度上不断增加。磁性存储器使用磁性存储元件来存储数据，而传统的器件使用电荷来存储数据。磁性存储器采用存储器单元的电阻变化来存储数据，这种变化是由改变两个电极中磁场方向的磁隧道效应引起的。利用这个特性，磁性存储器可以实现高速度、低功耗读写。低功耗的实现是因为它们不需要像 DRAM 那样刷新所有的存储单元，并且写入电压不需要比读取电压高很多，而读取通常是在 FLASH 中。然而，磁性存储器的一个显著缺点就是其制造成本。磁性存储器采用磁隧道效应，其制造工艺与传统制造工艺完全不同，这增加了磁性存储器的价格，成为影响行业投资者投资的主要因素[14-17]。

分子交叉阵列存储器(Molecular Crossbar Memory Device，MCMD)是纳米电子存储器的有力候选者之一。分子交叉阵列存储器的主要优势是其实现高密度存储的潜力。原则上，一个终端装置可以仅用一个分子来制造。分子交叉阵列存储器可以达到 10^{11} bit/cm^2 的密度，这是传统 DRAM 在 2015 年之后的预测技术。然而，分子交叉阵列存储器存在着成品率低、开/关比低、热稳定性差、切换速度慢等问题[18]。目前还没有基于高成品率分子的高密度存储阵列的可靠制备方法。热稳定性差进一步加重了可靠性问题[19]。

使用非晶硅的交叉阵列存储器是一种引人注目的器件，它克服了上述其他候选者的许多缺点。与分子交叉阵列存储器相比，非晶硅交叉阵列存储器可以获得相似的单元密度，但具有更好的成品率，可以在加工时间和操作时间上保持温度稳定。非晶硅交叉阵列存储器最吸引人的方面是与传统 CMOS 工艺的兼容性，而其他候选器件则需要传统 CMOS 工艺制造设备无法实现的新工艺技术。这使得非晶硅交叉阵列存储器比其他交叉阵列存储器更具吸引力。

2.1.3　非晶硅交叉阵列存储单元

一个具有两个端子的金属/非晶硅/多晶硅(M/a-Si/p-Si)电阻式开关器件结构是由 Lu 教授的学生(Sung-Hyun Jo 等)开发的，并被证明是交叉阵列结构的一个强有力的候选者[20-21]。这些器件具有超高单元密度和内在的缺陷耐受能力。此外，金属/非晶硅/多晶硅器件与基于分子的交叉阵列结构器件相比，具有更好的可扩展性和性能。

自 20 世纪 60 年代和 70 年代以来，人们一直在研究基于非晶硅电阻开关行为的 a-Si 器件，以观察其应用于存储器的可行性[22-30]。然而，这些传统的基于金属/a-Si/金属的器件在成形过程中成品率低，需要在器件上施加长时间的高压，从而导致了可靠性问题[26,29,30]。在这些金属/a-Si/金属的器件中也观察到微尺度的细丝[31-32]，这限制了它们的扩展潜力。基于这些原因，自 20 世纪 80 年代以来，针对存储器的 a-Si 电阻开关器件的研究很少。

在接下来的章节中，我们将研究 M/a-Si/p-Si 交叉阵列装置的新结构，以及将这种结构应用于超高密度存储器结构的可行性。针对存储系统的应用，对器件进行电子建模，采用混合 CMOS/交叉阵列结构实现存储系统的外围电路。

图 2-1 展示了非晶硅交叉阵列存储单元的基本结构和器件的 *I-V* 曲线。非晶硅交叉阵列存储单元的主要特性是在银和硅之间的交叉阵列点上可编程的非晶硅电阻，如图 2-1b 所示。非晶硅电阻可以根据施加在交叉阵列点上的电压而改变。正高压(3.5V～5V)接在上电极上，接地在硅下电极上，降低了非晶硅的电阻。该装置将保持在低电阻“1”状态，直到负高压将电阻逆转为高电阻状态，这个过程可以重复，如图 2-1b 所示[21]。因此，非晶硅的高电阻可以是 0 位，低电阻是 1 位，这个位的分配可以根据读取电路的不同而改变。与早期在金属/非晶硅/金属器件上的研究相比，金属/非晶硅/多晶硅(M/a-Si/p-Si)结构提供

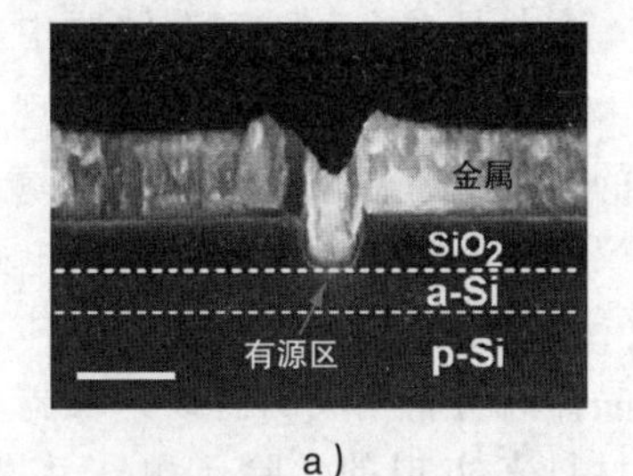

a)

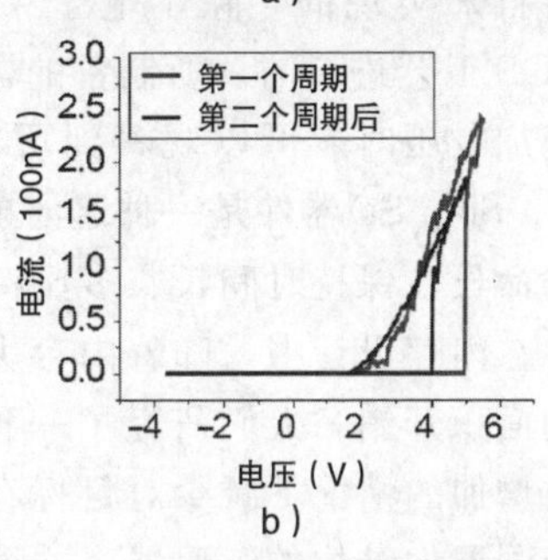

b)

图 2-1　a) 非晶硅交叉阵列存储单元的横切图；b) 横切图的 *I-V* 曲线

了一个控制良好的成形过程，产量高，且在小于 20nm 下具有良好的可扩展性[33]。金属/非晶硅/金属(M/a-Si/M)器件与金属/非晶硅/多晶硅(M/a-Si/p-Si)器件的不同行为可能是由于金属/非晶硅/多晶硅(M/a-Si/p-Si)结构中非晶硅/底电极界面的缺陷密度降低所致[33-35]。

2.2 结构

使用交叉阵列存储器单元的架构平面图如图 2-2 所示。这里所研究的交叉阵列存储器单元包括存储器单元、行和列解码器以及读写电路。非晶交叉阵列存储器结构与传统存储器结构的区别在于基本的存储器单元，译码器和行、列电压控制器。

在传统的 CMOS 存储器中，单元由 DRAM 中的电容和 SRAM 中由两个逆变器实现的锁存器组成。双态值由 DRAM 中电容上的电荷和 SRAM 中锁存器上的电荷决定。在解码中，传统的 CMOS 存储器使用晶体管从 n 个地址存储器的 n 个字行中选择一个字行。用于解码的晶体管数量随着字行数量的增加而急剧增加，这样就增加了传统 CMOS 存储器的解码时间。

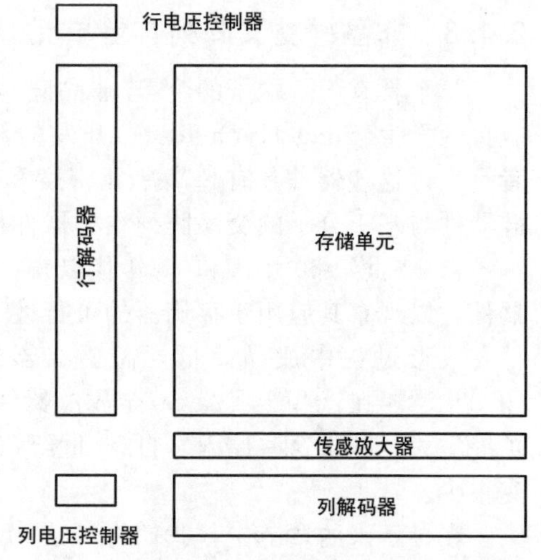

图 2-2　非晶硅交叉阵列存储结构的平面图

在非晶硅交叉阵列存储器中，基本存储单元由两个终端电阻开关器件实现。这里所研究的行和列解码器是利用另一交叉阵列内器件的二极管特性来实现的，以减少所使用的晶体管数量。在交叉阵列存储器的设计中，建议使用跨阻抗放大器的读出电路。

两端电阻式开关器件是基本存储单元的主要组成部分。两端器件是由金属、非晶硅和晶体硅材料制成的。该开关器件是由晶体硅、非晶硅和金属按从下到上的顺序依次堆积材料来实现的。除了电子束光刻制造的有源器件区域外，其他器件的制造是通过 CMOS 工艺进行的。所制备的器件具有两个电极之间电阻高的特点，但在顶部金属电极上施加电压时，可以观察到可重复的电阻开关，如图 2-1b 所示。金属/非晶硅/多晶硅(M/a-Si/p-Si)器件是一种迟滞电阻开关器件，具有产量高、编程速度快、开/关比高、使用寿命长、保持时间长、多比特/单元等特点[20]。

在内存设计中，随着内存大小的增加，解码器占用的空间越来越大。为了减少大阵列的面积开销，人们研究了一种与非晶硅交叉阵列兼容的新型解码器。此外，为了在地址位增加的情况下减少对目标存储器的访问时间，研究了一种与交叉阵列存储器单元采用相同器件结构的解码器。这种解码器设计利用了非晶硅器件的二极管特性，提供了线-或功能，与传统设计相比减少了解码器的整体尺寸和使用的晶体管数量。

行和列解码器由二极管特性器件、NMOS、PMOS 和控制信号组成，图 2-3 显示了一个简单 4×4 存储阵列的行解码器的示意图。解码器需要 4 种类型的电压源在交叉阵列点上施加适当的电压，因为使用了 3 种类型的写入电压和 1 种类型的读取电压。对于写入操作，需要高压、中压和接地。如图 2-3 所示，需要施加交叉阵列点的高压来写入“1”，施加交叉阵列点的负高压来写入“0”。由于没有中压，未选单元可能在向所选单元写入“1”时被误写入“0”，因此需要一个中压电源，以防止不必要的单元被写入“0”或“1”。在读取的情况下，对目标单元的行施加低压。二极管特性器件采用二极管模型，如图 2-4 所示。可以使用与交叉阵列存储单元相同的结构来获得这些器件。连接到 PMOS 的行只允许在目标交叉阵列点上应用基于功能的电压，而与 NMOS 连接的其他行则允许对行施加不同的外部电压源。这是因为当解码器输入被分配到它可能拥有的任何输入时，只有一行没有被启用(00)，因为 $V_{gs}=0<$NMOS 的 V_{th}，而所有其他行(11)、(10)和(01)将被启用。在图 2-3 中，第一行顶部的 NMOS 未启用，而其他 NMOS FET 由解码器输入启用。通过控制 NMOS 或 PMOS 的门电压来选择写入或读取的行。

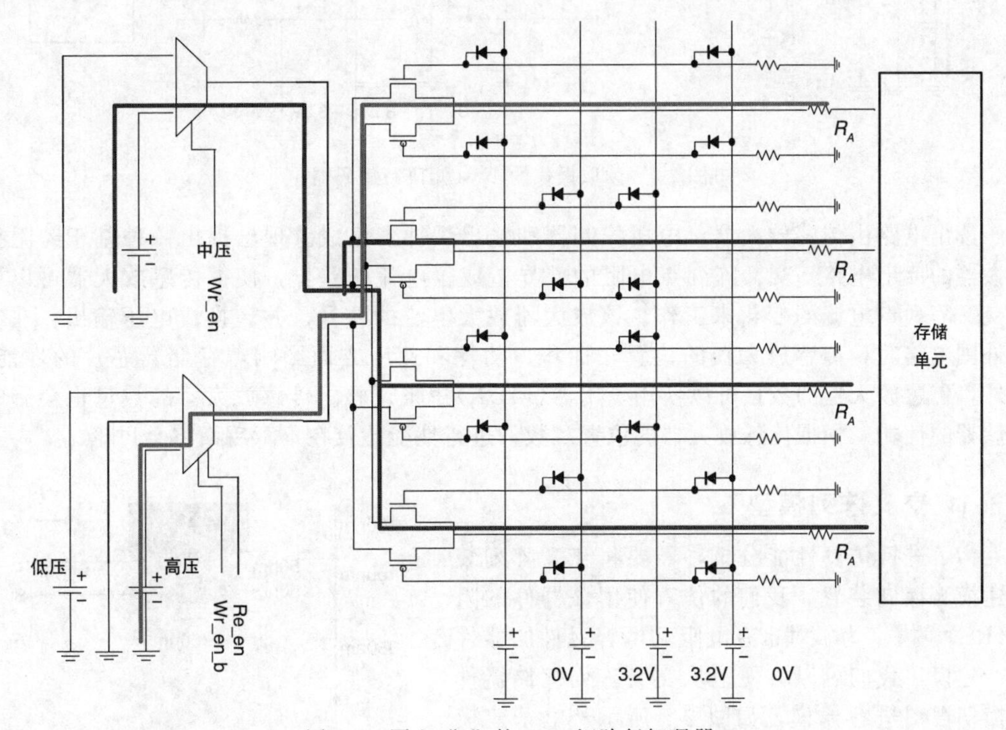

图 2-3　写入“1”的 4×4 矩阵行解码器

解码器的主要目的是选择目标行并对目标交叉阵列点施加适当的电压，而不选择其他行进行编程。在写入“1”时，目标交叉阵列点加高压，其他点加低压。为了实现这一功能，通过所选的 NMOS FET 和电源对目标行施加高压，对其他行施加中压，如图 2-3 所示。对于列，目标行施加低压，其他行施加中压。

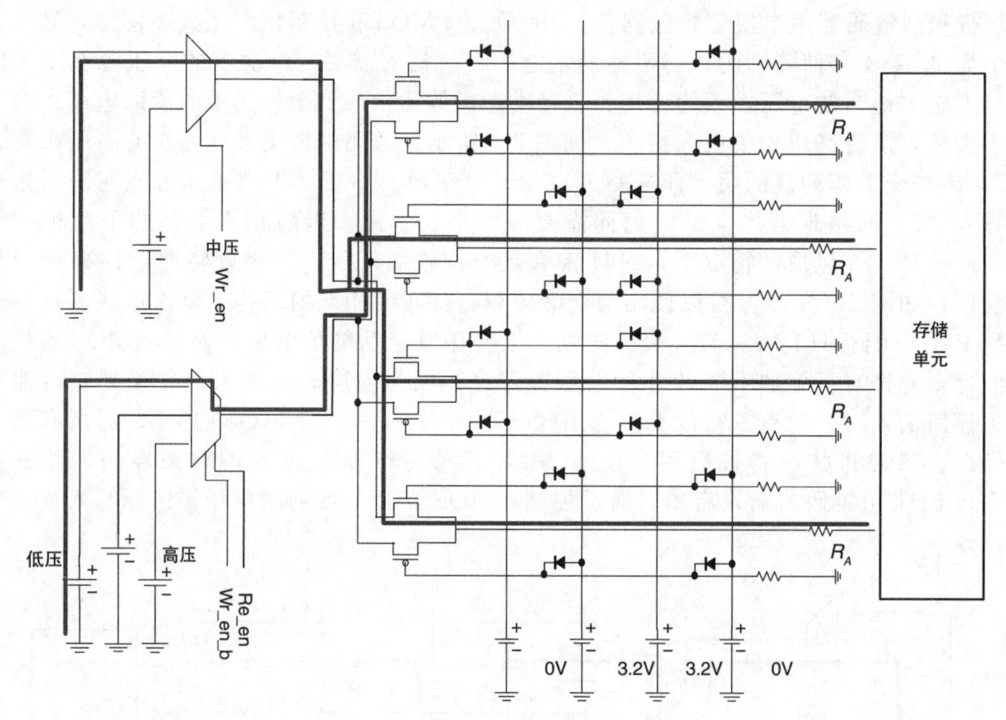

图 2-4　读取操作的 4×4 矩阵行解码器

读出电路由传感放大器、电压控制器和输出缓冲器组成。现已提出一种基于跨阻抗放大器的读出电路。交叉阵列点电阻的差异造成了电流的差异，使得传感放大器可以根据交叉阵列点电流的变化来工作。该放大器放大电流的差异，并转换成电压输出。在实现外围电路时，传感放大器的位置在面积、功耗和速度方面影响着存储器芯片的性能。此外，传感放大器的数量可以使用复用器(MUX)逻辑调整。传感放大器的数量也会影响存储器的性能。根据传感放大器的位置和数量进行性能比较在本章后面将会讨论。

2.2.1　交叉阵列模型

为了进行仿真性能分析，需要将交叉阵列装置建模为存储装置。我们的仿真使用该器件的阻容(RC)建模。为了对带有电阻和电容元件的器件进行建模，我们可以方便地从交叉阵列存储器件的横切视图进行建模，如图 2-5 所示。电子建模时，需要计算金属顶层和硅底层电极的固有电容和电阻，然后估计金属顶层和硅底层电极之间的耦合电容。

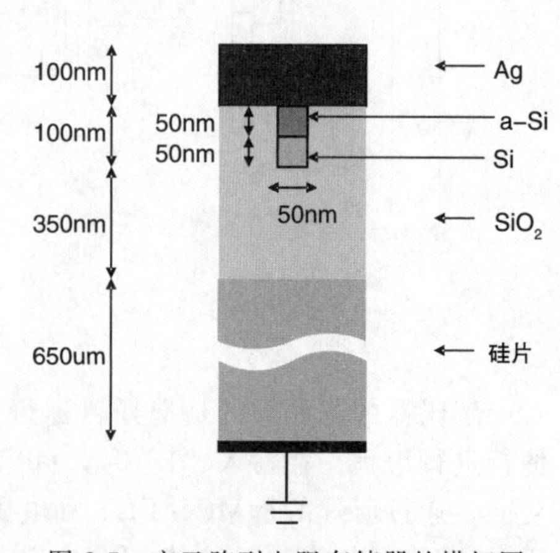

图 2-5　交叉阵列电阻存储器的横切图

在图 2-5 中，顶层电极用银制作，底部电极用硅制作。非晶硅(a-Si)被插入两个电极的交叉区域。两个电极和非晶硅被安装在硅片上的 SiO_2 包围。阻容模型由两个恒定电阻、一个可变电阻和三个电容组成，如图 2-6 所示。这两个恒定电阻代表电极的电阻元件，可变电阻体现了非晶硅的电特性。由于非晶硅的电阻是根据施加在其上的电压变化的，所以它被表示为可变电阻。交叉阵列存储单元的非晶硅电阻值在几 KΩ 到几 MΩ 之间。上层金属电极的固有电阻和电容如下：

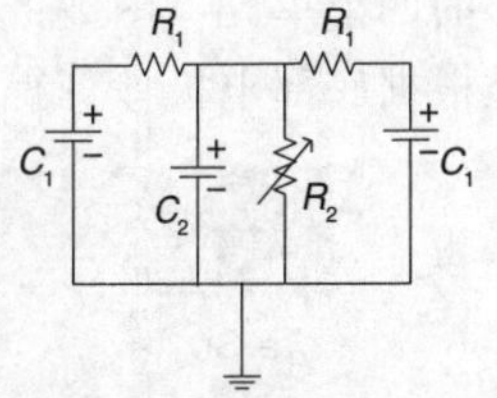

$$R_1=\rho\frac{l}{S}=\frac{1.59\times10^{-8}\times200\times10^{-9}}{(100\times10^{-9})^2}=0.317\Omega \tag{2-1}$$

图 2-6　一个简单的阻容模型交叉阵列电阻存储器

$$\begin{aligned}C_1&=\varepsilon_1L1.15\left(\frac{w}{h}\right)+\varepsilon_2L2.80\left(\frac{t}{h}\right)^{0.222}\\&=\frac{11.9+3.9}{2}\times8.854\times10^{-12}\times100\times10^{-9}\times1.15\left(\frac{100\times10^{-9}}{650.3\times10^{-6}}\right)+\\&\quad 3.9\times8.854\times10^{-12}\times100\times10^{-9}\times2.80\left(\frac{100\times10^{-9}}{650.3\times10^{-6}}\right)^{0.222}\\&=1.337\text{aF}\end{aligned} \tag{2-2}$$

$$\begin{aligned}C_2&=\varepsilon_1L1.15\left(\frac{w}{h}\right)+\varepsilon_2L2.80\left(\frac{t}{h}\right)^{0.222}\\&=\frac{11.9+3.9}{2}\times8.854\times10^{-12}\times100\times10^{-9}\times1.15\left(\frac{100\times10^{-9}}{50\times10^{-9}}\right)+\\&\quad 3.9\times8.854\times10^{-12}\times100\times10^{-9}\times\\&\quad 2.80\left[\left(\frac{50\times10^{-9}}{50\times10^{-9}}\right)^{0.222}+\left(\frac{100\times10^{-9}}{50\times10^{-9}}\right)^{0.222}\right]\\&=37.02\text{aF}\end{aligned} \tag{2-3}$$

式(2-2)中，C_1 为顶部电极对地电容。式(2-2)中的第一项表示顶部电容和底部电容，第二项表示金属电极两侧与地之间的边缘电容。式(2-3)中的 C_2 表示上下电极间的电容，第一项表示上电极与下电极之间的上电容和下电容，上电极两侧与下电极上部之间的边缘电容，以及下电极两侧与上电极底部之间的边缘电容。

对活性非晶硅层进行建模需要仔细考察开关机制。过去曾提出过几种机制，一种主要的理论是，金属粒子在非晶硅中的位置根据施加的电压而改变。金属粒子位置的改变影响着非晶硅在交叉阵列存储单元的电阻。这种效果在图 2-7 中得到了证明。当交叉阵列存储器件的电阻值较低时，非晶硅内的金属颗粒靠近底部电极。反之，金属粒子与电极底部的距离足够大，具有很高的隧穿电阻。由于开关元件需要两种不同的状态，所以电阻差是关键。该器件的电模型如图 2-8 所示，R_2 表示金属颗粒位移引起的可变电阻，C_2 表示金属颗粒与底部电极之间距离引起的可变电容。

然而，多晶硅(p-Si)底部电极的电阻在最初的存储单元中为 200Ω 至 2KΩ 之间，由于底部电极的高电阻导致了传播延迟、电压下降和功耗，因此不适合作为电极使用，如图 2-9a 和 b 所示。因此，我们研究了一种改进的设计，即在平行的硅底部电极上附加一根细金属线[36]。使用这种设计，底部电极的电阻可以降低到 2Ω 左右的存储单元。图 2-9c

显示了使用改进的底部电极的交叉阵列存储器的二维视图。图 2-9c 显示了交叉阵列存储器的四个单元。图 2-9d 显示了四个交叉阵列存储单元的电路原理图。在图 2-9d 中，R_4 是根据底部电极计算得到的，底部电极由一条金属线和一条半导体线并联而成。

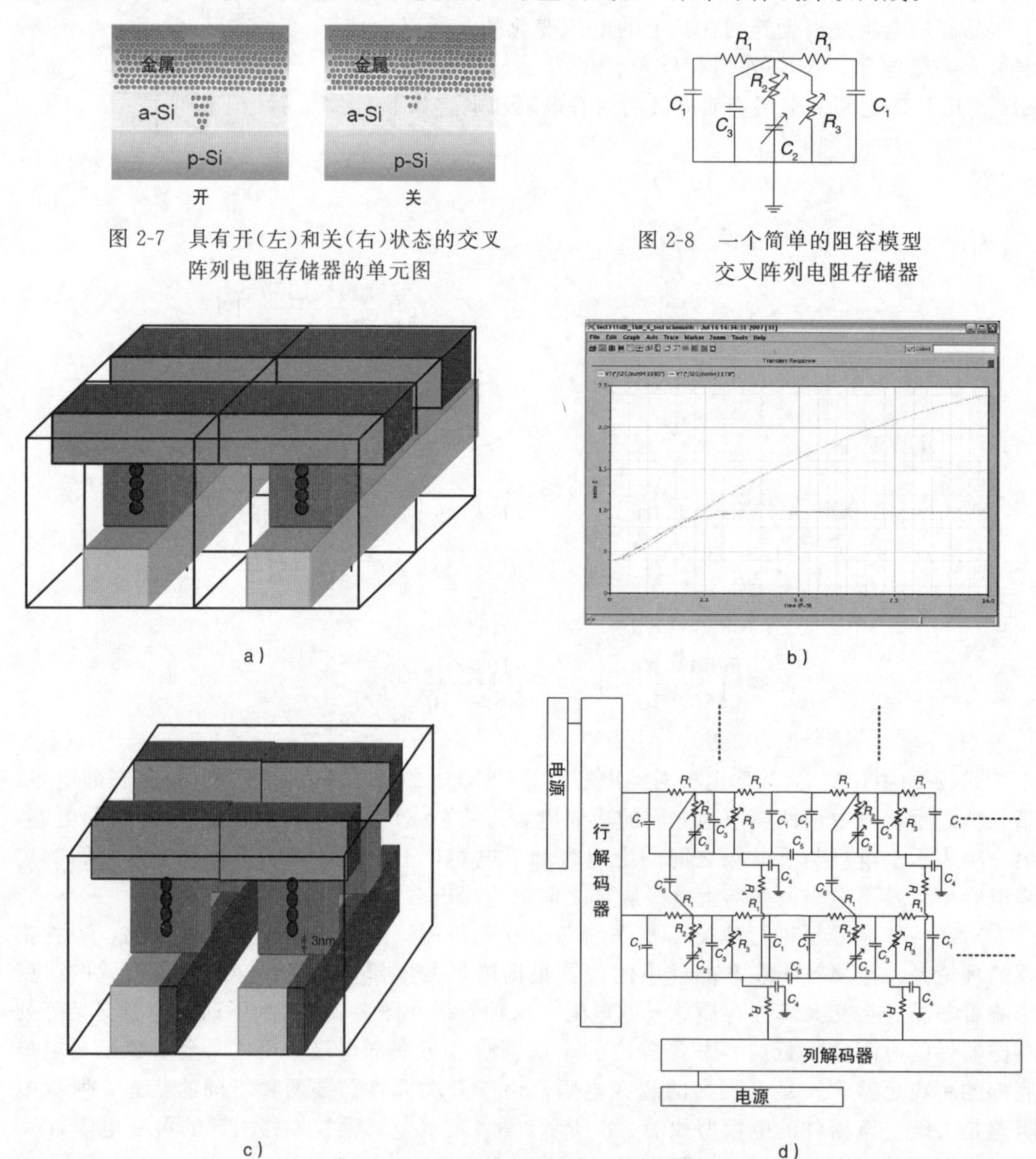

图 2-7　具有开(左)和关(右)状态的交叉阵列电阻存储器的单元图

图 2-8　一个简单的阻容模型交叉阵列电阻存储器

图 2-9　一个简单的二维阻容模型交叉阵列电阻存储器

对于本章所示的使用该模型的 1Kb 交叉阵列内存结构，仿真电路元件得到了充分的实现。一个单元的所有元件都包含在内，相邻金属线之间的耦合电容包含在整个阵列中。

2.3 写入策略和电路实现

写入是存储的主要功能。通过写入的方式，内存将数据存储在内存单元中。每个内存都有自己的写入策略。对于交叉阵列内存架构，在交叉阵列点的两边都使用电源分配来进行写入操作，电源分配附在解码器电路上。因此，适当的电源通过解码器电路施加到交叉阵列点。

写入“1”时，需要在交叉阵列点上加高压。为了实现这个功能，对一个行施加高压，并在行解码器中为其他行分配中压，如图 2-10 所示。因此，需要在行解码器中选定下层 MUX(multiplexer)的高压和上层 MUX 的中压。对列解码器施加相反的电压，如图 2-11 所示。例如，为了将“1”写入第 4 行和第 1 列的交叉阵列存储器单元，将高压分配给连接到下 MUX 的 NMOS FET 源，将中压分配给 PMOS FET 源。对于解码器的输入，第 4 行指定为高压，其他 3 行指定为中压。在列解码器中，接地电压分配给下层 MUX，中压分配给上层 MUX。

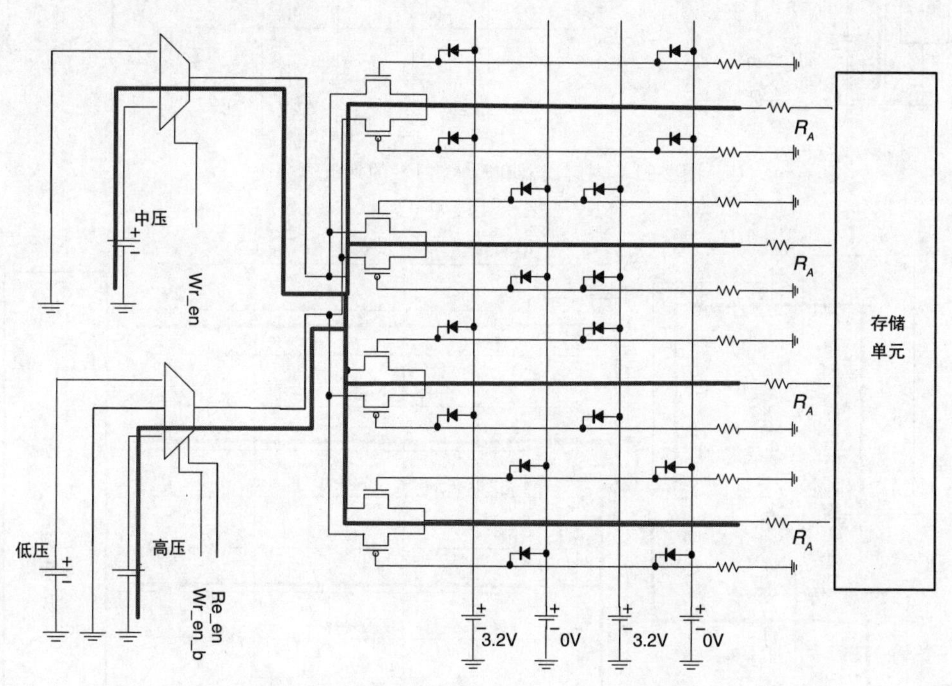

图 2-10　行解码器和写入“1”的行电源分配

写入“0”时，在交叉阵列点加负高压。这个功能是通过在行解码器中为一个行分配接地电压，并在其他行中分配中压来实现的，如图 2-12 所示。因此，在行解码器的下层 MUX 中施加接地电压，在行解码器的上层 MUX 中施加中压。但是，需要在列解码器中分配相反的电压，如图 2-13 所示。在该列解码器中，在下层 MUX 中的高压和上层 MUX 中施加中压。

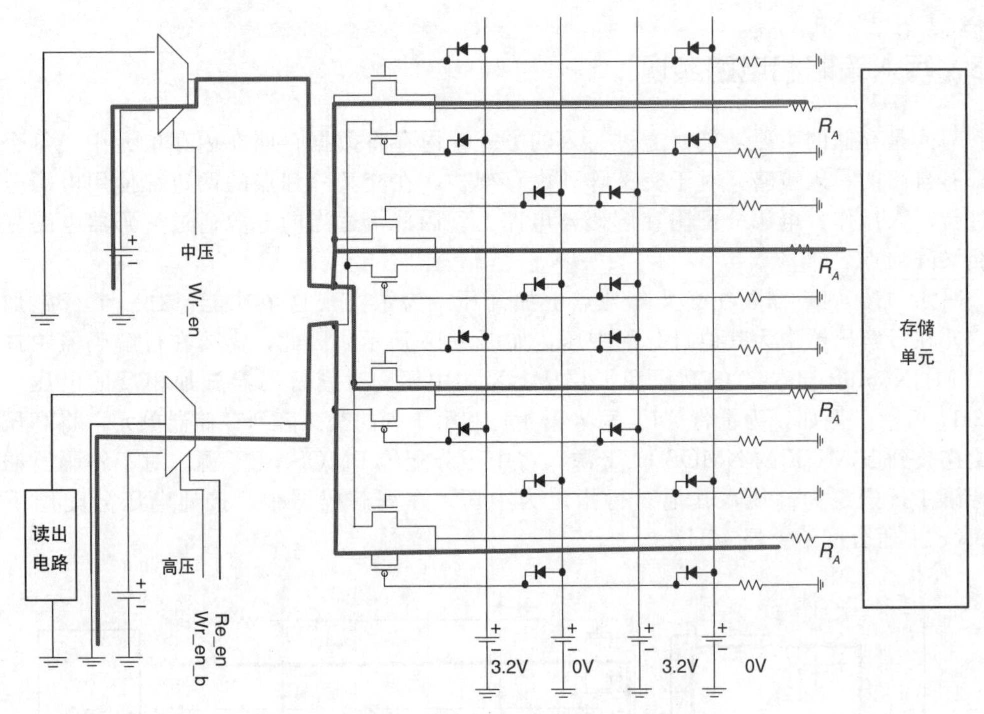

图 2-11　列解码器和写入“1”的列电源分配

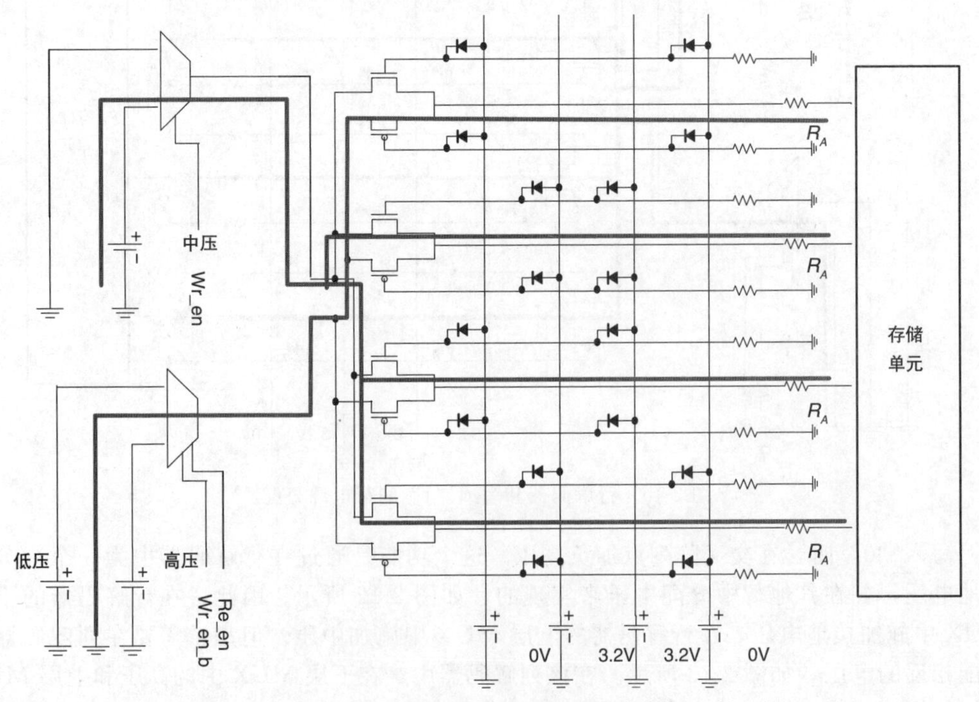

图 2-12　行解码器和写入“0”的行电源分配

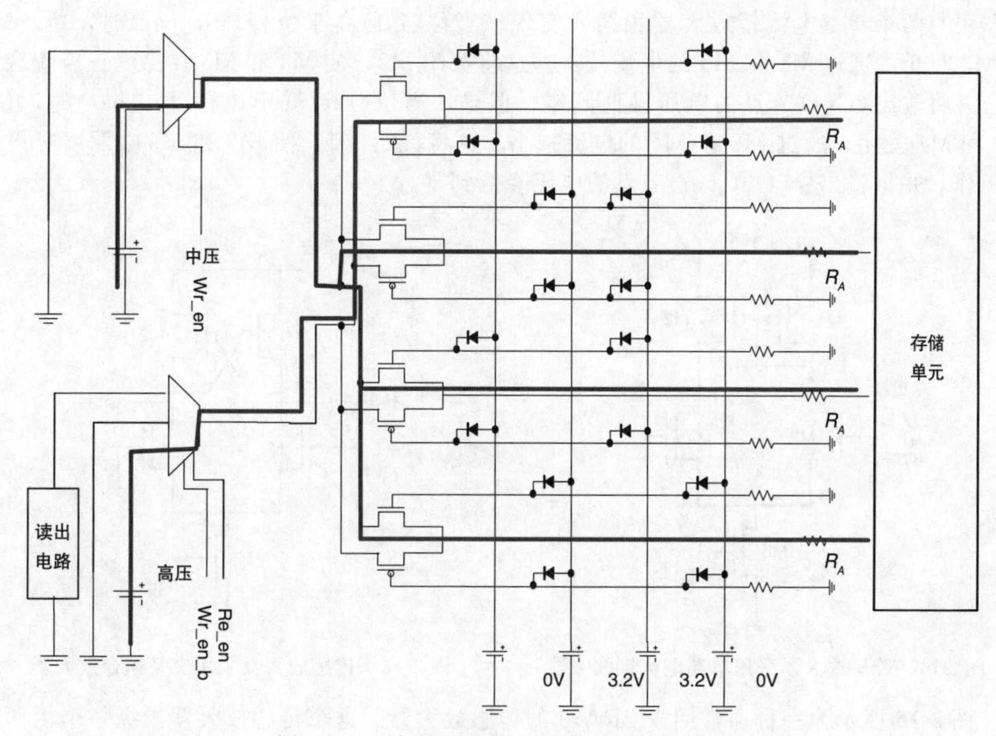

图 2-13 列解码器和写入“0”的列电源分配

2.4 读取策略和电路实现

在交叉阵列存储中读取需要不同的策略。横杆存储器读取的主要不同之处在于用低电压来测量存储单元的电阻值。在新的电路设计中，在行解码器中上层 MUX 为零电压，下层 MUX 为低电压，如图 2-4 所示。然而，在图 2-4 所示的列解码器的上层 MUX 中施加了接地电压，下层 MUX 中加了读出电路。

如 2.2 节所述，可以使用放大器来检测电阻的值。由于行解码器采用的是低电压，交叉阵列点的不同阻值会导致通过交叉阵列点的电流不同。在此基础上，本书研究了一种差动跨阻抗放大器，用于检测电流和输出电压的差异。

图 2-14 所示为常规 CMOS 存储电路的传感放大器。该传感放大器由电流镜放大器组成，位线连接到控制 V_{dd} 电流的门上。当位杆(Bit_bar)高于位(Bit)时，M1 和 M3 接通，通过 M1 和 M3 的电流增加。这增加了通过 M2 的电流，减少了通过 M4 的电流。因此，输出电压增加且输出杆电压减少。当位杆低于位时，关闭 M1 和 M3，通过 M1 和 M3 的电流减小。这导致 M2 关闭，使 M4 和 M5 在深度三极管区工作。因为没有电流从 M2、M4 和 M5 流出，所以输出电压降为零。这种类型的传感放大器用于单端输出。

图 2-15 所示为常规 CMOS 存储器设计中常用的传感放大器。这种传感放大器采用了交叉耦合放大器。位线(Bit line)和位杆线(Bit_bar line)与下拉差分对的门连接。传感放

大器可与两个单端电流镜放大器相结合实现。当位(Bit)高于位杆(Bit_bar)时，位、M1和M3断开，通过M1和M3的电流减小。这将关闭M2，使M4和M5在深度三极管区工作，并将输出(Out)节点的电压降低到零。但是，当位(Bit)低于位杆(Bit_bar)时，位、M2和M4关闭，通过M2和M4的电流减小。这将关闭M1，使M3和M5在深度三极管区工作，并将输出杆(Out_bar)节点的电压降低到零。

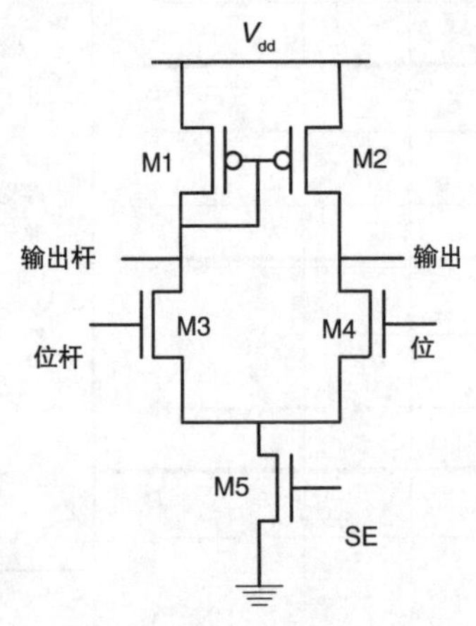

图 2-14 传感放大器采用单端电流镜放大器

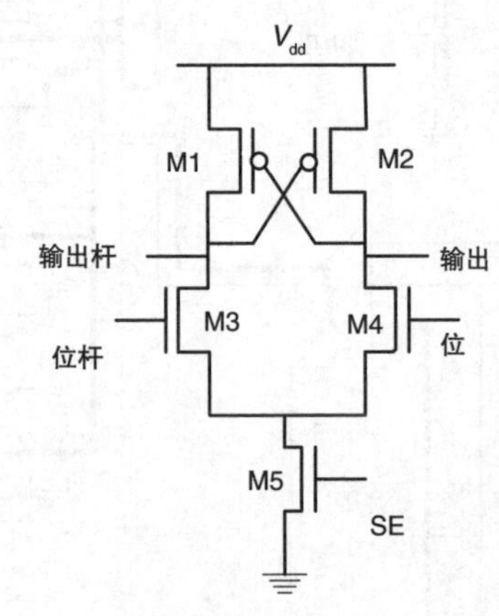

图 2-15 传感放大器采用交叉耦合放大器

图 2-16 所示为一种通常用于SRAM的传感放大器。这个传感放大器操纵一个由两个逆变器组成的锁存器。为了操作这个传感放大器，需要对位(Bit)节点和位杆(Bit_bar)节点进行均衡。通过PMOS将源极连接到位，漏极连接到位杆，可以实现均衡功能。经过均衡后，使SE有传感放大器功能。当位高于位杆时，锁存器使位增加到V_{dd}，位杆减少到GND。当位低于位杆时，锁存器使位增加到GND，位杆减少到V_{dd}。

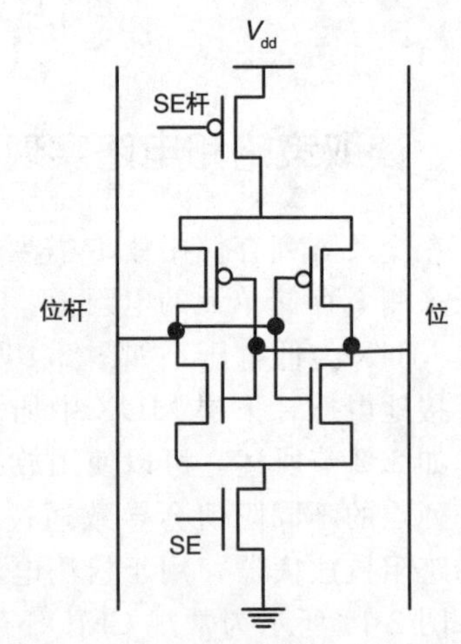

图 2-16 传感放大器采用交叉耦合CMOS反向锁存器

然而，这些传感放大器不能用于非晶交叉阵列存储结构。由于交叉耦合放大器是根据输入电压的不同来工作的，所以它不适合用于交叉阵列存储器读出电路。为了检测电阻的变化，需要用给定的电压通过交叉阵列电阻来区分电流的变化。交叉耦合CMOS反向锁存器(inverter latch)本身不能用于交叉阵列存储电路，因为交叉阵列存储器件没有SRAM这样的基于锁存的单元。基于锁存的单元可以在读取模式期间根据单元中的存储值翻转位或位杆。

因此，考虑了能够产生电流差的参考电阻和差分放大器。然后，通过连接到输出节点的锁存器检测这个电流差。

图 2-17 显示了通过电阻元件传感电流差的读出电路。这种传感放大器采用了图 2-16

中的交叉耦合反向锁存器以及图 2-14 和图 2-15 中的差分放大器的原理。该放大器利用差分放大器放大电流，放大后的电流影响锁存器内的电流。根据试验结果，计算了交叉阵列点的阻值。它们的阻值在 1kΩ 到 5kΩ 之间很低，在 1MΩ 到 5MΩ 之间很高，因此，在这两个范围内选择一个值为 100kΩ 的参考电阻。通过交叉阵列点电阻和参考电阻的电流是不同的，从而产生信号。这种差异通过传感电路放大，该电路由两个串联的反向器组成。电流从电阻流向传感电路，由外部信号控制，此控件是通过图 2-17 中的两个通门实现的。最后，由于传感电路在传感之前需要均衡，因此制造了两个反向器之间的通门。

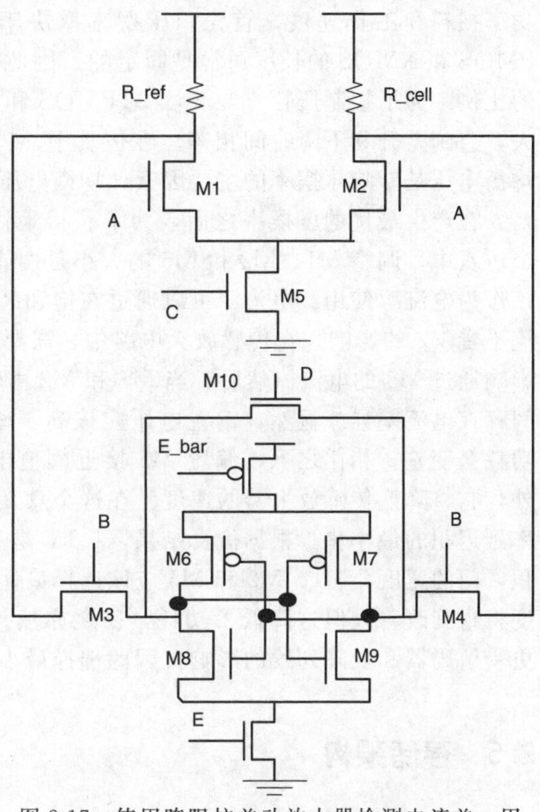

图 2-17　使用跨阻抗差动放大器检测电流差，用于非晶交叉阵列存储的传感放大器

图 2-18 给出了读出电路的 HSPICE 仿真结果。左图为交叉阵列点电阻为 1kΩ 时的仿真结果。如图 2-18 所示，直到 1ns 前两个反向器的输出值都相等，然后在使能两个通门时，再与两个电流进行微分，1.6ns 后输出稳定。右图为交叉阵列点电阻为 1MΩ 时的仿真结果。

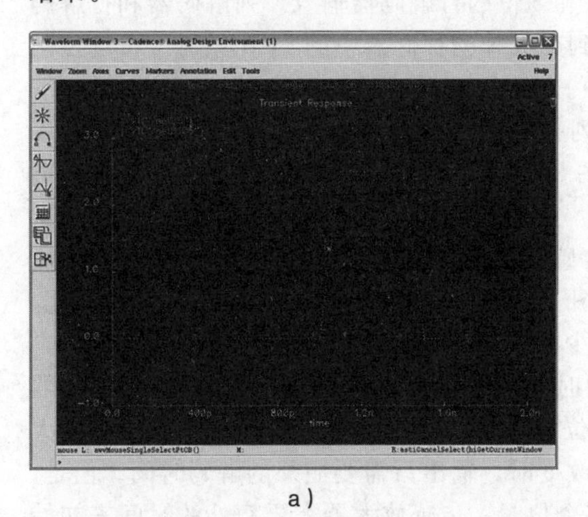

a)

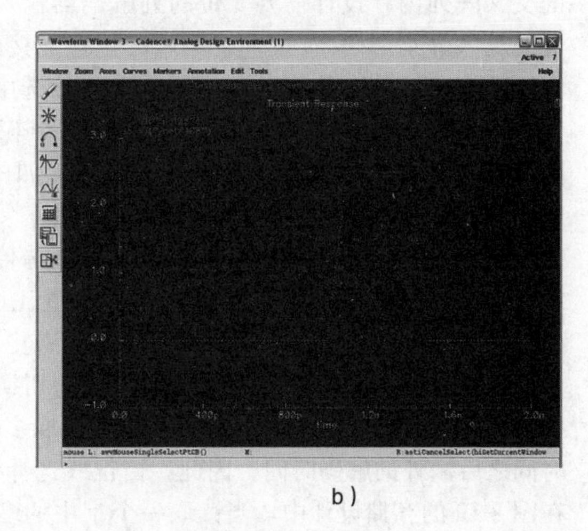

b)

图 2-18　a) 电阻为 1kΩ 的读出电路的 HSPICE 仿真结果；b) 电阻为 1MΩ 的读出电路的 HSPICE 仿真结果

一般来说，传感放大器对晶体管尺寸敏感。尺寸的大小影响差动放大器的压摆率、功率损耗和工作速度。首先，压摆率取决于锁存器中 PMOS 和 NMOS 的比例。由于 PMOS 和 NMOS 的长度通常是固定的，因此可以通过宽度操作来控制 PMOS 和 NMOS 的比例。为了控制压摆率，先实现 PMOS 和 NMOS 等宽。然后，PMOS 的宽度逐渐增大，直到上升和下降时间相等。在仿真中，PMOS 和 NMOS 的宽度比为 1.6∶1。此外，均衡电压是影响压摆率的主要因素，均衡电压采用 V_{dd} 和 GND 之间的中压。

在产生最优的压摆率之后，为了获得最优的性能，应该对栅极进行大小调整。在这个仿真中，调整 M1、M2 和 M5 的大小是性能方面的主要因素。作为差分放大器，M5 应该作为电流源使用。电流源可以通过在饱和区运行的大小调整 M5 来实现。在饱和区，电流不受 V_{ds} 的影响。在传感放大电路中，需要对 M5 进行偏置，使 M5 漏极的电压波动不影响通过 M5 的电流。然后，当 M1 和 M2 由输入 A 使能时，连接到寄存器的两条路径之间存在电流差异。显然，偏置电压应该高于阈值电压 V_{th}。但是，增加 V_{dd} 附近的电压，功耗会变差。相比之下，偏置 M5 接近阈值电压，就有可能使 M5 在三极管区工作。此外，它将降低传感放大器的速度。在这个意义上，需要找到 M5 的最优偏置电压来实现功率延迟积的最小化。根据仿真结果，1.1V 是 M5 的最优偏置电压。对于最优的功率延迟积，门的宽度，M1、M2 和 M5 应该选择最优。增加门的宽度，M1、M2 和 M5，然后速度将得到改善，但这降低了功耗，反之亦然。在这个仿真中，由于写入时间和读取时间更受解码器和长阵列线的影响，因此选择最小宽度尺寸。

2.5　存储架构

在本节中，我们将介绍一个使用读写电路的 1Kb(32×32)交叉阵列存储器设计。1Kb 的交叉阵列内存设计需要 5 位的列解码器输入和 5 位的行解码器输入。列解码器和行解码器的输入分别解码 32 位，解码后的位被连接到交叉阵列存储器中的 1Kb 阵列。通过控制解码器输入，1Kb 阵列单元中只有一个被选中。

有两种不同的方法来设计 1Kb 的交叉阵列存储设计。第一种方法是在列解码器之后附加一个单端传感放大器来实现存储器，如图 2-19 所示。在第二种方法中，每个位线可以附加一组传感放大器，如图 2-20 所示。

图 2-19 中的 1Kb 存储设计使用了单端传感放大器，列解码器选择后读取不同的位线。这种存储结构使用的传感放大器数量比图 2-20 中所示存储的位线时间要少。因此，与图 2-20 中的 1Kb 存储设计相比，它具有更少的区域开销和静态功耗。

但是，图 2-20 所示的存储需要更少的切换时间来进行位线更改。这是由于传感放大器锁存值是为解码器准备的。由于按顺序读取多位，图 2-20 中的设计只需要在初始传感放大时间之后额外的解码时间。因此，当位线选择改变时，输出只需要额外的解码时间。但是，在图 2-19 的存储设计中，当读取一个字中的多个位时，传感放大器需要额外的时间来初始化每一个位。因此，当顺序读取多个位时，图 2-19 中的存储设计要比图 2-20 中的慢得多。

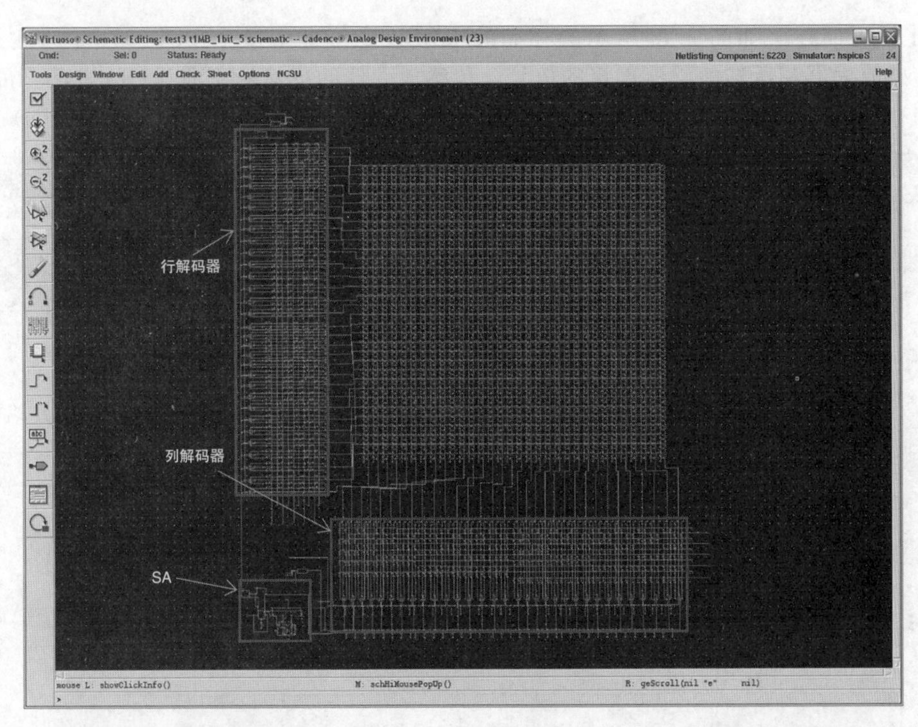

图 2-19　在列解码器之后，使用一个单端传感放大器的 1Kb 存储设计示意图

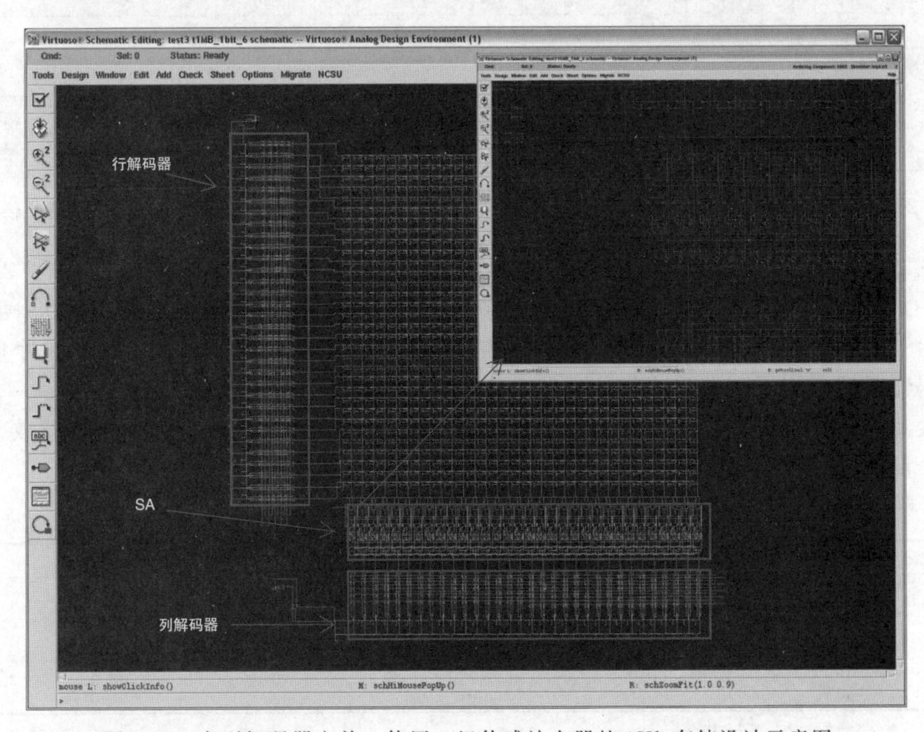

图 2-20　在列解码器之前，使用一组传感放大器的 1Kb 存储设计示意图

图 2-21 描述了如图 2-20 所示的存储的 HSPICE 仿真结果。在图 2-21 中，曲线(a)表示传感放大器与所选解码器连接的信号，传感放大器的反信号用曲线(b)表示，传感放大器与存储器阵列的列之间的输入信号用曲线(c)表示，输出信号“高”用曲线(d)表示。

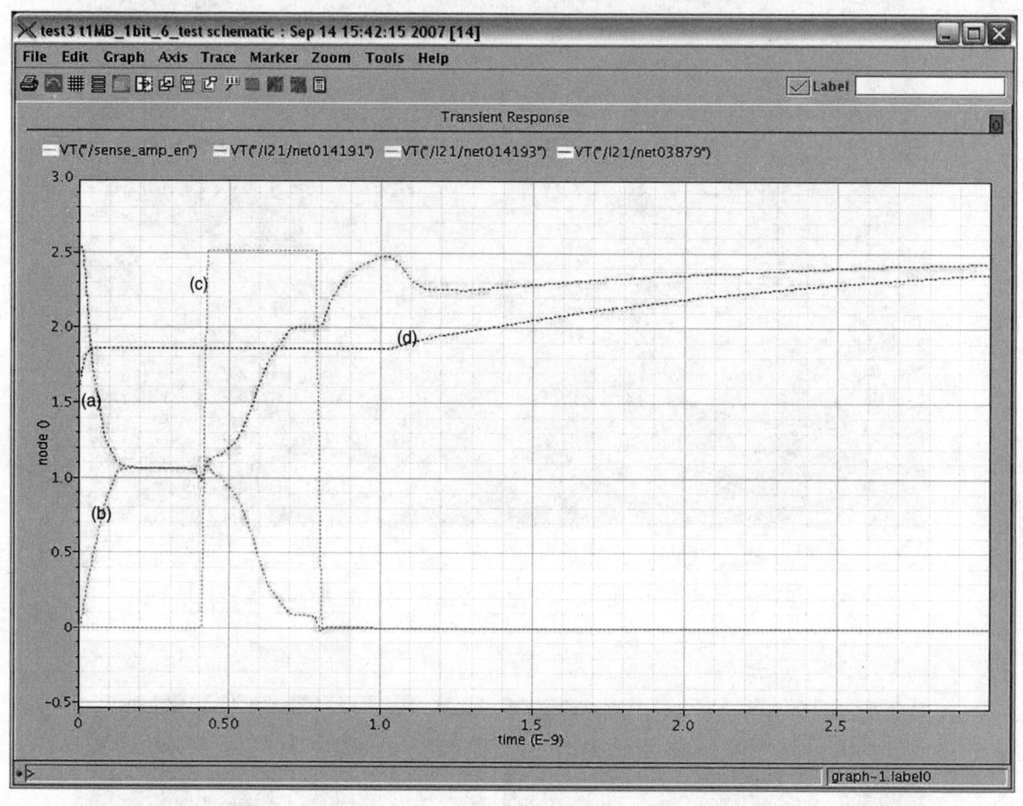

图 2-21　在列解码器读取“高”之前，利用传感放大器的存储器的 HSPICE 仿真结果(见彩插)

图 2-22 中存储器的 HSPICE 仿真结果显示了输出信号“低”的情况。在图 2-22 中，(a)～(c) 表示信号，(d) 描述了解码器的输出信号。这是由于列解码器的 PMOS 阈值电压。由于低输出信号通过 PMOS，解码器的输出信号不是接地电压。为了解决这个问题，在解码器之后添加了一个缓冲区。输出缓冲区后的输出信号描述为(e)。

表 2-1 显示了 1Kb 交叉阵列存储器设计的面积估计，所有位线都附加了传感放大器。在这个设计中，传感放大器占了 $32\times20\times1.2\mu m^2$。

表 2-1　由 1Kb 交叉阵列存储设计和一个 SA 连接到所有位线的组合

	水平宽度	垂直宽度
阵列	$32\times1.2\mu m$	$6.4\mu m$
解码器	$2\mu m$	$2\mu m$
SA	$32\times1.2\mu m$	$20\mu m$
总计	$68.8\mu m$	$28.4\mu m$

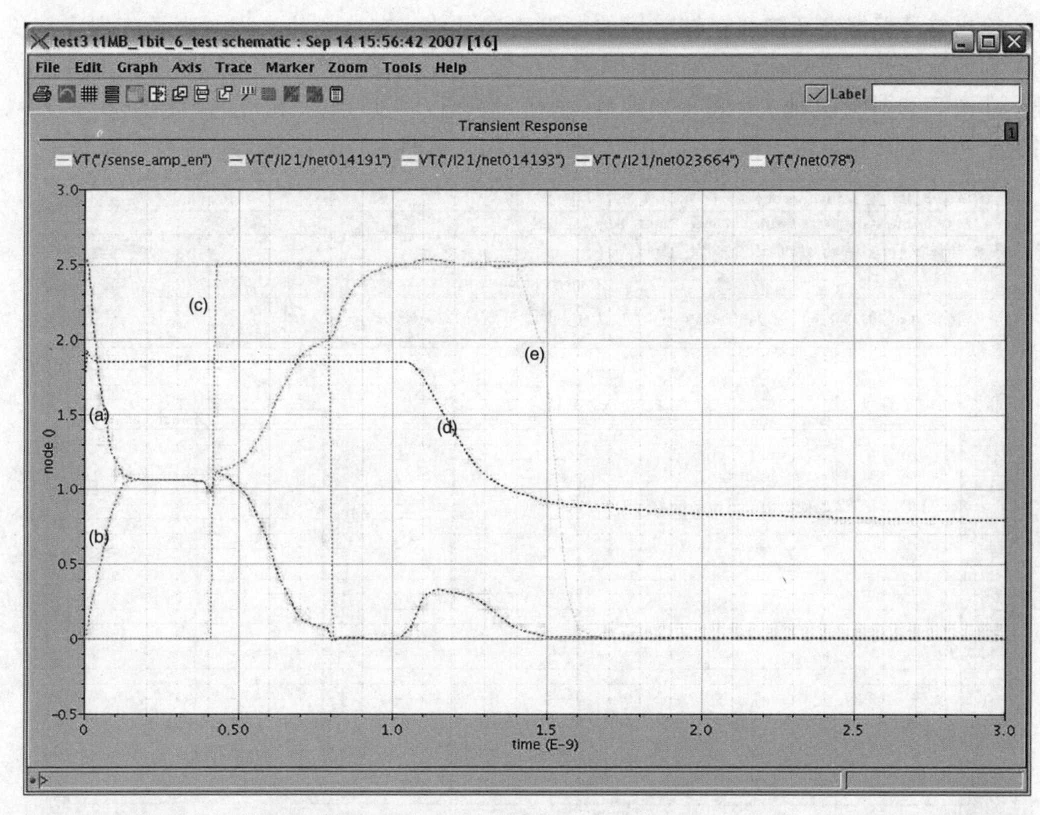

图 2-22　在列解码器读取“低”之前，利用传感放大器的存储器的 HSPICE 仿真结果(见彩插)

传感放大器占据了设计的大部分区域，因为它使用 10 个晶体管来实现。水平宽度比垂直宽度要长得多，这是因为传感放大器与所有的位线相连。因此，传感放大器决定了交叉阵列存储器设计的节距宽度。

表 2-2 显示了在最后阶段使用单端传感放大器的 1Kb 交叉阵列存储器设计的面积估计。在本次设计中，交叉阵列占据了设计的大部分区域。水平宽度和垂直宽度在设计上是相似的，因为传感放大器不影响基片宽度。因此，与前面讨论的在解码器之前使用传感放大器的 1Kb 交叉阵列存储器设计相比，在最后阶段使用单端传感放大器的 1Kb 交叉阵列存储器设计占用的面积更小。

表 2-2　在最后阶段，使用单个 SA 对大小为 1Kb 的交叉阵列存储进行区域组合

	水平宽度	垂直宽度
阵列	6.4μm	6.4μm
解码器	2μm	2μm
SA	6.6μm	2μm
总计	8.4μm	10.4μm

在解码器之前，使用传感放大器对 1Kb 交叉阵列存储器设计进行读取操作的 HSPICE 仿真结果如图 2-23 所示。在图 2-23 中，带有红线的 net078 表示存储器的输出信

号。输出信号根据交叉阵列存储单元的电阻改变其值。在这个仿真中，交叉阵列存储单元由列地址选择。换句话说，列地址选择一个交叉阵列存储器单元，其电阻影响输出信号。在图 2-23 中，其他 net 表示列地址位。列地址位改变 1ns，相应的输出也改变 1ns。在这个仿真中，输出可以读作“0101”，这个输出表示目标行的电阻是“低高低高”。

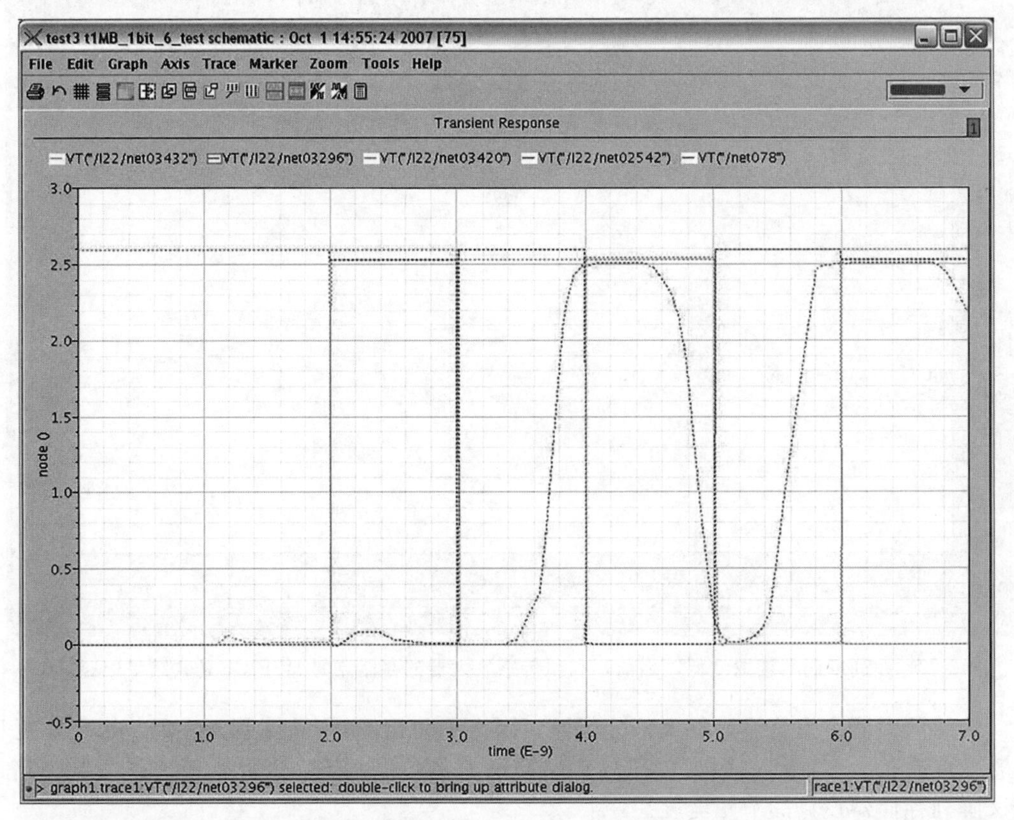

图 2-23 在列解码器读取之前，利用传感放大器的 1Kb 交叉阵列存储器设计的 HSPICE 仿真结果(见彩插)

表 2-3 显示了两种交叉阵列存储架构读取时间的比较。如表 2-3 所示，在解码器之前使用传感放大器的交叉阵列存储器结构在读取 32 位 1Kb 的交叉阵列存储器时，其速度大约是其他结构的 3 倍，这是由于前面讨论过的传感放大器的初始时间不同造成的。由于最后阶段带有传感放大器的交叉阵列存储器设计需要读出位时读取传感放大器的初始化时间，因此该结构在读取 32 位时需要初始化 32 次。而在解码器之前带有传感放大器的交叉阵列存储器在读取 32 位时只需要初始化一次。因此，在解码器之前使用传感放大器的存储器的读取需要 3.5ns/bit，而其他存储器的读取需要 1.1ns/bit。

表 2-3 在解码器前使用 SA 阵列的 1Kb 存储与在解码器后使用单个 SA 的 1Kb 存储之间的数据读取时间比较

	在解码器后的 SA	在解码器前的 SA
读取时间	32ns+4ns	3.5×32ns
读取时间/位	1.1ns/bit	3.5ns/bit

本节的仿真结果展示了两种设计方法的优缺点，即设计在解码器前的 SA 和解码器后的 SA。一种设计的优点变成另一种设计的缺点，反之亦然。设计在解码器之前，SA 的优点是处理速度快，抗噪性好，缺点是由于 SA 数量多而造成的区域开销和功耗增加。设计在解码器之前的 SA 处理时间来自位信息的早期和多个锁存。在本设计中，解码器对锁存的信息进行解码，随着解码器地址的改变，输出的一行信息只需要 SA 处理一次。然而，设计在解码器之后的 SA 需要每一个位的解码时间和 SA 处理时间，导致更多的读写时间。在区域开销方面，解码器后的 SA 需要一个 SA，而解码器前的 SA 需要与位线数量相同的 SA，这导致了较大的区域开销。从噪声的角度来看，解码器之前的 SA 比其他对应设计要好，因为解码器之前的 SA 在解码之前持有锁存的数据，这些数据通过一个闭合晶体管连接到电源。然而，解码器后的 SA 易受噪声影响，因为解码后的数据没有直接通过晶体管连接到电源。在功耗方面，解码器之前的设计由于情景应用程序的数量较多，在读取一个单词的过程中，情景应用程序会产生大量的读写切换活动。此外，由于从栅极或漏极到源极的漏电，这种设计会消耗更多的静态功率，这将在下一节中讨论。

2.6 功耗

2.6.1 功耗估计

存储系统的功耗是性能测试的关键因素之一，原因是功耗会影响电路的设计，如单片芯片上的电路数量、电源大小等，同时也会影响其可行性、成本和可靠性。

在交叉阵列存储系统的设计中，比较了两种设计的功耗。由于两种设计有不同的电路结构，需要研究不同设计结构是如何影响功耗的。首先，测量传感放大器的功耗。随后，对解码器和其他电路进行功耗测试。

传感放大器的功耗可分为三部分。一种是参考电压源的功耗，用于差分放大。这种能量损耗在读取期间是连续的，因为基准电压源在整个读取操作期间都是使能的。参考电压源与电源到地面的直接路径功耗有关，这种直接路径的建立是因为栅极到源极的电压高于 NMOS 的阈值电压，并且没有器件阻止电流从电源到地面的路径。

传感放大器的另一功耗源是传感放大器内部均衡和锁存器上的控制信号。这种功耗与动态功耗是相关的，因为控制信号在读取过程中会不断地重复。动态功耗可以定义为：

$$P_{dyn}=C\cdot V_{dd}^{2}\cdot f$$

其中 C 为负载电容，f 为开关频率。传感放大器的最后一种功耗源是静态功耗。由于 CMOS 器件不是理想的，NMOS 器件和 PMOS 器件不能同时稳定工作。

由于晶体管的反向偏置二极管结，漏极到源极或基片到源极存在漏电流。漏电流的另一个来源是 CMOS 器件的亚阈值电流。即使栅极和源极之间的电压低于阈值电压，从漏极到源极也会有漏电流。漏电流取决于阈值电压。如果阈值电压接近零伏特，则漏电流较大，导致静态功耗较大。对于两种漏电流，其静态功耗可以表示为：

$$P_{stat} = I_{leakage} \cdot V_{dd}$$

图 2-24 显示了经过列解码器后，带有传感放大器的 1Kb 交叉阵列存储器的静态功耗。图 2-24 中的毛刺源于输入信号发生变化时的短周期时间。传感放大器部分的功耗如图 2-25 所示。

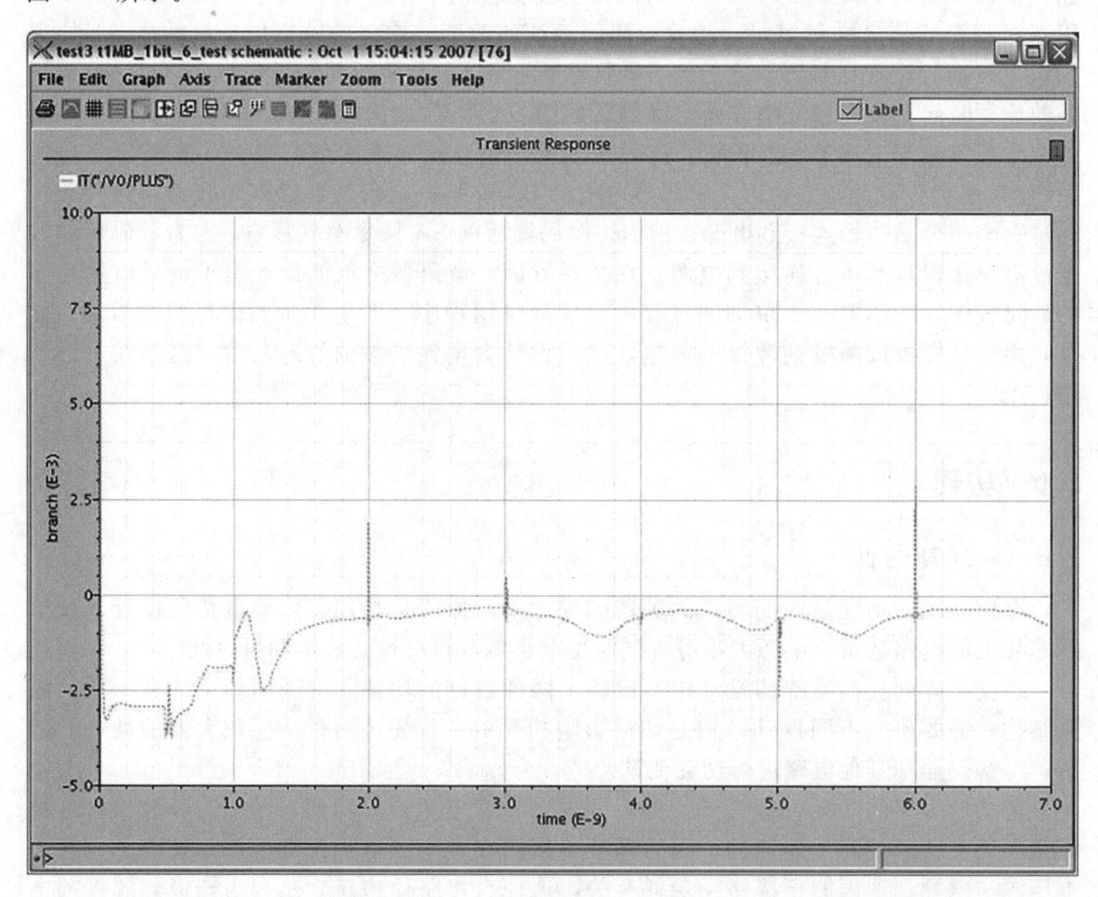

图 2-24　在 1Kb 交叉阵列存储器设计中，当解码器从 0ns 到 7ns 后，SA 部分的静态功耗

一般来说，由于阵位线电容的增加，传感放大器中 PMOS 和 NMOS 的宽度应该随着阵列尺寸的增加而增加，读取操作期间的电流由于位线电容的增加而减小。由于电流的变化会影响传感放大器的输出电压，因此传感放大器对电流变化的检测变得越来越困难。但是，与满足设计规则的最小传感放大器相比，1Kb 交叉阵列传感放大器的宽度增加了不到 1.5 倍。可以观察到，在 1Kb 的交叉阵列存储器设计中，增量的数量足以感知电流的差异，并且不会增加传感放大器操作所需的时间。因此，需要在 1Kb 的交叉阵列存储器设计中找到传感放大器的宽度，从而优化交叉阵列存储器设计的功率延迟积。

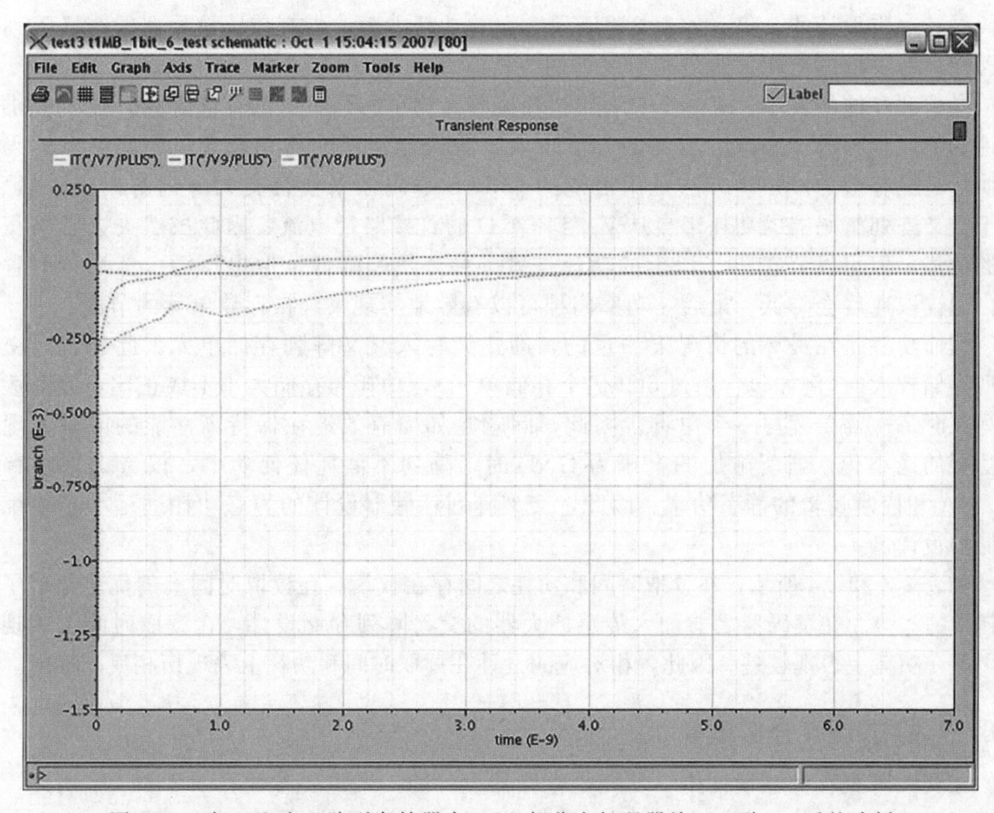

图 2-25　在 1Kb 交叉阵列存储器中，SA 部分在解码器从 0ns 到 7ns 后的功耗

如表 2-4 所示，解码器后的传感放大器的总功耗是其他电路配置的 3 倍，主要的原因是在解码器前有传感放大器的交叉阵列存储器需要和位线一样多的传感放大器。在解码器前有传感放大器的交叉阵列存储器设计中，传感放大器的数量多 32 倍，在输入信号变化相等的情况下，存储器的功耗比计数器设计的功耗多 32 倍。

表 2-4　比较两种类型的 1Kb 交叉阵列存储单元设计的功耗

	在解码器后的 SA	在解码器前的 SA
SA	1.5mW	4.5mW
解码器	110mW	310mW
其他	4mW	4mW
总计	115.5mW	318.5mW

在读取操作期间，输入信号的变化也可能不同。在解码器之前，带有传感放大器的交叉阵列存储器的输入信号只需要一次均衡操作和一次锁存操作即可读取 32 位。而在最后阶段带有传感放大器的交叉阵列存储器既要求均衡操作，又要求每读取一个位时都进行锁存操作。因此，在最后阶段用传感放大器读出交叉阵列存储器中的 32 位的时间大约比对应的长 3 倍。表 2-4 中关于传感放大器的数据显示了上述内容。

在解码器下，功耗是动态功耗。解码器输入的变化会影响动态功耗。两种设计中解码器输入的变化是不同的。在最后阶段，带有传感放大器的交叉阵列存储器对其解码器输入的改变比对应的解码器少 3 倍。因此，带传感放大器的交叉阵列存储器在最后阶段的功耗是其对应设计的 3 倍，如表 2-4 所示。在总功耗方面，带有传感放大器的交叉阵列存储器在最后阶段的功耗大约是相应设计的 3 倍。

考虑到存储的大小，表 2-4 所示的功耗很高。为了构建更大的存储阵列，需要提供以牺牲其他性能为代价来减少功耗的方法。由于解码器消耗的功率最大，因此减少解码器的功耗是最有效的。一种方法是用传统的 CMOS 解码器来代替交叉阵列解码器。然后，由于交叉阵列解码器的功耗来自从 V_{dd} 到 GND 的直接路径电流，因此虽然失去了面积开销的优势，但可以节省 90%以上的功耗。另一种方法是降低读取电压源。然后，节省功率，但读取速度会降低。最后，功率门控可以有效地实现大容量存储单元的节能。

然而功率是在最坏的情况下测量的，即连续写入交叉阵列存储单元。此外，当交叉阵列存储较大时(例如包含超过 500 亿个存储单元)，功耗与存储大小不成正比，因为读取或写入时每次需要读写一个单词。因此，问题是如何有效地在保持高性能的同时实现静态功耗的最小化。当所施加的电压为 GND 时，阵列不消耗任何功率，仅考虑来自解码器、SA 和控制逻辑的静态功率。因此，交叉阵列存储器设计的静态功耗远远小于传统的存储器设计。

如表 2-3 和 2-4 所示，在读取时间和功耗之间存在权衡。在读取时间上的优势导致了在功耗上的劣势。在解码器之前加入传感放大器的交叉阵列存储设计，在读取时间上表现较佳，但在功耗上表现较差。因此，相对应的设计在读取时间和功耗上表现出相反的性能。

2.6.2 静态功率分析建模

在交叉阵列存储器设计中，功耗是存储器设计的一个重要参数。如 2.6.1 节所述，动态功耗和静态功耗为主要功耗类型。在长通道器件中，动态功率非常重要，因为在这种情况下漏电流可以忽略不计。然而，随着器件尺寸的缩小，静态功耗变得非常重要。随着技术规模的扩大，漏电流呈指数增长，泄漏功率对总功率的绝对占比和相对占比变得越来越重要。根据国际半导体技术蓝图，漏电流的功耗将占到下一代总功耗的 50%。

在理想的晶体管中，电流只在 V_{gs} 大于 V_t 时流动。然而，即使低于阈值电压，电流仍然在真实的晶体管中流动。这种传导可以表示为式(2-4)和式(2-5)，其中 V_T 为热电压[37]。

$$I_{ds}=I_{ds0}\,e^{\frac{V_{gs}-V_t}{nV_T}}\left(1-e^{\frac{-V_{ds}}{V_T}}\right) \tag{2-4}$$

$$I_{ds0}=\beta V_T^2 e^{1.8} \tag{2-5}$$

I_{ds0} 是阈值电压下的电流，这个值随着进程和器件的几何形状而变化。此外，n 是一个依赖于耗尽区特征的进程项。对于该方程，我们认为漏电流是关断器件时温度和阈值电压的函数，因为对于 CMOS 操作，门极电压为零，V_{ds} 为 V_{dd}。

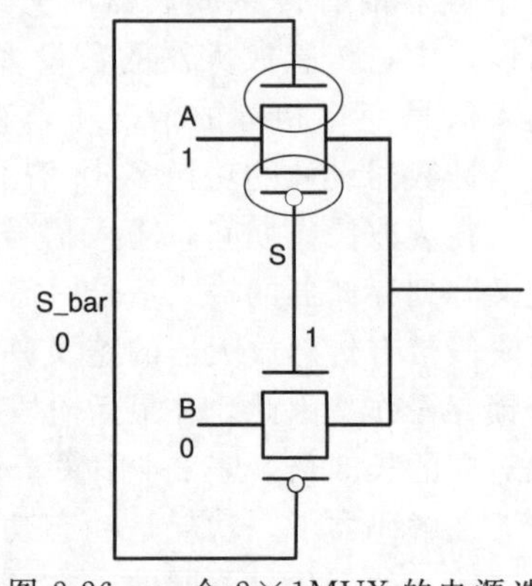

图 2-26 一个 2×1MUX 的电源选择，连接到行解码器

在开始时，行和列解码器可以解析建模。要研究解码器，需要在门级上研究电路。如图 2-26 所示，当使能选择位时，漏电功耗发生在被圈起来的

上 NMOS 和 PMOS 中。该功耗可表示为式(2-6)。

$$I_{\mathrm{LMUX}}=I_{\mathrm{LNMOS}}+I_{\mathrm{LPMOS}} \tag{2-6}$$

考虑到器件的宽度和长度，可以将方程转化为式(2-7)。

$$I_{\mathrm{LMUX}}=\frac{W_1}{L_1}I_{\mathrm{LNMOS}}+\frac{W_2}{L_2}I_{\mathrm{LPMOS}} \tag{2-7}$$

由于 MUX 采用中压源，MUX 的泄漏功耗可表示为式(2-8)。

$$P_{\mathrm{LMUX}}=\frac{W_1}{L_1}V_M I_{\mathrm{LNMOS}}+\frac{W_2}{L_2}V_M I_{\mathrm{LPMOS}} \tag{2-8}$$

以图 2-3 所示的 3 × 1MUX 为例，漏电流可以用同样的方法计算，可以表示为式(2-9)。

$$I_{\mathrm{LMUX3}}=\frac{W_1}{L_1}I_{\mathrm{LNMOS}}+\frac{W_2}{L_2}I_{\mathrm{LPMOS}} \tag{2-9}$$

由于使用了三个电源，写入“1”的功耗如式(2-10)所示。

$$P_{\mathrm{LMUX3}}=\frac{W_1}{L_1}V_H I_{\mathrm{LNMOS}}+\frac{W_2}{L_2}V_H I_{\mathrm{LPMOS}} \tag{2-10}$$

对于读取，功耗可表示为式(2-11)。

$$P_{\mathrm{LMUX3}}=\frac{W_1}{L_1}V_L I_{\mathrm{LNMOS}}+\frac{W_2}{L_2}V_L I_{\mathrm{LPMOS}} \tag{2-11}$$

但是，当写入“0”时，由于电源连接到行解码器中的 GND，漏电流被忽略。

在解码器的情况下，由于电源是通过二极管直接连接的，所以会产生静态功耗。假设二极管的电阻为 R，则二极管的功耗可表示为式(2-12)。

$$P_{\mathrm{DIODE}}=\frac{V_H^2}{R} \tag{2-12}$$

地址的数量(N_{addr})决定了解码器中二极管的数量，N 个地址解码器的二极管的功耗如式(2-13)所示。

$$P_{\mathrm{DNaddr}}=N\log_2 N\,\frac{V_H^2}{R} \tag{2-13}$$

对于列解码器，由于 MUX 在写入“0”时使用高压，因此泄漏功耗可表示为式(2-14)。

$$P_{\mathrm{LCMUX}}=\frac{W_1}{L_1}V_H I_{\mathrm{LNMOS}}+\frac{W_2}{L_2}V_H I_{\mathrm{LPMOS}} \tag{2-14}$$

假设列数与行数相同，则列解码器中二极管的功耗如式(2-15)所示。

$$P_{\mathrm{DCaddr}}=N\log_2 N\,\frac{V_H^2}{R} \tag{2-15}$$

其次，对传感放大器进行漏电流分析。如图 2-17 所示，需要根据工作模式对传感放大器进行分析。首先，当 A=0、B=0、C=1、D=0、E=0 时定义闲置模式。在闲置模式下，与 A 相连的差分放大器中的两个 NMOS 场效应管受到漏电流的影响，与 E 相连的 NMOS 也受到漏电流的影响。闲置模式下的泄漏功耗可表示为式(2-16)。

$$P_{\text{SEIDLE}}=2\frac{W_1}{L_1}V_H I_{\text{LNMOS}}+\frac{W_2}{L_2}V_H I_{\text{LNMOS}} \tag{2-16}$$

接下来分析预充电模式，定义当A=0、B=0、C=1、D=1、E=0时为预充电模式。在这种模式下，与A相连的差分放大器中的两个NMOS场效应管受到漏电流的影响，与E相连的NMOS也受到漏电流的影响。该模式下的泄漏功耗可以表示为式(2-17)。

$$P_{\text{SEPRE}}=2\frac{W_1}{L_1}V_H I_{\text{LNMOS}}+\frac{W_2}{L_2}V_H I_{\text{LNMOS}} \tag{2-17}$$

在读取模式下，连接A、B、C、D、E的晶体管都是使能的。在这种模式下，晶体管M5遭受漏电流，因为C在V_{th}和V_{dd}之间。由于锁存器的一个节点中的任意一个都为零，所以锁存器受到漏电流的影响。锁存器中处于关闭状态的两个晶体管将受到漏电流的影响。M6和M9或M7和M8取决于输出值受锁存器中漏电流的影响。因此，读取模式下的泄漏功耗可表示为式(2-18)。

$$P_{\text{SEREAD}}=\frac{W_1}{L_1}V_H I_{\text{2NMOS}}+\frac{W_2}{L_2}V_H I_{\text{LNMOS}}+\frac{W_3}{L_3}V_H I_{\text{LPMOS}} \tag{2-18}$$

式(2-18)中，由于V_{gs}在该器件中不为零，所以I_{L2NMOS}远远高于I_{LNMOS}或I_{LPMOS}。因此，M5的尺寸选择对减小传感放大器的漏电流具有重要意义。

考虑到连接到所有位线的传感放大器的数量，功率损耗将随着位线数量的增加而增加。假设在每个读取操作中读取一个位，不使用MUX，并且传感放大器连接到位线上，则泄漏功耗可以表示为式(2-19)。

$$P_{\text{SEREAD}}=N\left(\frac{W_1}{L_1}V_H I_{\text{L2NMOS}}+\frac{W_2}{L_2}V_H I_{\text{LNMOS}}+\frac{W_3}{L_3}V_H I_{\text{LPMOS}}\right) \tag{2-19}$$

考虑到闲置、预充电和读取模式下的频率，将这些频率组合在一起，在传感放大器中产生整体的泄漏损耗。假设闲置时间为T_i，预充电时间为T_p，读取时间为T_r，则泄漏总功耗可表示为式(2-20)。

$$\begin{aligned}P_{\text{SE}}=&\frac{N\cdot T_r}{T_i+T_p+T_r}\left(\frac{W_1}{L_1}V_H I_{\text{L2NMOS}}+\frac{W_2}{L_2}V_H I_{\text{LNMOS}}+\frac{W_3}{L_3}V_H I_{\text{LPMOS}}\right)\\&\frac{N\cdot(T_p+T_i)}{T_i+T_p+T_r}\left(2\frac{W_1}{L_1}V_H I_{\text{LNMOS}}+\frac{W_2}{L_2}V_H I_{\text{LNMOS}}\right)\end{aligned} \tag{2-20}$$

研究利用MUX逻辑来减小传感放大器对漏电流的影响是很有意义的。使用一个2×1MUX的放大器时，传感放大器的数量减半，而额外的漏电流可能从2×1MUX的放大器中增加。因此，传感放大器和2×1MUX的漏电流均可表示为式(2-21)。

$$\begin{aligned}P_{\text{SE\_MUX}}=&\frac{N\cdot T_r}{2(T_i+T_p+T_r)}\cdot\left(\frac{W_1}{L_1}V_H I_{\text{2LNMOS}}+\frac{W_2}{L_2}V_H I_{\text{LNMOS}}+\frac{W_3}{L_3}V_H I_{\text{LPMOS}}\right)+\\&\frac{N\cdot(T_p+T_i)}{2(T_i+T_p+T_r)}\left(2\frac{W_1}{L_1}V_H I_{\text{LNMOS}}+\frac{W_2}{L_2}V_H I_{\text{LNMOS}}\right)+\\&\frac{W_1}{L_1}V_M I_{\text{LNMOS}}+\frac{W_2}{L_2}V_M I_{\text{LPMOS}}\end{aligned} \tag{2-21}$$

以类似的方式，扩展到N×1MUX将会有如式(2-22)所示的泄漏功耗。

$$P_{\text{SE\_MUX}}=\frac{T_r}{(T_i+T_p+T_r)}\cdot\left(\frac{W_1}{L_1}V_H I_{\text{L2NMOS}}+\frac{W_2}{L_2}V_H I_{\text{LNMOS}}+\frac{W_3}{L_3}V_H I_{\text{LPMOS}}\right)+$$
$$\frac{(T_p+T_i)}{(T_i+T_p+T_r)}\cdot\left(2\frac{W_1}{L_1}V_H I_{\text{LNMOS}}+\frac{W_2}{L_2}V_H I_{\text{LNMOS}}\right)+$$
$$\log_2 N\cdot\left(\frac{W_1}{L_1}V_M I_{\text{LNMOS}}+\frac{W_2}{L_2}V_M I_{\text{LPMOS}}\right)\tag{2-22}$$

在解析建模的基础上，必须对晶体管和二极管特性器件的尺寸进行适当的调整，以减少泄漏功率的损耗。特别是，锁存器的 NMOS 和 PMOS 可以调整尺寸以减少漏电流，而恒流源的偏置晶体管应该仔细调整尺寸以满足性能标准。

2.7　噪声分析

在数字电路设计中，噪声一直是一个与时序和功率一样重要的问题。噪声的增长被归因于互联密度的增加，更快的时钟速率和缩放阈值电压。互联密度的增加表示耦合电容的显著增加，更快的时钟速率意味着更快的转换速率，而阈值电压随着电源电压的变化而降低。这些效果合并在一起就产生了更多的片上噪声。

在交叉阵列存储器结构中，存储器单元的阵列中含有密集的金属线。由于密集的金属线，互联密度增加。增加的互联密度成为片上噪声的一个来源，称为互联耦合噪声。

耦合噪声主要是由金属线间的电容耦合引起的。这种噪声与交叉阵列存储器更相关，因为它比传统存储器包含更多的单元，互联电容更密集。

为了检验交叉阵列存储器设计中的互联电容忽略 C_2，这简化了非晶硅交叉阵列存储器的阻容模型，如图 2-27 所示。

将电路建模为电容分压器来计算下面的金属线噪声，如图 2-28 所示。当高压被施加到选定的行上时，上面的金属线电压变为 V_{high}。假设下面的金属线受害者是一个浮动的节点，ΔV_{victim} 在没有下面的金属线干预时表示为式(2-23)。

$$\Delta V_{\text{VICTIM}}=\frac{C_6}{\dfrac{(2C_1+C_3)\cdot C_4}{(2C_1+C_3)+C_4}+C_6}\Delta(V_{\text{AGGRESSOR}})\tag{2-23}$$

假设一个 $N\times N$ 矩阵且 V_{mid} 是 V_{high} 的一半，则式(2-23)可以修改为式(2-24)。

由于 V_{mid} 对下金属线是偏压的，V_{mid} 是 V_{high} 的一半，可以将式(2-23)修改为式(2-24)。

$$\Delta V_{\text{VICTIM}}=\frac{C_6}{\dfrac{(2C_1+C_3)\cdot C_4}{2C_1+C_3+C_4}+C_6}\Delta\left(\frac{V_{\text{AGGRESSOR}}}{2}\right)\frac{1}{\alpha+1}\tag{2-24}$$

其中

$$\alpha=\frac{\tau_{\text{aggressor}}}{\tau_{\text{victim}}}=\frac{R_{\text{aggressor}}}{R_{\text{victim}}}$$

假设 $R_{\text{aggressor}}$ 和 R_{victim} 是一样的，式(2-24)被修改为式(2-25)。

$$\Delta V_{\text{VICTIM}}=\frac{C_6}{2\left(\frac{(2C_1+C_3)\cdot C_4}{(2C_1+C_3)+C_4}+C_6\right)}\Delta\left(\frac{V_{\text{AGGRESSOR}}}{2}\right) \tag{2-25}$$

由式(2-25)可知，上金属线对下金属线电压的偏差取决于电容 C_1、C_3 和 C_6。由于 C_3 至少是其他电容的 3 倍，所以最坏情况下，下金属线的电压偏差将在 $0.064V_{\text{aggressor}}$ 左右。因此，即使交叉阵列存储器比其他存储器有更高的单元密度，交叉阵列存储器也不会受到互联噪声的影响。

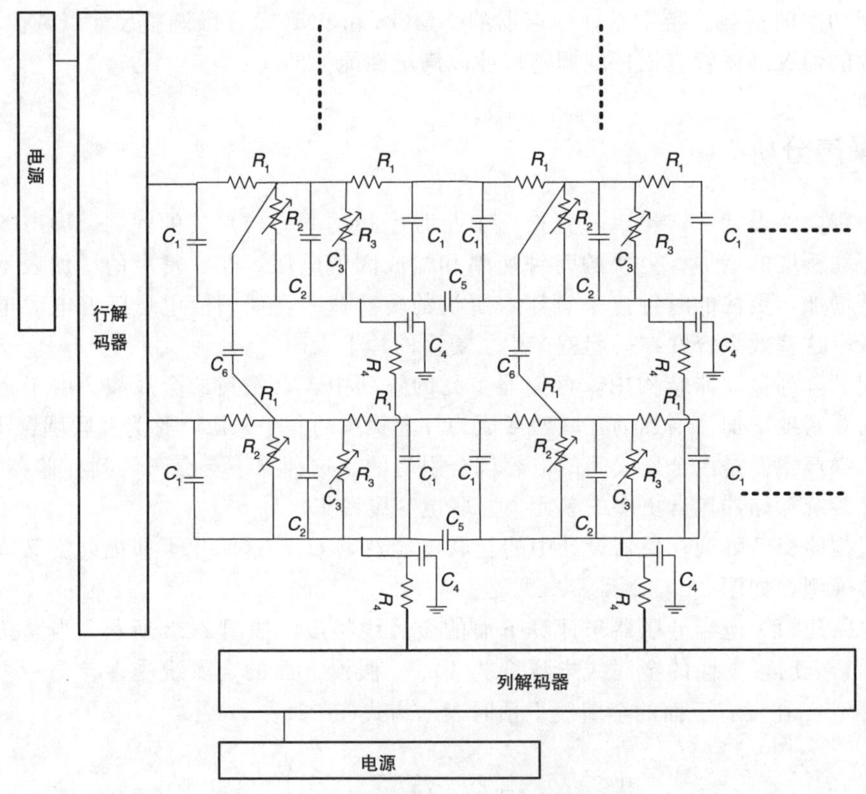

图 2-27　交叉阵列存储单元的阻容模型

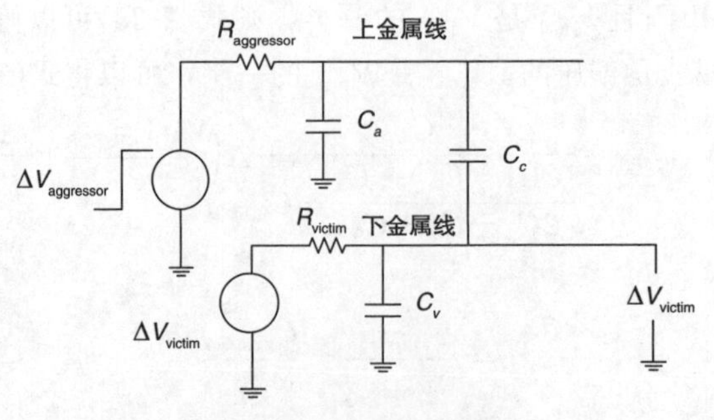

图 2-28　互联耦合模型

2.8　面积开销

由于连接在所有位线上的有传感放大器的交叉阵列存储器占用了很大的面积，所以增加了复用器(MUX)以减少传感放大器的数量。MUX 大小的正确选择可以使存储器在读取时间、功耗和面积开销方面具有高性能。在对整个 1Kb 交叉阵列存储器设计进行仿真之前，我们将讨论一种简化的存储器电路以供分析理解。

图 2-29 是一种简化的传感放大器部分，采用在解码器之前使用传感放大器的 1Kb 交叉阵列存储器设计。在图 2-29 中，用一个电阻模拟了交叉阵列存储单元，MUX 用来选择两个单元中的一个电阻。图 2-29 使用了 2×1MUX，因此可以将传感放大器的数量减少一半。

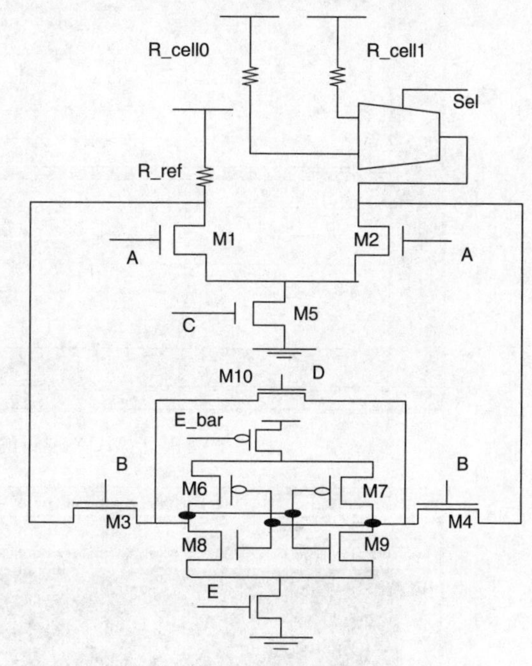

图 2-29　一个简化的传感放大器部分，研究了使用 MUX 逻辑来减少连接到所有位线的传感放大器的可行性

图 2-30 中的仿真结果是图 2-29 中电路的瞬态结果。图 2-30 中的图一是图 2-29 的输出信号，输出是根据图三中 MUX 信号的选择而改变的，图二是均衡的控制信号。

图 2-31 是使用 2×1MUX 将传感放大器数量减少一半的 1Kb 交叉阵列存储器设计的示意图。图 2-29 中的电路原理被应用于此电路。在图 2-31 中，读取前 16 位并更改 MUX 逻辑的选择位，然后顺序读取后 16 位。此外，列解码器减少了一半，解码器的输入从 10 个减少到 8 个。与图 2-20 中的存储器相比，图 2-31 的存储器读取时间增加了，因为它需要额外的时间来选择传感放大器的 MUX 逻辑和初始化时间。

图 2-32 表示图 2-31 所示的交叉阵列存储器仿真结果。图 2-32 中的仿真结果是电路的瞬态结果。图一为图 2-31 的输出信号，输出是根据图四中 MUX 信号的选择而改变的，图三是用于均衡的控制信号，图二是用于传感放大器内部锁存器的控制信号。

图 2-33 是使用 4×1MUX 将传感放大器数量减少到 1/4 的 1Kb 交叉阵列存储器设计示意图。在图 2-33 中，读取前 8 位并更改 MUX 逻辑的选择位，后 8 位按顺序读取，直到读取 32 位为止。此外，列解码器减少到 1/4，解码器的输入从 10 个减少到 6 个。与图 2-31 中的存储器设计相比，用于连接 MUX 逻辑、阵列和列解码器的路由开销增加得更多。与图 2-31 中的存储器相比，读取时间增加了，因为选择 MUX 逻辑需要更长的时间，而传感放大器的初始化时间也更长。

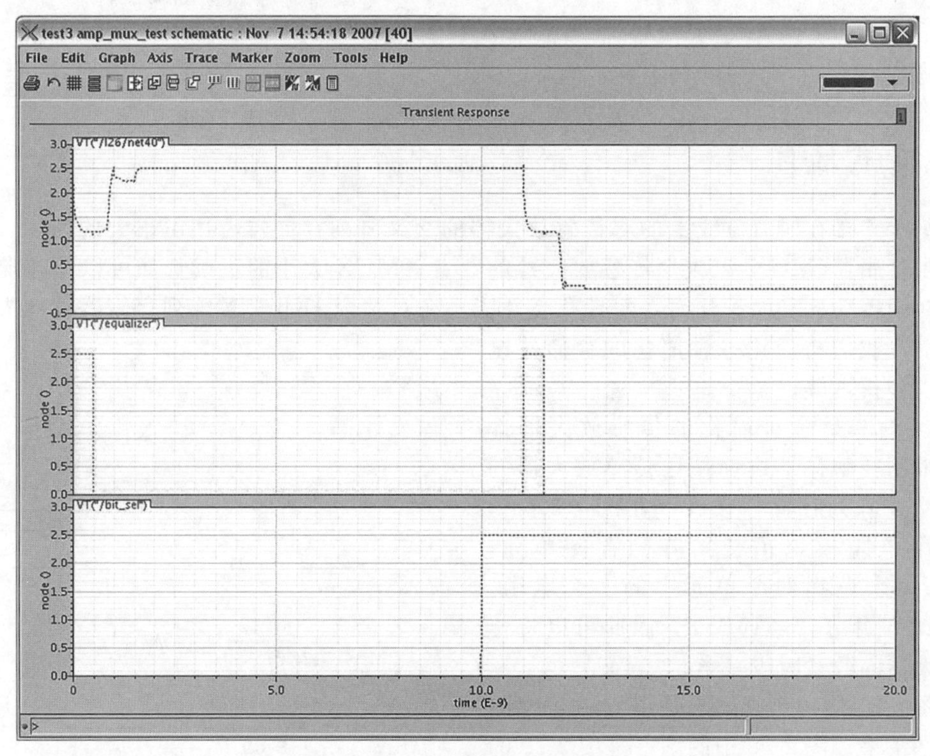

图 2-30 基于 MUX 逻辑的简化传感放大器的仿真结果

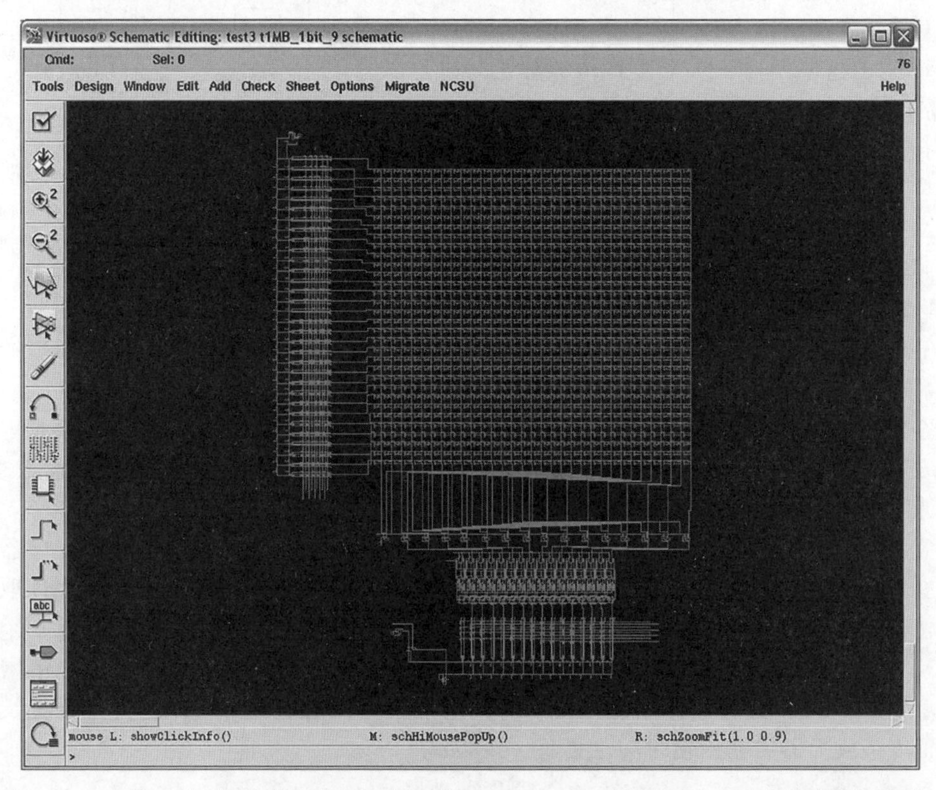

图 2-31 1Kb 交叉阵列存储器设计原理图，使用 2×1MUX 逻辑来减少一半的传感放大器数量

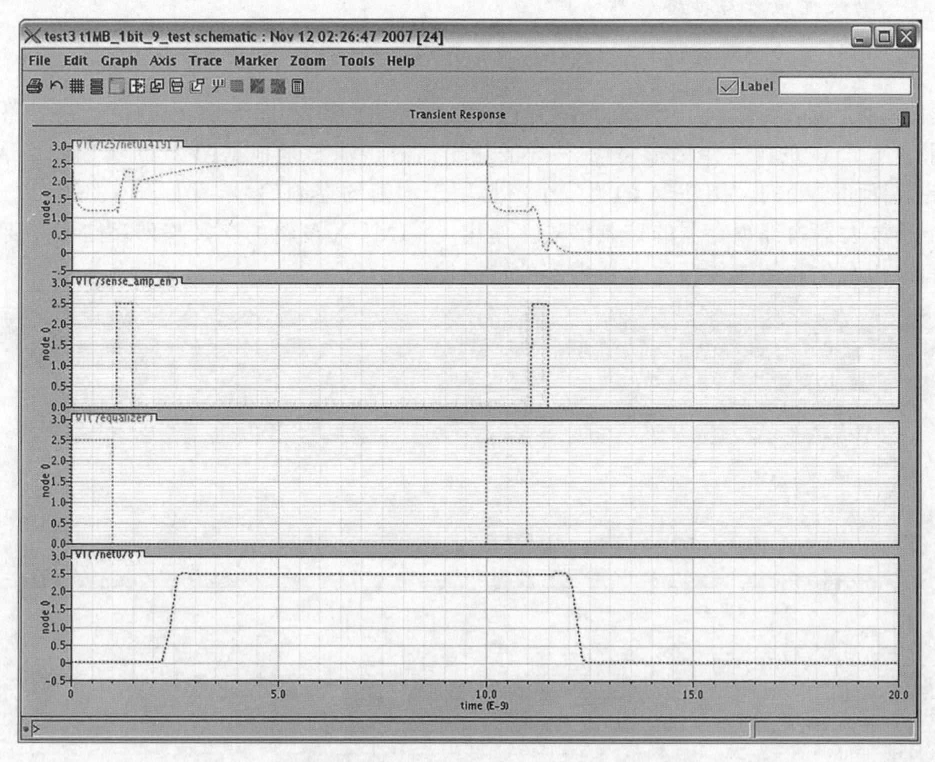

图 2-32　仿真结果表明，在 1Kb 的交叉阵列存储器设计中，采用了 2×1 的 MUX 逻辑来减少传感放大器的数量

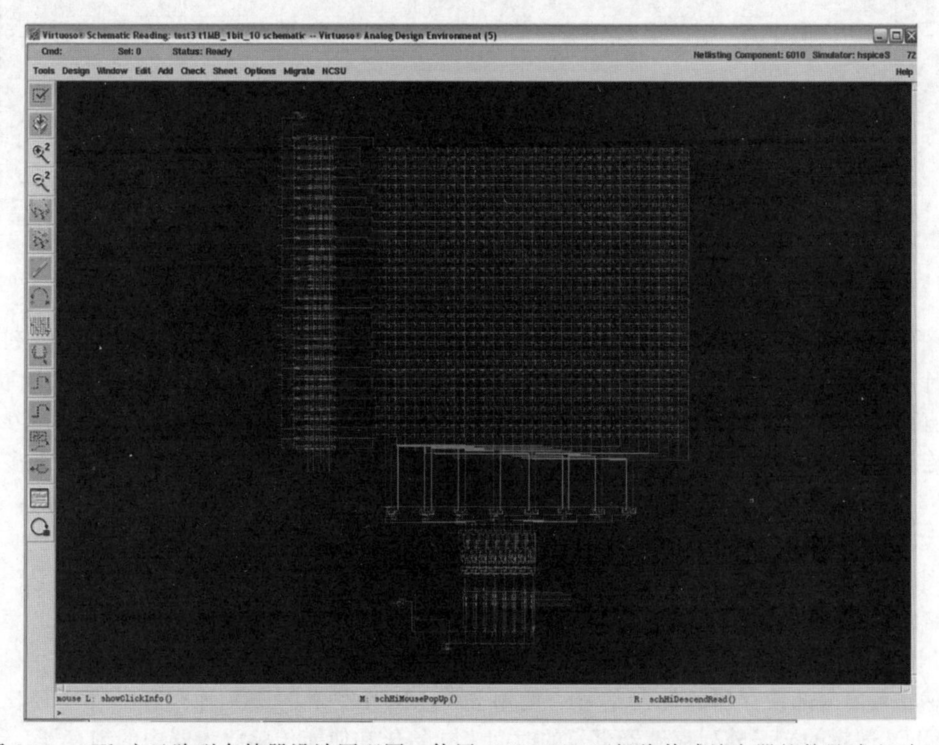

图 2-33　1Kb 交叉阵列存储器设计原理图，使用 4×1MUX 逻辑将传感放大器的数量减少到 1/4

图 2-34 是对图 2-33 所示的交叉阵列存储器的仿真结果。图 2-34 中的仿真是电路的瞬态结果。图 2-34 的第一个图形是图 2-33 的输出信号，输出是根据图 2-34 第四图中 MUX 信号的选择而改变的，图 2-34 的第三个图是用于均衡的控制信号，图 2-34 的第二个图是用于传感放大器内部锁存器的控制信号。使用 4×1MUX 逻辑的交叉阵列存储器需要更长的时间来初始化和使能传感放大器内部的锁存器。

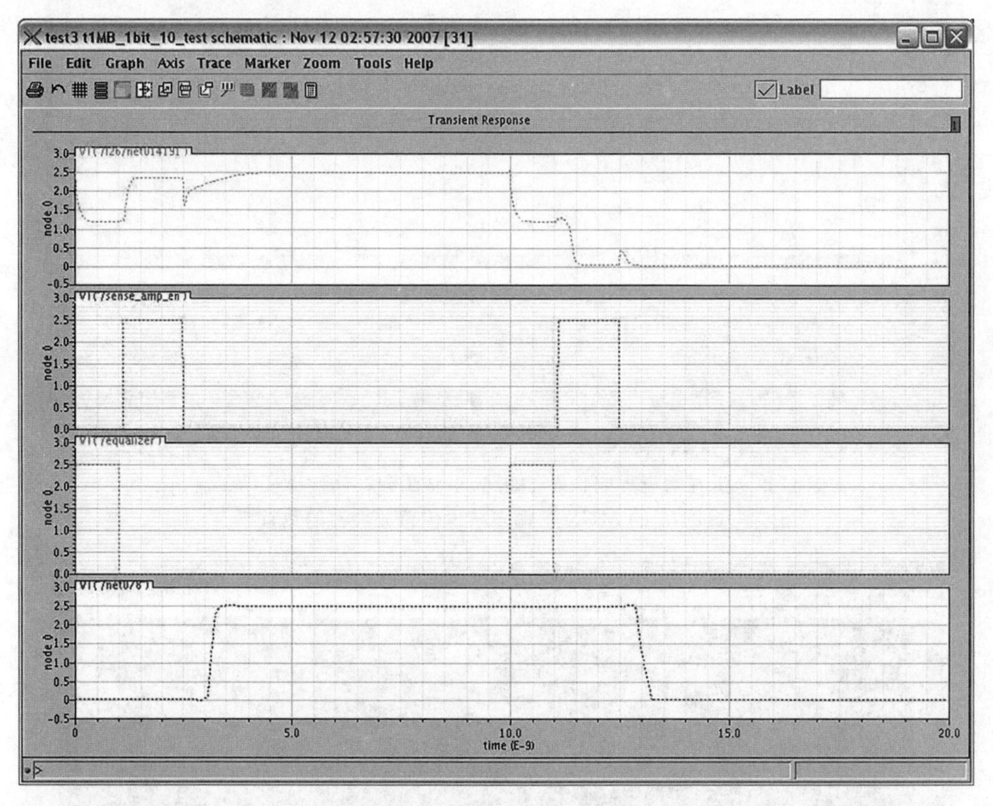

图 2-34　仿真结果表明，在 1Kb 的交叉阵列存储器设计中，4×1MUX 逻辑可以减少传感放大器的数量

图 2-35 是使用 8×1MUX 逻辑将传感放大器的数量减少到 1/8 的 1Kb 交叉阵列存储器设计示意图。在图 2-35 中，读取前 4 位并改变 MUX 逻辑的选择位，然后依次读取后 4 位，直到读取了 32 位为止。列解码器减少到 1/8，并且解码器的输入从 10 个减少到 4 个。连接 MUX 逻辑、阵列和列解码器的路由开销比图 2-33 中的存储器增加得更多。与图 2-33 中的存储器相比，读取时间增加了，因为选择 MUX 逻辑需要更长的时间，而传感放大器的初始化时间也更长。

图 2-36 是对图 2-35 所示的交叉阵列存储器的仿真结果，图 2-36 中的仿真结果是图 2-35 中电路的瞬态结果。图 2-36 的第一个图形是图 2-35 的输出信号，输出是根据图 2-36 第四个图中 MUX 信号的选择而改变的，图 2-36 的第三个图是用于均衡的控制信号，第二个图是用于传感放大器内部锁存器的控制信号。使用 8×1MUX 逻辑的交叉阵列存储器需要比使用 4×1MUX 逻辑的交叉阵列存储器更长的时间来初始化和使能传感放大器中的锁存器。

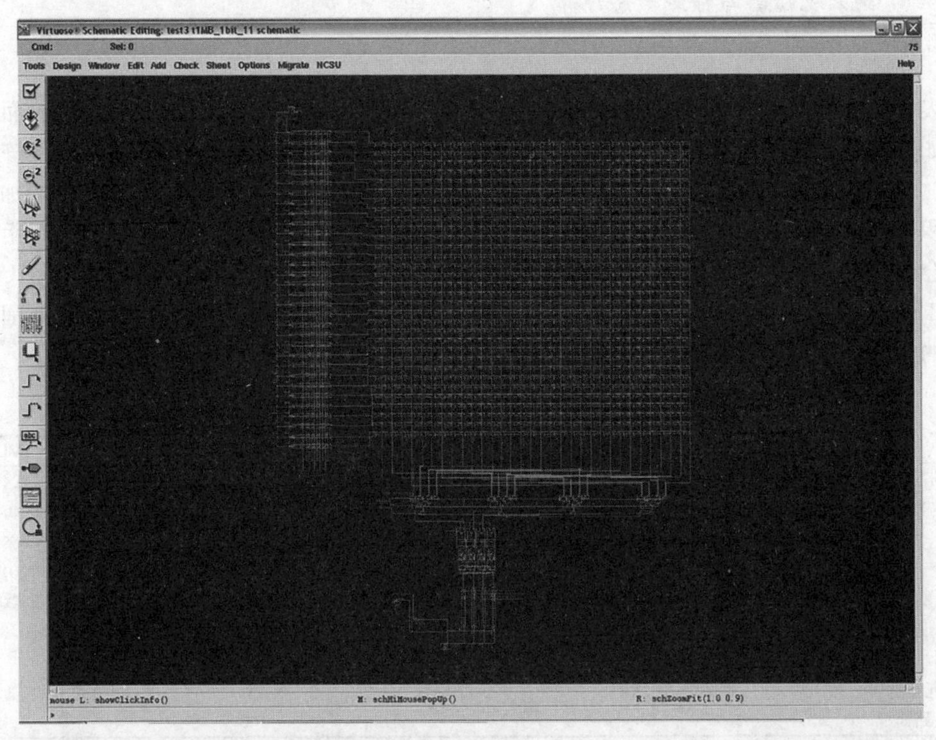

图 2-35　1Kb 交叉阵列存储器设计原理图，使用 8×1MUX 逻辑来减少传感放大器的数量

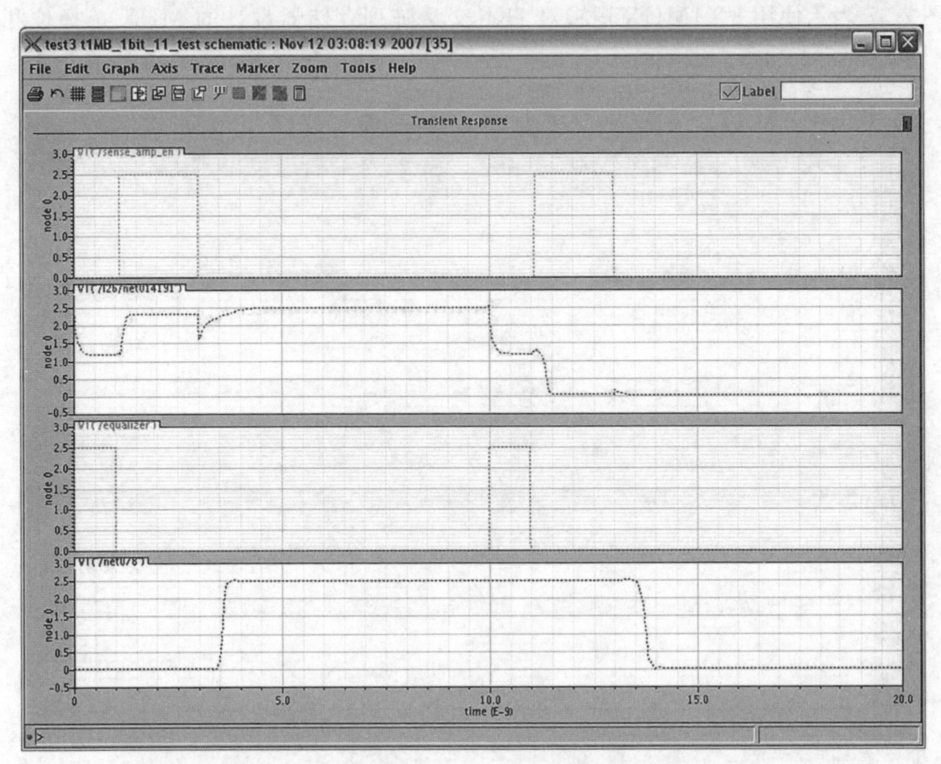

图 2-36　仿真结果表明，在 1Kb 的交叉阵列存储器设计中，采用了
8×1MUX 逻辑可以减少传感放大器的数量

表 2-5 显示了使用不同大小的 MUX 逻辑的 1Kb 交叉阵列存储器设计之间的面积比较。如表 2-5 所示，针对面积开销的最佳存储器设计是使用 8×1MUX 逻辑的交叉阵列存储器。MUX 的较大尺寸将减少 1Kb 交叉阵列存储器设计的间距宽度，但是也会增加路由的面积开销。如果 MUX 的大小大于 8×1，那么 1Kb 的交叉阵列存储器设计的间距宽度就不会进一步减小，因为传感放大器的宽度将小于阵列的宽度。因此，使用 8×1MUX 逻辑的 1Kb 交叉阵列存储器设计占用最小的面积，减少了 67%，这种单元面积与外围电路面积的比例适合用作存储芯片。

表 2-5 不同尺寸 MUX 的 1Kb 交叉阵列存储器的面积比较

单位：μm^2	无 MUX	2×1MUX	4×1MUX	8×1MUX	16×1MUX
阵列	32^2×0.2×4.8	32^2×0.2×2.4	32^2×0.2×1.2	32^2×0.2×0.6	32^2×0.2×0.3
解码器	(32×1×0.2)+(32×1×4.8)	(32×1×0.2)+(32×0.8×2.4)	(32×1×0.2)+(32×0.6×1.2)	(32×1×0.2)+(32×0.4×0.6)	(32×1×0.2)+(32×0.2×0.3)
SA	32×4.8×10	32×10×2.4	32×10×1.2	32×10×0.6	32×10×0.3
MUX	0	32×10×2.4	32×25×1.2	32×61×0.6	32×153×0.3
全局路由	0	32×1×2.4	32×2×1.2	32×4×0.6	32×8×0.3
总计	2679.04	2172.16	1696	1557.76	1682.56
单元面积/外围电路面积	0.58	0.29	0.17	0.08	0.03

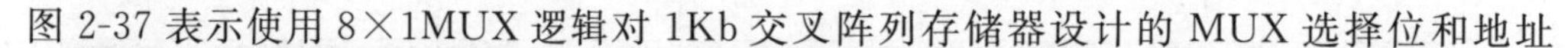

图 2-37 表示使用 8×1MUX 逻辑对 1Kb 交叉阵列存储器设计的 MUX 选择位和地址

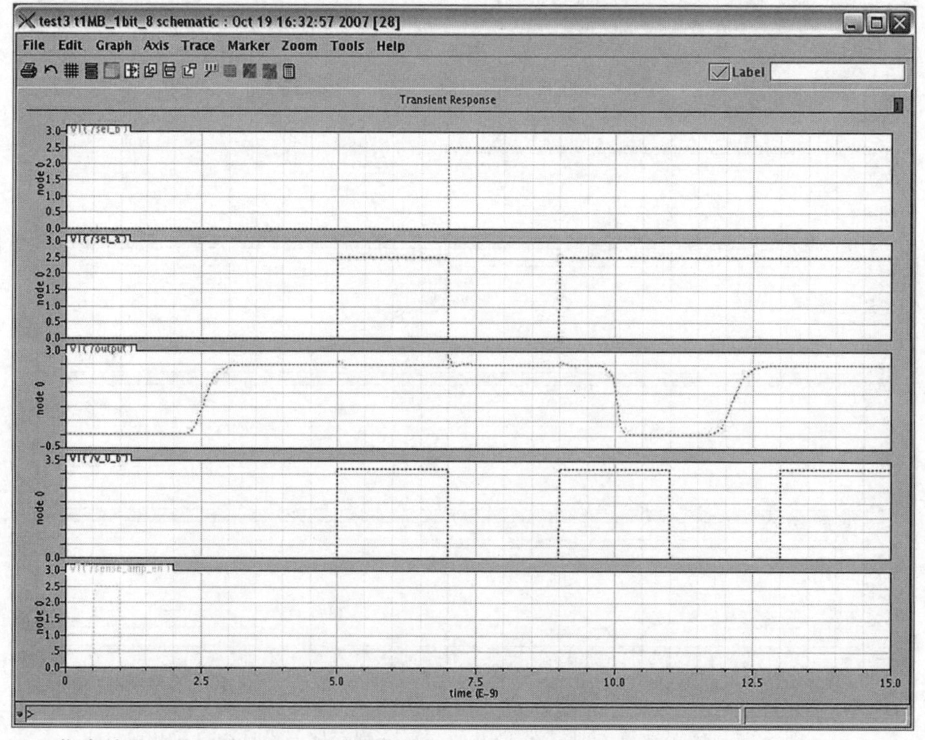

图 2-37 仿真结果显示了采用 8×1MUX 逻辑的 1Kb 交叉阵列存储器的 MUX 选择位和地址的变化

的变化的仿真结果。图 2-37 的第一个图描述了 MUX 逻辑的第一个选择位，图 2-37 的第二个图显示了 8×1MUX 逻辑的第二个选择位，图 2-37 的第三个图表示 1Kb 交叉阵列存储器设计的输出信号。此外，图 2-37 的第四个图和最后一个图分别展示了用于传感放大器内使能锁存器的第一个解码器位和控制信号。

最后，表 2-6 显示了使用不同大小的 MUX 逻辑的 1Mb 交叉阵列存储器设计之间的面积比较。如表 2-5 所示，面积开销会随着 MUX 大小的增加而减少。由于 MUX 阵列的大小随着存储器大小的增大而增大，因此面积开销会减少。换句话说，外围电路的面积部分减小了，因此 MUX 逻辑的面积开销在整个面积开销中并不重要。此外，单元面积与外围电路面积之比适用于具有 MUX 逻辑的 1Mb 交叉阵列存储器电路。

表 2-6　不同大小 MUX 的 1Mb 交叉阵列存储器的面积比较

单位：μm^2	无 MUX	2×1MUX	4×1MUX	8×1MUX	16×1MUX
阵列	$1K^2$×0.2×4.8	$1K^2$×0.2×2.4	$1K^2$×0.2×1.2	$1K^2$×0.2×0.6	$1K^2$×0.2×0.4
解码器	(1K×2×0.2)+(1K×2×4.8)	(1K×2×0.2)+(1K×1.6×2.4)	(1K×2×0.2)+(1K×1.2×1.2)	(1K×2×0.2)+(1K×0.8×0.6)	(1K×2×0.2)+(1K×0.4×0.4)
SA	1K×4.8×10	1K×10×2.4	1K×10×1.2	1K×10×0.6	1K×10×0.4
MUX	0	1K×10×2.4	1K×25×1.2	1K×63×0.6	1K×200×0.4
全局路由	0	1K×1×2.4	1K×2×1.2	1K×4×0.6	1K×8×0.6
总计	1 017 600	534 640	286 240	167 080	169 360
单元面积/外围电路面积	16.7	8.78	5.2	2.6	0.9

表 2-7 通过外推 1Kb 的交叉阵列存储器设计的读取时间，显示了 1Mb 交叉阵列存储器设计的估计读取时间。最坏情况和最好情况之间的读取时间相差约为 1.6ns。与不同尺寸 MUX 的面积偏差相比，读取时间的偏差不是很大。因此，具有 8×1MUX 的 1Mb 交叉阵列存储器设计是平衡面积开销和快速读取时间的最佳选择。

表 2-7　不同大小 MUX 的 1Mb 交叉阵列存储器之间的读取时间比较

	无 MUX	2×1MUX	4×1MUX	8×1MUX	16×1MUX
读取时间	约 6.4ns	约 6.6ns	约 6.8ns	约 7.2ns	约 8.0ns

由于外围电路的设计使用了 25μm 的进程，因此值得注意的是，总面积是如何随着进程的变化而变化的。根据进程库之间的栅长比重构外围电路面积，观察到使用表 2-8 中 16×1MUX 的逻辑，总面积最小。基于这个结果，可以根据进程更改整个面积，并且随着进程的更改，也可以更改最优的 MUX 逻辑。

表 2-8　根据 CMOS 工艺技术设计的 1Mb 交叉阵列存储器的面积比较

单位：μm^2	无 MUX	2×1MUX	4×1MUX	8×1MUX	16×1MUX
250nm	1 060 905	534 640	286 240	165 880	113 800
130nm	1 020 201	516 761.6	263 260.2	147 404.8	90 134.8
45nm	1 008 442	505 109.2	253 205.2	128 705.9	69 526.19

2.8.1 基于库的系统设计

从前面几节展示的完整的1Kb交叉阵列存储器设计可以看到能设计多大的系统。利用基于库的系统设计方法，我们研究一个大型系统的设计。由于模拟过程中工作存储器空间的限制，我们模拟一个完整的4Kb的交叉阵列存储器系统。然而，相同的设计技术也可以用于制作1Gb或更大的阵列。图2-38显示了由4个库实现的4Kb的交叉阵列存储器，每个库由顶部的4×1MUX选择。由于基于库的设计消除了访问大阵列的延迟，因此这种技术对于大存储器的设计非常重要。

图2-38　4个库的4Kb交叉阵列存储器的示意图

1Kb的交叉阵列存储器和基于4个库的4Kb的交叉阵列存储器(每个库包含1Kb的交叉阵列存储器)之间读取时间的对比得到了证明。4Kb的交叉阵列存储器可以通过4个1Kb的交叉阵列存储器来实现，使用一个4×1的MUX来选择每个1Kb的交叉阵列存储器，即所谓的库。如表2-9所示，每个位(bit)的读取时间在4×1MUX的情况下变化不大，这是因为32×4位的读取时间比4×1MUX的传播延迟时间要长得多。

表 2-9　1Kb 和带 4 个库的 4Kb 之间的读取时间比较

	1Kb	4Kb(4 个库)
读取时间	32ns＋4ns	4＋32＋3(0.5＋4＋32)ns
每位读取时间	1.1ns/bit	1.14ns/bit

使用基于库的大型存储系统设计，它需要有基本的存储单元、解码器、库地址选择、列和行地址、全局数据总线和全局放大器、作为输入输出的驱动程序以及通常在 CPU 中的控制电路。对于采用交叉阵列存储器技术的大型存储系统，本节给出了构成整个存储系统的核心部件。

假设使用一个具有 1ns 全局路由延迟和 3 个层次结构的库设计系统来制作 1Gb 的交叉阵列存储器，其单元大小为 200nm×200nm，那么单位阵列大小的读取时间和面积开销如表 2-10 所示。由于通过解码器对目标交叉阵列单元进行读写的时间增加，因此读取时间随着单元阵列大小的增加而增加。相比之下，由于 MUX 的尺寸减小，所以由于单元阵列的尺寸增大而减小了因 MUX 的尺寸减小而引起的延迟。由于 MUX 的延迟与因解码器大小和阵列大小的增加而导致的延迟是不可比较的，因此总体延迟随着单元阵列大小的增加而增加。外围电路引起的面积开销减小，面积开销随着单元阵列尺寸的增大而减小。因此，通过求最小的读取时间和面积开销的乘积，可以得到最优的单元阵列大小。1Gb 存储器的最佳单元阵列大小为 1Mb，如表 2-10 所示。

表 2-10　200nm×200nm 的 1Gb 交叉阵列存储器，不同单位阵列大小的读取时间和面积开销的比较

	256Kb	1Mb	4Mb	16Mb
读取时间	约 7.4ns	约 9ns	约 12.5ns	约 17ms
面积	约 1.1cm^2	约 0.9cm^2	约 0.7cm^2	0.6cm^2
读取时间×面积	8.14ns·cm^2	8.1ns·cm^2	8.75ns·cm^2	10.2ns·cm^2

由于外围 CMOS 电路在 1Kb 交叉阵列存储器中的读写大约需要 800ps，因此可以推断出 1Mb 的交叉阵列存储器设计的读取时间。由于除 CMOS 电路外的交叉阵列存储器单元访问时间约为 200ps，可得读取时间约为 7.2ns，假设库设计系统使用 1ns 的全局路由延迟和 4 个层次结构(8×1MUX，取决于进程库)，那么 4Gb 的交叉阵列存储器的读取时间可以计算如表 2-11 所示。同样，32Gb 交叉阵列存储器的读取时间也可以以相同的方式计算。从表 2-8 的面积数据中可以估算出使用表 2-12 中所示的 16×1MUX 可以在 1cm×1cm 中插入多少个单元。

表 2-11　4Gb 和 32Gb 交叉阵列存储器的估计读取时间

	4Gb	32Gb
250nm	约 9ns	约 10ns
130nm	约 6.6ns	约 7.6ns
45nm	约 5ns	约 6ns

表 2-12　在 1cm×1cm 中存储容量估算

单元格大小	200nm×200nm	100nm×100nm	10nm×10nm
二维技术	约 1.3G	约 4G	约 350G
三维技术	约 2.6G	约 8G	约 700G

在功耗方面，每次读写操作访问一个字，对比 1Mb 与 1Gb 的总功耗只增加了 MUX 的功耗。考虑到 1Kb 的功耗，1Gb 的功耗估计在 7W 左右。然而，这种功耗依赖于解码器的设计和结构。通过调整 SA 的大小和改变解码器的设计，以牺牲读或写时间为代价，可以将功耗降低到小于 1W，这将是接下来的工作。

然而，将库单元合并到交叉阵列存储器中是有问题的，因为交叉阵列存储器金属线宽度比 250nm 进程库的特征尺寸窄。这个问题可以通过减小特征尺寸来解决，采用 45nm 工艺，将交叉阵列存储器与库结合在一起。在下一代技术中，随着特征尺寸的减小，这种情况将得到改善。

2.9　技术比较

最后，对非晶型交叉阵列存储器的技术参数与常规存储器和其他类型的交叉阵列存储器进行比较。从单元面积的角度看，非晶型交叉阵列存储器比其他存储器具有更好的尺寸。尽管 2008 年已将传统存储器缩小到 45nm，非晶型交叉阵列存储器的单元面积仍然小于传统存储器。在切换模式下，MRAM 已经缩小到 90nm，但是由于在小范围内相邻单元间的感应场重叠而导致了半选择问题。即使研究了诸如自旋转矩转移等先进技术，这个问题仍然是 MRAM 定标的障碍。MRAM 在成本方面还有一个问题，如引言所述，它要求对制造设备进行根本性的改变，这对投资者来说是种障碍。在写入和读取时间方面，与基于 CMOS 或其他新兴存储技术相比，非晶型具有类似的性能。与其他非易失性存储器相比，非晶型交叉阵列存储器的数据存储功耗为零。

PRAM(表 2-13 中没有显示)可以提供类似的单元面积和读写性能。然而，PRAM 最困难的问题是它需要很高的编程密度。此外，它在制造过程和用户操作中容易受到温度的影响，这严重影响了器件的性能[14-17]。

表 2-13　非晶型交叉阵列存储器与常规存储器或其他存储器技术的比较[14-17]

类别	参数	SRAM (130nm)	DRAM (130nm)	NOR Flash (130nm)	MRAM (180nm)	交叉阵列
成本	单元格面积	0.16μm^2	0.14μm^2	0.19μm^2	0.7～1.4μm^2	0.005～0.01μm^2
	成本/Mb	约 5 元	约 1.3 元	约 0.2 元	约 323 元	约 0.07 元
	过程成本增加	0%	25%	25%	25%	<5%
性能	读取访问	5～10ns	10～20ns	80ns	5～20ns	5～10ns
	写入周期	3.4ns	20ns	1ns	5～20ns	5～10ns
功率	数据保留	85℃时，0.6nA/bit	85℃时，0.2nA/bit	0	0	0
其他	数据保留	易失	易失	非易失	非易失	非易失

参考文献

[1] P. J. Kuekes and R. S. Williams and J. R. Heath, "Molecular Wire Crossbar Memory", US Patent 6,128,214, 2000.

[2] M. R. Stan, F. D. Franzon, S. C. Goldstein and J. C. Lach and M. M. Ziegler, "Molecular Electronics: From Devices and Interconnect to Circuits and Architecture," *Proceedings of the IEEE*, vol. 91, 2003.

[3] P. J. Kuekes and R. S. Williams and J. R. Heath, "Demultiplexer for a Molecular Wire Crossbar Network", US Patent 6,256,767, 2001.

[4] P. J. Kuekes and R. S. Williams and J. R. Heath, "Molecular-wire Crossbar Interconnect for Signal Routing and Communications", US Patent 6,314,019, 2001.

[5] T. Hogg and G. Snider, "Defect-tolerant Logic with Nanoscale Crossbar Circuits", *Journal of Electronic Testing*, 2007.

[6] R. J. Luyken and F. Hofmann, "Concepts for hybrid CMOS-molecular non-volatile memories," *Nanotechnology*, 14, 2003, 273–276.

[7] A. DeHon, P. Lincoln and J. E. Savage, "Stochastic assembly of sublithographic nanoscale interfaces," *IEEE Transactions on Nanotechnology*, vol. 2, 2003, 165–174.

[8] D. B. Strukov and K. K. Likharev, "CMOL FPGA: a reconfigurable architecture for hybrid digital circuits with two-terminal nanodevices," *Nanotechnology*, vol. 16, 2005, 888–900.

[9] D. B. Strukov and K. K. Likharev, "Prospects for terabit-scale nanoelectronic memories," *Nanotechnology*, vol. 16, 2005, 137–148.

[10] A. E. Owen, P. G. Le Comber, W. E. Spear and J. Hajto, "Memory switching in amorphous silicon devices," *J. Non-Cryst. Solids* 59 & 60, 1983, 1273–1280.

[11] M. Jafar and D. Haneman, "Switching in amorphous-silicon devices," *Phys. Rev. B*, 49, 1994, 13611–13615.

[12] P. G. Lecomber et al., "The switching mechanism in amorphous silicon junctions," *J. of Non-Cry. Solids 77 & 78*, 1985, 1373–1382.

[13] Jerzy Kanicki Ed., "Amorphous & microcrystalline semiconductor devices," Artech House, Boston, 1992.

[14] H. Horn et al., 2003 Symposium on VLSI Technology, 177–178.

[15] M. Durlam et al., "A low power 1Mbit MRAM based on 1T1MTJ bit cell integrated with copper interconnect" Motorolar presentation 2002.

[16] Saied Tehrani, "Toggle MRAM performance, reliability, and scalability" Freescale presentation 2005.

[17] http://www.research.ibm.com/journal/rd/501/gallagher.html.

[18] Y. Chen, G. Y. Jung, D. A. A. Ohlberg, X. M. Li, D. R. Stewart, J.O. Jeppesen, K. A. Nielsen, J. F. Stoddart, and R. S. Williams, "Nanoscale molecular-switch crossbar circuits," *Nanotechnology*. 14, 462, 2003.

[19] Stephen Y. Chou, Peter R. Krauss and Preston J. Renstrom, "Imprint Lithography with 25-Nanometer Resolution," *Science 5*, vol. 272, 1996, 85–87.

[20] Sung Hyun Jo and Wei Lu, "Nanovolatile Resistive Switching Devices based on Nanoscale Metal/Amorphous Silicon/Crystalline Silicon Juctions," *Material Research Society*, 2007.

[21] Sung Hyun Jo and Wei Lu, "CMOS Compatible Nanoscale Nonvolatile Resistive Switching Memory", *Nano letters*, Vol. 8, No. 2, 2008, 392–397.

[22] H. Frizsche, "Physics of instabilities in amorphous semiconductors", *IBM J. Res. Develop.*, vol. 13, Sept. 1969.

[23] R. G. Neale and John A. Aseltine, "The Application of Amorphous Materials to Computer Memories", *IEEE Transactions on Electron Devices*, vol. ED-20, 1973, 195–205.

[24] P. G. Le Comber, W. E. Spear and A. Ghaith, "Amorphous-Silicon Field-Effect Device and Possible Application", *Electronics Letters*, vol. 15, 1979, 179–181.

[25] W. Den Boer, *Applied Physics Letters*, 1982, 40, 812.
[26] P. G. Le Comber, A. E. Owen, W. E. Spear, J. Hajto, A. J. Snell, W. K. Choi, M. J. Rose, S. Reynolds, *Journal of Non-Crystal Solids*, 1985, 1373, 77–78.
[27] A. E. Owen, P. G. Le Comber, J. Hajto, A. J. Snell, *International Journal of Electron*, 1992, 73, 897.
[28] M. Jafar, D. Hanemann, *Physical Reiview B*, 1994, 49, 13611.
[29] A. Avila, R. Asomoza, *Solid-State Electron*, 2000, 44, 17.
[30] J. Hu, H. M. Branz, R. S. Crandall, S. Ward, Q. Wang, *Thin Solid Films*, 2003, 430, 249.
[31] Y. Shacham, "Filament Formation and the Final Resistance Modeling in Amorphous-Silicon Vertical Programmable Element," *IEEE Transactions on Electron Devices*, vol. 40, 1993, 1780–1788.
[32] R. D. Gould, "The effects of filamentary conduction through uniform and flawed filaments and insulators and semiconductors," *J. Non-Crystalline Solids*, vol. 55, 1983, 363.
[33] W. Lu and C. Lieber, "Nanoelectronics from the bottom up," *Nature Materials*, 6, 2007, 841–850.
[34] J. Hu, H. M. Branz, R. S. Crandall, S. Ward, Q. Wang, "Switching and filament formation in hot-wire CVD p-type a-Si:H devices," *Thin Solid Films*, 430, 2003, 249–252.
[35] Jafar, M. and Haneman, D., "Switching in amorphous-silicon devices," *Phys. Rev. B*, 49, 1994, 13611–13615.
[36] Sung Hyun Jo and Wei Lu, unpublished.
[37] Y. Cheng and C. Hu, MOSFET Modeling and BSIM3 User's Guide, Boston: Kluwer Academic Publishers, 1999.

CHAPTER3

第3章

基于忆阻器的数字存储器

Idongesit Ebong 和 Pinaki Mazumder

本章将给出一种忆阻存储器的编程和擦除过程。这个过程证明有一种源于器件特性的自适应方案，使得忆阻存储器的访问更加可靠。

3.1 引言

在开发高密度计算系统的过程中，仍然存在高密度、低功耗、非易失性存储的问题。本节将讨论忆阻存储器目前存在的问题，并提供一种自适应方法来处理这些问题。

目前CMOS的发展处于瓶颈期，这就使得忆阻存储器很有可能成为未来的存储器。然而，忆阻器在实现这种存储系统时也有其自身的复杂性。专利数据库提供了大量的方法来处理由这些阻变存储器元件引起的各种问题(电阻漂移、交叉阵列上电阻不均匀分布、漏磁交叉阵列器件等)。数据库中，可以使用纠偏脉冲减轻正常使用情况下电阻漂移的影响的方法来解决这些问题[1]，采用温偿电路抵消由于温度变化而产生的电阻漂移[2]，利用一种自适应方法来读取和写入非均匀电阻分布的数组[3]，以及引入二极管[4]或者金属-绝缘体-金属(MIM)二极管来减少交叉阵列存储中的泄露路径[5]。

现有的解决方案都有一定的缺陷。本章的工作将揭示这样一种观点，即在面临器件良率低和上述困扰忆阻器存储器的问题时，我们仍有机会实现基于忆阻器的存储器。3.2节介绍了读取、写入和擦除的方法；3.3节给出了仿真结果；3.4节对结果做出了解释；3.5节为总结。

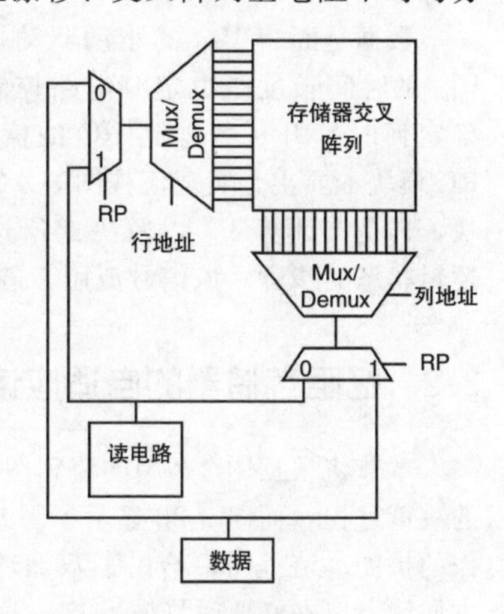

图3-1　存储器系统顶层框图

图3-1为设想的存储器架构顶层框图和交叉阵列

与外围电路之间的连接。行地址和列地址信号使选定的行或列对读电路(Read Circuitry, RC)或数据段透明。

多路复用器(mux)对功能的要求非常严格，而这可能会使设计变得更加困难。但是这些要求不会影响由反向极性(Reverse Polarity, RP)信号控制的多路复用器，这些多路复用器比较简单，它们本质上是在两条路径之间进行切换的传输门复用器。对于行地址和列地址的多路复用器，其需求超出了未选和已选行的切换路径。我们为未选择的行(列和/或行)提供了有效偏置，当一行未被选中时，必须在所有未选中的行上设置一个参考偏置，从而限制可能影响读和写完整性的泄露路径，初步仿真结果与文献[6]的结果一致。有关此问题的详细信息，请参阅文献[7]，这篇文献详细讨论了在阻变存储器中动态未选行对噪声容限的影响。

在这个实现中，所选行和未选行有两个不同的状态，分别对应存储器使用和存储器不使用的状态。当存储器处于使用状态时，未选择的线路保持在 V_{REF} 电压，所选行线路在 V_{REF} 电压与 V_{DD} 电压之间跳动；当存储器处于非使用状态时，未选和已选的线路都接地。信号流是单向数据，首先通过一个 RP Mux(快速多路复用器)，再通过一个 Mux/Demux，之后流过忆阻交叉阵列(Memristor Cross bar Array, MCA)，又通过另一个 Mux/Demux 和 RP Mux，最后信号流到达 RC。其中，信号流向由连接到 RC 上的 RP Mux 和数据连接的部分共同控制。

数据是断言 V_{DD} 的小型驱动器。声明 V_{DD} 的时间长度是由定时电路控制的，它确定何时打开从数据到 RC 的信号路径。RC 模块本质上是实现流程图 3-2 的通用模块，即是“计算 δ”以及决定所选忆阻器逻辑状态的步骤。该信号流用于避免负脉冲信号的产生，如文献[8]和[9]所讨论的。

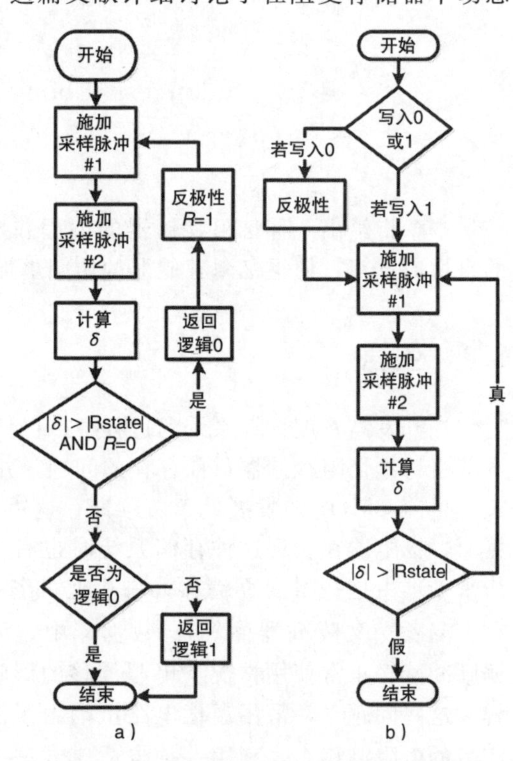

图 3-2　a) 读取流程图；b) 写/擦除流程图

3.2　忆阻存储器的自适应读写

本节将根据图 3-2 中的流程图对 RC 部分的操作进行深入研究。图 3-2a 显示了读操作的决策过程，而图 3-2b 显示了写或者擦除操作的决策过程。写和擦除操作是单周期读操作的扩展。流程图中给出了双循环读操作，忆阻器先是按一个方向读，然后再按另一个方向读，以在必要时恢复状态，这个过程被称作双循环。这样设计的目的是预防存储器器件中的读取干扰。由于交叉阵列中的每个存储器件都不相同，所选的用于读取的脉冲可能会导致破坏性读取，因此需要在读取后进行数据刷新。这个刷新过程实质上是内置在读操作中的，以备必要时使用。

如图 3-2a，对忆阻器施加偏置并对其电流值进行采样(施加采样脉冲＃1)，然后对忆阻器施加另一偏置并对其电流值再次进行采样(施加采样脉冲＃2)，然后计算 δ，δ 表示忆阻器在两次采样之间的变化量。这些脉冲被设定为可以改变忆阻器电导的脉冲。根据 δ 值的大小，读电路将返回“逻辑 0”或者“逻辑 1”，而“逻辑 0”或者“逻辑 1”状态的定义取决于设计者。在一种状态下，采样脉冲会将忆阻器推至一个上限(下限)值；而在另一种状态下，采样脉冲使忆阻器沿着与其当前状态相反的方向移动。在后一种情况下，考虑到每一个忆阻器在交叉阵列中是不同的，因此有必要进行校正。基于交叉阵列中忆阻器的位置以及特定忆阻器的低/高电阻边界值，所用的脉冲将会干扰存储状态。忆阻器对施加脉冲所产生的未知阻值相应要求极性反转的回环功能。

图 3-2b 是图 3-2a 中读过程的扩展。图 3-2b 的目标是将电路重新用于擦除和写入操作，擦除操作的定义是将忆阻器从“逻辑 0”变为“逻辑 1”，而写入操作是将忆阻器从“逻辑 1”变为“逻辑 0”。

只要读、写和擦除操作中的定义保持一致，这些状态就可以根据定义进行互换。

自适应写入过程类似于文献[10]中的描述，虽然所述的过程是一个需要多个步骤的离散过程。但是文献[10]中的过程会不断地更改忆阻器，直到锁存器停止写入。这种方法适用于单个器件，但是因为信号延迟会有影响，所以在交叉阵列中实现使用控件来阻止偏置可能很难。信号延迟可能会导致器件的过度写入或过度擦除，甚至过度干扰未选择的器件。

使用此方法进行读、写和擦除操作的优点，包括对交叉阵列变化电阻的容忍度，对交叉阵列存储的自适应写、擦除功能以及对读、写、擦除功能的电路复用。图 3-3 展示了读的不同任务的组成(均衡、充电 v1、充电 v2、无操作和读出使能)。产生这些信号的电路如图 3-4 所示，便于表示不同的任务。两个采样信号 φ_1 和 φ_2，控制电容 C_1 和 C_2 上的电流到电压采样的转换。但在任何采样之前，均要进行均衡操作，使 EQ 信号为高电平来平衡两个电容器上的电荷。一旦信号被采样，首先将 NS 设为高电平，然后将 PS 设为高电平，来执行读出使能的操作。图 3-4b 中的传感放大器是根据参考文献中的传感放大器改进而来。这个放大器被有意设置为不平衡，为的是产生低电阻的默认输出。

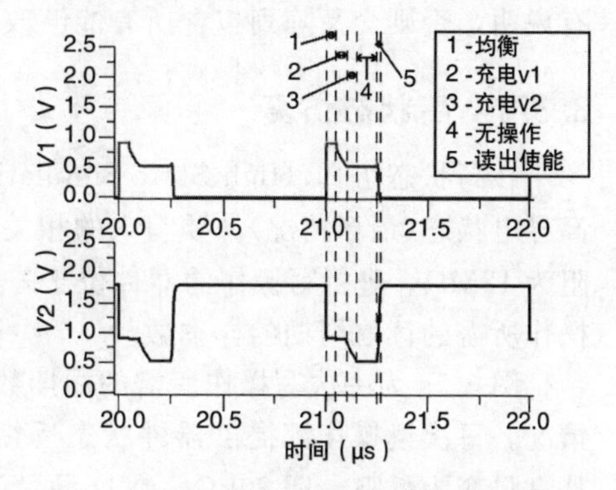

图 3-3　显示不同阶段的存储器单元读取操作：均衡、充电 v1、充电 v2、无操作和读出使能

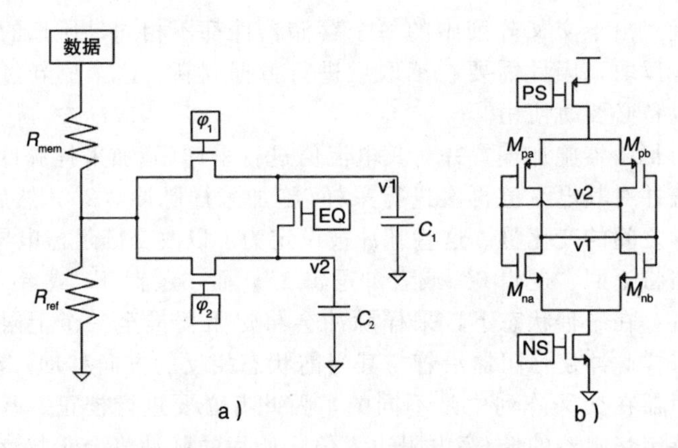

图 3-4　读取电路：将通过 R_{mem} 的电流转换为电压的采样电路和确定高阻或低阻状态的传感放大器。a)采样电路；b)传感放大器

实现传感放大器的不平衡特性有多种方式，但是这些方法的实现需要控制 W/L 的比值，如 M_{pa} 和 M_{pb} 的比值为 320nm/180nm，M_{na} 的 W/L 值为 1μm/500nm，M_{nb} 的 W/L 值为 1.2μm/500nm。NMOS 器件是不平衡的，而 PMOS 器件是平衡的。NS 控制的晶体管的比值为 280nm/180nm，PS 控制的晶体管的比值为 400nm/180nm。R_{ref} 为 80kΩ 的电阻，R_{mem} 的默认值从 20kΩ 到 20MΩ 不等。

3.3　仿真结果

该仿真方法考虑了 16×16 阵列的不同存储条件，重点器件位于阵列的中心。但是所有的验证都是使用器件在角落时，即最坏情况下进行的，结果只有微小的变化。除非另有说明，否则交叉阵列包含所有能够改变状态的忆阻器。

3.3.1　高状态仿真

在高状态仿真(High State Simulation，HSS)中，忆阻交叉阵列将所有器件初始化为高导电状态(最坏情况)。要写入的相关器件的电阻范围在 20kΩ 至 20MΩ 之间，其初始电阻为 18MΩ。进行写操作的器件位于阵列的中心(第 8 行，第 8 列)。图 3-5 提供了执行写操作所需的读取周期的样本数。

图 3-5a 为一次写操作所需的周期数，图 3-5b 为每次读操作时被访问器件忆阻的变化情况。每次读操作都提供器件状态反馈，只有当器件写入到其最低电阻级别时，器件才从高阻变为低阻，即 20kΩ。在这种情况下，写入所需的读周期数约为 21。将图 3-3 和图 3-4 中的信号 v1 和 v2 适当地重命名，以帮助理解仿真结果。vHighRes 和 vLowRes 是逻辑重命名的信号，用于指示相关器件处于高阻状态和低阻状态。当信号 vHighRes 为高时，忆阻器处于高阻状态；当 vLowRes 为高时，忆阻器处于低阻状态。在使能阶段，vHighRes 和 vLowRes 总是相对的。

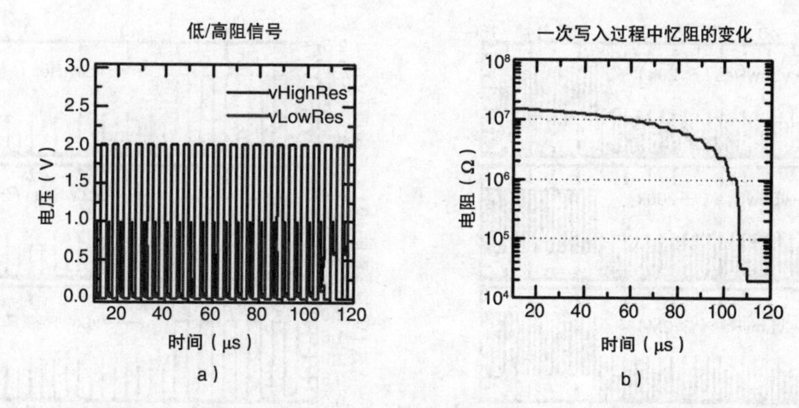

图 3-5 写入 RRAM 单元的仿真结果。a）低/高电阻信号；b）忆阻值从高阻值到低阻值

图 3-6a 为一次擦除操作所需要的周期数，图 3-6b 为所访问器件的忆阻变化。与写周期一样，擦除周期通过读操作执行。擦除周期需要 6 个读周期，才能从低阻状态到高阻状态。当电阻约为 4.21MΩ 时，传感放大器会识别到高阻态的转换。

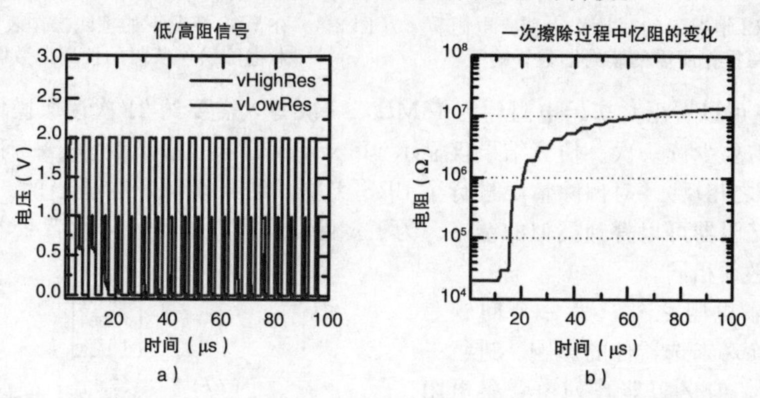

图 3-6 擦除 RRAM 单元的仿真结果。a）低/高电阻信号；b）忆阻值从低阻值到高阻值

这意味着在存储器操作期间，擦除后的写操作所需的读操作数可能不同。这种自适应方法可以防止任何过度擦除或过度写入（过度编程）。

3.3.2 背景电阻扫描

在背景电阻扫描（Background Resistance Sweep，BRS）仿真状态下，所有器件的背景电阻都为 20kΩ 到 20MΩ。相关器件与 HSS 的情况相同：其电阻范围为 20kΩ 到 20MΩ。仿真的目的是显示当前存储器状态对所选忆阻器的读、擦除和写的影响。图 3-7 和图 3-8 显示了从上到下的广谱（20kΩ、200kΩ、2MΩ 和 20MΩ）仿真结果。由于将忆阻器调整到特定电阻非常耗时，所以所有器件的背景电阻都是通过静态电阻实现的。图 3-7 为写入的仿真结果，图 3-8 为擦除的仿真结果。

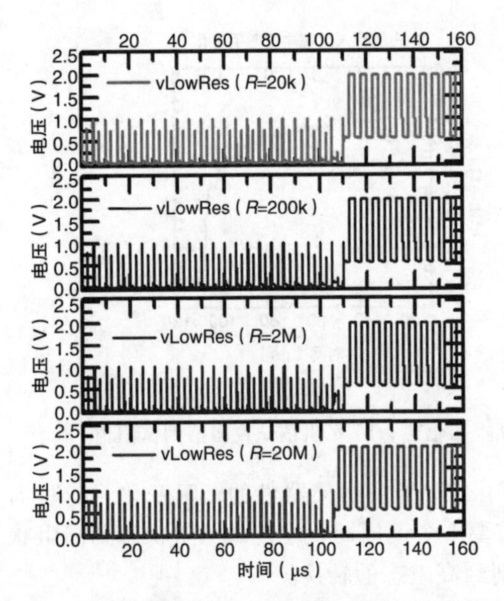

图 3-7　在 BRS 情况下的写操作表明，电阻背景对写操作所需的读周期数影响很小

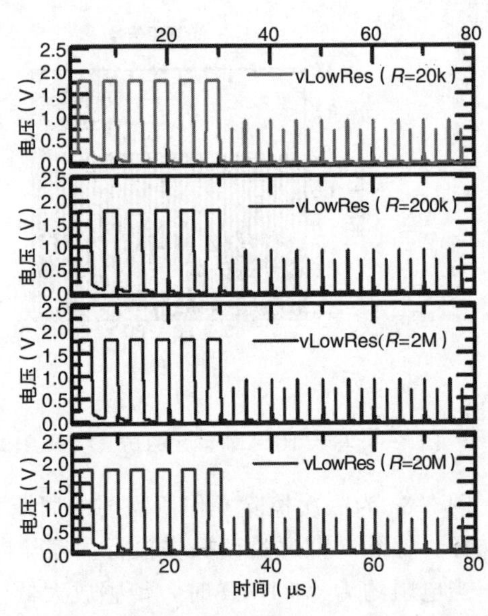

图 3-8　在 BRS 情况下的擦除操作表明，电阻背景对擦除操作所需的读周期数影响很小

从图 3-7 可以看出，初始电阻约为 16MΩ，一次写入需要约 21 次读取操作。在 20MΩ 的情况下，需要少读一次。仿真结果仅显示 vLowRes 信号的清晰度(图 3-5 和图 3-6 中的 vHighRes 与之相反)。对擦除情况进行了 BRS 实验，结果表明，在适当的二极管隔离条件下，使用忆阻器可以得到类似的结果。为了擦除忆阻器状态，在 4 次背景电阻扫描中读取周期次数必须相同。

除了背景电阻之外，另一个问题是读、写和擦除对未选器件的影响。进行一次 BRS 实验，但忆阻器阵列由背景电阻约为 20kΩ、40kΩ 和 200kΩ 的忆阻器组成，而不是在忆阻器周围使用静态器件。所有器件的最大电阻仍然保持在 20MΩ。图 3-9 表明了擦除过程中未选器件的变化。

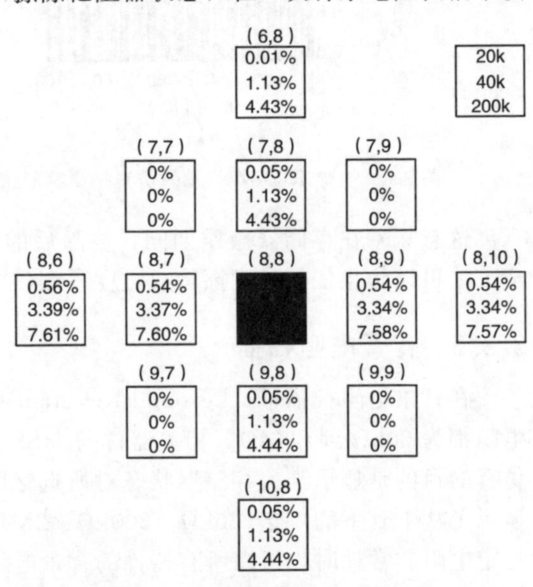

图 3-9　不同最小电阻擦除过程中未选器件变化的百分比

在图 3-9 中，最小电阻越大的未选忆阻器，其变化的百分比就越大。这个仿真表明，最小电阻和最大电阻之间的差距越大，未选择的忆阻器发生变化的可能性就越小。另一个可能导致图 3-9 结果的因素是，与 OFF 二极管的电阻相比，最小电阻越低，忆阻器发生变化的可能性就越

小。这是因为忆阻器与二极管串联设置了分压器，因此大部分电压压降位于二极管上，从而在未选择的忆阻器上产生极小的电压压降。

3.3.3　最小阻值扫描

在最小阻值扫描(Minimum Resistance Sweep，MRS)情况下，我们修改了相关忆阻器的电阻范围。BRS 案例已经表明，在适当的二极管隔离条件下，背景电阻实际上不是真正的影响因素，而在 HSS 的仿真条件下，未选器件初始化为低电阻，则可能在写操作阶段发生改变。图 3-10 显示了低电阻的大致分布和完成写入所需的读取周期数。这一结果表明，在设置了采样脉冲持续时间的情况下，在写入操作发生之前，需要有一个连续的读取周期数。最小电阻离 20MΩ 越远，写入所需的读取周期数就越多。在 2kΩ 情况下，到低电阻状态的切换不会发生；在 20kΩ 的情况下，大约 21 个读取周期后切换到低电阻状态；在 200kΩ 的情况下，1 个读取周期后切换到低电阻状态。这一趋势意味着，选择用于感测的电流参数可能限于当前提供的范围内。对于低电阻状态大于 200kΩ 的情况，感测电路可能只给出与之等高的 vLowRes。感测分辨率会受到影响，但这可以通过使用较短的脉冲宽度进行调整。

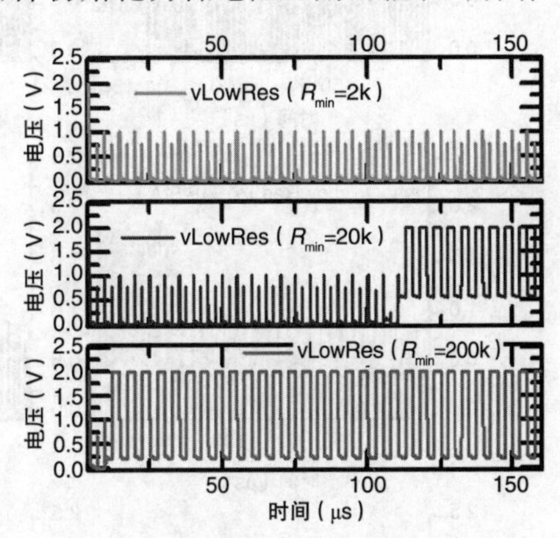

图 3-10　写入具有相同高电阻状态但不同低电阻状态的忆阻器器件(粗扩展)。最小电阻对写入前所需的读取周期数的影响

前段结尾的含义仅仅意味着对于低电阻状态更接近高电阻状态的器件，需要使用更短的采样脉冲来检测存储状态，提供必要的较短的脉冲可以避免过写(over-write)。图 3-10 展示了粗略的扫描，图 3-14 展示了最小电阻更精细的扫描。当低电阻状态从 28kΩ 变化到 100kΩ 时，上述趋势仍然成立。随着低电阻阻值的增加，达到该值所需的脉冲数减少。

3.3.4　二极管泄漏电流

此次仿真的目的是确定 16×16 网络的传感方案对二极管泄漏电流(Diode Leakage Current，DLC)处理能力的大小。如图 3-11 所示，描绘了不同二极管饱和电流 I_S 下的多个读取周期。饱和电流从左到右依次为：2.2fA、4.34fA、8.57fA、16.9fA、33.4fA、65.9fA、130fA、257fA 和 507fA。对于前 7 个 I_S 值，感测方案按预期工作。对于最低饱和电流 2.2fA，与最高饱和电流 130fA 相比，要多花大约 3 个读周期才能实现写操作。在 257fA 和 507fA 情况下，感测方案失败。

在图 3-11 中，较高的泄漏电流实际上比较低的泄漏电流更快地切换忆阻器状态。失败案例(257fA 和 507fA)并不意味着忆阻器特性行为发生了改变，但它们意味着感测机制有缺陷。图 3-12 的仿真结果证明了这个观点。忆阻器对脉冲的响应具有相同的大体形状，因此，感测方法应该能够确定电阻状态。高泄漏情况与低泄漏情况相比，能使忆阻器更快地进入低阻状态，这一点在忆阻特性曲线上也得到了验证。

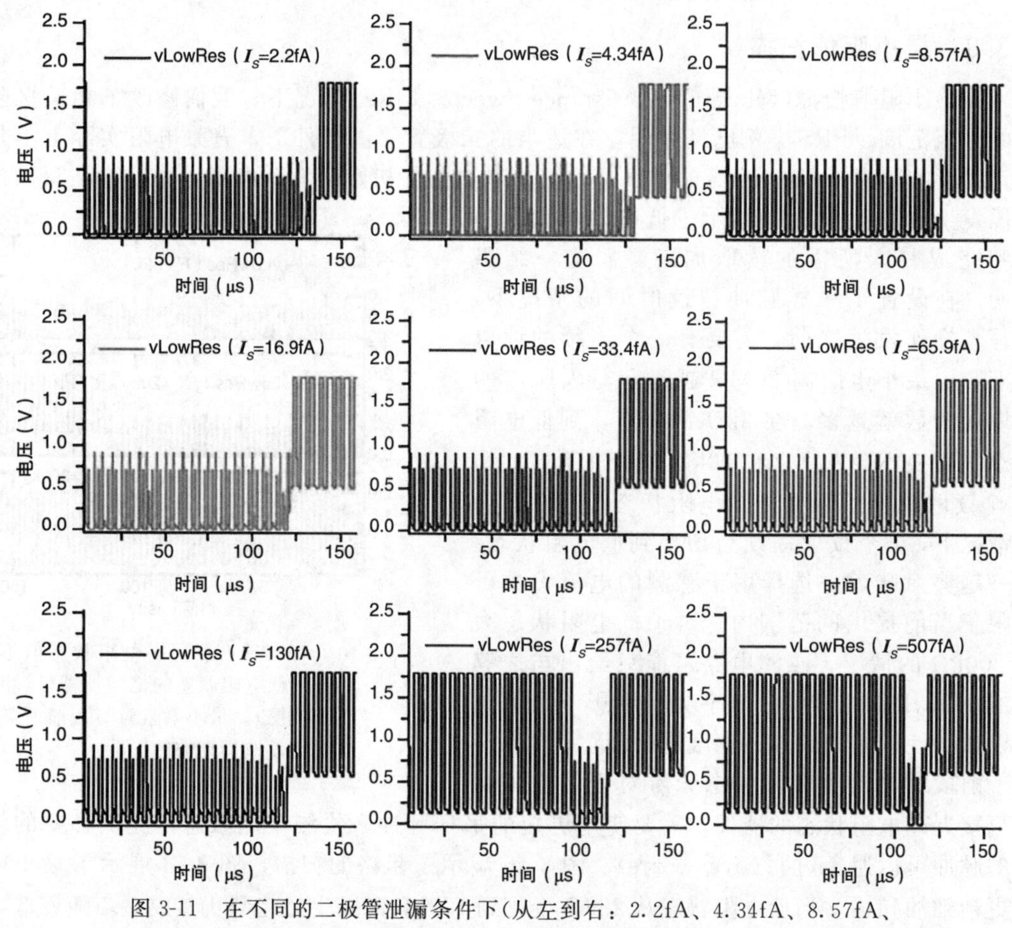

图 3-11　在不同的二极管泄漏条件下（从左到右：2.2fA、4.34fA、8.57fA、16.9fA、33.4fA、65.9fA、130fA、257fA 和 507fA）写入，显示在严重泄漏情况下，读/写电路不能正确地确定忆阻器的逻辑状态

重新设计的感测电路可以克服这个缺点，仅表明该电路只对某些限制做出响应。通过调整传感放大器的放大倍数，可以以较低的精度为代价来适应更好的泄漏范围。

3.3.5　功率建模

人工分析时，纳米线采用集总导线模型，如图 3-13 所示，但仿真时采用分布式 pi 模型。电容 C_N 在 fF 范围内，而 C_{M1} 在 aF 范围内。对所选方法的瞬态特性贡献最大的电容是在几百 fF 范围内的 C_S 晶体管。

利用 Delta-Wye 变换，并忽略某些电容，即可得出与通断电阻路径有关的时间常数。为了简单起见，这里忽略了小电容 C_N 和 C_{M1}，因为它们比 C_S 小得多。与图 3-4 中的开关相关的通断路径由采样信号 φ_1 和 φ_2 及 EQ 信号控制。

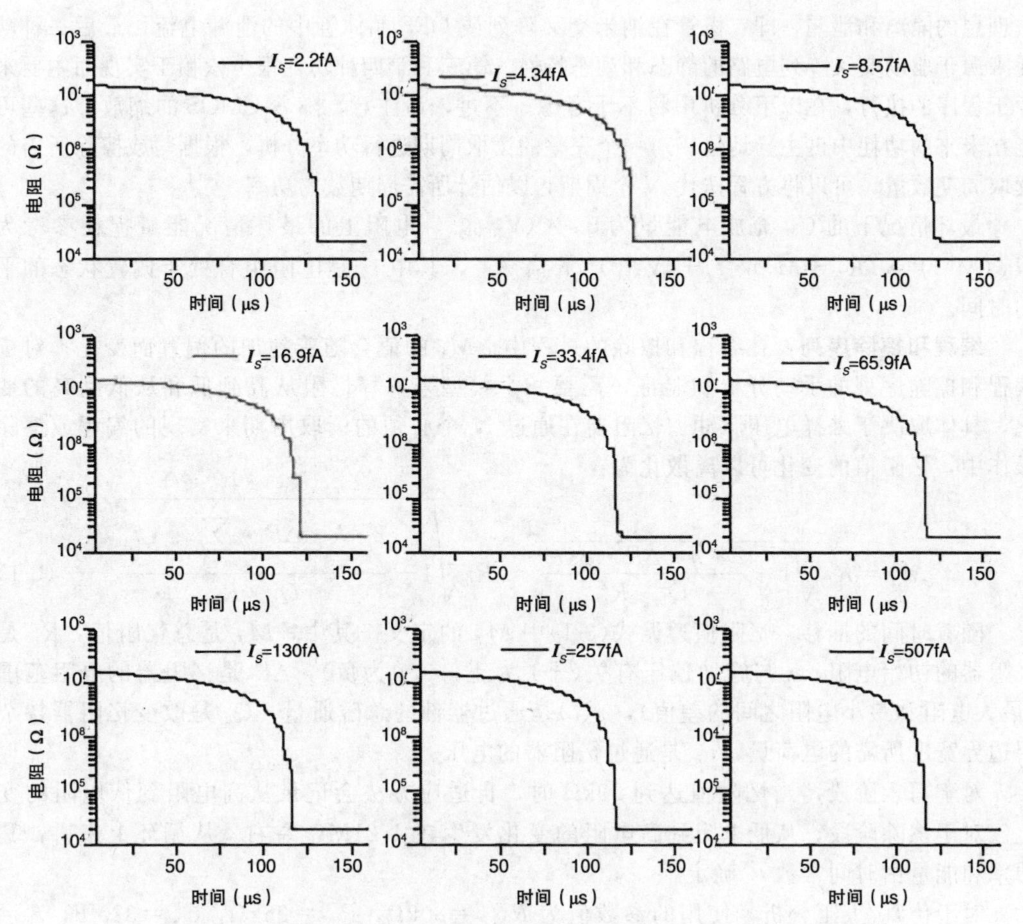

图 3-12 忆阻器在不同泄漏条件下的变化表明，图 3-11 中的读/写故障不是由于特性偏置，而是由于传感方法的缺陷

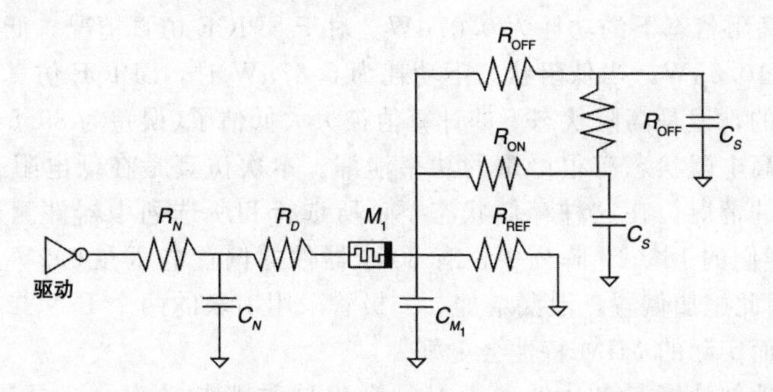

图 3-13 功率分析中涉及的元件的等效电路图(注意：二极管 $R_D \ll M_1$)

有四种值得注意的功耗来源。第一种是由纳米线、晶体管和忆阻器的电阻特性而产生的功耗。第二种是每一个循环所需的动态功率，这是由充电和放电的电容决定的。第三种源于

非理想的隔离和泄漏，即二极管在纳米交叉阵列或 OFF 晶体管中的泄漏电流。最后一种功耗来源于驱动交叉阵列电路的静态和动态特性。第三和第四种功耗很少依赖于实现而主要来源于程序的执行，在以下分析中将不予考虑。不过，请注意，随着 CMOS 的缩放，这些可能在未来的功耗中占主导地位。对一个完整的读取周期进行功率分析，根据写或擦除所需的读取周期数量，可以将方程迭代 N 个周期，以估计所需周期数的功率。

最坏情况下的 C_S 充放电能量为 $C_S\times(V_{\mathrm{REF}})^2$，电阻上的最坏情况能量损耗参考为 $(I_N(M_1))^2\cdot(R_N+M_1)\cdot t_s+(V_{\mathrm{REF}})^2/R_{\mathrm{REF}}\cdot t_s$，其中 t_s 是电阻组合处于偏置状态的平均时间。

编程和擦除序列：在编程和擦除的过程中，M_1 的值会随着施加的偏置而变化。对于编程和擦除序列的手动分析和验证，需要一个模型来解释忆阻从高到低和从低到高的变化，具体取决于采样电压脉冲。忆阻器在通过 N 个必须的读取周期来实现的编程或擦除操作中，忆阻值的变化可以离散化为：

$$M_T=R_0\sqrt{1-\frac{2\cdot\eta\cdot\Delta R\cdot\varphi(t)}{Q_0\cdot R_0^2}}\approx R_0\sqrt{1-\frac{2\cdot h\cdot\Delta R\cdot\sum_{n=1}^{N}v_n\cdot t_s}{Q_0\cdot R_0^2}}\tag{3-1}$$

随着时间的推移，忆阻值遵循式(3-1)中 M_T 的定义。其中，M_T 是总忆阻值，R_0 是忆阻器的初始电阻，η 与施加偏压有关(+1 为正，−1 为负)，ΔR 是忆阻器的电阻范围(最大电阻和最小电阻之间的差值)，$\varphi(t)$是通过器件的总磁通量，Q_0 是改变忆阻器掺杂层边界宽度所需的电荷量，v_n 是通过忆阻器的电压。

对于写入阶段，当忆阻值达到 20kΩ 时，自适应方法会记录从高电阻到低电阻的变化。对于擦除阶段，从低电阻到高电阻的变化发生在 4.21MΩ 左右。从循环上来讲，其功率和能量由时间常数 t_s 确定。

对于仿真/人工分析，使用的参数值为 $R_{\mathrm{REF}}=80\mathrm{k}\Omega$，$R_N=26\mathrm{k}\Omega$，$C_S=320\mathrm{fF}$，$t_s=2\mu\mathrm{s}$，$M_1=18\mathrm{M}\Omega$(高阻状态)和 20kΩ(低阻状态)。仿真选择的 V_{DD} 值为了考虑 MIM 二极管上的电压压降从 1.8V 调整到 1.1V。使用这些参数，低阻状态下每个读取周期的功耗为 9.68μW，而高阻状态下的功耗为 0.07μW。对于 SPICE 仿真情况，低阻状态下每个读取周期的功耗为 10.5μW，当低阻状态下功耗为 0.67μW 时，SPICE 仿真和计算得到的低阻状态值是相似的，但是高阻状态下的计算值被大大低估了(误差为 89.6%)!

泄漏总结：高电阻状态有很严重的功率泄漏。本次仿真是在低电阻存储状态下进行的，以考虑最坏的情况。在这种存储状态下，所选行和所选列中器件测得的泄漏电流值约为 20nA。在我们的 16×16 阵列中，有 30 个器件的偏置电压在 0.9V 左右(低于 MIM 二极管阈值)，因此施加偏置，泄漏增加。二极管采用串联的两个 P-N 二极管建模，以实现最差的性能，而实际的 MIM 特性会更好。

为了更有效地估计能量的大小，就必须考虑这种泄漏功率。这是通过使用 $I_{\mathrm{Diode}}=I_0(\mathrm{e}^{qV_D/nkT}-1)$实现的，$I_0=2.2\mathrm{fA}$，$kT/q=25.85\mathrm{mV}$，$V_D=0.45\mathrm{V}$(0.9V 被两个相同的 P-N 二极管等分)，$n=1.08$，$I_{\mathrm{Diode}}=22\mathrm{nA}$。假设所选行和所选列上的每条路径均使用此大小的二极管电流，则 16×16 阵列中的泄漏项消耗的总功率为 30×22nA×0.9V=

0.59μW。将这个值添加到上一节的人工计算值中，可以更好地与10.27μW和0.66μW电阻状态下的仿真结果相匹配。

总而言之，与闪存相比，忆阻存储器的每比特耗能是很有前景的。闪存的能耗包括外围电路和驱动电路。在闪存中，大部分的能量消耗通常是由于电荷泵，而在阻变存储器中则不需要电荷泵。在闪存产品的比较中，单级单元的最低读取能量为5.6pJ/bit，编程能量为410pJ/bit，擦除能量为25pJ/bit[11]。这些值来自不同的单级单元格(一种产品不能自称是所有类别中能耗最低的)。阻变存储器的每比特读取和擦除能量见表3-1。通过采用阻变存储器技术，有望大大降低编程的能耗。这种技术与闪存的擦除能量是相似的，读取能量取决于被读取忆阻器的状态。

3.4 自适应方法的结果与讨论

阻变随机存取存储器(Resistive Random Access Memory，RRAM)是一种力求从一个单元到下一个单元提供隔离的结构，能够有选择地访问一个器件而不干扰另一个器件是这项技术最重要的特点。DLC的仿真结果表明，当泄漏电流过大时，阻变存储器中的感测易受影响。解决此问题的一种方法是允许调节参考电阻，并设定特定的泄漏容限。BRS的结果表明，只要二极管隔离完好，存储器状态对器件的状态感测影响不大。实际上，容限更大的感测方法并没有消除对有关隔离方面器件工艺的更严格要求。

功率结果见表3-1，与闪存相比，忆阻存储器的每比特能量看起来很有前景。在闪存产品比较中，一个单级单元的最低读取能量为5.6pJ/bit，编程能量为410pJ/bit，擦除能量为25pJ/bit[11]。这些数值来自针对不同应用而优化的不同闪存。通常，当对读取能量进行优化时，其他两个值会受到影响。因此，所引用的值来自不同的单级单元格(一个产品不能自夸是所有类别中能耗最低的)。通过采用阻变存储器技术，有望大大降低编程能耗。此操作的缺点是无法执行能使闪存的每比特擦除能量变得很低的块擦除。

表3-1 功率与能量结果

	功率(μW)		
	计算值	仿真值	误差(%)
读取高电阻	0.66	0.67	−1.49
读取低电阻	10.27	10.5	−2.19
编程①	23.83	35.9	−33.62
擦除②	13.21	15.3	−13.7
	能量/位(pJ/bit)③		
读取高电阻	1.32	1.34	−1.49
读取低电阻	20.55	21	−2.14
编程①	47.67	71.8	−33.62
擦除②	26.41	30.6	−13.7

① 仿真实验中，一次写入需要26个读周期，该值少于手工计算的周期数。

② 计算得出的周期数是为了匹配超过4.21MΩ所需的周期数而不是擦除器件约20MΩ的周期数。

③ 每次读周期使用2μs的总脉冲宽度。

本书提出的自适应方法为解决交叉阵列结构中的误差(缺陷)提供了一种合理的方法。

错误可以分为三种：一是忆阻器卡在打开状态，二是忆阻器卡在关闭状态，三是未达到上下界阻值目标。在前两个错误中，无法将相反的数据写入忆阻器中。无论哪种情况，只要忆阻器是静态的，写入方法就只会尝试一次写入操作。如图3-2b的流程图所示，读取过程总是产生一个“逻辑1”。卡在打开或者卡在关闭状态的情况下，无须花费多个周期即可确定忆阻器是否正常工作。为了确定器件是否工作正常，执行一个方向的读取，再尝试相反的数据写入(由于故障器件的静态特性，仅持续一个读取周期)，并执行读取验证。如果两次读取得到相同的结果，则表明该器件是不可操作的。这种方法免去了设置硬阈值和设置最大写入尝试次数之前的猜测工作，就可以确认该存储单元有无缺陷。

卡在打开或者关闭状态的单元的这种缺陷本质与忆阻器件未能达到高阻或低阻目标不同。这些单元器件表现出迟滞现象，但与设计目标相比，它们的高电阻与低电阻的比值可能大一些，也可能小一些。由于所提出的方法不直接处理绝对电阻值，因此也不关心某一器件的准确电阻极值。电阻极值按比例处理(图3-14)，高阻状态和低阻状态之间的范围越大，执行写或擦除操作所需的读周期就越多。此外，根据电阻范围，用于设计的脉冲宽度可能不足以区分高、低状态。例如，在图3-10中，任何低阻值大于200kΩ的器件都难以分离高、低电阻状态。读操作期间，所选的1μs脉冲宽度可能已使器件状态在一个读操作过程中从一个极值转换到另一个极值。这项工作分析了对于一个所选脉冲宽度的存储限制，不过，基于改进的忆阻器开关性能，同时使用较短的脉冲(小于1μs)，这些值有望被改进。

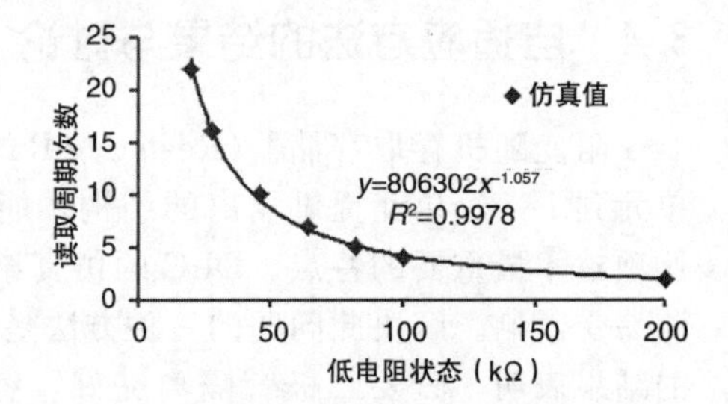

图3-14　写入具有相同高阻值但不同低阻值的忆阻器器件，最小电阻越大，达到低电阻状态所需的读取周期数越少

使用这种方法进行读/写的优点是可以减少在交叉阵列结构中因工艺偏差造成的影响。除非是在1μs脉冲的操作限制内，否则精确的低阻值并不重要。感测方法中也要考虑到忆阻器件的高低阻态会在运行中切换的特性。在操作过程中，只要脉冲不会将存储器器件改变为极值状态，则该器件就可以继续使用，即使这些器件在使用其他感测方案时可能被视为故障器件。这种方法提供了一个对抗电阻漂移效应的有效方案，毕竟忆阻器的绝对极值会随着使用寿命而变化。

表3-1中的功率和能量值显示了计算值和仿真值之间的差异。若排除对于不同电容路径的时间常数值较低这一假定条件，结果可能会一致。实质上，尽管存储电容的访问晶体管处于OFF状态，但它们仍会根据数据显示的周期泄漏和充电。此外，外围电路消耗的功率不包括在计算值中。鉴于是利用相同的驱动电路来驱动在高阻态和低阻态的忆阻器，因而在高阻状态下获得的低电流表明OFF和ON路径的时间常数具有相似的功率特性，均占0.01μW。然而，在低阻状态下，OFF和ON路径具有不同的功率分布，导致仿真和计算之间有0.23μW的误差。

由于采用了两种不同的模型来确定忆阻器的权值变化，所以写入和擦除数有更大的误差。在计算的情况下，权值的变化是由一个近似于线性的没有考虑边界效应的扩散模型决定的。在仿真模型中，边界效应是用一个窗函数来模拟的，这就是为什么当器件在边界处于低电阻状态时，尽管电流很大，忆阻值并没有像线性模型预测的那样发生剧烈的变化。

目前提出的方法考虑了在高维网格，即许多商用闪存器件中使用的4Kb块大小中可能更为明显的问题。对于距离驱动不太近的器件，纳米线的电阻特性将更加明显。这种确定存储状态的方法可以在纳米线的电阻比预期更大时，自行调整电阻大小(降低电阻)。影响更大存储尺寸的问题是电压压降过大，这将需要调整电压水平以适应交叉阵列中的所有器件。与靠近驱动的器件相比，远离驱动的器件基本上需要更长的时间来写入或擦除。实质上，自适应读取、写入和擦除方法允许更灵活的处理技术，并且能够更快地使忆阻存储器得以使用，因为即使有的器件不满足高、低电阻标准，仍然可以放心地使用。

3.5 本章总结

忆阻存储器充分展示了在存储器应用中使用新技术的优越性。实现读、写和擦除的自适应方法与每个忆阻器器件相关，从而允许在使用具有不同的高-低阻范围的器件时提高成品率。与闪存相比，忆阻存储器的功耗也更低。遗憾的是，该方法不能直接应用于多比特存储器，因为该方法依赖于将忆阻器写到极值。

我们需要新的设计方法，允许在多比特情况下可靠地写入器件，并执行类似闪存的操作，如块擦除。后者虽不必要，但是当涉及功耗时，它将改进每比特的能量消耗。

参考文献

[1] Moore, J. T., and K. A. Campbell (2005), Memory device and methods of controlling resistance variation and resistance profile drift, patent Number: US 6,930,909.

[2] Hsu, S. T. (2005), Temperature compensated rram circuit, patent number: US 6 868 025.

[3] Straznicky, J. (2008), Method and system for reading the resistance state of junctions in crossbar memory, patent Number: US 7 340 356.

[4] Myoung-Jae, L., et al. (2007), 2-stack 1d-1r cross-point structure with oxide diodes as switch elements for high density resistance ram applications, in *Electron Devices Meeting, 2007. IEDM 2007. IEEE International*, 771–774.

[5] Rinerson, D., C. J. Chevallier, S. W. Longcor, W. Kinney, E. R. Ward, and S. K. Hsia (2005), Re-writable memory with non-linear memory element, patent Number: US 6 870 755.

[6] Rinerson, D., C. J. Chevallier, S. W. Longcor, E. R. Ward, W. Kinney, and S. K. Hsia (2004), Cross point memory array using multiple modes of operation, patent Number: US 6 834 008.

[7] Csaba, G., and P. Lugli (2009), Read-out design rules for molecular crossbar architectures, *Nanotechnology, IEEE Transactions on*, *8*(3), 369–374.

[8] Ho, Y., G. M. Huang, and P. Li (2009), Nonvolatile memristor memory: device characteristics and design implications, in *IEEE/ACM International Conference on Computer-Aided Design-Digest of Technical Papers*, ICCAD 2009, 485–490, IEEE.

[9] Niu, D., Y. Chen, and Y. Xie (2010), Low-power dual-element memristor based memory design, in *Proceedings of the 16th ACM/IEEE international symposium on Low power electronics and design*, ISLPED '10, 25–30, ACM, New York, NY, USA, doi:10.1145/1840845.1840851.

[10] Yi, W., F. Perner, M. Qureshi, H. Abdalla, M. Pickett, J. Yang, M.-X. Zhang, G. Medeiros-Ribeiro, and R. Williams (2011), Feedback write scheme for memristive switching devices, *Applied Physics A: Materials Science and Processing*, *102*(4), 973–982.

[11] Grupp, L. M., A. M. Caulfield, J. Coburn, E. Yaakobi, S. Swanson, P. Siegel, and J. Wolf (2009), Characterizing flash memory: Anomalies, observations, and applications, in *Proceedings of the 42nd International Symposium on Microarchitecture*, 24–33.

CHAPTER4

第4章

多级存储架构

Yalcin Yilmaz 和 Pinaki Mazumder

本章将介绍利用减少约束的读取-监控-写入方案的交叉阵列存储架构。所提出的方案支持每个单元多位存储，并减少使用的硬件，旨在降低反馈的复杂性和等待时间，同时仍在兼容互补金属氧化物半导体(Complementary Metal Oxide Semiconductor，CMOS)的电压下工作。另外，本章提出了一种读取技术，该技术可以成功地区分在由阵列中的读/写干扰而产生的电阻漂移现象影响下的电阻状态。为了阐述选择外围设备参数时的设计方法，本章还提供了分析关系的推导。

4.1 引言

由于电子设备特别是便携式消费电子产品和固态驱动器(Solid State Drive，SSD)[1]使用的增加，以NAND闪存为主导的非易失性存储技术已产生了更大的市场需求。云存储和云计算的趋势不断要求企业对基于固态驱动器的存储进行投资，因为与硬盘驱动器(Hard Disk Drive，HDD)[2]相比，固态驱动器性能更高。

闪存一直在为不断增长的高性能存储需求提供解决方案，同时功能不断扩展，然而，由于增加的可靠性问题(例如氧化物的老化，电荷泄漏，保留问题以及相邻单元浮动栅极之间电容耦合的增加等)，闪存尺寸的缩小正达到其极限[3]。

接近极限的闪存尺寸已导致研究人员去寻找可以维持尺寸缩小趋势的替代性非易失性存储器技术[4]。研究人员已经提出了许多有希望的新兴技术，这些技术都有其自身的优势和挑战。磁阻随机存取存储器(Magnetoresistive Random Access Memory，MRAM)[5]，自旋转移转矩随机存取存储器(Spin-Transfer Torque Random Access Memory，STT-RAM)[6]，相变存储器(Phase-Change Memory，PCRAM)[7]和电阻式随机存取存储器(Resistive Random Access Memory ，RRAM)[8]也通常被称为忆阻式交叉阵列存储，已经成为取代闪存技术的主要候选技术。

后继技术必须是密集的、可扩展的，必须具有较高的写入耐力，同时必须支持多层单元结构，因为这已成为闪存的趋势。Chua 在 1971 年的论文[9]中预测并在文献[10]中由惠普实验室实现的可变电阻器件(忆阻器)以其 CMOS 兼容性，写入耐力，数据保留，多级存储能力和分子向下尺寸的可伸缩性满足了所有这些要求[11]。

自从发现可变电阻器件[10]以来，可变电阻器件之所以引起人们的极大兴趣，不仅因为其具有非易失性，而且还因为其具有滞回特性的可变电阻特性可以实现非常规的电路和系统。研究人员发现了它们在逻辑电路[12-13]、神经计算[14-16]、图像处理[17]、模拟电路[18-19]、现场可编程门阵列(FPGA)[20-21]和非易失性存储器[22-24]方面的应用。然而，根据现有的消费市场现状，其中最有商业前景的应用是非易失性交叉阵列存储器。

交叉阵列存储器已引起了很多关注，因为它与其他架构相比具有更高的单元密度，例如文献[25]中提出的展开式架构，它需要更多的金属连接。为了进一步提高存储密度，已经进行了很多研究工作，以实现每个单元的多位存储[24,26]，而不是单个位。多位可增加单位面积的存储量，从而降低制造成本。

为了实现单位或多位存储单元，研究人员提出了各种写入方案。这些方案分为两个主要类别：基于脉冲的方案，将预定持续时间和幅度脉冲应用于单元；基于反馈的方案，脉冲持续时间取决于反馈电路，指示单元是否已达到所需状态[27]。

基于反馈的方案显示出优于基于脉冲的方案的特征，因为基于反馈的方案限制了编程单元的电阻分布。在文献[28]中，已经表明，与基于脉冲的方案相比，基于反馈的方案显示出电阻分布变窄的现象。但是，在反馈电路中使用数模转换器、模数转换器[23-24]或多级比较[27]可能会引入显著的外围电路开销，并在响应时间上引起延迟，而响应时间在内存设备是高度非线性的情况下是很重要的。因此，需要更简单的方法来减少电路开销，并减少等待时间以避免过度编程。

除了读/写技术外，在电阻式交叉阵列存储的设计中起作用的另一个重要因素是存储器阵列中使用的单元结构。目前主要有三种类型的单元结构：1T1R，一个选定的晶体管与电阻器件[29]串联集成；1D1R 结构，二极管与电阻器件[30]或器件系列集成或器件本身显示出类似二极管的特性[31]；1R 结构[32]，电阻器件没有串联集成任何选定的器件或不具有类似二极管的特性。除此之外，还有其他的器件类型，例如文献[33]中的三端电阻器件。

1T1R 结构存在密度问题。采用这种结构，存储密度由串联晶体管的比例决定，其特征尺寸比忆阻器单元本身更大。1R 结构具有所谓的“潜行路径”问题，由于感应边界的下降，该问题限制了阵列的大小。实际上，已经证明相对较小尺寸的阵列可提供足够的边界以进行感应[34]。在这些结构中，所谓的“半选单元”仍然会在其两端有相当于电源电压一半的电压电平[29]，并且由于读/写干扰[35]，它们的电阻会随时间漂移。尽管有些方法声称干扰不明显[27]，但在 1R 架构中它更为明显，因为没有选择装置可以减少或消除通过这些单元的泄漏。一些建议的方法，例如未选择的行和列的接地，甚至可能导致半选单元比选择单元有更高的电压，如文献[36]所示，从而极大地干扰了半选单元。

因此，1D1R 结构是最有前途的解决方案，因为它没有像 1T1R 那样的密度问题，并且没有像 1R 结构那样的潜行路径问题。实际上，Crossbar 公司最近提出了一种 RRAM 结构，该结构利用提供编程阈值的串联选择器设备[37]，从而增强了人们对 1D1R 结构将在 RRAM 设计中被广泛采用的信心。实现这些结构，需要采取很多方法。关于串联二极管[30]或金属-绝缘体-金属(MIM)二极管[38-39]以及在设备本身中集成类二极管行为[31,40]的介绍已经呈现在文献中。即使使用串联二极管，单元间的隔离也不是完美的。大多数文献没有考虑正在编程其他单元格时未选择或半选择的单元会发生什么情况。在本项研究中，我们观察了如何以编程的方式对阵列中所有单元的编程电阻分布进行更改，并提出了一种补偿扩展和移位分布的读取方法。

研究人员提出了一种读/写方案，其中参考电压是通过有源和无源器件(例如二极管，二极管连接的晶体管和电阻器)的组合从中间节点派生的，该有源器件和无源器件会产生明显的阈值。本章介绍的内容包括一种减少约束的读取监控写入方案，该方案支持每个单元的多位存储并减少硬件，旨在降低反馈的复杂性和延迟，同时仍可使用兼容 CMOS 的电压进行操作。它提供了足够的状态检测边界，同时允许阵列单元中出现一定量的电阻漂移(从而减少了对频繁刷新操作的需要)，它也是一种宽松的阵列偏置方案，旨在促进读/写操作，同时减少单元干扰和分析的派生，这些为选择外围设备参数的设计方法铺平了道路。概述的读/写方法通常适用于 1D1R 结构，但也可以推广到具有较小修改的其他结构。

在 4.2 节中，将介绍用于存储单元建模的方法。4.3 节将详细介绍存储器架构，读/写方法和指导外围电路设计的解析表达式。4.4 节和 4.5 节将介绍针对读/写操作的仿真结果以及多种变化对编程电压和串联电阻的影响。

4.2　多状态存储架构

4.2.1　架构

我们提出的多级存储体系结构如图 4-1 所示。交叉阵列存储阵列是主要的存储区域，由金属交叉阵列和位于这些交叉阵列的每个交叉点处的电阻单元组成。

N 型和 P 型接入晶体管能够驱动具有足够电压水平的交叉阵列。行和列解码器根据阵列中选定单元的位置激活相关的接入晶体管。电压驱动器提供各种电压电平，以充分偏置选定或未选定的单元。读取解释器电路通过接入晶体管串行连接到选定的列，并主动监视选定单元的电阻。然后将以电压电平编码的解释结果馈入比较器，以检测是否达到所需的电阻状态。存储控制器负责协调要执行的存储器操作，并生成相关的控制信号以激活外围模块。

在本书中，我们提出了多路复用的读写电路，因为并行读取会引入电路开销[41]。但是，我们的方法经过修改后，能够支持并行读取和写入所选行上的单元格。

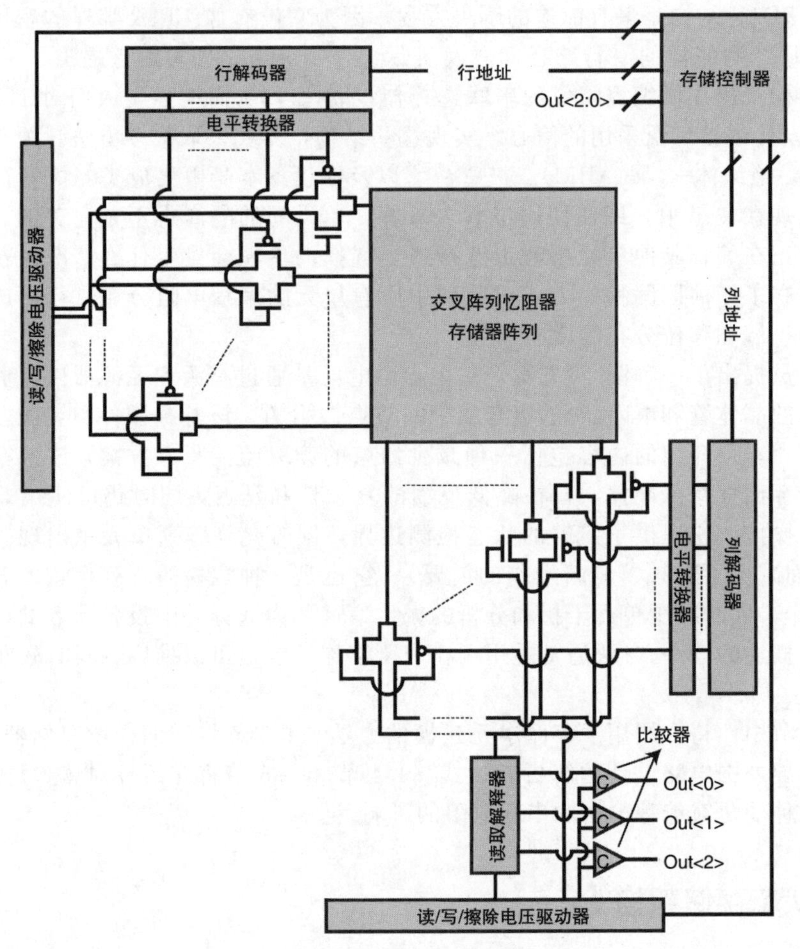

图 4-1　多级 RRAM 架构

4.2.2　读/写电路

图 4-2 显示了读取解释器电路，该电路可在写入操作期间实时监控电阻变化并在读取操作期间检测编码状态。读取电路由分压级和比较状态组成，分压级使用二极管和电阻器来解释串联电阻两端的电压变化，比较状态则使用快速比较器来检测是否达到所需状态。R_{series} 是串联电阻，V_{int} 是中间节点上的电压电平，该中间节点是通过选择电路连接读取解释器和所选列的节点。Interp＜2：0＞信号是分压级生成的输出，而 Out＜2：0＞信号是在比较级生成的相应的比较器输出。

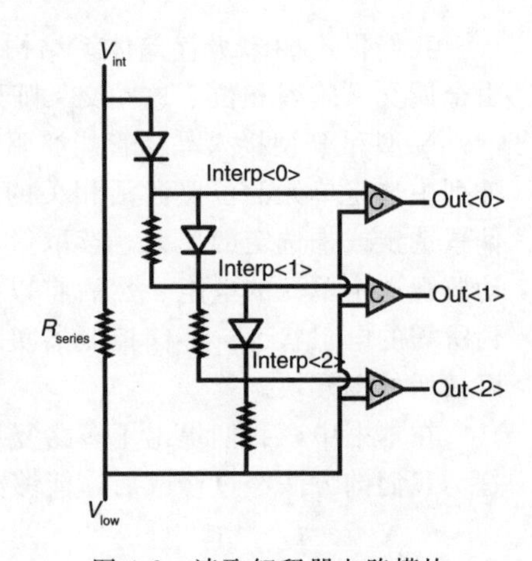

图 4-2　读取解释器电路模块

分压级中的串联二极管起到了将由电路解释的电压中接近恒定的电压降低的作用，从而压缩电阻状态。解释器电路可以根据要存储在存储单元中的位数扩展。对于 n 位存储，需要 2^n-1 个二极管和比较器。连接到二极管输出的电阻具有高电阻(1MΩ)，以最大减少解释器电路对中间节点电压的影响。

Interp⟨2：0⟩信号是唯一的模拟输出，并且其值随着单元电阻的增加而减小。读取解释器电路可确保 Interp⟨2⟩信号在 Interp⟨1⟩信号之前下降到比较器阈值以下，并确保 Interp⟨1⟩信号在 Interp⟨0⟩信号之前下降到比较器阈值以下。每个低于比较器阈值的 Interp 信号都表明已达到特定的电阻状态。我们采用的约定方式是电阻状态为“00”、“01”、“10”和“11”，其中状态按电阻增加的顺序列出。

但是，也可以采用相反的约定方式，即状态按电阻递减的顺序。

4.2.3　阵列电压偏置方案

当执行写操作时，所选存储单元两端的电压偏置应超过单元阈值，以实现快速写操作，其中为了最大地减少未选择或半选择单元的电阻变化，这些单元之间的电压偏置应保持低于存储单元的阈值。

为了实现这一目标，我们用四个不同的电压电平对阵列进行偏置，如图 4-3 所示。通过解释器电路向选定的行施加 $V_{\text{select-row}}$，向未选择的行施加 $V_{\text{unselect-row}}$，向未选择的列施加 $V_{\text{unselect-col}}$，通过选择器电路向选定的列施加 $V_{\text{select-col}}$，在中间节点上产生 V_{int} 的外加电压值。这些条件总结如下：

$$|V_{\text{select-row}}-V_{\text{int}}|>V_{\text{mth}} \tag{4-1a}$$

$$|V_{\text{select-row}}-V_{\text{unselect-col}}|<V_{\text{mth}} \tag{4-1b}$$

$$|V_{\text{unselect-row}}-V_{\text{int}}|<V_{\text{mth}} \tag{4-1c}$$

$$|V_{\text{unselect-row}}-V_{\text{unselect-col}}|<V_{\text{mth}} \tag{4-1d}$$

其中，V_{mth} 是 1D1R 单元的存储单元阈值。通过选择遵循以下不等式的电压值，可以满足上述条件：

$$V_{\text{select-row}}>V_{\text{unselect-col}}>V_{\text{unselect-row}}>V_{\text{int}}>V_{\text{select-col}} \tag{4-2}$$

在文献[42]中还提出了未选择的行和列的不均匀偏置，其中阵列以 $V_{\text{DD}}/3$ 的电压电平偏置。尽管如此，我们提出的方案对电压电平没有严格的规定，只要选择两个连续电压值之间的差，使其小于存储单元阈值的大小即可。

这种偏置方案产生了四组单元，其终端的不同电压电平，如图 4-3 所示。由于 V_{int} 值在编程期间改变，所以与选择的单元连接到同一列的未选择的单元的终端处的电压差不是恒定的。因此，重要的是选择合适的电压电平，以使这些单元两端最差情况的电压差低于单元阈值。

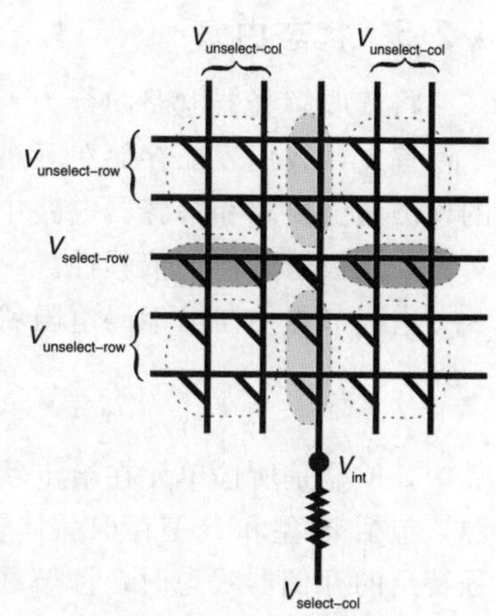

图 4-3　存储阵列偏置方案。处于白色区域的单元可见

在 $V_{unselect\text{-}row}-V_{unselect\text{-}col}$ 中，位于浅灰色区域的单元格为 $V_{unselect\text{-}row}-V_{int}$，深灰色区域的单元格为 $V_{select\text{-}row}-V_{unselect\text{-}col}$。$V_{select\text{-}row}-V_{int}$ 位于用粗线表示的所选单元格上。

4.2.4　读/写操作流程

在写操作开始时，假定阵列中选定的单元处于擦除状态，这对应于我们约定中的最低电阻状态（“00”）。提示控制器执行写操作后，控制器会向电压驱动器发送信号，以在阵列上施加相关电压电平，并使行和列解码器可以方便地在选定和未选定的行和列上施加电压。当施加电压时，解释器电路产生不同的模拟电压电平（Interp），电压电平直接取决于所选存储单元的电阻。随着单元电阻的增加，Interp 信号电平开始下降。一旦这些信号其中之一达到比较器阈值，相应的比较器的输出（Out）信号就会跳变。控制器检查比较器的输出是否指示已达到所需状态。如果达到该状态，则控制器立即终止施加电压；如果没有达到，则控制器将继续使能对阵列施加写入电压。将这些步骤可视化的流程图如图 4-4(a) 所示。该流程图还包括可能的写保护和故障单元检测机制，这些机制类似于闪存使用的机制。

图 4-4(b) 显示了读取操作的流程图。读取操作类似于写入操作，不同之处在于所使用的电压电平和解释器电路可能具有不同的特性，这将在后续各节中进行讨论。

当提示控制器执行读取操作时，它会向电压驱动器发送信号，以在阵列上施加读取电压电平，并使行和列解码器能够将这些电压施加到选定的和未选定的行和列上。当施加电压时，解释器电路生成三个不同的 Interp 信号，这些信号取决于存储单元的电阻。Interp 信号被馈入比较器，比较器生成的输出信号指示存储器处于哪种电阻状态，并且完成读取操作。与写操作不同，读操作具有固定的持续时间，并且该持续时间应保持尽可能短，以减少导致存储电阻漂移的读取干扰的可能性。

4.2.5　状态由来

将读取解释器电路的行为与阵列元素一起表征以了解应如何选择组件参数非常重要。

首先，我们表征存储单元的电阻状态对中间节点电压的依赖性。然后，基于比较级的检测阈值要求和解释器电路中串联二极管的电流电压（IV）特性，来表征中间节点电压对串联二极管阈值的依赖性。

中间节点中与已编码电阻状态相对应的模拟电压电平可以通过以下方程式表征：

$$V_{int}=V_{select\text{-}col}+\frac{R_{series}(V_{select\text{-}row}-V_{select\text{-}col}-V_{thm})}{R_{parasitics}+R_{cell}+R_{series}} \tag{4-3}$$

其中，R_{cell} 是所选单元在给定状态下的电阻，V_{thm} 是单元阈值，$R_{parasitics}$ 表示寄生电阻来源，包括 N 型和 P 型存取晶体管和由解释电路观测到的交叉阵列电阻的有效电阻。当编程特定的存储器状态时，读解释器分压级的输出满足以下条件：

$$V_{Interp3\text{-}k}=V_{select\text{-}col}+\frac{(V_{int}-V_{diode1}-V_{select\text{-}col})}{3}k=V_{c\text{-}res}+V_{select\text{-}col} \tag{4-4}$$

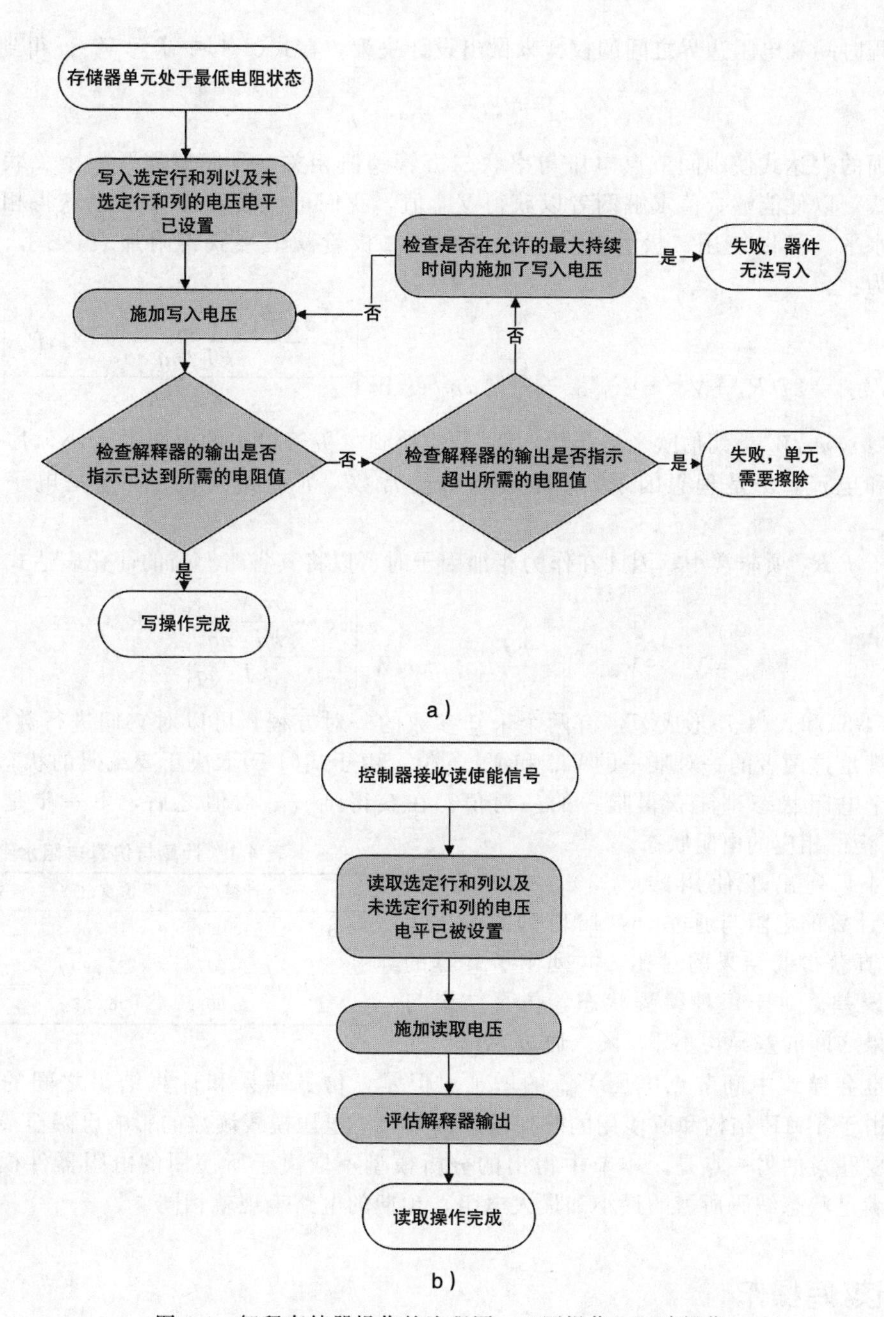

图 4-4　解释存储器操作的流程图。a)写操作；b)读操作

其中，$V_{\mathrm{Interp3\text{-}k}}$ 表示相应的分压级输出(Interp)的电压电平，k 是相应的分压级输出的索引，V_{diodel} 是解释器电路中串联二极管的阈值，$V_{\mathrm{c\text{-}res}}$ 是比较器阈值。为了简化分析，假定连接到二极管输出的电阻具有相同的电阻值。然而，可以分别改变这些电阻以调节存储单元电阻状态之间的间隔。关于在何处设置电阻状态取决于器件的非线性特性。还可以

基于编程时间和电阻边界之间的权衡来做出设计决策。在式(4-4)中求解 V_{diodel} 得到：

$$V_{\text{diodel}}=V_{\text{int}}-V_{\text{select-col}}\frac{3}{k}V_{\text{c-res}} \tag{4-5}$$

上面的表达式使中间节点电压与串联二极管阈值相关。我们还需要一个关联这两者的表达式，以便能够数值求解两者以获得 V_{int} 值，我们可以插入式(4-3)以获得相应的电阻状态水平。可以使用二极管电流方程并求解二极管阈值来获得附加表达式，最终的表达式为：

$$V_{\text{diodel}}=3I_0R_h+V_{\text{int}}-V_{\text{select-col}}-\frac{kT}{nq}LambertW\left[\frac{3\mathrm{e}^{\frac{3I_0R_h+V_{\text{int}}-V_{\text{select-col}}}{kT/nq}}I_0R_h}{kT/nq}\right] \tag{4-6}$$

其中，$LambertW$ 是朗伯欧米伽函数，R_h 是连接到二极管输出的电阻的大小，I_0 是反向偏置饱和电流，n 是理想因子，k 是玻尔兹曼常数，T 是绝对温度，q 是电子电荷的大小。

由于 I_0R_h 项非常小，因此在作为相加因子时可以将其省略。新的简化表达式为：

$$V_{\text{diodel}}=V_{\text{int}}-V_{\text{select-col}}-\frac{kT}{nq}LambertW\left[\frac{3\mathrm{e}^{\frac{V_{\text{int}}-V_{\text{select-col}}}{kT/nq}}I_0R_h}{kT/nq}\right] \tag{4-7}$$

式(4-5)和式(4-7)形成了带有两个未知参数的一对方程，可以对它们进行数字评估，以获得满足这两者的一对唯一的 V_{int} 和 V_{diodel} 值。由于式(4-5)取决于要编码的状态，所以对于每个电阻状态都能获得唯一的一对值。在获得唯一一对值之后，下一步是评估式(4-3)以获得相应的电阻状态。

表 4-1 计算与仿真电阻水平

	计算(Ω)	仿真(Ω)	误差率(%)
‘01’	10 064	10 166	1.003
‘10’	20 227	20 590	1.763
‘11’	25 653	26 067	1.588

表 4-1 列出了使用式(4-3)、式(4-5)和式(4-7)计算的电阻与通过 16×16 阵列的 SPECTER 仿真获得的结果的对比，并列出了计算的百分比误差。对于每种编程状态，仿真结果与计算结果之间的差异均小于 2%。通过半选单元的泄漏也会导致中间节点电压 V_{int} 的增加。但是，仿真结果和计算结果之间的一致性表明，由于 1D1R 结构和所使用的阵列偏置方案，对电压模式读数的影响已降至最低。

需要注意的另一点是，本节中得出的分析模型不取决于所使用的电阻器件模型，只要模型满足状态编码所需的最小和最大电阻，预期的电路表现就相同。

4.3 读/写操作

4.3.1 读/写仿真

在 16×16 的阵列上，我们采用分布 PI 模型对金属交叉阵列进行仿真。通过选择电路主动监测连接到所选列的串联电阻器的电压变化，读取解释器电路能够在写入操作期间执行读取操作。

图 4-5 显示了写入操作期间施加到阵列的偏置电压。如前文所述，该偏置方案确保对未选择单元干扰的最小化，而所选择的单元则在高于单元阈值的大电压偏置下。图 4-5 所示的电压电平示例如下：

$$V_{\text{select-row}} = -V_{\text{select-col}} = 1.6\text{V},$$

$$V_{\text{unselect-row}} = 0.82\text{V},$$

$$V_{\text{unselect-col}} = 0.045\text{V}$$

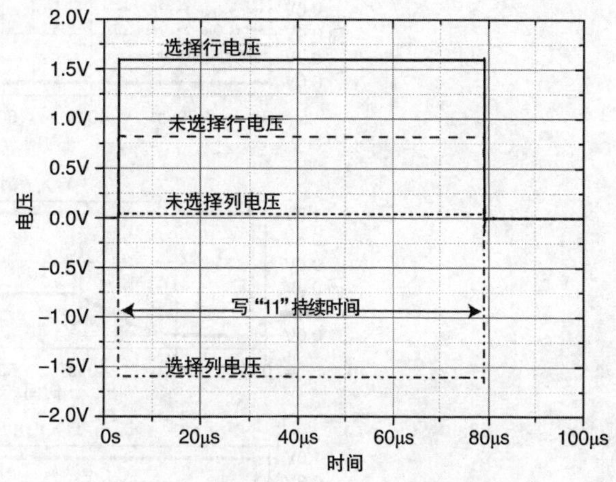

图 4-5　写操作期间的阵列偏置级别

解释器电路的运作如图 4-6 所示。分压阶段产生三个不同的 Interp 信号电平，然后与通过解释器电路施加的选择电压进行比较。每个 Interp 信号连接到比较器，比较器生成相应的输出信号，指示是否达到某一状态。Interp 信号电平随着单元电阻的增加而降低。一旦信号电平达到比较器阈值以下，比较器输出(Out)信号变低，向控制器发送信号。

在仿真中，Out〈2〉、Out〈1〉和 Out〈0〉表示分别达到了状态“01”、“10”和“11”。串联二极管给待解释的中间电压提供了一个接近常数的电压下降，使得 Interp 信号更快地达到比较器阈值，从而减少了写入时间并压缩了电阻电平。

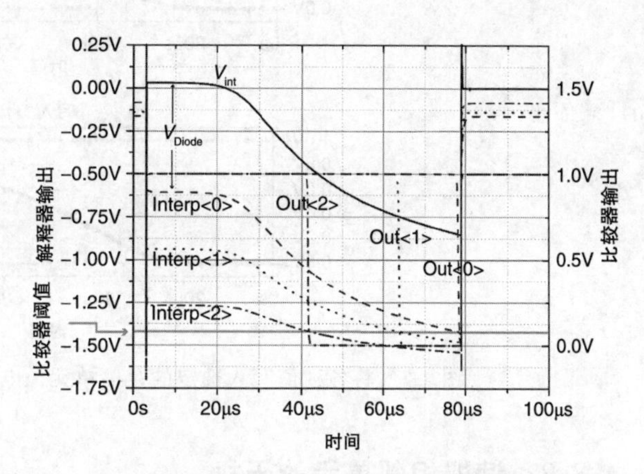

图 4-6　写操作期间的解释器操作，写入的值为“11”

图 4-7 显示了状态“00”、“01”、“10”和“11”的写入。由于状态“00”是单元的擦除状态，因此控制器不向阵列施加任何电压来改变状态，并且输出信号保持高电平。

在“01”、“10”和“11”情况下，随着单元电阻的增加，输出信号开始变低。一旦达到所需的电阻，控制器停止向阵列施加写入电压，输出信号再次变高。

由于读取解释器电路在写入单元时监测单元的状态，因此可以使用与写入操作相同的偏置方案来实现读取操作，同时保持较短的脉冲持续时间以防止显著地改变存储器的电阻状态。由于写入操作将每个单元编程到检测点，因此当单元向更高的电阻漂移时，有一个明显的无法读取的边界；但是，如果单元向一个较低的电阻漂移并且可以读到错误的值，则没有边界。为了缓解这一问题，我们提出通过减小所用脉冲幅度和在读取操作期间增加串联电阻值的方式来修改读取方案。对读取操作的优化将在下面的章节中进一步讨论。

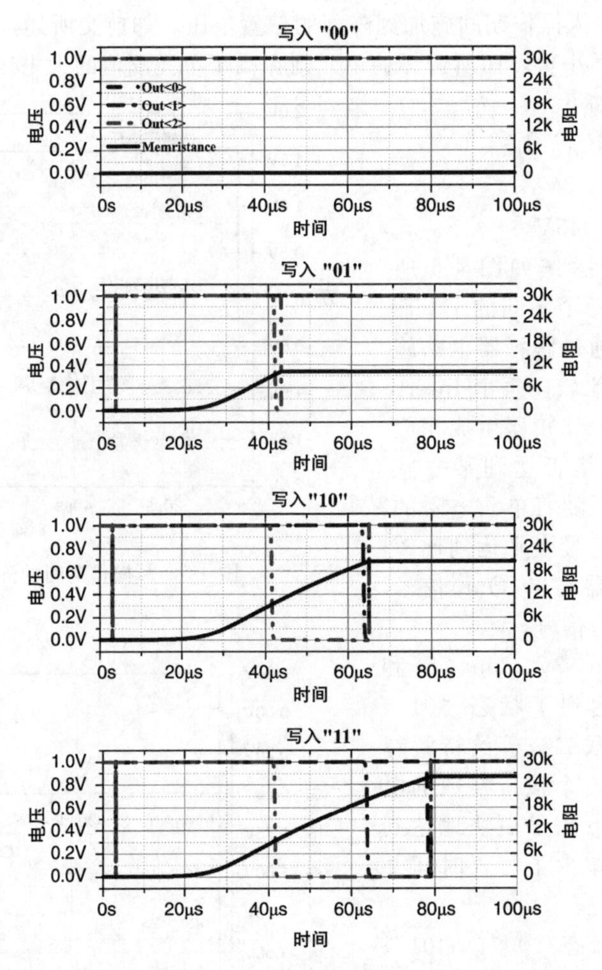

图 4-7　将各种值写入选定的存储单元。电阻变化与解释器的输出信号重叠

4.3.2　读取相邻单元的干扰

即使每个存储单元都有一个内置的阈值，低于该值的电压偏置仍然会导致单元中的电阻发生微小的变化。这意味着由于重复读取单元或对阵列中的其他单元执行读写操作，单元电阻可能会随时间漂移。

为了量化所述结构中读取干扰的影响，我们对所选单元重复读取时相邻单元对所选单元的电阻漂移进行仿真。由于漂移量与状态有关，因此对存储在存储单元及其相邻单元中的不同值进行仿真。我们假设在写操作中使用相同的电压电平和串联电阻来仿真最坏情况下的漂移。如图 4-8 所示，任何读取电压的降低和串联电阻的增加都会产生更好的漂移特性。

结果表明，在“01”、“10”、和“11”的情况下，最大的电阻漂移在与所选单元连接到同一列的单元中。在与所选单元连接到同一行的单元中的漂移较小，但仍为非零值。其余单元在仿真的 100 个连续读取操作中观察到接近零的漂移值。在这三种电阻状态中，当所选单元存储“11”时变化最大，因为与此所选单元连接到同一列的未选单元的电压偏置最高。

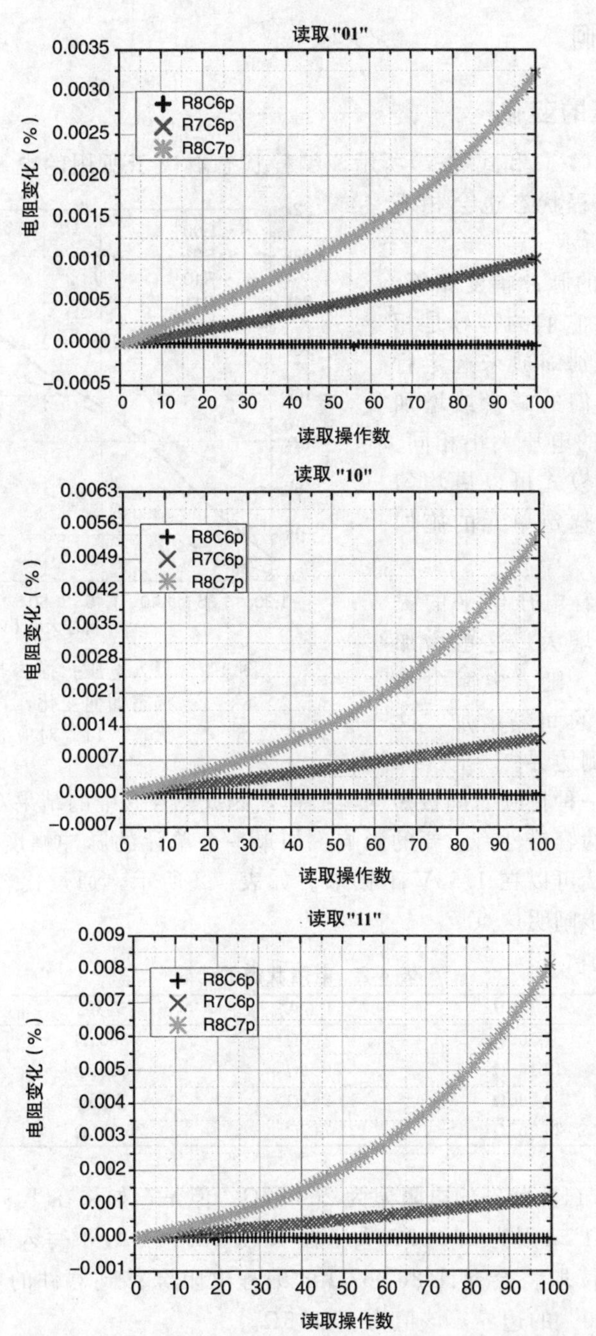

图 4-8　相邻单元中电阻的百分比变化与读取操作的数量。选择了位于第 7 行、第 7 列(R7C7)交叉处的单元格

在存储单元存储“00”的情况下，未观察到电阻有意义的变化，因此未列出结果。

4.4　变化的影响

4.4.1　编程电压的变化

如式(4-3)、式(4-5)和式(4-7)所示，编程状态取决于所用的电压电平。如果电压偏置电平被改变，编程状态也会相应地改变，如图 4-9 所示。

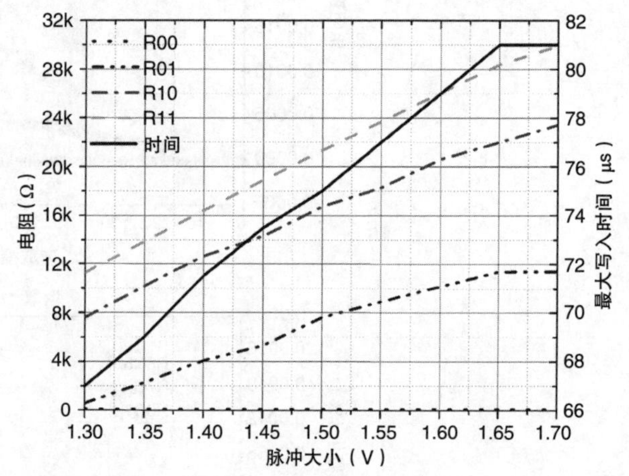

图 4-9　写入电压扫描。点划线表示电阻状态如何变化，直线表示与写入状态“11”对应的最大写入时间

所选的行和列的脉冲幅度相等，并在 X 轴上列出，它们的符号是相反的。虽然可以分别缩放未选定行和列的电压，但它们的减少或增加量与选定的行和列的电压大小相同。结果发现，此缩放模式可以更均匀地缩放未选定和半选定单元的施加电压。

结果表明，随着电压电平的提高，编程电阻电平增大，这也增加了单元的编程时间。随着电阻电平的增加，状态之间的间隔增加，这可以允许更好的检测边界。

由于读操作是一种持续时间极短的写操作，因此图 4-9 中的结果对于提高电阻漂移在增大和减小方向上的容错性有重要的影响。如果一个单元的脉冲幅度为 1.6V，那么在允许电阻漂移下它依然可以在 1.55V 下读取。如表 4-2 所示，通过比较两个电压等级的编程电阻，可以进一步阐明这点。

表 4-2　电阻状态的比较

	1.6V	1.55V	边界$_H$	边界$_L$
‘00’	100Ω	100Ω	8801Ω	—
‘01’	10 166Ω	8901Ω	8099Ω	1265Ω
‘10’	20 590Ω	18 265Ω	3125Ω	2325Ω
‘11’	26 067Ω	23 715Ω	76 285Ω	2352Ω

编程 1.6V 的“11”状态的电阻值为 26 067Ω。但是，如果在 1.55V 下读取此编程电阻，则会产生值“11”，因为 26 067Ω 大于在 1.55V(23 715Ω 下写入的值“11”。事实上，在 1.55V 的状态下读取将会允许 26 067Ω 的编程电阻漂移到器件的假设最大值 100kΩ，或者下降到状态“10”的边界，该值为 23 715Ω。

表 4-2 列出了高和低电阻的边界，即高电压电平下存储器状态的编程电阻到低电压检测边界的距离。如 3.2.5 节所述，通过缩放决定电阻状态的电路参数，可以优化这些边界。

4.4.2　串联电阻的变化

类似于受脉冲幅度影响的情形，编程状态也取决于使用的串联电阻。编程电阻与串联电阻的变化如图 4-10 所示。

对于 1.6V 的固定写入脉冲幅度，串联电阻的增加会导致编程电阻的增加，可以观察到与电压电平升高相同的趋势。状态之间的分离随着串联电阻的增加而增加，从而允许更好的检测范围。

与电压降低的情况类似，当读取时串联电阻的降低将允许产生高低边界，从而允许在增加和减小的方向上漂移。为了避免重复，虽然没有给出实际的例子，但是可以从图 4-10 中绘制的值推断出与表 4-2 类似的结果。

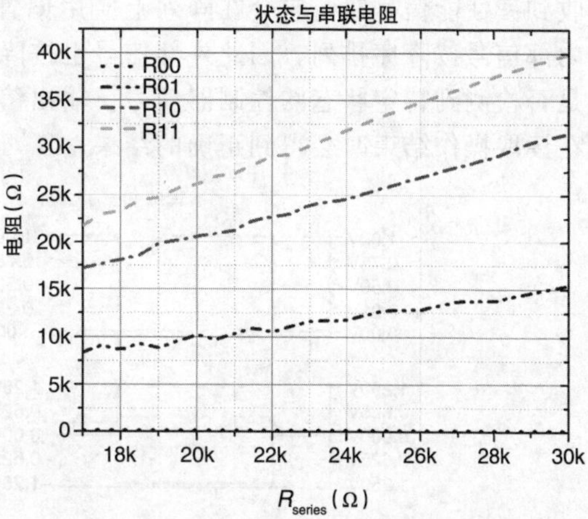

图 4-10　串联电阻扫描。编程状态相对于串联电阻值的变化显示为固定的写入电压电平

4.4.3　减少影响的读取方案

当读取电压和串联电阻同时变化时，可以获得更大的收益。

图 4-9 表明，无法将读取的脉冲幅度缩放到 1.5V，因为“11”状态下的下边界为 18 891Ω，比 1.6V 写入的边界(20 590Ω)小。这意味着在 1.6V 写入的“10”在 1.5V 读取时将被评估为“11”。然而，串联电阻的增加与起始电压的降低呈现相反的趋势，因此增加串联电阻，可以实现小于 1.5V 的脉冲幅度。

仿真结果表明，可以在 1.6V 电压下用 20kΩ 电阻写入数值，然后在 1.5V 脉冲幅度下用 25kΩ 串联电阻读取数值，或在 1.25V 脉冲幅度下用 45kΩ 串联电阻读取数值。

图 4-11 的目的是将减少影响的读取方案如何与写入方案一起工作可视化。当单个单元在阵列中编程时，其电阻可以落在图 4-11a 所示分布中的任意位置，这取决于其在阵列中的位置。在这种情况下，电阻的变化是由于解释器电路所观测到的集中交叉阵列寄生电阻的变化引起的，而这取决于存储单元在阵列中的位置。当更多的单元在阵列中编程时，先前编程单元的电阻由于写入干扰而开始漂移，导致电阻分布的扩展，如图 4-11b 所示。文献中的大多数方法都不能解决这种扩散问题。对整个阵列的写仿真是按顺序来显示状态的扩散和移动的，结果将在本节的后续部分中介绍。

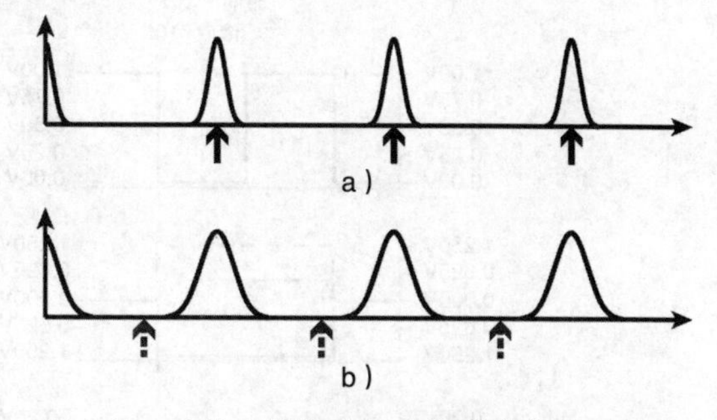

图 4-11　a)单个器件在整个阵列中编程；b)所有单元在整个阵列中编程电阻分布。黑色箭头表示采样单元电阻，灰色虚线箭头指示当使用减小影响的读取方案时电阻状态的下边界移动的位置

减少影响的方案旨在改变较低的检测边界，使新分布完全落在其预期的电阻状态内。

图 4-12 显示了对存储 4 个可能值的单元执行降低影响的读取操作。选定位于阵列中间的单元格。该方案采用 1.25V 脉冲幅度和 45kΩ 串联电阻。在每种情况下，当控制器接收到读使能信号时，它会在阵列上应用偏置电压。Interp 信号根据单元存储的值来确定。内部信号按降序排列，因此外部信号也按降序排列。信号 R11、R10、R01 和 R00 是指示是否检测到特定状态的控制器信号。输出信号的顺序偏移也会导致这些信号偏移；但是，在读取操作结束时会得到正确的结果。

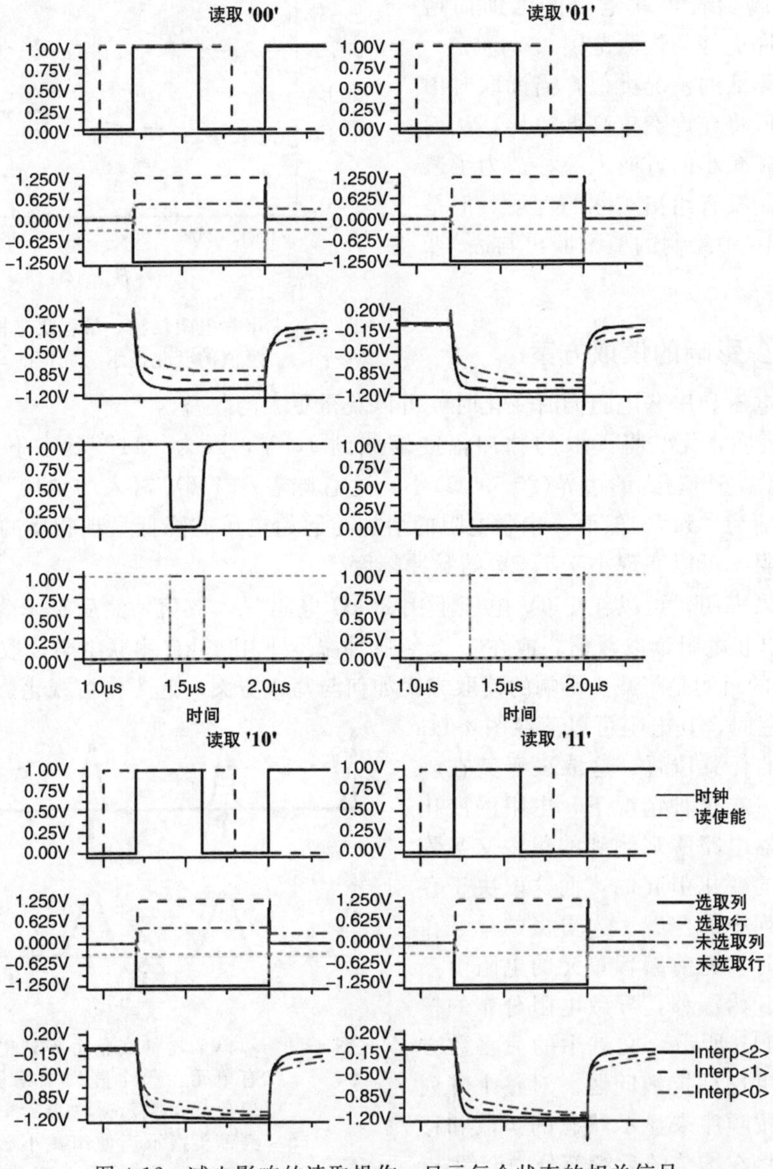

图 4-12 减少影响的读取操作。显示每个状态的相关信号

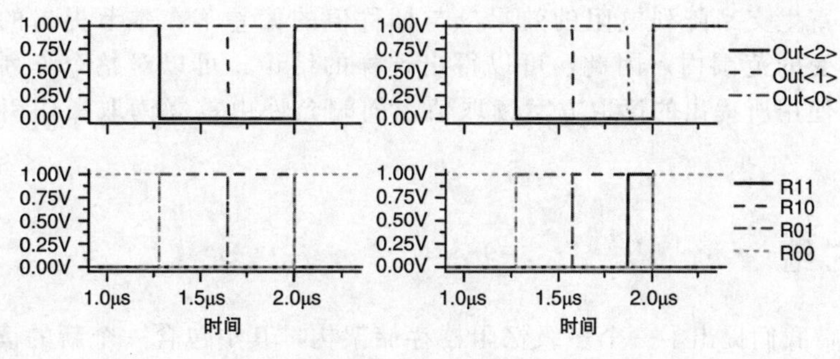

图 4-12　（续）

4.4.4　阵列写入后的电阻分布

相邻单元上的连续写操作会导致单元电阻随时间漂移。即使未选择和半选择的单元在低电压下只有低电压偏置，在长的写入持续时间期间的泄漏累积起来也会最终导致阵列电阻漂移。

为了量化这种漂移，我们仿真了对阵列中每个单元的连续写操作，结果的电阻分布如图 4-13 所示。因为这些值随所选存储单元的位置而变化，所以分布包括写入相邻

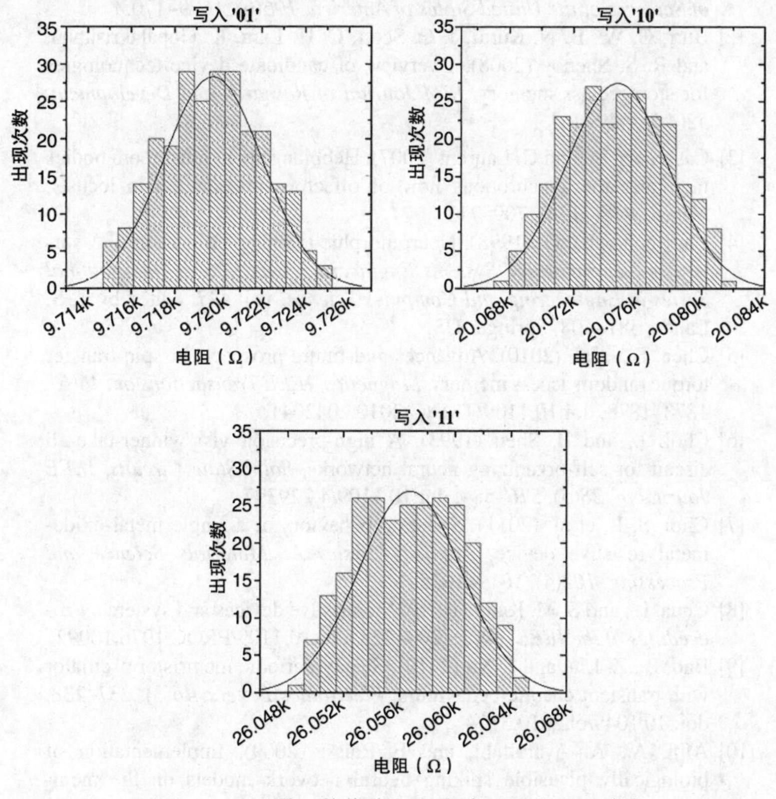

图 4-13　用同一数值编程整个阵列后的电阻分布

单元的效果和寄生交叉阵列电阻的效果。与标称值的偏差落在本节提出的减小影响的读取方案可接受的范围内。因此，可以得出这样的结论：可以对整个阵列中的单元进行写入，然后使用所提出的读取方案读取值，同时允许由重复读取操作引起的附加漂移的边界。

4.5　本章总结

在本章中，我们提出了一个多级忆阻器存储架构，其中包含一个新的读-监控-写模式。该体系结构允许将单元编程到具有非常紧密的状态分布的检测阈值下。此外，还提出了一种状态导数的分析模型，可用于确定设计中使用的元件参数，并提出了电压减小、串联电阻增大或二者结合使用的各种读取方案来评估存储单元的电阻状态。最后给出了整个阵列写入后的电阻分布，这些分布在所提出的读取方法的检测范围内。

参考文献

[1] Borghetti, J., et al. (2009), A hybrid nanomemristor/transistor logic circuit capable of self-programming, *Proceedings of the National Academy of Sciences of the United States of America*, *106*(6), 1699–1703.

[2] Burr, G. W., B. N. Kurdi, J. C. Scott, C. H. Lam, K. Gopalakrishnan, and R. S. Shenoy (2008), Overview of candidate device technologies for storageclass memory, *IBM Journal of Research and Development*, *52*(4.5), 449–464.

[3] Cassenaer, S., and G. Laurent (2007), Hebbian stdp in mushroom bodies facilitates the synchronous flow of olfactory information in locusts, *Nature*, *448*(7154), 709–713.

[4] Cauwenberghs, G. (1998), Neuromorphic learning vlsi systems: A survey, in *Neuromorphic Systems Engineering*, *The Kluwer International Series in Engineering and Computer Science*, vol. 447, edited by T. S. Lande, 381–408, Springer US.

[5] Chen, E., et al. (2010), Advances and future prospects of spin-transfer torque random access memory, *Magnetics, IEEE Transactions on*, *46*(6), 1873–1878, doi:10.1109/TMAG.2010.2042041.

[6] Choi, J., and B. Sheu (1993), A high-precision vlsi winner-take-all circuit for self-organizing neural networks, *Solid-State Circuits, IEEE Journal of*, *28*(5), 576–584, doi:10.1109/4.229397.

[7] Choi, S.-J., et al. (2011), Synaptic behaviors of a single metal-oxide-metal resistive device, *Applied Physics A: Materials Science and Processing*, *102*(4), 1019–1025.

[8] Chua, L., and S. M. Kang (1976), Memristive devices and systems, *Proceedings of the IEEE*, *64*(2), 209–223, doi:10.1109/PROC.1976.10092.

[9] Bao, B., Z. Liu, and J. Xu (2010), Steady periodic memristor oscillator with transient chaotic behaviours, *Electronics Letters*, *46*(3), 237–238, doi: 10.1049/el.2010.3114.

[10] Afifi, A., A. Ayatollahi, and F. Raissi (2009), Implementation of biologically plausible spiking neural network models on the memristor crossbar-based cmos/nano circuits, in *European Conference*

on Circuit Theory and Design, ECCTD '09, IEEE, New York, doi:10.1109/ECCTD.2009.5275035.

[11] Chua, L. O. (1971), Memristor - missing circuit element, *IEEE Transactions on Circuit Theory, CT18*(5), 507–519.

[12] Cong, J., and B. Xiao (2011), mrfpga: A novel fpga architecture with memristor-based reconfiguration, in *Nanoscale Architectures (NANOARCH), 2011 IEEE/ACM International Symposium on*, 1–8, doi: 10.1109/NANOARCH.2011.5941476.

[13] Csaba, G., and P. Lugli (2009), Read-out design rules for molecular crossbar architectures, *Nanotechnology, IEEE Transactions on*, *8*(3), 369–374.

[14] Cutsuridis, V., S. Cobb, and B. P. Graham (2008), A ca2 + dynamics model of the stdp symmetry-to-asymmetry transition in the ca1 pyramidal cell of the hippocampus, in *Proceedings of the 18th international conference on Artificial Neural Networks, Part II*, ICANN '08, 627–635, Springer-Verlag, Berlin, Heidelberg.

[15] Dan, Y., and M.-m. Poo (2004), Spike timing-dependent plasticity of neural circuits, *Neuron*, *44*(1), 23–30, doi: 10.1016/j.neuron.2004.09.007.

[16] Driscoll, T., Y. Pershin, D. Basov, and M. Di Ventra (2011), Chaotic memristor, *Applied Physics A: Materials Science and Processing*, *102*(4), 885–889, doi: 10.1007/s00339-011-6318-z.

[17] Ebong, I., and P. Mazumder (2010), Memristor based stdp learning network for position detection, in *Microelectronics (ICM), 2010 International Conference on*, 292–295, doi:10.1109/ICM.2010.5696142.

[18] Ebong, I., and P. Mazumder (2012), Cmos and memristor-based neural network design for position detection, *Proceedings of the IEEE*, *100*(6), 2050–2060, doi: 10.1109/JPROC.2011.2173089.

[19] Ebong, I., D. Deshpande, Y. Yilmaz, and P. Mazumder (2011), Multi-purpose neuro-architecture with memristors, in *Nanotechnology (IEEE-NANO), 2011 11th IEEE Conference on*, 431–435, doi:10.1109/NANO.2011.6144522.

[20] Ebong, I. E., and P. Mazumder (2011), Self-controlled writing and erasing in a memristor crossbar memory, *Nanotechnology, IEEE Transactions on*, *10*(6), 1454–1463.

[21] Eshraghian, K., K.-R. Cho, O. Kavehei, S.-K. Kang, D. Abbott, and S.-M. S. Kang (2011), Memristor mos content addressable memory (mcam): Hybrid architecture for future high performance search engines, *Very Large Scale Integration (VLSI) Systems, IEEE Transactions on*, *19*(8), 1407–1417, doi: 10.1109/TVLSI.2010.2049867.

[22] Ferrari, S., and R. F. Stengel (2004), Online adaptive critic flight control, *Journal of Guidance Control and Dynamics*, *27*(5), 777–786.

[23] Grupp, L. M., A. M. Caulfield, J. Coburn, E. Yaakobi, S. Swanson, P. Siegel, and J. Wolf (2009), Characterizing flash memory: Anomalies, observations, and applications, in *Proceedings of the 42nd International Symposium on Microarchitecture*, 24–33.

[24] Ho, Y., G. M. Huang, and P. Li (2009), Nonvolatile memristor memory: device characteristics and design implications, in *IEEE/ACM International Conference on Computer-Aided Design-Digest of Technical Papers*, ICCAD 2009, 485–490, IEEE.

[25] Hopfield, J. J., and D. W. Tank (1985), "Neural" computation of decisions in optimization problems, *Biological Cybernetics*, *52*(3), 141–152, doi: 10.1007/BF00339943.

[26] Hsu, S. T. (2005), Temperature compensated rram circuit, patent number: US 6 868 025.

[27] Indiveri, G. (2001), A current-mode hysteretic winner-take-all network, with excitatory and inhibitory coupling, *Analog Integrated Circuits and Signal Processing*, *28*(3), 279–291.

[28] Ishikawa, M., et al. (2008), Analog cmos circuits implementing neural segmentation model based on symmetric stdp learning, in *Neural Information Processing*, *Lecture Notes in Computer Science*, vol. 4985, 117–126, Springer, Berlin, Heidelberg.

[29] Itoh, M., and L. O. Chua (2008), Memristor oscillators, *International Journal of Bifurcation and Chaos*, *18*(11), 3183–3206, doi:10.1142/S0218127408022354.

[30] Itoh, M., and L. O. Chua (2009), Memristor cellular automata and memristor discrete-time cellular neural networks, *International Journal of Bifurcation and Chaos*, *19*(11), 3605–3656, doi:10.1142/S0218127409025031.

[31] Jo, S. H., and W. Lu (2008), Cmos compatible nanoscale nonvolatile resistance, switching memory, *Nano Letters*, *8*(2), 392–397.

[32] Jo, S. H., T. Chang, I. Ebong, B. B. Bhadviya, P. Mazumder, and W. Lu (2010), Nanoscale memristor device as synapse in neuromorphic systems, *Nano Letters*, *10*(4), 1297–1301, doi: 10.1021/nl904092h.

[33] Joglekar, Y. N., and S. J. Wolf (2009), The elusive memristor: properties of basic electrical circuits, *European Journal of Physics*, *30*(4), 661–675.

[34] Kaelbling, L. P., M. L. Littman, and A. W. Moore (1996), Reinforcement learning: A survey, *Journal of Artificial Intelligence Research*, *4*, 237–285.

[35] Klein, R. M. (2000), Inhibition of return, *Trends in Cognitive Sciences*, *4*(4), 138–147, doi: DOI: 10.1016/S1364-6613(00)01452-2.

[36] Koickal, T. J., A. Hamilton, S. L. Tan, J. A. Covington, J. W. Gardner, and T. C. Pearce (2007), Analog vlsi circuit implementation of an adaptive neuromorphic olfaction chip, *Circuits and Systems I: Regular Papers, IEEE Transactions on*, *54*(1), 60–73.

[37] Kozicki, M., M. Park, and M. Mitkova (2005), Nanoscale memory elements based on solid-state electrolytes, *Nanotechnology, IEEE Transactions on*, *4*(3), 331–338, doi:10.1109/TNANO.2005.846936.

[38] Lehtonen, E., and M. Laiho (2009), Stateful implication logic with memristors, in *Proceedings of the 2009 IEEE/ACM International Symposium on Nanoscale Architectures*, NANOARCH '09, 33–36, IEEE Computer Society, Washington, DC, USA, doi:10.1109/NANOARCH.2009.5226356.

[39] Lehtonen, E., and M. Laiho (2010), Cnn using memristors for neighborhood connections, in *Cellular Nanoscale Networks and Their Applications (CNNA), 2010 12th International Workshop on*, 1–4, doi:10.1109/CNNA.2010.5430304.

[40] Lin, Z.-H., and H.-X. Wang (2009), Image encryption based on chaos with pwl memristor in chua's circuit, in *International Conference on Communications, Circuits and Systems (ICCCAS)*, 964–968, doi: 10.1109/ICCCAS.2009.5250354.

[41] Linares-Barranco, B., and T. Serrano-Gotarredona (2009), Memristance can explain spike-time-dependent-plasticity in neural synapses, *Nature precedings*, 1–4.

[42] Manem, H., G. S. Rose, X. He, and W. Wang (2010), Design considerations for variation tolerant multilevel cmos/nano memristor memory, in *Proceedings of the 20th symposium on Great lakes symposium on VLSI*, GLSVLSI '10, 287–292, ACM, New York, NY, USA, doi:10.1145/1785481.1785548.

CHAPTER 5

第 5 章

搭建忆阻器的神经形态组件

Idongesit Ebong 和 Pinaki Mazumder

本章提出一种神经形态的方法，通过组合脉冲时序依赖可塑性(Spike-Timing-Dependent-Plasticity，STDP)与忆阻器抵抗电路中的噪声。结果表明，模拟方法实现基于忆阻器的 STDP 优于纯数字方法。

5.1 引言

在信息处理系统中，神经形态工程并不是一种新的方法，在 20 世纪 80 年代，随着学习规则和超大规模集成电路(VLSI)技术的融合，它获得了极大的发展[1]。CMOS 中不断增加的晶体管集成密度可以更好地仿真神经系统，从而验证模型并培养新的仿真创意。自此，神经形态领域发生了变化，目前可以使用神经形态芯片和程序来满足特定的应用和任务。

对于神经形态网络，科技进步总是亦敌亦友，本质上，神经形态网络在需要并行计算时更具有价值。为了有效地执行神经形态计算，需要大量的处理元件(Processing Element，PE)[1]，当前的 CMOS 技术不能满足更复杂的神经形态系统所需的密度和连接性，这使得许多神经形态芯片利用处理元件之间的虚拟连接实现各种方案。

CMOS 在密度和并行计算方面的缺点促进了更复杂的神经形态系统技术和设计，尽管设计的复杂度增加，但是可以模拟的神经元、突触和连接的数量低于人脑中神经元集成密度的数量级。人类拥有在毫秒范围内工作的神经元，可以在几十到几百毫秒内完成任意的图像识别任务，而功能强大的计算机需要数小时甚至数天来完成类似的任务，数字计算和生物学(特别是人脑)之间的这种差距，激励人们去探索超过 CMOS 能提供的连接密度的技术。

如 Türel 在文献[2]、Zhao 在文献[3]中所述，纳米技术中的低功耗和高设备集成度重新点燃了硬件中神经形态网络发展的火花。文献[2]中的“交叉网络”方法提供了设计的依据，以及融合交叉阵列拓扑结构中纳米级电阻及 CMOS 电路来设计神经形态电路的方法。纳米技术，特别是 Chua 教授提出的忆阻器，在这一领域显示出极大的前景，因为它可以克服无法达到已知生物系统密度的问题。通过两个方面克服这一问题：一是忆阻器相对于其功能性器件较小的尺寸，二是将忆阻器与交叉阵列相连的能力。结果表明连接这些纳米器件(忆阻器)与纳米线(交叉阵列)可以显著提高器件集成度[4]。忆阻器-MOS 技术(Memristor-MOS Technology，MMOST)中的器件集成度有望在忆阻器和交叉阵列时代得到提高，在文献[5]中对大脑皮层级硬件进行的一项假设研究表明，在交叉阵列结构中使用纳米器件具有实现大规模脉冲神经系统的潜力。为了实现交叉阵列，科研者研究了更复杂的算法，比如贝叶斯推理[6]，但是这些研究限制了交叉阵列的数字存储能力，模拟阵列的使用将是获得全部效益的理想选择。

神经形态网络从学习规则得到其行为[7]，这些网络具有内在的管理机制以维持神经元和突触之间的关系。基于大量突触权重的组合及神经行为，在任意给定时间点的网络都是唯一的。

本章的目的是表明忆阻器在生物启发的自适应电路研发中很有价值，接下来将介绍 3 种已确定的、被生物学神经元充分记录的行为：侧抑制、STDP 和返回抑制(Inhibition Of Return，IOR)。并讨论使用忆阻器实现这些行为的方法。这些行为是构建神经硬件的基本，在 CMOS 中已得到充分证明。与纯粹的 CMOS 相比，本章将展示一种新的紧凑的 STDP 实现方法，此外，本章还将提供一种实现可重构异或门的方法，以异或门为例，为了构建更复杂的系统，很可能会同时使用模拟和数字方法，而对于模拟或数字神经形态电路模块的集成，则没有具体的建议。

5.2 使用忆阻器实现神经形态功能

5.2.1 侧抑制

侧抑制在生物界中普遍存在，它被认为在以下几个方面发挥作用：放大梯度变化[8]、视觉处理和感知的信号定向[9]以及在发育和神经发生过程中提供形式和结构。抑制过程是一个简单的想法，在生物创建复杂的方案和结构的过程中发挥作用，比如树叶的叶型和图案、各种生物的枝干或四肢。抑制过程对生物过程的重要性不容忽视，尽管抑制过程看似简单，但其在生物系统中解构的过程并非如此简单。

抑制过程在神经元的处理过程中起到关键的作用，所以人工神经元需要表现出与对应生物神经元非常接近的行为。人工神经元结构中的侧抑制以全部抑制(如 McCulloch-Pitts 神经元[11])或部分抑制(如感知机[12])的形式存在，这些形式的例子包括使用交叉耦合晶体管的对比度增强器[13]和可用于自组织映射的赢者通吃(Winner-Take-All，WTA)电路[14-18]。这些例子表明，侧抑制已经取得进展，并已在神经形态硬件研究中实现。由于在交叉阵列中基于忆阻器的侧抑制简化了 CMOS 所需的电路和导线连接，因此应进一步鼓励采用忆阻交叉阵列并支持简化抑制过程的实现。

图 5-1 为忆阻器实现侧抑制以及循环网络的配置。忆阻器交叉阵列通过可调整的权重

实现从一个神经元到另一个神经元的大规模连接，通过交叉阵列配置，同一功能区附近的神经元可以相互抑制。例如，N11 通过某个突触 M1112 连接到 N12，N11 通过此突触 M1112 注入的信号将是抑制信号，它将干扰神经元 N12 的内部状态。这种交叉阵列方法也可以推广到刺激邻近的神经元，在这种神经形态方法中，两个忆阻器交叉阵列可以相互堆叠：一个用于兴奋性突触，另一个用于抑制性突触。

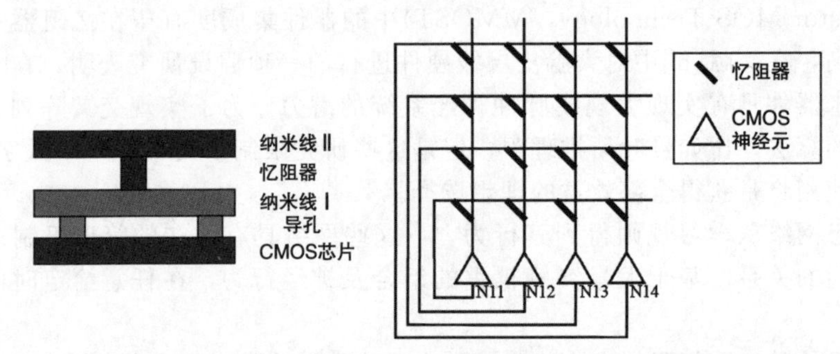

图 5-1 循环网络结构，展示了赢者通吃、侧抑制和返回抑制如何使用交叉阵列连接

除了侧抑制，自增强在神经发生中也起到关键作用[10]。在生物神经元中测得的一个效应似乎是对邻近神经元的侧抑制，也是对自己的自增强。这种效应阻止了一个特征或神经元自抑制。例如，当树枝上的叶子形成时，叶子周围的区域会受到抑制，该效应会抑制其他过于紧密的叶子形成。由于这种抑制作用应用于包括抑制叶子本身的区域，为了阻碍其抑制作用，叶子具有正反馈回路，以增强其持续发育和生存。如图 5-1 所示，这种自反馈回路可以通过忆阻器交叉阵列建立。

5.2.2 返回抑制

在其硬件实现中，返回抑制是一种让不同神经元兴奋的神经形态算法。从上一节来看，实现赢者通吃的侧抑制只允许一个神经元在与相邻神经元竞争时被认为是赢者，通过组合赢者通吃与返回抑制，赢者的行为会发生变化，因为连续的神经元将在设计的时间段后取代赢者的位置。通过实现这种组合，赢者会在允许的脉冲持续时间后自抑制，并使另一个兴奋神经元获胜，该算法可用于映射网络活动以及比较不同的输入模式强度，毫无意外，它主要用于视觉神经形态应用，例如注意力转移[21]。

返回抑制的 MMOST 设计可以以与赢者通吃相似的方式完成。自反馈参数(突触)会增强，因此神经元会随着其脉冲频率的增加而强烈抑制自身，突触抑制最强(突触权重最低)的神经元可以在突触强度方面相互比较，以确定它们当前的关系。

5.2.3 重合检测

当两个脉冲事件以某种方式连接和编码时，会发生重合检测。该算法通常出现在模式识别或分类系统中，因此神经形态网络对脉冲输入序列进行不同的编码，根据网络不同输入之间的重合程度，神经网络会做出适当响应，但这种实现并不是使用重合检测的唯一方法。

另一种使用重合检测的方法是基于重合度更新突触权重，这与突触的可塑性有关，并局部管理突触的学习规则，在这种形式下，重合检测称为STDP[22]。

如图5-2所示，STDP主要有两种形式：对称STDP和非对称STDP。对称STDP进行独立于前神经元和后神经元之间脉冲顺序相同的权重调整，而非对称STDP则根据前神经元和后神经元之间的脉冲时间差反向调整权重。利用交叉阵列结构实现STDP的方案已被提出[23-25]。

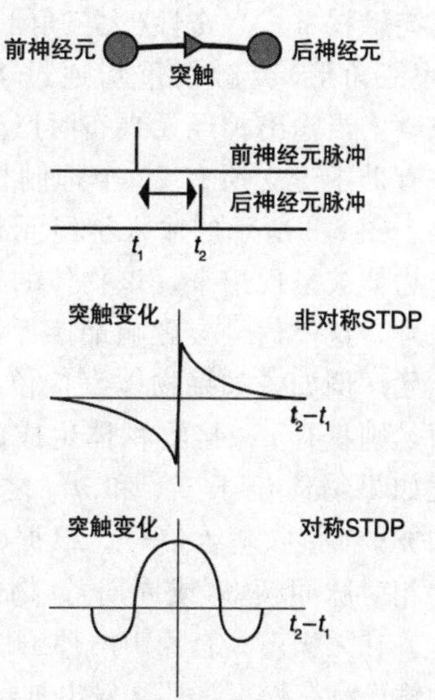

图5-2 STDP曲线展示了突触权重变化与前神经元和后神经元之间的脉冲时间差之间的关系。对称STDP和非对称STDP都发现于自然界[29]

在当前状态下，将MMOST与CMOS进行比较时，不会提供太多的密度增益。STDP的实现需要在忆阻器的正负方向上产生脉冲/信号，Snider[25]提出了衰减脉冲宽度，而Linares Barranco和Serrano Gotarredona[24]以及Afifi等人[23]提出了衰减信号幅度，三种建议的实现方式都依赖于忆阻器上信号的累加效应来控制突触权重的变化。本书将用一种不同的方法实现STDP的突触权重，为了减小神经元的大小，利用脉冲对STDP曲线进行线性逼近。

已提出的STDP实现通常采用图5-2的形式。这些非对称和对称的突触行为已用CMOS实现[23,26,27]。在非对称STDP的情况下，如果前神经元在后神经元之前兴奋，则突触权重增加；如果神经元兴奋的顺序颠倒，则突触的权重降低。在这两种情况下，前神经元和后神经元之间兴奋的持续时间越长，突触变化的幅度越小，大多数电路都利用非对称实现。

本书中的STDP实现是非对称的，基于式(5-1)：

$$\Delta W(t_2-t_1)=\begin{cases}A_+\mathrm{e}^{(t_2-t_1)/\tau_+}, & t_2-t_1>0\\ -A_-\mathrm{e}^{(t_2-t_1)/\tau_-}, & t_2-t_1<0\end{cases} \tag{5-1}$$

突触权重ΔW的变化取决于前神经元与后神经元之间的脉冲时间差t_2-t_1，A_+是正方向上的最大变化，A_-是负方向上的最大变化，并且两个变化都分别随时间常数τ_+和τ_-衰减，大多数实现使用电容器和弱反相晶体管来调整τ_+和τ_-，以获得数百毫秒的衰减时间[28]。在较低的面积预算下工作时，用CMOS实现STDP的另一种方法是合并数字存储单元，该数字存储单元可以帮助记住脉冲状态，而不是使用大型的模拟电容器来设置时间常数。

对于一个给定的突触，权重变化的总值等于所有的正负权重变化之和，在学习期间，突触将收敛到某个确定的权重值，并在该值处保持稳定。通过Verilog仿真验证STDP的概念，在测试中STDP与数字计算在噪声条件下进行比较。

用于仿真的网络是一个一维位置检测器网络，其中物体的位置由图5-3中所示的两层神经网络确定。该网络由一个输入神经元层(标记为$n_{11}\sim n_{15}$的神经元)通过前馈兴奋性突触连接到输出神经元层(标记为 $n_{21} \sim n_{25}$ 的神经元)，在输出层每个输出神经元通过抑制性突触相互连接。

图 5-3 中所示的网络通过 STDP 更新其突触权重。兴奋性(大三角形)和抑制性(小三角形)突触权重均通过 STDP 进行修改。当输出神经元兴奋时产生的内在竞争有助于建立所有 20 个抑制性突触的权重。图 5-3 所示的输入神经元行中，有一个物体被呈现出来，该物体的存在会产生信号，这个信号会影响最接近其位置的神经元。例如，如果物体直接位于 n_{13} 的前面，则只有 n_{13} 接收物体生成的信号，但是如果物体位于 n_{13} 和 n_{14} 之间，则 n_{13} 和 n_{14} 都接收输入信号。根据输出神经元的相对脉冲频率(或周期)，物体的位置由输出神经元解密得到。

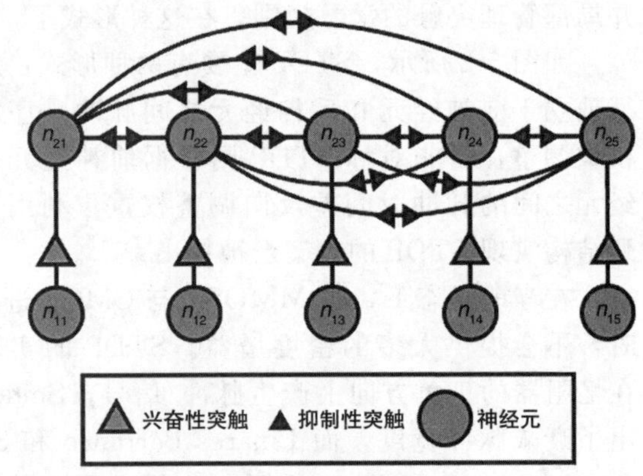

图 5-3　使用 Verilog 实现神经网络以确定 STDP 相对于数字逻辑的噪声性能

在无噪声和有噪声两种条件下，对不同物体位置的一维位置检测器进行仿真。如果系统的输入没有噪声，那么输出神经元的结果可以由二进制输出表示，即兴奋或不兴奋。例如，在无噪声的情况下，n_{13} 旁边放置的一个物体会导致 n_{23} 兴奋，而其他输入和输出神经元不会兴奋。在这种无噪声的情况下，该位置检测器的实现可以通过数字逻辑来完成，数字逻辑中超过某个阈值的输入信号将提供所需的输出。在无噪声的情况下，将物体放置在 n_{12} 和 n_{13} 之间时，n_{22} 和 n_{23} 都会兴奋，它们的脉冲频率之间的关系与输入物体在 n_{12} 和 n_{13} 之间的确切位置成比例，如果物体更靠近 n_{13}，则 n_{23} 的脉冲频率会比 n_{22} 的脉冲频率稍大。无噪声条件提供了与接收物体输入和未接收物体输入的神经元兴奋或不兴奋的直接映射。

有噪声的情况更有趣一点，结果总结如表 5-1 所示。表 5-1 提供了在噪声情况下的结果，在该情况下，由于输入层输入背景噪声的影响，输出层中的所有神经元都会兴奋。仿真中的单位是时间单位或仿真时间步长，在权重稳定后确定周期，连续的神经兴奋之间的时间变得非常有规律。在表中列出的三种情况下都可以确定物体的位置，当物体位于 n_{13} 时，n_{23} 的脉冲周期最小(n_{23} 最兴奋)；当物体在 n_{12} 和 n_{13} 之间但更接近 n_{13} 时，n_{23} 最兴奋，但其周期与 n_{22} 类似，第二级处理可以比较这两个神经元的脉冲周期，以确定物体相对于最兴奋的两个神经元的位置；最后，当物体正好位于 n_{12} 和 n_{13} 正中间时，n_{22} 和 n_{23} 会以相同的脉冲周期兴奋。

表 5-1　一维位置检测器中物体在不同位置的 Verilog STDP 输出神经元结果，物体在 n_{12} 和 n_{13} 正中间时，n_{22} 和 n_{23} 神经元的兴奋周期相同

	周期(连续脉冲之间的时间)		
输出神经元	物体在 n_{13}	物体在 n_{12} 和 n_{13} 之间但更接近 n_{13}	物体在 n_{12} 和 n_{13} 正中间
n_{21}	1746	2046	1014
n_{22}	786	684	660
n_{23}	636	642	660
n_{24}	786	3030	1506
n_{25}	1746	7242	7266

这些结果可能可以扩展应用于运动检测。查看 n_{23} 的脉冲响应，我们可以得出结论，随着物体远离 n_{13}，脉冲周期会减小。因此，使用 STDP 的优点是：通过使用脉冲频率来确定物体的位置，神经网络可以在数字阈值逻辑失效的情况下抵住背景噪声的影响。

5.3　CMOS-忆阻器神经形态芯片

本书利用两种具有侧抑制性和 STDP 特性的神经形态结构来研究忆阻器作为加工元件时的有效性。第一种结构是局部“位置检测器”，第二种结构是多功能芯片，它可以被训练来实现数字门功能，如实现异或门功能。后续将扩展异或门的功能来执行边缘检测。

5.3.1　模拟示例：位置检测器

步骤：给定一个二维区域，将其分割成如图 5-4 所示的 5×5 网格。网格上的每个方块代表检测器的分辨率，神经元位于网格上每个正方形的中心，检测器有一个二维的神经元层，每个神经元通过突触与相邻的神经元相连，每个突触连接都是单向的，所以通过两个连接，相邻神经元之间就有双向的信息流。每个神经元都是一个带泄漏积分触发模型(LIF)神经元，且都有一个存储集成输入信息的漏电电容器。

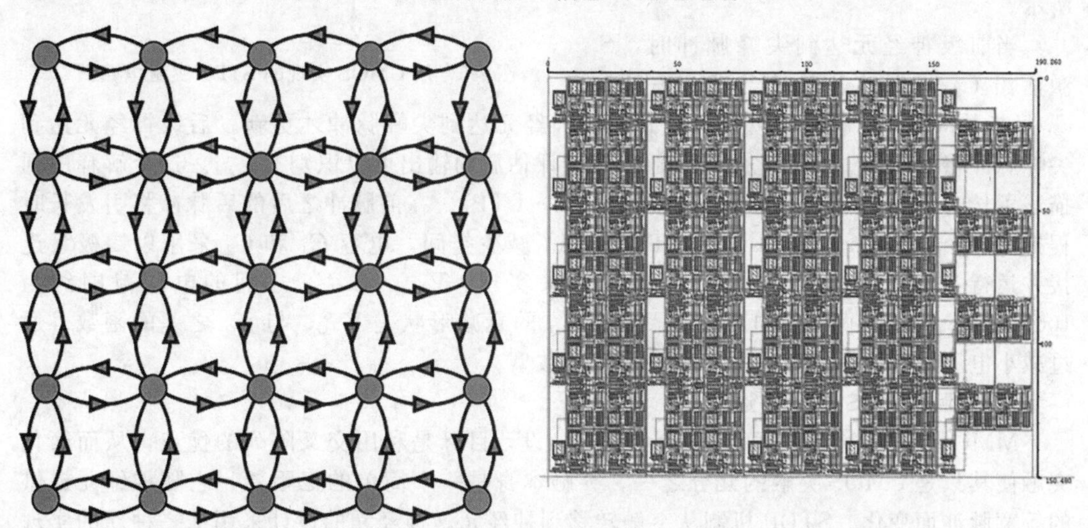

图 5-4　显示位置探测器结构的神经元层连接(圆圈表示神经元，三角形表示突触)。左图显示连接矩阵，右图显示 CMOS 布局(190μm×152μm)

为了实现 STDP，采用两种设计方法。第一种使用 CMOS 进行设计，它基于之前的文献工作，为现有最前沿的技术提供了基础。第二种是使用 MMOST 设计，通过设计区域感知神经元来专门提供一个新的方式来实现 STDP 特性。CMOS 设计在此处只作简要说明，因为其实现并不新颖，而 MMOST 设计方法将被详细说明，以表明 STDP 确实可以以一种不消耗太多空间的方式实现。最后，我们将描述这两种方法实验结果的对比，但不比较不同的设计决策部分。设计总结见表 5-2。

表 5-2 WTA CMOS 和 MMOST 5×5 位置检测器的阵列设计总结

	CMOS	MMOST
时序	异步	同步(1kHz)
功率(静态，最大动态)	0.2μW，55μW	5.28μW，15.6μW
芯片面积	$2.89\times10^{-4}cm^2$	$6.1\times10^{-5}cm^2$
输入噪声(0.3V 级噪声)	>3dB SNR	>4.8dB SNR

1. CMOS 设计描述

设计的 CMOS 有一个 LIF 神经元，它根据在位置检测结构中所处的位置拥有多个输入。该神经元的设计灵感来自互补输入的设计，其中，PMOS(上拉)用于兴奋的输入，NMOS(下拉)用于抑制的输入。每个神经元有一个上拉结构，但有多个下拉结构，这取决于其在位置检测器结构中的位置，例如 4 个相邻的神经元有 4 个下拉结构。STDP 突触方法与文献[18，28]中提出的方法相似，突触示意图如图 5-5 所示。

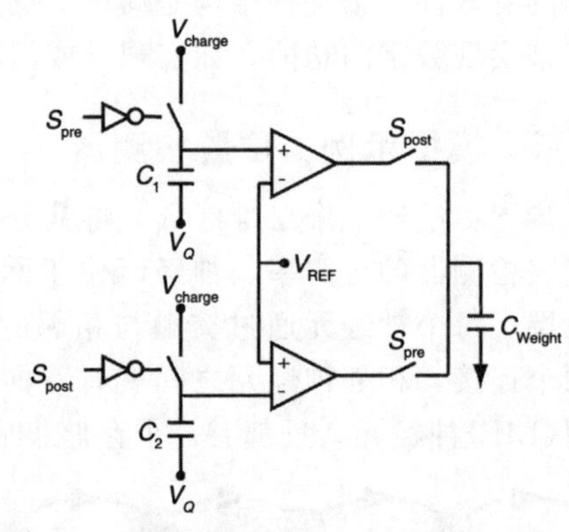

图 5-5 用 CMOS 实现的 STDP 突触电路图

当前级神经元达到尖峰脉冲时，S_{pre} 激活给 C_1 充电的开关。当 S_{pre} 失活时，C_1 呈指数级放电，但电容 C_{Weight} 直到后级神经元达到尖峰脉冲才更新。后级神经元达到尖峰脉冲将激活 S_{post}，因此使得顶部比较器评估后的输出可以识别 C_{Weight}。这个解释序列描述了长时程增强(Long Term Poten tiation，LTP)。在前脉冲之后的后脉冲将引发长时程抑制(Long Term Depression，LTD)。为了减少空间，电容 C_1 和 C_2 采用以二极管连接并运行在弱反型状态下 NMOS 晶体管来实现。V_{charge} 和 V_Q 之间的电压范围约为 100mV。C_1 和 C_2 两端的电压从 V_{charge} 到 V_Q 的衰减形状是 V_{charge} 与 V_Q 之差的函数。通过减小电压范围，其衰减呈现出线性而非指数型。

2. 忆阻型 MOS 设计描述

MMOST 设计将比 CMOS 设计更详细。设计目标是利用交叉阵列的优点，从而简化突触使其只是 CMOS 突触的几分之一。突触本身是一个简单的忆阻器，它随神经元提供的等宽脉冲而变化。STDP 机制从突触转移到神经元。神经元的设计采用了一种新的实现 STDP 的方法，即在神经元空间和异步之间进行权衡。STDP 的神经元实现如图 5-6 所示。STDP 行为模型是基于在蘑菇体中观察到的线性近似行为，如文献[30]所示。

图 5-6 显示了前神经元的输出和后神经元的输入之间的尖峰模式(忆阻器位于这两个端子之间)。在图 5-6 中，前神经元在 t_0 时刻之前达到峰值，因此在 t_0 时刻，前神经元的输出为 0V。0V 电平保持 4 个时钟周期(从 t_0 到 t_3)，然后允许脉冲通过另外 4 个时钟周期(从 t_4 到 t_8)。然后，前神经元的输出保持在参考电压 V_{REFX}。后神经元的输入与前神经元的输出表现出类似的行为，但不是在 t_0 之前出现尖峰，而是在 t_2 到 t_3 之间的某个时间段里出现尖峰。后级神经元的输入在 t_3 时刻被拉到 0V，与之相反，前神经元的输出在 t_0

时刻被拉到 0V。前神经元的输出和后神经元的输入尖峰模式在忆阻器的输出上存在差异，这种差异在图 5-6 中显示为“前”-“后”。如前所述，所使用的忆阻器是一个阈值器件，这意味着当电压大于其阈值电压 V_{th} 时，其电导会发生较大的变化，只有图 5-6 所示的 3 个脉冲超过了阈值。可以实现图 5-6 所示的尖峰模式的神经元电路如图 5-7 所示。

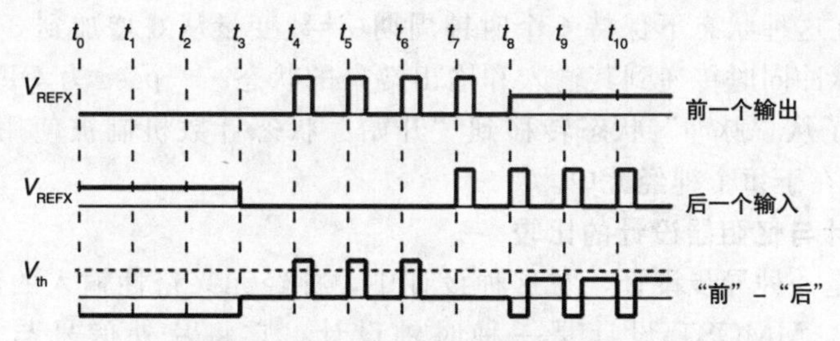

图 5-6　前神经元和后神经元的尖峰图，显示 3 个脉冲高于忆阻器阈值，阈值以下的脉冲对电导影响不大

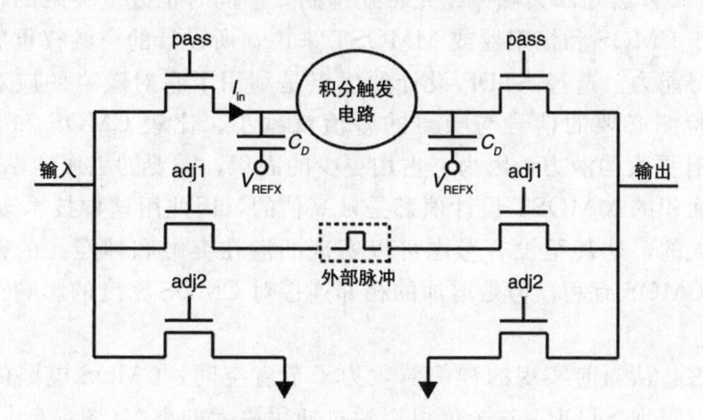

图 5-7　可以为忆阻器实现 STDP 提供尖峰模式的神经元电路

图 5-7 中的神经元由一个积分触发电路，一条将抑制电流信号 I_{in} 传入积分触发电路的路径，将神经元的输入和输出节点拉高的路径(adj1)，以及将其输入和输出节点都拉低的路径(adj2)组成。由图 5-8 所示的有限状态机(Finite State Machine，FSM)来打开每条路径的控制信号(pass、adj1 和 adj2)。

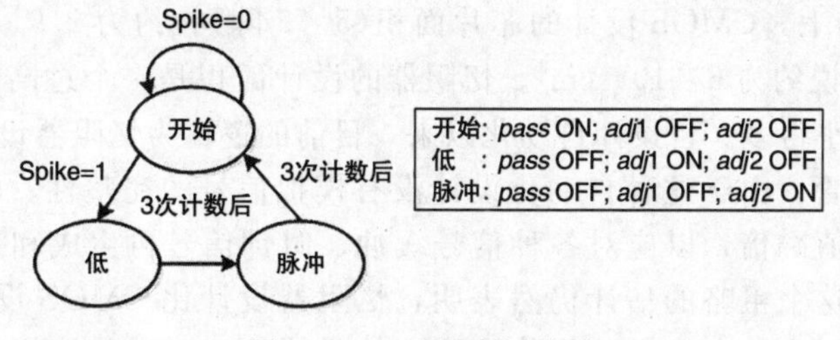

图 5-8　FSM 状态迁移图

在图 5-8 中，“开始”是默认状态，此时其神经元不处于尖峰态，神经元的输入和输

出电压处于参考电压(V_{REFX})，pass 为 ON，adj1 和 adj2 为 OFF。当神经元从环境中接收到的兴奋输入信号足以触发一个峰值时，Spike 置为 1，并在下一个时钟周期，神经元移动到下一状态——“低”状态。在“低”状态下，神经元的输入和输出端口都被拉到 0V——神经元达到峰值，pass 为 OFF，adj1 为 OFF，adj2 为 ON。在进入“脉冲”状态之前，神经元会在这种状态下保持 4 个时钟周期(计数变量从 0 增加到 3)。“脉冲”状态下神经元将外部脉冲同时传递到其输入和输出端口的状态——pass 为 OFF，adj1 为 ON，adj2 为 OFF。为了从“脉冲”状态转移到“开始”状态计数机制被使用 4 个时钟周期。这个内部 FSM 存在于每个神经元中。

3. CMOS 设计与忆阻器设计的比较

CMOS 设计是一种异步设计，在这种设计中，神经元兴奋性输入的微小扰动可以触发一个尖峰事件。MMOST 设计是一种时钟设计，它将片外信号与片内逻辑同步。MMOST 设计本身有异步部分(神经元集成和信号输入)，但忆阻器电阻变化的时序是一个同步事件。WTA 算法允许尖峰神经元相互抑制，但同时也改变突触的权重以增强或减弱这种抑制。对于 CMOS 和忆阻器或 MMOST 来说，所设计的突触权重的变化都可以被认为是芯片的学习能力。选择 STDP 设计的优点是利用了它对噪声的应对能力。噪声的水平越低，位置检测必要的信号与噪声的差值就越小。比较 CMOS 和 MMOST 设计，MMOST 设计具有更大的潜力，因为它占用更少的面积，需要的工作功率更低。表 5-2 中所引用的功率和面积的 MMOST 设计值都是被高估的，因此用这种技术改进 CMOS 的可能性是非常吸引人的，这甚至没有考虑可以实现的潜在突触和神经元的密度。该示例采用的本地连接对 CMOS 有利，但是增加的相邻连接对 CMOS 密度的影响大于对 MMOST 密度的影响。

设计的复杂性：从当前实现的样例看，为了节省空间，CMOS 电路的时序被设计成在数十微秒范围内呈现 STDP。这个值可以通过使用更大的电容(图 5-5 中的 C_1 和 C_2)来延长时间常数，或者通过将突触晶体管(实现开关和比较电路的晶体管)更多地放入亚阈值来调整。当试图设计最令人困扰的不稳定性特征时，CMOS 的设计可能变得非常复杂。目前，当刺激被移除时，其权重在 100 毫秒内呈指数衰减到直流稳态，因为突触权值储存在电容上。改进此设计的一种方法是将这些权重保存到存储器中，并合并读、写和恢复方案，这需要非常细致的时序设计。

从 CMOS 布局上，CMOS 设计的芯片面积(5×5 阵列)约为 $2.9\times10^{-4}\text{cm}^2$，而对于 MMOST 的芯片来说约为 $6\times10^{-5}\text{cm}^2$。忆阻器的设计面积是一个过高的估计，因此它很可能比提出的值要小得多。自设计自动化以来，目前的逻辑为忆阻器设计预计采取约 488 个最小尺寸的晶体管。由于这种自动化设计没有模拟信号的完整性、驱动等，在最坏的情况下，我们将该值翻倍，以应对各种信号缓冲、时钟信号再生成和通过空间实现交叉阵列结构的要求。这个粗略的估计仍然表明，忆阻器设计比 CMOS 设计的功耗低 5 倍。这个值只能提高，因为自定义设计将使用更少的晶体管，面积估计假设交叉阵列区域将完全包含在 CMOS 区域。

功率：CMOS 设计比忆阻器设计消耗更少的静态功率，主要是因为两种设计都是在不同的电源电压下工作(CMOS 工作电压为 1V，MMOST 工作电压为 1.5V)，并且忆阻器设计只有几个晶体管在弱反转区运行。工作电压的差异是由于忆阻器需要超过阈值电压才能改变电阻，在使用 1.5V 电源供电的情况下，忆阻器的最大流通电压约为 0.9V。通过使用更低的供电电压并使用电荷泵来实现所需的阈值电压，可以减少下一代设计的静态功率。尽管 CMOS 的静态功耗较低，但其最大动态功耗仍然高于忆阻器设计的静态功耗。忆阻器设计消耗 15.6μW，而 CMOS 设计消耗 55μW。忆阻器的逻辑电路和比较器电路使用了大部分功率用于在尖峰事件期间频繁切换。就 CMOS 而言，随着神经元开始相互抑制，它们会形成或加强到接地端的路径，从而允许更大的电流消耗，尤其是在激活兴奋输入和抑制输入时。随着阵列尺寸的增加，这个电流也快速增加。

噪声：CMOS 和忆阻器设计均在 0.1V 至 0.3V 的噪声背景下进行了测试。使用 CMOS 进行测试的结论是随着噪声电平的增加，抑制这种噪声所需的信号电平也会增加。例如，在噪声等级为 0.2V 时，只要信号至少为 0.3V，目标神经元就会相应地尖峰。信号与噪声之间具有 100mV 的差异，随着噪声电平增加到 0.3V，该值变为 125mV。在真实世界的计算中，我们并不认为噪声会那么高，但是只要信号电平高于 0.425V，神经网络就可以正常工作。对于忆阻器设计来说，噪声等级实际上是用来随机确定不同电导状态下的忆阻器。一旦网络稳定在一定的噪声水平下，信号输入就可以在其信号水平附近调整忆阻器以进行检测。用于仿真的噪声电平类似于 CMOS 设计的噪声电平(0.1V、0.2V 和 0.3V)。在 0.3V 时，只要输入比噪声电平高约 200mV，就可以识别信号。

5.3.2　数字示例：多功能芯片架构

前面的例子表明，通过模拟计算，可以计算出局部信号检测。本节将说明，通过提出的神经元设计也可以实现数字功能。将要呈现的方法实际上可能比数字方法所需的面积更大，但是当前的方法可以重新配置，并且还可以与其他模拟组件很好地接合。多功能芯片架构如图 5-9 所示，神经元以圆圈显示并在 CMOS 中实现，而突触以箭头线显示并以忆阻器实现，兴奋性突触为大箭头线，抑制性突触为小箭头线。该架构适合 STDP 型突触，由此前神经元和后神经元之间的尖峰时序决定了忆阻突触将调节多少。该架构采用与位置检测架构相同的方法来实现 STDP。

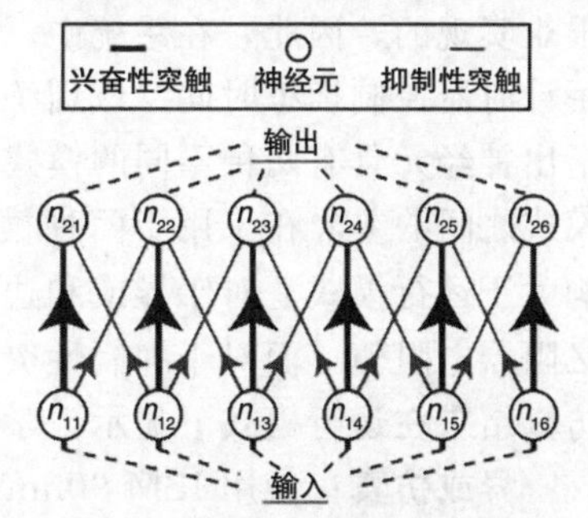

图 5-9　多功能数字门的神经形态架构，显示了神经元和突触

神经形态结构由输入和输出神经元组成，并且基于对兴奋性突触的抑制结构的选择，可以获得各种功能。异或和边缘检测器(Edge Detector)具有相同的突触权重配置文件，但执行不同的功能。“与”或“或”门将具有与“异或”和“边缘检测”不同的突触配置文件。所示的基本体系结构需要预处理和后处理电路才能与其他系统连接。后处理端可以包含加法器和积分器，以将尖峰神经元的尖峰输出转换为电平信号，而预处理端将直流电平信号转换为神经元的尖峰输入。每个功能都有不同的后处理要求。该体系结构是

准系统，可以根据突触权重调整提供不同的功能。

训练过程涉及使用输入模式，以便将忆阻器调整为兴奋性突触和抑制性突触之间的所需相对值。在仿真启动时，权重既可以初始化为低值，也可以初始化为随机模式并学习为低值。使用不同的输入模式，可以将忆阻器训练到兴奋性突触和抑制性突触之间的预定权重或相对权重。例如，从低权重状态开始，可以使 n_{11}、n_{13} 和 n_{15} 以引发 n_{21}、n_{23} 和 n_{25} 尖峰的频率尖峰，从而根据这些增强神经元之间的兴奋性突触连接。由于 STDP 的规则要求前神经元和后神经元达到尖峰，因此该输入模式不会影响抑制突触。在训练这些突触的权重约为抑制突触权重的 2 倍后，神经元 n_{12}、n_{14} 和 n_{16} 用于训练 n_{22}、n_{24} 和 n_{26} 之间的兴奋性突触。

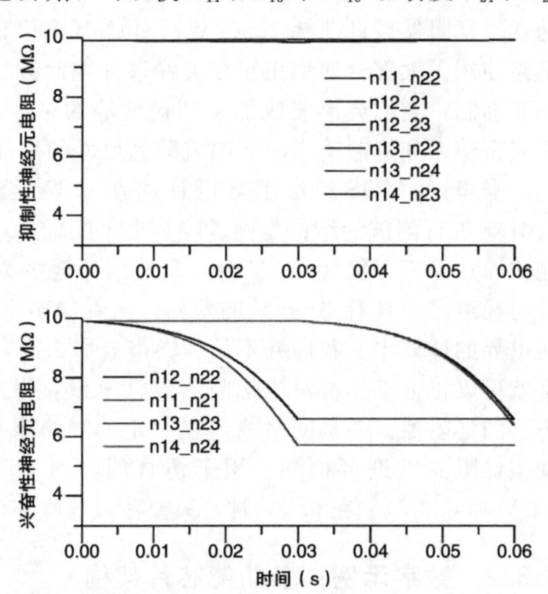

图 5-10　使用规定的 XOR 训练方案的训练模式（上）训练期间的抑制性突触未改变，（下）使用时间戳训练的兴奋性突触（见彩插）

此训练方案是针对异或和边缘检测配置文件而设计的，并允许调整兴奋性突触而不影响抑制性突触，如图 5-10 所示。突触的命名遵循“前神经元后神经元”的约定。在图 5-10 中，异域训练花了 30ms，得到的兴奋性神经元约有 5.6MΩ 大小的阻值。将忆阻器调整到准确的阻值是很难实现的，因此，在系统中，将使用计时器控制训练时间。该训练方案指出神经元具有两种不同的模式，这取决于决定训练模式或运行模式的控制信号。两种模式之间的差异在于用于两种模式的电压电平。训练模式使用的电压电平对忆阻器的影响大于运行模式。对于异或和边缘检测操作所显示的仿真结果使用了约 10MΩ 学习到的忆阻器电阻值，而对于抑制性突触和兴奋性突触分别使用了 5.6MΩ 和 6.8MΩ 之间的值。仿真结果在运行模式下显示：学习已稳定，电压已调整，因此忆阻器相当于静态。

异或仿真：使用 IBM 90nm CMOS9RF 工艺在 Cadence 模拟环境中仿真神经形态架构。异或仿真设置不使用所有 6 个输入/输出神经元对，异或操作需要 4 个神经元对。例如，为了找到逻辑信号 A 和 B 之间的异或值，将输入 A 分配给 n_{11} 和 n_{12}，而将输入 B 传递给 n_{13} 和 n_{14}。输出将从 n_{22} 与 n_{23} 的总和中读取。图 5-11 提供了所有情况下异或运算的结果。图 5-11a 提供了当输入 A 和 B 均为逻辑“0”时的结果，从而在输出端不产生尖峰行为。图 5-11b 和图 5-11d 提供了当一个输入为逻辑“1”而另一输入为逻辑“0”时的情形。

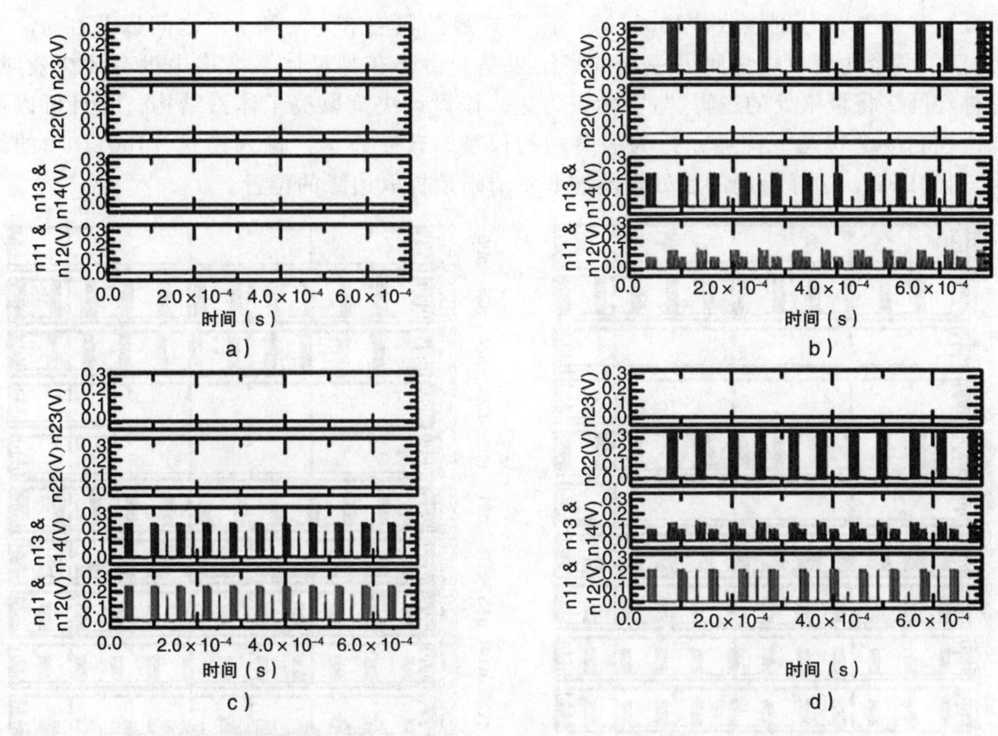

图 5-11 XOR 仿真结果。a) 输入 $A(n_{11}$ 和 $n_{12})=0$，输入 $B(n_{13}$ 和 $n_{14})=0$，输出(n_{22} 或 $n_{23})=0$；b) 输入 $A=0$，输入 $B=1$，输出$=1$；c) 输入 $A=1$，输入 $B=1$，输出$=0$；d) 输入 $A=1$，输入 $B=0$，输出$=1$

在图 5-11b 中，输入 A 为逻辑“0”，输入 B 为逻辑“1”。仿真结果表明，n_{23} 以表示逻辑“1”的模式出现峰值，而 n_{22} 完全没有峰值。异或后处理将对 n_{22} 和 n_{23} 的结果进行积分和相加以获得最终判决。后处理电路将 n_{22} 或 n_{23} 的尖峰行为解释为逻辑“1”。图 5-11d 提供了结果并以与图 5-11b 相似的方式工作，除了这次不是 n_{23} 尖峰且 n_{22} 没有尖峰，而是 n_{23} 没有尖峰且 n_{22} 尖峰。后处理的结果将与前一种情况相同。

最后，图 5-11c 显示了输入 A 和输入 B 均为逻辑“1”的情况。结果表明，n_{22} 或 n_{23} 都没有尖峰，因此提供的输出结果类似于图 5-11a。正如预期的那样，异或操作已在所有测试用例中得到验证，并表明神经形态体系结构按预期工作。由于输出节点的双向特性，输入不引起尖峰时的逻辑“0”不同于输入引起尖峰时的逻辑“0”。例如，在图 5-11d 中，n_{11} 和 n_{12} 处看到的逻辑“0”看起来与图 5-11a 中的逻辑不同，看到的干扰与第二层神经元的尖峰行为直接相关。来自该层的脉冲直接在输入神经元的输出节点中引起干扰。

边缘检测仿真：边缘检测器的运作类似于异或，如图 5-12 所示。在图 5-12 中，输入神经元 n_{11}，…，n_{16} 分别接收“011110”，它们使输出神经元 n_{21}，…，n_{26} 分别产生“010010”。在输入模式中，有两个边缘，即在 n_{11} 和 n_{12} 之间以及在 n_{15} 和 n_{16} 之间，并且神经网络配置能够在输出尖峰模式中提取这些边缘。在边缘检测器上的后处理将积分每个输出以确定输出逻辑电平。边缘检测器的验证通过显示另一种模式来进行，输入神

经元 n_{11}，…，n_{16} 分别接收“100110”。该模式显然具有在 n_{13} 和 n_{14} 之间以及在 n_{15} 和 n_{16} 之间的两个边缘。这里的另一个观察结果是，由于在神经体系结构中没有环绕效应，因此神经网络将极限处的逻辑“1”标识为边。该设计决策取决于体系结构，并且可以通过修改控制极端状态下神经元行为的突触的权重来改变行为。输入模式“100110”的结果为“100110”，边缘检测的后处理能够非常清晰地提取边缘的位置。

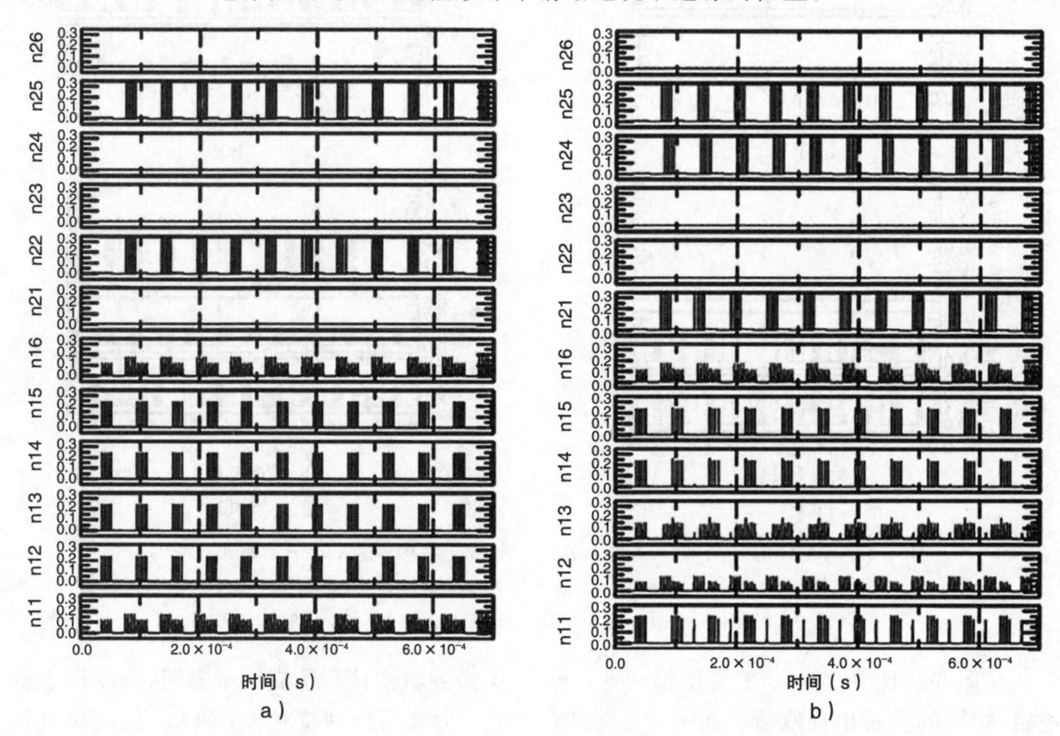

图 5-12　边缘检测仿真结果。a）输入模式“011110”的边缘检测仿真结果产生输出模式“010010”；b）输入模式“100110”的边缘检测仿真结果产生输出模式“100110”

位置检测的 CMOS 神经元从 130nm CMOS 工艺缩小到 90nm。除了过程迁移外，还包括了突触权重依赖性兴奋性输入。神经元设计已从大部分饱和的设计迁移到大部分阈值以下的设计，以提高功率效率。进行边缘检测和 XOR 仿真时，尖峰期间每个神经元的平均功耗约为 0.3μW，这比我们的位置检测器神经元节省了 8 倍多。

5.4　本章总结

我们已经基于电路面积、功率和噪声探索了为 STDP 的电路实现而采用 MMOST 设计的好处。面积方面的考虑取决于能否实现，但是扩展到密度更高的网络更有利于 MMOST 设计，因为 CMOS 实现将需要更多的 STDP 突触，这极大地限制了连接性。功耗方面的考虑结果参差不齐，因为在 MMOST 实施方案中转向同步 STDP 实际上可能比 CMOS 实施方案在空闲状态下浪费更多的功耗。动态功耗对 MMOST 更好，因此一个更活跃的电路将利用 MMOST 设计。噪声方面的考虑表明，这两种设计是可比较的。但是，随着忆阻器和 CMOS 晶体管都变得更容易受到噪声的影响，这可能会随着器件缩放而改变。

除了 STDP 电路外，本章还提出了一种用于数字计算的神经形态体系结构。该体系结构显示为在监督学习过程之后执行 XOR 和边缘检测操作。该设计在 90nm IBM CMOS 工艺中进行了仿真，功耗仅为 0.3μW。这种适合的体系结构非常适合忆阻器交叉阵列设计，通过在 CMOS 电路上构建交叉阵列结构，可以节省面积。本书的总体目的是探索可以使用纳米设备的低层级计算组件，该组件允许参数调整，以便在必要时进行现场调整。

参考文献

[1] Treleaven, P. C. (1989), Neurocomputers, *Neurocomputing*, *1*(1), 4–31, doi:10.1016/S0925-2312(89)80014-1.

[2] Türel, O., J. H. Lee, X. Ma, and K. K. Likharev (2004), Neuromorphic architectures for nanoelectronic circuits, *International Journal of Circuit Theory and Applications*, *32*(5), 277–302, doi:10.1002/cta.282.

[3] Zhao, W. S., G. Agnus, V. Derycke, A. Filoramo, J.-P. Bourgoin, and C. Gamrat (2010), Nanotube devices based crossbar architecture: toward neuromorphic computing, *Nanotechnology*, *21*(17), 175–202.

[4] Strukov, D. B., and R. S. Williams (2009), Four-dimensional address topology for circuits with stacked multilayer crossbar arrays, *Proceedings of the National Academy of Sciences*, *106*(48), 20155–20158, doi:10.1073/pnas.0906949106.

[5] Zaveri, M. S., and D. Hammerstrom (2011), Performance/price estimates for cortex-scale hardware: A design space exploration, *Neural Networks*, *24*(3), 291–304, doi:10.1016/j.neunet.2010.12.003.

[6] Zaveri, M. S., and D. Hammerstrom (2008), Cmol/cmos implementations of bayesian polytree inference: Digital and mixed-signal architectures and performance/price, *Nanotechnology, IEEE Transactions on*, *9*(2), 194–211.

[7] Cauwenberghs, G. (1998), Neuromorphic learning vlsi systems: A survey, in *Neuromorphic Systems Engineering, The Kluwer International Series in Engineering and Computer Science*, vol. 447, edited by T. S. Lande, 381–408, Springer US.

[8] von Bêkésy, G. (1968), Mach- and hering-type lateral inhibition in vision, *Vision Research*, *8*(12), 1483–1499, doi:10.1016/0042-6989(68)90123-5.

[9] Blakemore, C., and E. A. Tobin (1972), Lateral inhibition between orientation detectors in the cat's visual cortex, *Experimental Brain Research*, *15*(4), 439–440, doi:10.1007/BF00234129.

[10] Meinhardt, H., and A. Gierer (2000), Pattern formation by local self-activation and lateral inhibition, *BioEssays*, *22*(8), 753–760.

[11] McCulloch, W., and W. Pitts (1943), A logical calculus of the ideas immanent in nervous activity, *Bulletin of Mathematical Biology*, *5*(4), 115–133, doi:10.1007/BF02478259.

[12] Rosenblatt, F. (1958), The perceptron: A probabilistic model for information storage and organization in the brain, *Psychological Review*, *65*(6), 386–408, doi:10.1037/h0042519.

[13] Wolpert, S., and E. Micheli-Tzanakou (1993), Silicon models of lateral inhibition, *Neural Networks, IEEE Transactions on*, *4*(6), 955–961, doi:10.1109/72.286890.

[14] Indiveri, G. (2001), A current-mode hysteretic winner-take-all network, with excitatory and inhibitory coupling, *Analog Integrated Circuits and Signal Processing*, *28*(3), 279–291.

[15] Pedroni, V. A. (1995), Inhibitory mechanism analysis of complexity o(n) mos winner-take-all networks, *Circuits and Systems I: Fundamental Theory and Applications, IEEE Transactions on*, *42*(3), 172–175.

[16] Pouliquen, P. O., A. G. Andreou, and K. Strohbehn (1997), Winner-takes-all associative memory: A hamming distance vector quantizer, *Analog Integrated Circuits and Signal Processing*, *13*(1), 211–222.

[17] Serrano-Gotarredona, R., et al. (2009), Caviar: A 45k neuron, 5m synapse, 12g connects/s aer hardware sensory-processing-learning-actuating system for high-speed visual object recognition and tracking, *Ieee Transactions on Neural Networks*, *20*(9), 1417–1438.

[18] Urahama, K., and T. Nagao (1995), K-winners-take-all circuit with o(n) complexity, *Neural Networks, IEEE Transactions on*, *6*(3), 776–778.

[19] Choi, J., and B. Sheu (1993), A high-precision vlsi winner-take-all circuit for self-organizing neural networks, *Solid-State Circuits, IEEE Journal of*, *28*(5), 576–584, doi:10.1109/4.229397.

[20] Klein, R. M. (2000), Inhibition of return, *Trends in Cognitive Sciences*, *4*(4), 138–147, doi:10.1016/S1364-6613(00)01452-2.

[21] Morris, T. G., and S. P. DeWeerth (1996), Analog vlsi circuits for covert attentional shifts, in *Microelectronics for Neural Networks, 1996., Proceedings of Fifth International Conference on*, 30–37.

[22] Dan, Y., and M.-m. Poo (2004), Spike timing-dependent plasticity of neural circuits, *Neuron*, *44*(1), 23–30, doi:10.1016/j.neuron.2004.09.007.

[23] Afifi, A., A. Ayatollahi, and F. Raissi (2009), Implementation of biologically plausible spiking neural network models on the memristor crossbar-based cmos/nano circuits, in *European Conference on Circuit Theory and Design*, ECCTD ’09, IEEE, New York, doi:10.1109/ECCTD.2009.5275035.

[24] Linares-Barranco, B., and T. Serrano-Gotarredona (2009), Memristance can explain spike-time-dependent-plasticity in neural synapses, *Nature precedings*, 1–4.

[25] Snider, G. S. (2008), Spike-timing-dependent learning in memristive nanodevices, in *IEEE International Symposium on Nanoscale Architect ures*, 85–92.

[26] Bofill-i Petit, A., and A. F. Murray (2004), Synchrony detection and amplification by silicon neurons with stdp synapses, *Neural Networks, IEEE Transactions on*, 15(5), 1296–1304.

[27] Ishikawa, M., K. Doya, H. Miyamoto, T. Yamakawa, G. Tovar, E. Fukuda, T. Asai, T. Hirose, and Y. Amemiya (2008), Analog cmos circuits implementing neural segmentation model based on symmetric stdp learning, in *Neural Information Processing*, *Lecture Notes in Computer Science*, vol. 4985, 117–126, Springer Berlin/Heidelberg.

[28] Tanaka, H., T. Morie, and K. Aihara (2009), A cmos spiking neural network circuit with symmetric/asymmetric stdp function, *IEICE TRANSACTIONS on Fundamentals of Electronics, Communications and Computer Sciences*, *92*(7), 1690–1698.

[29] Koickal, T. J., A. Hamilton, S. L. Tan, J. A. Covington, J. W. Gardner, and T. C. Pearce (2007), Analog vlsi circuit implementation of an adaptive neuromorphic olfaction chip, *Circuits and Systems I: Regular Papers, IEEE Transactions on*, *54*(1), 60–73.
[30] Cutsuridis, V., S. Cobb, and B. P. Graham (2008), A ca2 + dynamics model of the stdp symmetry-to-asymmetry transition in the ca1 pyramidal cell of the hippocampus, in *Proceedings of the 18th international conference on Artificial Neural Networks, Part II*, ICANN '08, 627–635, Springer-Verlag, Berlin, Heidelberg.
[31] Cassenaer, S., and G. Laurent (2007), Hebbian stdp in mushroom bodies facilitates the synchronous flow of olfactory information in locusts, *Nature*, *448*(7154), 709–713.

CHAPTER 6

第6章

基于忆阻器的值迭代

Idongesit Ebong 和 Pinaki Mazumder

本章提出将更高级的学习方法应用到忆阻器的交叉阵列结构上，从而为实现自配置电路奠定基础。将该训练方法与Q学习方法进行比较，利用忆阻器阻值间的相对大小，就可使忆阻器可靠工作，而不需要知道每个器件的精确电阻值。

6.1 引言

忆阻器[1-2]因其在硬件复杂度上的进化性和革命性的创新方式，得以应用于不同的领域。从进化性的角度来看，忆阻器已经被用于FPGA、细胞神经网络、数字存储器和可编程模拟电阻器中。从革命性的角度来看，忆阻器可将在软件中实现的更高层级的算法在硬件层实现，包括实现MoNETA[3]、内星型和外星型训练[4]、最优控制[5]、视觉皮层[6]等的体系结构。从进化性的角度来看，忆阻器的使用有一些局限[7]，这是由于将忆阻器的特性用于未处于精密控制下的布尔运算所导致的。

忆阻器的应用领域是那些不需要精确阻值而需要交叉阵列中忆阻器之间相对值的领域。一个成功的例子是模拟迷宫问题[8]，但迷宫式硬件结构似乎更难制造和实现，因为忆阻器并不是以交叉阵列的方式配量的。访存晶体管限制了交叉阵列结构，即使忽略这一缺点，由于通道和触点的间距要求，也可能无法探测到文献[8]中需要在忆阻器网络中探测的电压。本章旨在寻求使用当前的构造方法实现不同的解决迷宫问题的途径。

通过实现模糊系统[9]的仿真和边缘检测器的训练[10]，成功地证明了不需要忆阻器精确忆阻值方法的有效性。模糊系统有多种应用，但本书聚焦于如何将成熟的人工智能(Artificial Intelligence，AI)算法与忆阻器相结合。AI算法植根于可复现的数学公式中，如果忆阻器交叉阵列能够实现AI算法，那么由于硬件可以处理更复杂的计算，则可以简化AI设备的软件接口。本书致力于通过一个基本的学习工具——基于Q强化学习的值迭代[11]，将忆阻器的特性和AI联系起来。

本章以 Q 学习为例是因为它的内存需求。Q 学习将得到的动作状态值(称为 Q 值)以表格的形式存储在整个动作状态空间中，使其在探索过程中能得到最优解。由于算法表格形式内存需求的限制性，Q 学习存在相应的缺点。为了规避此问题，已使用函数逼近器来减小所需内存大小。函数逼近器需要谨慎设计，因为糟糕的设计可能会导致发散。

本章的内容组织如下：6.2 节为 Q 学习涉及的数学细节和忆阻器方程的扩展；6.3 节介绍迷宫的应用，有机结合 Q 学习方程和忆阻器方程；6.4 节给出仿真结果并进行讨论；6.5 节进行总结。

6.2　Q 学习和忆阻器建模

式(6-1)给出了在当前状态(s_t)和动作状态(α_t)下的 Q 值($\widetilde{Q}$)的更新公式。$a_t(s_t, \alpha_t)$ 是学习率参数，r_t 是奖赏。在这种形式的 Q 学习中，模型的环境或马尔可夫决策过程(Markov Decision Process，MDP)可以不那么准确。学习完成后，具体的奖赏值不会影响网络的整体行为[12]。

$$\widetilde{Q}(s_t, a_t) \leftarrow \widetilde{Q}(s_t, a_t) + \alpha_t(s_t, a_t) \times \{r_t + \max_{a_{t+1}}[\widetilde{Q}(s_{t+1}, a_{t+1}) - \widetilde{Q}(s_t, a_t)]\} \tag{6-1}$$

式(6-1)表明学习率参数缩放了奖赏以及 $\widetilde{Q}(s_t, a_t)$ 和 $\widetilde{Q}(S_{t+1}, a_{t+1})$ 之间的差异。这种差异表明 Q 学习是一种时间差分(Temporal Difference，TD)算法，即通过学习值函数的 TD 误差来更新 Q 值。

如前所述，Q 学习的缺点之一是需要内存来存储 Q 值。在离散时间长度内，每个允许的状态-动作对应的 Q 值都应存储在内存中。在计算式(6-1)时，需要先从内存中多次读取数据以计算 MAX 函数，然后生成 TD 误差并更新 $\widetilde{Q}(s_t, a_t)$。我们的方法试图通过以神经形态的方式利用忆阻器交叉阵列来绕过从内存中大量读取数据的过程，从而减少更新 $\widetilde{Q}(s_t, a_t)$ 所需的操作次数。这种方法的明显缺点是，与数字存储器相比，模拟存储器的精度降低了。模拟方法在这种情况下是适用的，因为它允许使用神经网络的方法直接进行值的比较。

进一步扩展式(6-1)，可以得到以下方程：

$$\widetilde{Q}(s_t, a_t) \leftarrow \widetilde{Q}(s_t, a_t)(1-\alpha_t(s_t, a_t)) + \alpha_t(s_t, a_t) \times r_t + \alpha_t(s_t, a_t) \times \max_{a_{t+1}} \widetilde{Q}(s_{t+1}, a_{t+1}) \tag{6-2}$$

从式(6-2)中可以看出，学习率通过调整每一项参数的贡献改变这些参数在 Q 值更新中的重要程度。式(6-2)中的 MAX 函数产生一个 $\widetilde{Q}_{\max}(s_{t+1}, a_{t+1})$ 值，该值可以看作 $\widetilde{Q}(s_t, a_t)$ 与另一个值 δ_t 之间的线性组合，从而给出式(6-3)中的关系。

$$\max_{a_{t+1}}[\widetilde{Q}(s_{t+1}, a_{t+1})] = \widetilde{Q}_{\max}(s_{t+1}, a_{t+1}) = \widetilde{Q}(s_t, a_t) + \delta_t \tag{6-3}$$

δ_t 的值可以为零、正的或负的。它是辨别当前动作状态对的 Q 值与下一个动作状态对的 Q 值之间差异的校正因数。将式(6-3)带入式(6-2)，消除一些项后可得到式(6-4)，即得到目标值函数更新的最终方程。

$$\widetilde{Q}(s_t, a_t) \leftarrow \widetilde{Q}(s_t, a_t) + \alpha_t(s_t, a_t) \times (r_t + \delta_t) \tag{6-4}$$

神经网络启发的方法已被证明可以有效地执行最大化和最小化函数[13]。交叉阵列配置中的忆阻器不仅用作内存，还可以用作处理元件，因为神经网络中的突触同时具有这两种功能。通过监控所选存储器件的电流，可以并行求取 MAX 函数。下一步是将式(6.4)转换为易应用于忆阻器交叉阵列的形式，因此接下来将讨论忆阻器建模。

回顾(式 3-1 或式 A-11)给出的全部忆阻值，磁通量 $\varphi(t)$ 是自变量，控制着忆阻器的电阻。选择恒压脉冲 V_{app}，并在指定的时间 t_{spec} 上施加此恒压脉冲，(式 3-1 或式 A-11)可以离散化为 t_{spec} 的 V_{app} 的 n 种不同的应用，从而得到：

$$M_T = R_0\sqrt{1-\beta\sum_n V_{app} \cdot t_{spec}} = R_0\sqrt{1-\beta \cdot V_{app} \cdot t_{spec} \cdot n} \tag{6-5}$$

其中 β 定义为 $(2 \cdot \eta \cdot \Delta R)/(Q_0 R_0^2)$，$n$ 为整数。值迭代的目标是更新值函数，并且由于我们尝试使用 M_T 来存储值函数，因此 M_T 的更新将取决于 n 的值。先前值和更新值之间的变化量 ΔM_T 可以表示为：

$$M_T = R_0\sqrt{1-\beta \cdot V_{app} \cdot t_{spec} \cdot n} - R_0\sqrt{1-\beta \cdot V_{app} \cdot t_{spec} \cdot (n-1)} \tag{6-6}$$

进一步定义 $a = 1-\beta \cdot V_{app} \cdot t_{spec} \cdot n$，$b = \beta \cdot V_{app} \cdot t_{spec}$，式(6-6)可重写为：

$$\Delta M_T = R_0\sqrt{a}\left(1-\sqrt{1+\frac{b}{a}}\right) \tag{6-7}$$

由于 $|b/a|<1$，式(6-7)可以用泰勒展开式近似为：

$$\Delta M_T \approx R_0\sqrt{a}\left[-\frac{1}{2}\left(\frac{b}{a}\right)+\frac{1}{8}\left(\frac{b}{a}\right)^2-\frac{1}{16}\left(\frac{b}{a}\right)^3+\cdots\right] \tag{6-8}$$

预期的应用设想是赫布(Hebbian)学习。因此，如果在一个方向上更新忆阻器，电阻总是随着 n 的增加而增加，式(6-9)中的分段函数(保留泰勒展开式的前两项)描述了此应用中使用的近似离散化忆阻器。

$$M_T \approx \begin{cases} R_0 & n=0 \\ R_0 + \sum_n R_0\sqrt{a}\left[-\frac{1}{2}\left(\frac{b}{2}\right)+\frac{1}{8}\left(\frac{b}{a}\right)^2\right] & n>0 \end{cases} \tag{6-9}$$

下一节将详细解释迷宫的应用，从而有机结合式(6-9)中导出的忆阻器行为和式(6-4)中的值迭代方程。

6.3 迷宫搜索应用

6.3.1 介绍

如图 6-1 所示的测试迷宫，我们希望通过值迭代训练，生成从开始位置(左上角)到目标位置(右上角)的最佳路线。在 16×16 的迷宫中，白色为允许通过，黑色为不允许通过。我们使用忆阻器解决这种迷宫问题的方法是将每个状态(允许或不允许)的值存储在忆阻器交叉阵列中。因此，需要一个 16×16 的忆阻器交叉阵列来存储所有的状态值。可以将迷宫图案预先编程到忆阻器交叉阵列中，不允许通过的状态编程为 R_{OFF}，允许通过的状

态编程为初始电阻 R_0 的邻近值。搜索空间被离散化为每单位时间进行一次移动的时间段。每次移动要么进入相邻状态，要么保持当前状态。例如，在 $p=1$ 时刻且当前状态为左上角方块，则移动的三个有效状态是两个相邻的白色方块和当前的左上角方块。

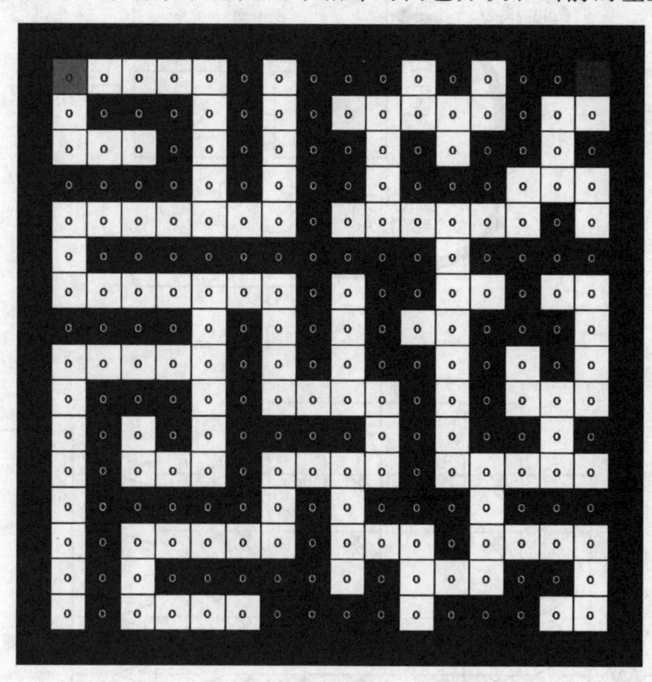

图 6-1　迷宫示例，开始位置(左上角方块)和结束位置(右上角方块)

通过获取与当前状态相关的有效状态存储值，做出状态转换的决策。单步前瞻法的缺点是限制了深度搜索，需要更长时间的训练才能收敛到从开始到结束的最佳路径的近似值。这种方法的优点是，使用交叉阵列的硬件实现较为简单。

6.3.2　硬件架构

忆阻器交叉阵列用于存储状态值。为了降低访问忆阻器交叉阵列的硬件复杂度，使用了两个忆阻器交叉阵列，其中一个按图 6-1 中的状态顺序存储值(图 6-2 中的网络 1)，另一个交叉阵列沿左上角到右下角的对角线，镜像存储图 6-1 的值(图 6-2 中的网络 2)。图 6-2 中的顶层系统显示了作用于环境(迷宫)的媒介。系统由控制器、忆阻器网络、比较器(C 块)和执行器组成。执行器执行选定的动作，比较器比较忆阻器交叉阵列内的两个值，忆阻器网络执行 MAX 函数并生成下一个状态信息，控制器协调所有组件之间的通信。两个忆阻器网络具有相同的组件，图 6-2 也提供了详细的网络原理图。

网络块有两组神经元。每组包含 16 个神经元，允许其访问忆阻器交叉阵列上的每个状态值。选择这种结构以近似循环神经网络。网络 1 可被视为前向路径，网络 2 可被视为反馈路径。神经元与图 6-1 中的水平、垂直坐标相对应。在任意给定时间，允许的动作是：保持当前状态、沿任意对角线方向、水平方向或垂直方向移动一个空间。网络 1 确定

下一个 Y 位置，网络 2 确定下一个 X 位置。控制器使用 4 个控制阶段来协调网络的动作：开始、运行、检查和训练。

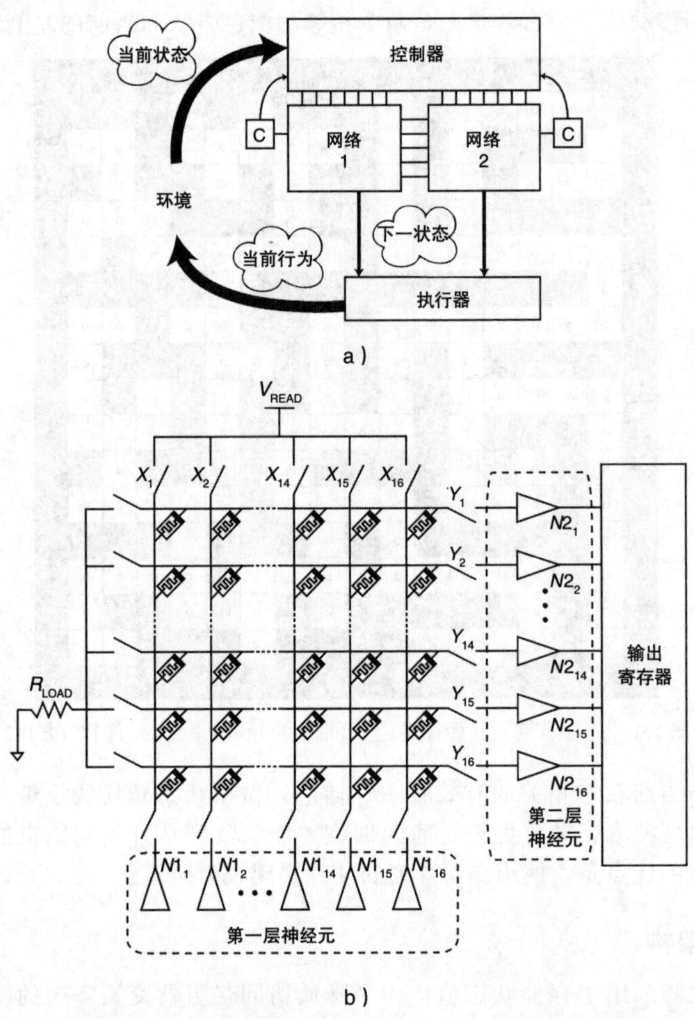

图 6-2　忆阻器交叉阵列信息流及网络示意图。a) 顶层系统的信息流示意图；b) 模拟和数字组件的网络示意图

开始阶段是一个等待阶段，在此阶段，交叉阵列网络不能被访问。图 6-2 中的所有开关都是打开的，所有输入和输出神经元都不可用，并且输出寄存器为零。在运行阶段，网络获得下一个位置，第一个到达峰值的神经元将其相应的输出寄存器锁存为“1”，而其他神经元为“0”，并向控制器提供一个信号，表明这一阶段已经完成。在检查阶段，数字网络发出读取电压 V_{READ} 并连接 R_{LOAD} 来解码存储在两个位置的值(当前状态的值与下一状态的值)。如果当前状态的值大于或等于下一个状态的值，将生成惩罚信号。在训练阶段，惩罚信号用于减少当前状态的权重。神经网络将时间信号转换成脉冲信号以接近环境变量。该体系结构是将模拟处理与数字控制相结合的一种混合体系结构。下一节

将说明为什么该体系结构适用于值迭代和迷宫问题。

6.3.3　Q 学习的硬件连接

对于迷宫，值迭代基于式(6-4)更新，但是更新项 $\alpha_t(s_t, a_t)\times(r_t+\delta_t)$的确切性质尚未明确。在迷宫问题中，$\alpha_t(s_t, a_t)$将被限制为$-1$ 或 0，r_t 与 δ_t 的和可以取式(6-8)中 ΔM_T 的值 $R_0\sqrt{a}\left[-\frac{1}{2}\left(\frac{b}{a}\right)+\frac{1}{8}\left(\frac{b}{a}\right)^2\right]$。

此匹配在这个应用中是可行的，因为设想的系统在 R_0 周围初始化了忆阻器，如果 $\widetilde{Q}(s_t, a_t)$大于或等于 $\widetilde{Q}_{\max}(s_{t+1}, a_{t+1})$，则任何忆阻器的更新都将通过 $\Delta M_T\cdot\alpha_t(s_t, a_t)$调整为$-1$，否则 $\alpha_t(s_t, a_t)$为 0。检查阶段生成的惩罚信号决定 $\alpha_t(s_t, a_t)$的取值。因为 $r_t+\delta_t$ 始终为正数，所以对 $\alpha_t(s_t, a_t)$的限制可确保 $\widetilde{Q}(s_t, a_t)$在更新时始终是减少的。

$\alpha_t(s_t, a_t)$的值取决于 $\widetilde{Q}_{\max}(s_{t+1}, a_{t+1})$，而 $\widetilde{Q}_{\max}(s_{t+1}, a_{t+1})$是从电路的神经形态端获得的。一个简单 LIF(Leaky Integrate and Fire)神经元可以达到这个目的。图 6-3a)中的示意图用于解释最邻近概念。从当前的 X 位置和 Y 位置，激活对应 X_j、Y_{i-1}、Y_i 和 Y_{i+1} 的开关。使用 RC 积分器对神经元内部状态进行建模，这些激活器件的等效电路图如图 6-3b 所示。一阶 RC 电路图显示神经元的内部状态呈 $v_n(1-\mathrm{e}^{-t/(M_{ij}C_{\text{int}})})$的形式。通过为 v_n 以下的神经元选择峰值阈值 v_{thresh}，神经元 j 可以在 v_n 达到 v_{thresh} 时出现峰值。被激活的神经元之间的区别在于 t^j_{spike}，也就是神经元 j 需要多长时间才能出现峰值。

$$t^j_{\text{spike}}>-M_{ij}\cdot C_{\text{int}}\cdot\ln\left(1-\frac{v_{\text{thresh}}}{v_n}\right)\tag{6-10}$$

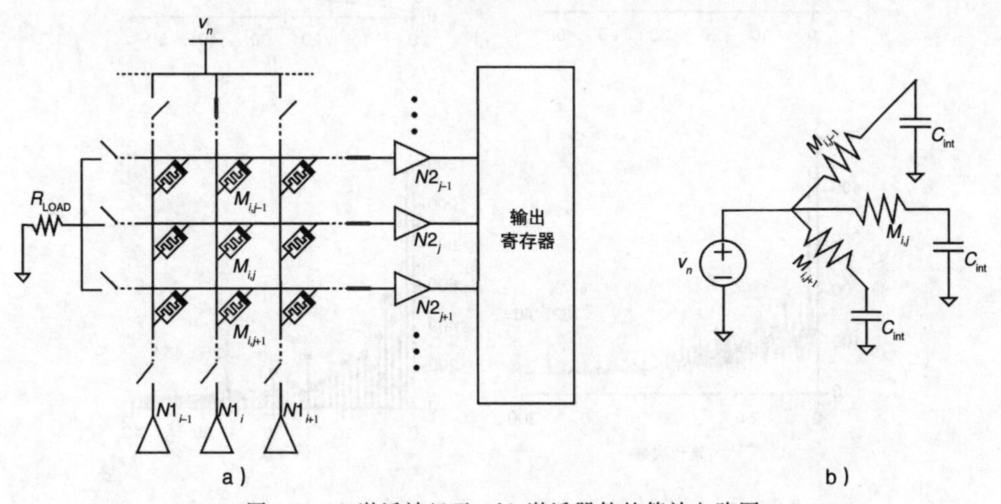

图 6-3　a) 激活神经元；b) 激活器件的等效电路图

根据式(6-10)，每个忆阻器允许每个神经元在不同的时间出现峰值。如果选择了 3 个忆阻器，则具有最低值的忆阻器将使其神经元比其他忆阻器更快地出现峰值，从而保证在确定 MAX 函数时选择最高电导的忆阻器。因此，充电激活神经元内部状态电容器的这

种差异被用来确定 $\widetilde{Q}_{\max}(s_{t+1}, a_{t+1})$。

6.4 结果与讨论

对推导出的模型进行 MATLAB 仿真。用于评估性能的参数为：$v_{\text{thresh}}/v_n=0.75$，$v_{\text{app}}=1.2\text{V}$，$C_{\text{int}}=1\text{pF}$，$t_{\text{spec}}=2\text{ms}$，$\beta=-199.84\ \text{V}^{-1}\cdot\text{s}^{-1}$，$R_0=2\text{M}\Omega$，$R_{\text{ON}}=20\text{k}\Omega$，$R_{\text{OFF}}=20\text{M}\Omega$。图 6-4a 比较了在式(6-8)中保留更多泰勒展开项的效果，表明需至少保留两项，为当前建模提供足够的准确性。当保留两项时，$n=3$，误差迅速减小到百分之一以下。

图 6-4b 给出了式(6-10)的曲线图，以及 v_{thresh} 的选择对电路运行的影响。由于 MAX 函数取决于不同神经元峰值时间的比较，因此，对不同的 n 值，分离峰值时间对于正确的电路运行至关重要。增加阈值，同时保持原有的其他参数，峰值时间会有更大的变化。使用的时间以微秒为单位，如果用于实现的晶体管对数百纳秒范围的时间敏感，那么可以很容易检测 $n=50$ 与 $n=51$ 中的较大者。

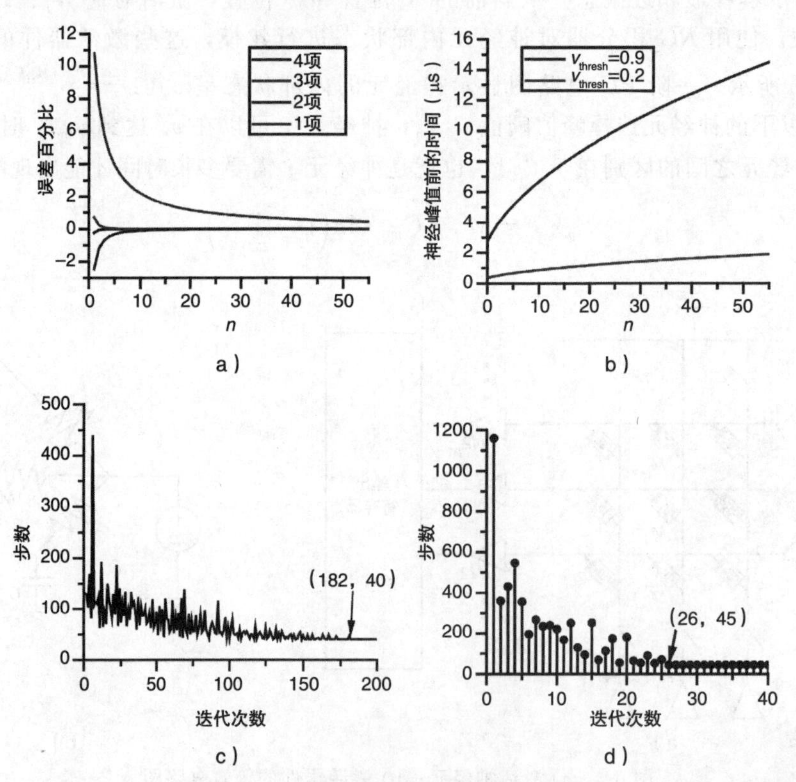

图 6-4　模型 MATLAB 仿真。a) 项数与误差百分比；b) 阈值电压 v_{thresh} 在充电峰值过程中的作用；c) 使用基值函数收敛的步数；d) 使用忆阻器收敛的步数(见彩插)

图 6-4d 显示了达到目标的步数与收敛的训练阶段数之间的关系。本书概述的过程更

倾向于在第一次迭代中进行探索。在第二次迭代中，步数大为减少。为了证明学习收敛，在 26 次迭代之后，由于神经网络选择了稳定路径，$\alpha_t(s_t, a_t)$未达到−1，因此网络停止更新。使用常规方法将图 6-4d 中的结果与图 6-4c 中的结果并列，使用式(6-1)且在 $\alpha_t(s_t, a_t)=0.2$ 条件下更新 $\widetilde{Q}(s_t, a_t)$。该值函数被称为基值函数，并作为比较点。结果表明，常规方法收敛于最优路径之一，但在设计值函数来限制收敛的步数时会花费更多的精力。图 6-5 给出了两种解决方案：图 6-5a 显示了通过基值函数得到的路径，图 6-5b 显示了使用忆阻器建模网络的结果。第一条路径是最优路径，第二条路径接近最优。两者之间的差异在于目前方法在沿对角线方向移动时效率低下。在用忆阻器实现的方法中，所有移动均是垂直和水平移动而不是对角线移动。这种差异是由在获取下一个状态位置的两步过程造成的。

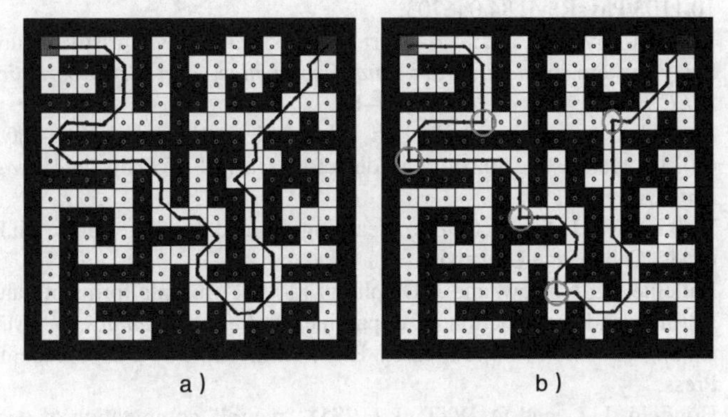

图 6-5 两种解决方案。a) 使用基值函数的最优路径；b) 使用忆阻器交叉阵列的接近最优路径(圈出的是次优路径)

6.5 本章总结

本章介绍了值迭代的概念，并借助 CMOS 硬件实现方法将其应用到忆阻器交叉阵列中。还展示了如何使用交叉阵列实现迷宫学习并且分析了忆阻器的建模方程，证明状态信息可以转化为延迟峰值时间的神经网络模型。此项工作的目标是将更高级的算法映射到忆阻器交叉阵列中，本章的仿真结果证明了这是可行的。

参考文献

[1] Chua, L. O. (1971), Memristor – missing circuit element, *IEEE Transactions on Circuit Theory*, *CT18*(5), 507–519.

[2] Strukov, D. B., G. S. Snider, D. R. Stewart, and R. S. Williams (2008), The missing memristor found, *Nature*, *453*(7191), 80–83.

[3] Versace, M., and B. Chandler (2010), The brain of a new machine, *Spectrum, IEEE*, *47*(12), 30–37, doi:10.1109/MSPEC.2010.5644776.

[4] Snider, G. (2011), Instar and outstar learning with memristive nanodevices, *Nanotechnology*, *22*(1), 015,201.

[5] Werbos, P. J. (2012), Memristors for more than just memory: How to use learning to expand applications, in *Advances in Neuromorphic Memristor Science and Applications, Springer Series in Cognitive and Neural Systems*, vol. 4, edited by R. Kozma, R. E. Pino, G. E. Pazienza, J. G. Taylor, and V. Cutsuridis, 63–73, Springer Netherlands.
[6] Zamarreno-Ramos, C., L. A. Camunas-Mesa, J. A. Perez-Carrasco, T. Masquelier, T. Serrano-Gotarredona, and B. Linares-Barranco (2011), On spike-timingdependent-plasticity, memristive devices, and building a self-learning visual cortex, *Frontiers in Neuroscience*, *5*, 26.
[7] Ebong, I. E., and P. Mazumder (2011), Self-controlled writing and erasing in a memristor crossbar memory, *Nanotechnology, IEEE Transactions on*, *10*(6), 1454–1463.
[8] Pershin, Y. V., and M. Di Ventra (2011), Solving mazes with memristors: A massively parallel approach, *Phys. Rev. E*, *84*(4), 046,703, doi: 10.1103/PhysRevE.84.046703.
[9] Merrikh-Bayat, F., and S. Bagheri Shouraki (2012), Memristive neuro-fuzzy system, *Systems, Man, and Cybernetics, Part B: Cybernetics, IEEE Transactions on*, *PP*(99), 1–17.
[10] Merrikh-Bayat, F., S. Bagheri Shouraki, and F. Merrikh-Bayat (2011), Memristive fuzzy edge detector, *Journal of Real-Time Image Processing*, 1–11.
[11] Watkins, C. J. C. H. (1989), Learning from delayed rewards, ph.D. thesis, Cambridge University.
[12] Balleine, B., N. Daw, and J. ODoherty (2009), Multiple forms of value learning and the function of dopamine, in *Neuroeconomics: decision making and the brain*, edited by P. W. Glimcher, 367–385, Academic Press.
[13] Hopfield, J. J., and D. W. Tank (1985), “neural” computation of decisions in optimization problems, *Biological Cybernetics*, *52*(3), 141–152, doi:10.1007/BF00339943.

CHAPTER7

第7章

基于隧道的细胞非线性网络结构在图像处理中的应用

Pinaki Mazumder、Sing-Rong Li 和 Idongesit Ebong

在本章中，通过分析驱动点图、对稳定性和建立时间进行研究，提出了一种基于RTD的CNN架构，并对其电路仿真进行了研究。本章的实验使用了密歇根大学的Quantum Spice仿真器，并对大量的图像处理功能进行了基于128×128 RTD的CNN全阵列仿真，在Spice仿真器中，RTD使用通过自洽求解泊松方程和薛定谔方程得到的基于物理模型进行表示。最后对不同CNN实施方案进行比较，结果表明，基于RTD的CNN在集成密度、运行速度和功能设计方面优于传统CMOS技术。

7.1 引言

自1988年由Chua和Yang发明细胞神经/非线性网络(Cellular Neural/Nonlinear Network，CNN)以来[1-2]，它就被公认为具有强大功能的后端模拟阵列处理器，能够在加速图像处理、图像生成与识别、运动检测、机器人技术以及其他需要复杂计算的实时问题处理中完成密集型计算任务[3]。在上述实际应用中，尽管函数计算是相对简单的代数运算，且每个阵列元素并发执行相同的运算，但仍需在二维平面上对空间数据进行大规模并行计算以实现实时数据处理。相对于全连接结构的神经网络，CNN具有易于实现的并行计算架构，这一点在文献[4]中已经提及，但还需在此重申：(1) 节点之间局部互联，每个节点被称为一个细胞单元或者处理单元；(2) 所有细胞单元在空间中规则布置；(3) 具有相同的单元配置和不变的空间互联结构；(4) 连续时间内，细胞动态运行和并行操作，使其具有处理实时信号的能力；(5) 具有大量可用于各种图像处理算法的模板。

由于CMOS技术的低成本和高集成能力，现有研究中，已经开发出许多具有通用嵌入式应用的CNN实现方案[5-8]。然而，在过去的二十年里，尽管CMOS技术突飞猛进地发展，但在物理尺寸和工艺方面的进一步发展受到了限制，因而结束了晶体管尺寸持续缩小的时代。为了维持摩尔定律所指的集成电路呈指数增长的趋势，克服CMOS技术的局限性，领域内已经研究了几种中尺度和纳米尺度的技术。在众多已提出的纳米电子器件中，谐振隧穿二极管(Resonant Tunneling Diode，RTD)因其相对容易的制造工艺和独特的折叠反向负微分电阻(Negative Differential Resistance，NDR)电流-电压(I-V)特性一直在被研究中[9-11]。目前，RTD在数字和模拟电路中都有一定的应用[12-13]。

RTD的另一个优点是可以与InP[14]或GaAs[15]三端设备，如HFET、HEMT和HBT协整，且这些终端设备的电子迁移率比CMOS高一到两个数量级。之前的工作表明，使用RTD实现的电路具有极高的工作速度、紧凑的集成密度和丰富的功能[12,16]。RTD所具备的这些优势，在领域内已经引发了研究者利用其对诸如CNN之类的大规模并行体系结构开发的兴趣。

Maezawa等人首先提出了一种紧凑的双稳态CNN架构(包括著名的单双稳态逻辑元件(MOBILE)电路模型[16])，后来由Hanggi等人展开研究[17]。他们初步完成了将基于RTD的具有10个或10个以上细胞单元的CNN阵列集成到标准CMOS芯片中的方法。Dogaru等人进一步扩展之前的工作，提出了一种基于RTD的CNN单元配置，能够执行各种类型的布尔函数[18-20]。他们清楚地说明了基于RTD的单元的工作原理；但是，在此工作中未呈现二维CNN阵列的全阵列仿真，并且未在全阵列上仿真图像处理算法。虽然Itoh等人随后提出了基于RTD的CNN全阵列仿真[21]，但是仅使用了一个简单的分段线性模型来表示RTD的隧穿I-V特性，无法准确地估计真实情况下的CNN动态。

7.2　CNN工作原理

7.2.1　基于Chua和Yang模型的CNN

由Chua和Yang提出的传统CNN单元模型(见图7-1)由一个线性电阻、一个线性电容器、一些用于表示相邻细胞单元间的反馈和前馈电流的线性压控电流源、一个独立的电流源和一个非线性压控电压源组成。

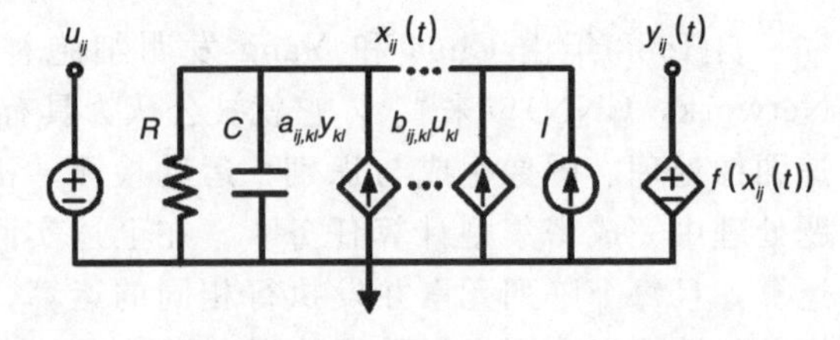

图7-1　传统CNN的电路模型

根据这一模型，每个细胞均可充当一个非线性动态系统，其瞬态行为由下列非线性常微分方程表示：

$$C\frac{\mathrm{d}x_{ij}(t)}{\mathrm{d}t}=-\frac{x_{ij}(t)}{R}+\sum_{C(k,\ l)\in N_r(i,\ j)}(a_{ij,\ kl}f(x_{kl}(t))+b_{ij,\ kl}u_{kt})+I$$

$$1<i<M;\ 1<j<N \tag{7-1}$$

$$f(x_{ij})=0.5\times(|x_{ij}+1-|x_{ij}-1) \tag{7-2}$$

式中$N_r(i,\ j)$表示$M\times N$CNN阵列中单元$c(i,\ j)$的邻域；$x_{ij}(t)$、u_{ij}和$f(x_{ij})$分别代表$c(i,\ j)$的状态变量、输入变量和输出变量。$a_{ij,kl}$和$b_{ij,kl}$是空间不变的反馈和前馈参

数，为从 $c(k, l)$到 $c(i, j)$的反馈和前馈电流提供权重。在反馈参数 $a_{ij,kl}$ 和前馈参数 $b_{ij,kl}$ 组成的集合中，元素的个数取决于它们与中心单元的距离，$c(i, j)$与其邻近的单元互联，通常用公式$(2r+1)^2$ 表示，其中 r 为从 1 开始的整数。

例如，如果 $r=1$，则在反馈和前馈参数集中，每个参数集中有 9 个元素：每个单元通过反馈和前馈分支与最近的 8 个相邻单元通信，同时还包含一个自反馈回路和一个自前馈分支。由于 CNN 中细胞单元的空间连接不变，所以 $a_{ij,kl}$ 和 $b_{ij,kl}$ 通常用一对突触元素矩阵来表示(如 3×3 矩阵中 $r=1$，5×5 矩阵中 $r=2$)，分别被称为反馈模板(A)和前馈模板(B)。

此处我们只考虑 $r=1$ 的情况，因为它生成了最简单的结构。当 CNN 应用于图像处理应用时，其模板 A 和 B 只是作为图像的滤波器，将输入图像映射到所需的输出图像。因此，可通过设计不同矩阵系数的模板，再经过有序运行来执行图像处理算法。

在传统的细胞神经网络中，输入和状态变量是连续值(模拟信号)，根据状态输出传递函数 $f(x_{ij})$，输出变量是稳态的二值：+1 或−1。图 7-2 以图像化的方式将该函数描述为一个分段线性函数，当状态变量函数值大于+1 或者小于−1 时，其饱和值为+1 或−1。图 7-1 所示的模型中最后一个分量为独立电流偏置 I，它以外部注入电流的形式与每个节点产生联系，使得 CNN 的设计充满灵活性。

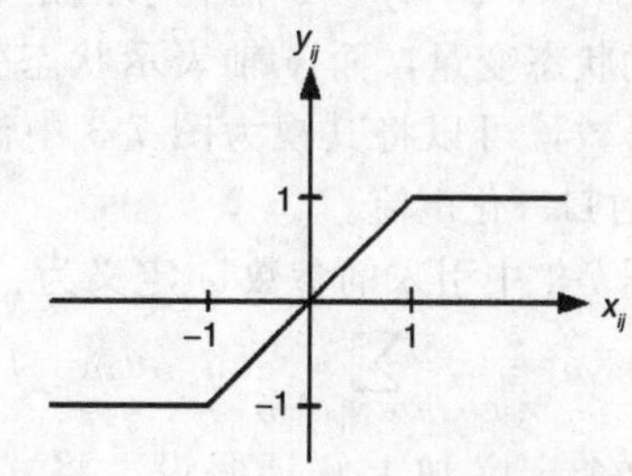

图 7-2 sigmoid 状态输出传递函数

7.2.2 基于 RTD 模型的 CNN 方程

RTD 是具有非单调 I-V 特性以及极小电容和双端对称的中尺度设备，适合用于实现紧凑高速型 CNN。本节描述的基于 RTD 的 CNN 细胞模型如图 7-3 所示，它将传统 CNN 细胞模型中的线性电阻替换为一个 RTD。

对比图 7-1 和图 7-3，其中 RTD 引入了电阻没有的非线性特性。对比图 7-1 和图 7-2，图 7-2 中的 sigmoid 用于正确表示输入和输出状态的关系。而对于基于 RTD 的 CNN，则不再需要图 7-2 这样的传递函数。由于其非线性，RTD 将保证饱和。这简化了状态变量与输出变量的关系，使其彼此等价。可将式(7-1)修改为：

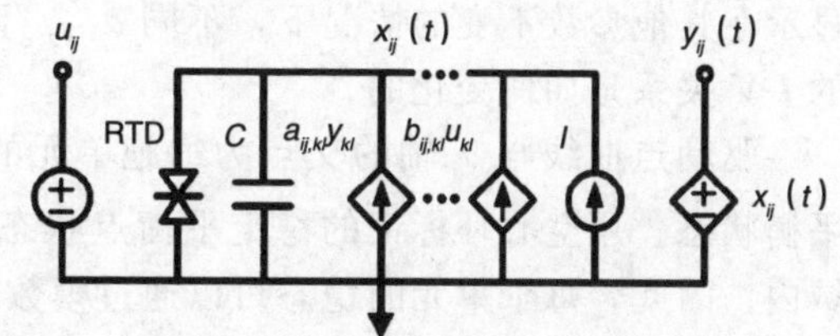

图 7-3 基于 RTD 的 CNN 电路模型

$$C\frac{\mathrm{d}x_{ij}(t)}{\mathrm{d}t}=-h(x_{ij}(t))+\sum_{C(k,\ l)\in N_r(i,\ j)}(a_{ij,\ kl}x_{kl}(t)+b_{ij,\ kl}u_{kl})+I \tag{7-3}$$

其中，$h(x)$表示 RTD 的 I-V 特性。使用 Schulman 等人开发的精确物理模型[24] 对 $h(x)$进行建模：

$$h(x_{ij}(t))=A\cdot\ln\left[\frac{1+e^{(B-C+n_1x_{ij}(t))q/kT}}{1+e^{(B-C-n_1x_{ij}(t))q/kT}}\right]\cdot\left[\frac{\pi}{2}+\tan^{-1}\left(\frac{C-n_1x_{ij}}{D}\right)\right]+H\cdot(e^{n_2x_{ij}q/kT}-1)\qquad(7\text{-}4)$$

式(7-4)表示单位面积电流，其中参数 A、B、C、D、H、n_1 和 n_2 取决于 RTD 的物理模型。式(7-3)表示流入电容器的电流等于流出 RTD、反馈支路、前馈支路及恒流偏置的电流总和。参考图 7-3，节点处以电流状态表示的基尔霍夫电流定律(Kirchhoff's Current Law，KCL)。

图 7-4 中的驱动点图解释了基于 RTD 的 CNN 与传统细胞单元表现出相同的功能特性。该图是针对未耦合的 CNN 生成的，其中 $a_{ij,kl}=0$，$l\neq ij$。x 轴表示的是通过电压表示的状态变量，而 y 轴表示状态变量与时间的导数，可以将其视为图 7-3 中流过电容器 C 的归一化电流。

图 7-4 中引入的参数 ω 定义为：

$$\omega=\sum_{C(k,\ l)\in N_r(i,\ j)}b_{ij,\ kl}u_{kl}+I\qquad(7\text{-}5)$$

这个定义加上解耦假设，将式(7-3)改写为：

$$C\frac{\mathrm{d}x_{ij}(t)}{\mathrm{d}t}=-h(x_{ij}(t))+a_{ij,ij}x_{ij}(t)+\omega\qquad(7\text{-}6)$$

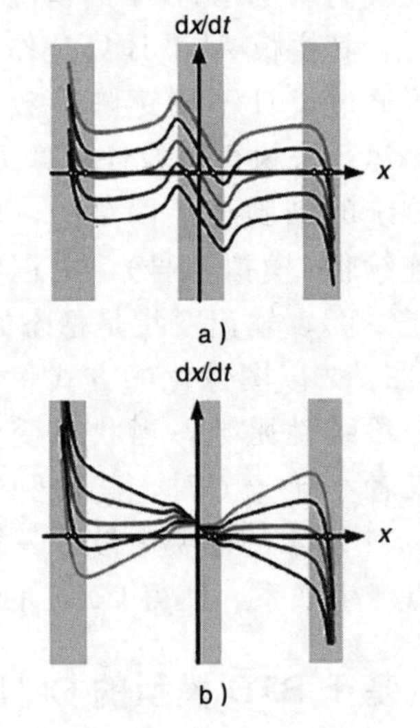

图 7-4 a) $a_{ij,ij}=20\mu A/V$，$w=100\mu A$、$50\mu A$、$0\mu A$、$-50\mu A$ 和 $-100\mu A$；b) $w=100\mu A$，$a_{ij,ij}=400\mu A/V$、$200\mu A/V$、$0\mu A/V$、$200\mu A/V$ 和 $400\mu A/V$ 驱动点图(见彩插)

图 7-4a 显示不同 ω(输入变量 u_{kl}、前馈参数 $b_{ij,kl}$ 和恒定偏置 I 的多种组合)下具有固定的自反馈参数 $a_{ij,ij}$ 的曲线图。图 7-4b 显示在其他参数不变的情况下，不同 $a_{ij,ij}$ 下的 I-V 关系是如何变化的。

驱动点曲线与 x 轴的交点为细胞单元的平衡状态。用空心环标记的稳定平衡点状态分布在由 RTD 的 NDR 部分所分隔的 3 个区域内。因此，每个单元的稳态可以通过模数转换器分配到 3 个级——-1、0 或 $+1$。这种转换可以使用基于 RTD 的量化器完成，其阈值电压设计在 NDR 区域中[25]。

使用基于 RTD 的 CNN，可能不需要量化器。根据图 7-4a，当 $\omega=50\mu A$ 时，我们可以得到两个稳定平衡点。通过适当的设计，无须量化器即可获得二进制输出(对应两个稳定平衡点)。

7.2.3 不同 CNN 模型之间的比较

为了证明基于 RTD 的 CNN 细胞单元的优越性，我们采用双二极管模型与基于 CMOS 技术的传统细胞单元进行比较。图 7-5 展示了三种电路模型的比较情况。

之所以引入双二极管模型，是因为双二极管的反并联配置(图 7-5c 中的 D_1 和 D_2)为状态变量提供了与 RTD 相似的饱和效果。对比的假设如下：

- 就器件数量、面积、功耗和驱动电容而言，这三个模型中的 RTD 和双二极管的电路实现是相同的。

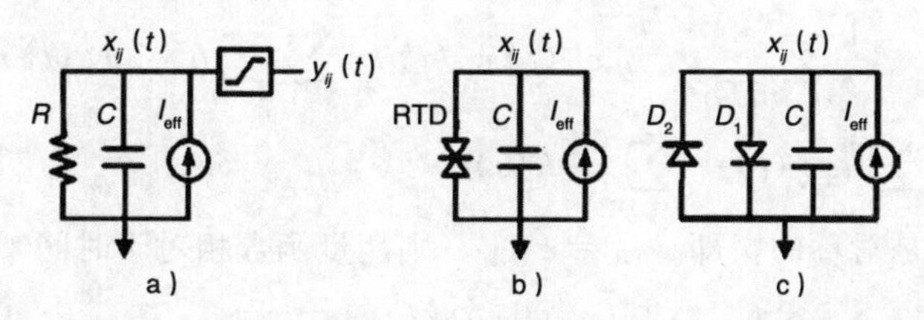

图 7-5　简化电路模型。a) 常规 CNN；b) 基于 RTD 的 CNN；c) 基于双二极管的 CNN

- 来自反馈、前馈和恒流偏置的总注入电流是相同的，如图 7-5 中的 I_{eff}。

表 7-1 列出了基于仿真结果的电路性能比较。其中，电阻、sigmoid 电路和二极管利用 250nm 的 CMOS 技术。在传统的 CNN 细胞单元中，sigmoid 电路会占用大量的面积以补偿设备不匹配的问题。在连续 CMOS 缩放的情况下，小原子位移将使相同设备以不同的工作方式运作，因此器件失配问题变得更加严重。此外，尽管双二极管模型与基于 RTD 的模型具有相似的非线性，但二极管的固有电容远大于 RTD 的固有电容，导致其运行速度变慢。此外，由于基于 RTD 的模型具有 NDR 特性，因此它是唯一一种具有三个输出状态的模型。相比另外两种方法，这个特性为设计提供了更为丰富的灵活性。表 7-1 中总结了基于 RTD 的模型，该模型具有最小的面积和最短的稳定建立时间，还有最为丰富的设计灵活性。

表 7-1　三种 CNN 模型之间的比较

	传统	基于 RTD	基于双二极管
C		1pF	
R	5kΩ～10kΩ	忽略不计	忽略不计
固有电容	忽略不计	0.75aF～0.75fF	10pF～110pF
估计额外面积	$>10\mu m^2$	$0.01\sim1\mu m^2$	$0.18\sim2\mu m^2$
设定时间(90%)为 0，初始条件 $I_{eff}=200mA$	20ns	6.9ns～12.5ns	77.3ns～716ns
饱和输出	−2V	−1.8V～−1.4V	−0.8V～−0.7V
电压	2V	1.4V～1.8V	0.7V～0.8V
#稳态(设计灵活性)	2	3	2

注：假设基于 0.25μm CMOS 技术的 I_{eff} 的设计，占用面积和功耗相同。

7.3　电路分析

稳定性标准和建立时间分析是 CNN 架构设计的两个重要因素。由于单元之间存在复杂的交互作用，因此可以根据反馈连接条件对 CNN 进行分类：耦合的 CNN 和未耦合的 CNN(对 $kl\neq ij$，$a_{ij,kl}=0$)。对于未耦合的 CNN，单元的动力学方程如式(7-6)，这将有助于我们之后的分析。

7.3.1 稳定性

电路稳定性分析中，常倾向于使用两种方法，即李雅普诺夫(Lyapunov)定理和图形方法。根据李雅普诺夫定理，基于 RTD 的 CNN 的能量函数可以定义为[1]：

$$E(t)=-\frac{1}{2}\sum_{(i,j)}\sum_{(k,l)}a_{ij,kl}x_{kl}(t)x_{ij}(t)-\sum_{(i,j)}\sum_{(k,l)}b_{ij,kl}u_{kl}(t)x_{ij}(t)-\sum_{(i,j)}Ix_{ij}(t)+\sum_{(i,j)}\int_0^{x_{ij}}h(s)\mathrm{d}s \tag{7-7}$$

如果反馈模板是对称的，即 $a_{ij,kl}=a_{kl,ij}$，则能量函数相对于时间 t 的导数为：

$$\frac{\mathrm{d}E(t)}{\mathrm{d}t}=-\sum_{(i,j)}\sum_{(k,l)}a_{ij,kl}x_{kl}(t)\frac{\mathrm{d}x_{ij}(t)}{\mathrm{d}t}-\sum_{(i,j)}\sum_{(k,l)}b_{ij,kl}u_{kl}(t)\frac{\mathrm{d}x_{ij}(t)}{\mathrm{d}t}-\sum_{(i,j)}I\frac{\mathrm{d}x_{ij}(t)}{\mathrm{d}t}+\sum_{(i,j)}\frac{\mathrm{d}x_{ij}(t)}{\mathrm{d}t}\frac{\mathrm{d}}{\mathrm{d}x_{ij}(t)}\int_0^{x_{ij}}h(s)\mathrm{d}s \tag{7-8}$$

$$\frac{\mathrm{d}E(t)}{\mathrm{d}t}=-\sum_{(i,j)}\frac{\mathrm{d}x_{ij}(t)}{\mathrm{d}t}\times\left\{\sum_{(k,l)}a_{ij,kl}x_{kl}(t)+\sum_{(k,l)}b_{ij,kl}u_{kl}(t)+I-\frac{\mathrm{d}}{\mathrm{d}x_{ij}(t)}\int_0^{x_{ij}}h(s)\mathrm{d}s\right\} \tag{7-9}$$

$$\frac{\mathrm{d}E(t)}{\mathrm{d}t}=-\sum_{(i,j)}C\left(\frac{\mathrm{d}x_{ij}(t)}{\mathrm{d}t}\right)^2\leqslant 0 \tag{7-10}$$

式(7-10)表明，能量函数单调递减：$|u_{ij}|<c_1$，$|x_{ij}(t=0)|<c_2$，$|x_{ij}(t)|<c$。同样，能量函数将受到某些约束限制——c_1、c_2 和 c 为常数。因此，状态函数也是有界的，基于 RTD 的 CNN 总是产生直流输出。

图 7-4 中的驱动点图证明了该结论，在图 7-4a 中，当 ω 改变时，曲线垂直移动，但是每个曲线至少与 x 轴相交一次。在图 7-4b 中，当 $a_{ij,ij}$ 变化时，图的形状发生变化，但始终与 x 轴相交。在基于 RTD 的 CNN 中，每个单元格至少存在一个稳定的平衡状态。设计的灵活性开始发挥作用：因为要基于平衡态设计不同的情况，文献[26]中规定的方法可用于获得一元、二元或三元输出。

7.3.2 建立时间

CNN 因具有实时处理的功能特点而优于顺序信号处理器，而且在 CNN 系统设计中，运行速度被视作一个关键的性能指标。为了确定动态系统的运行速度，我们引入建立时间(t_s)的概念，细胞单元的建立时间定义为：从初始条件达到稳态(如稳定的平衡点)所需的时间。CNN 系统的建立时间取决于最慢的单元建立时间。决定单元建立时间的因素有很多，例如初始条件、输入、输出、反馈与前馈模板、恒定偏置、电容和 RTD 的大小(即电流大小)。因此，分析建立时间 t_s 对电路参数的依赖性是设计高速 CNN 处理器的第一步。

本节通过 SPICE 仿真和数学建模，研究分析基于 RTD 的 CNN 单元的建立时间。由于传播型 CNN 的动力学特性很难预测，因此本节的目标针对非耦合的基于 RTD 的

CNN。在确保一般性的前提下，我们在分析中将初始条件设为零。

(1) 仿真结果：由式(7-6)可知，建立时间由 ω、$a_{ij,ij}$ 和 RTD 的面积决定，RTD 面积又由 RTD 峰值电流确定。我们可以通过仿真的三种结果分析建立时间与这三种参数之间的关系。对于第一个案例，我们将研究建立时间与 RTD 大小的关系，其中 5 个值分别为：180、270、360、540 和 900μA，且 $a_{ij,ij}$ 的取值为 0。根据文献[26]中得出的结论，对于二进制输出，我们希望 ω 的绝对值大于 RTD 的峰值电流(例如，对于面积=1μm^2，I_{peak}=178μA)。图 7-6 所示的仿真结果显示了第一种情况的建立时间。

在图 7-6 中，除了 ω=180μA 以外，其他 ω 情况下的建立时间对峰值电流的依赖性很小。对于这种情况，建立时间会随着峰值电流的增加而急剧增加。这种现象可能是由于 ω 与 I_{peak} 值之间的微小差异所致。随后我们将 γ 定义为 ω/I_{peak}。当 $1<\gamma<2$ 时，建立时间很大程度上取决于 I_{peak}。当 $\gamma>2$ 时，建立时间对 I_{peak} 的依赖性较弱。从图 7-6 可以看出，单元越大，达到稳态的时间越短。

第二种案例，研究了 RTD 面积为 1μm^2(I_{peak}=178μA)时，对于同样的 5 个 ω 值多种 $a_{ij,ij}$ 的仿真建立时间结果，如图 7-7 所示。

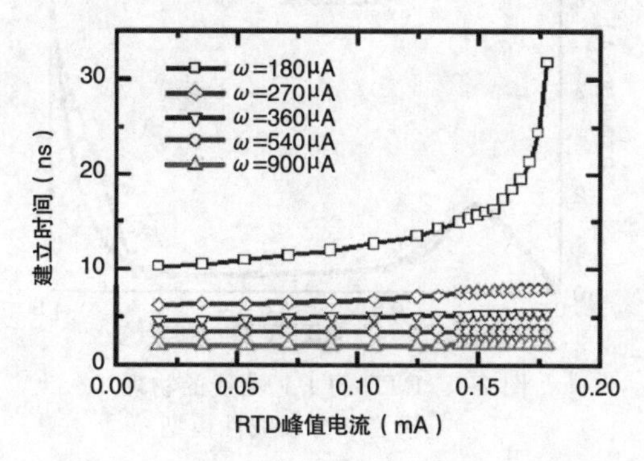

图 7-6　五种不同 ω 下，相同 $a_{ij,ij}$、多种 I_{peak} 的仿真建立时间结果

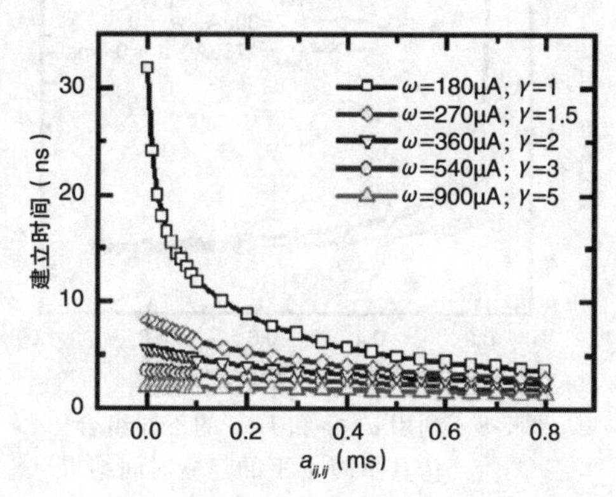

图 7-7　五种不同 ω 下，不同 $a_{ij,ij}$ 及 I_{peak}，RTD=178μA 的仿真建立时间结果

从图 7-7 可以看出，当 $1<\gamma<2$ 时，随着 $a_{ij,ij}$ 从 0 增加到 0.8ms，建立时间骤减；当 $\gamma>2$ 时，下降速度并不明显。请注意，随着 $a_{ij,ij}$ 的增加，驱动点图的形状也会发生变化，这会增加电容器承受的最小电流，从而缩短建立时间。

最后一种案例研究了建立时间对 w 的依赖性。方案中我们使用不同的 RTD 大小来调制峰值电流，结果如图 7-8 所示。

从图 7-8 可以看出，当 $\omega>540\mu$A 时，无论 I_{peak} 和 $a_{ij,ij}$ 是多少，建立时间似乎都达到饱和。此外，γ 增加(从最上的曲线到中间的曲线)或 $a_{ij,ij}$ 增加(从最上的曲线到最下的曲线)，会引起建立时间的减少。由于 w 和 $a_{ij,ij}$ 能在相同原因下随着 RTD 减小而更好地控制建立时间，此观察结果与先前的实验一致。$a_{ij,ij}$ 可能不可控，但由于 ω 依赖于恒流源 I，我们对此有比反馈/前馈参数更多的设计控制。

(2) 数学建模：由于基于单个 RTD 的 CNN 的动态特性由非线性微分方程决定，因此很难找到状态变量瞬态响应的解析解。即使可以确定一个复杂的解析解，但它可能对我们没有任何意义，因为我们可能不熟悉复杂函数。因此，通过对 RTD 的 I-V 曲线使用分段线性模型来简化建立时间的分析，如图 7-9 所示。该方法可以帮助我们直观地了解单元从初始状态到稳态的瞬态响应，并确定哪些参数会显著影响建立时间。

从图 7-9 可以看出，在仿真中的 RTD 物理模型的峰值约为 0.25V，谷值电流从 0.5V 开始，随后是宽谷值区域。此外，类二极管的电流在 1.25V 左右激活。因此，RTD 的 I-V 曲线是用分段线性（Piece Wise Linear，PWL）函数建模的，每个部分都遵循如下规则：

$$h(x)=\begin{cases} a_0+a_1x & 0\text{V}\leqslant x<0.25\text{V} \quad a_0=0,\ a_1>0 \\ b_0+b_1x & 0.25\text{V}\leqslant x<0.5\text{V} \quad b_0>0,\ b_1<0 \\ c_0+c_1x & 0.5\text{V}\leqslant x<1.25\text{V} \quad c_0>0,\ c_1<0 \\ d_0+d_1x & 1.25\text{V}\leqslant x \quad d_0>0,\ d_1>0 \end{cases} \tag{7-11}$$

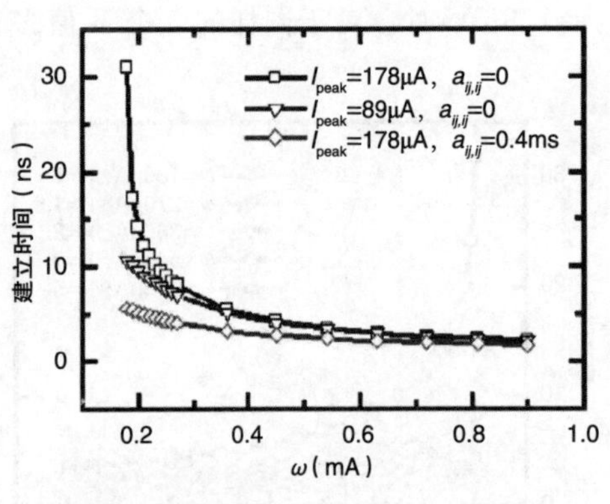

图 7-8 利用 $a_{ij,ij}$ 和 I_{peak} 的不同组合仿真不同 ω 下的建立时间结果

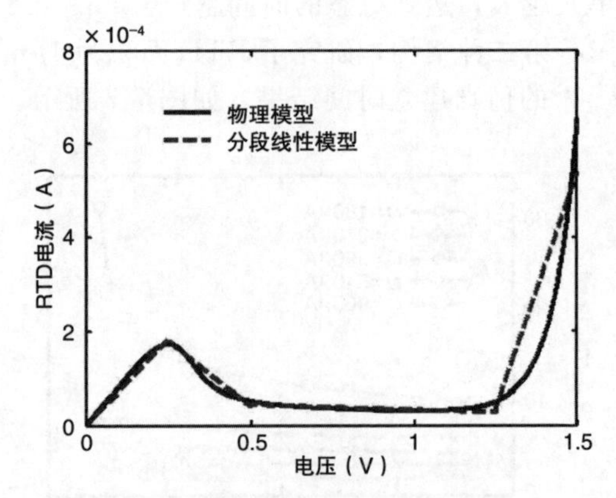

图 7-9 RTD 的 I-V 曲线的物理模型和分段线性模型

表 7-2 总结了式(7-11)的拟合参数。因此，将一个描述细胞动力学的非线性微分方程分解为 4 个线性常微分方程（Ordinary Differential Equation，ODE)，每个方程代表从零初始状态到稳态的一段时间。因此建立时间可以以初始条件和最终条件，依次解得从一个 ODE 到最后一个 ODE 的 4 个解。将 4 部分的结果进行线性组合，得到建立时间的总体近似值，如式(7-12)所示：

$$t_s=\left(\frac{C}{a_{ij,ij}-d_1}\right)\cdot\ln\left[\frac{x_{ij,\text{steady}}-\left(\dfrac{d_0-w}{a_{ij,ij}-d_1}\right)}{1.25-\left(\dfrac{d_0-w}{a_{ij,ij}-d_1}\right)}\right]+\left(\frac{C}{a_{ij,ij}-c_1}\right)\cdot\ln\left[\frac{1.25-\left(\dfrac{c_0-w}{a_{ij,ij}-c_1}\right)}{0.5-\left(\dfrac{c_0-w}{a_{ij,ij}-c_1}\right)}\right]+$$

$$\left(\frac{C}{a_{ij,ij}-b_1}\right)\cdot\ln\left[\frac{0.5-\left(\dfrac{b_0-w}{a_{ij}-b_1}\right)}{0.25-\left(\dfrac{b_0-w}{a_{ij,ij}-b_1}\right)}\right]+\left(\frac{C}{a_{ij,ij}-a_1}\right)\cdot\ln\left[\frac{0.25-\left(\dfrac{-w}{a_{ij,ij}-d_1}\right)}{\dfrac{w}{a_{ij,ij}-a_1}}\right] \tag{7-12}$$

表 7-2　PWL 建模的参数

A		A/V	
a_0	0	a_1	6.96e−4
b_0	2.95e−4	b_1	−4.84e−4
c_0	5.41e−4	c_1	−2.27e−6
d_0	−2.93e−3	d_1	2.41e−3

由式(7-12)可知，建立时间取决于自反馈参数、稳态目标、$a_{ij,ij}$、w 和 RTD 的大小(与参数 a_1、b_0、b_1、c_0、c_1、d_0 和 d_1 相关)。建立时间与电容成正比，但与 $a_{ij,ij}-a_1$、$a_{ij,ij}-b_1$、$a_{ij,ij}-c_1$ 和 $a_{ij,ij}-d_1$ 成反比。另一个有趣的现象是分子分母的取值可能会导致对数函数被抵消(如果 ω 起主导作用)，使 ω 的影响变小。该结果与图 7-7 和图 7-8 的结果相结合表明，当 ω 足够大(大于峰值电流)时，ω 的额外增加不会过分影响建立时间。

7.4　仿真结果

在本章中，我们提出了一种量化影响稳定性和建立时间的方法。借助现有知识，简化了相邻细胞单元之间的影响，在设计过程中得到的值与仿真获得的值之间引入了百分比误差。为了验证和量化在分析过程中与假设相关的误差，我们设计了一个基于 12×12RTD 的小型 CNN。利用式(7-12)，对纳秒范围内的建立时间进行合理设计。得到的计算结果与仿真过程中观察到的级别相同，结果如图 7-10 所示。

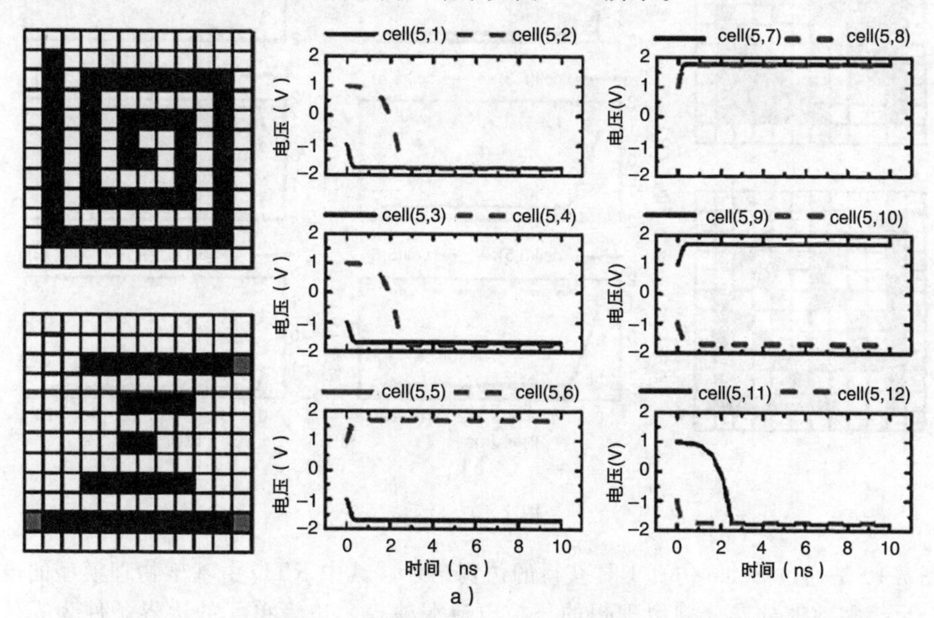

图 7-10　基于 12×12RTD 的 CNN 区域输入输出图像模式的仿真结果。a) 水平线检；b) RTD I-V 曲线的水平物理模型和分段线性模型；c) 边缘提取

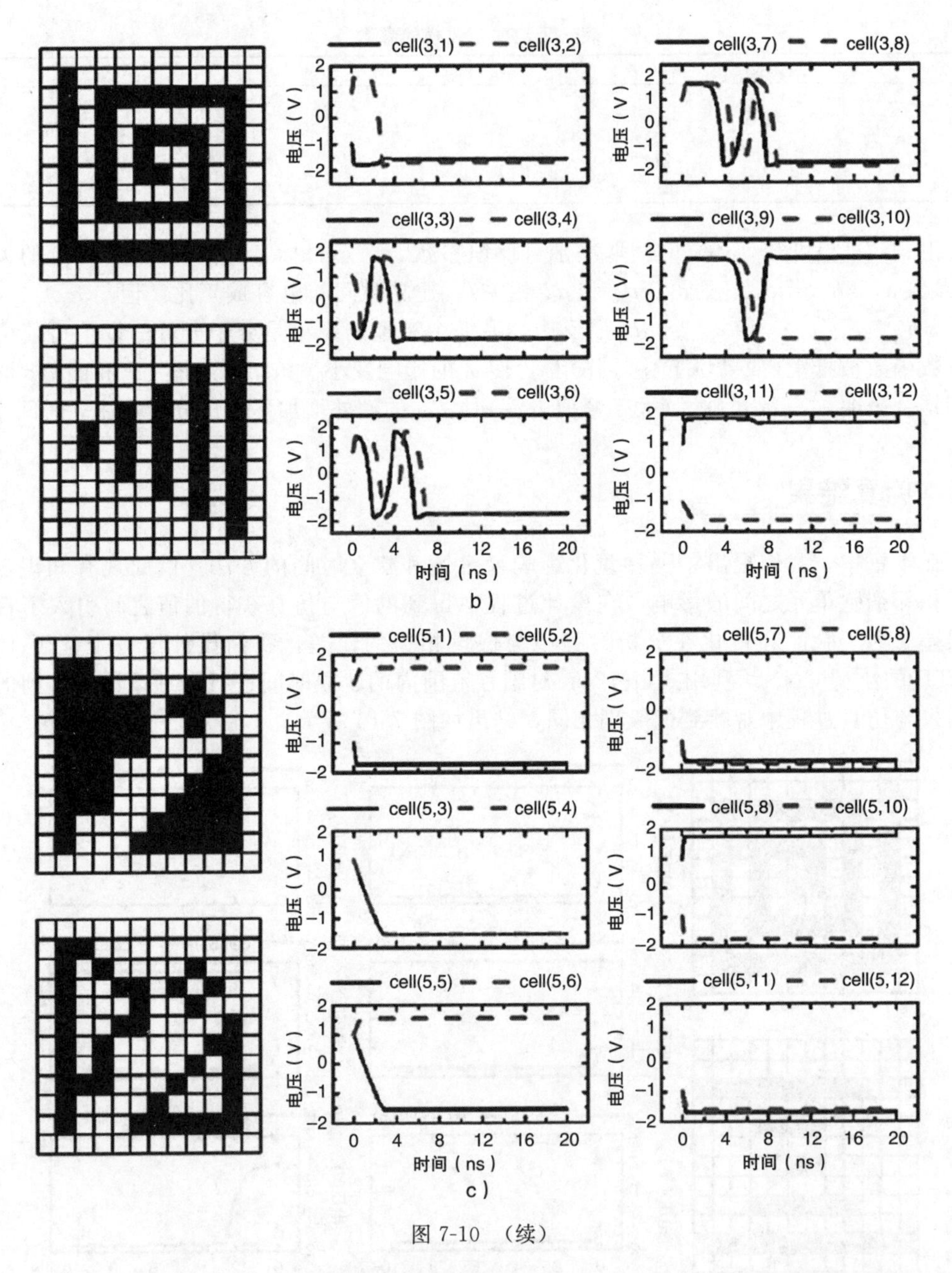

图 7-10　（续）

图 7-10 是通过 Spice 仿真工具获得的仿真结果，其中 RTD 由基于物理模型的电流源表示，反馈和前馈分支分别由理想的压控电流源建模。边缘单元的边界条件为零，即阵列外部没有反馈和前馈回路。在图 7-10 中，黑白细胞单元的输入电压分别为＋1V 和－1V，其中当每个细胞单元的输出收敛到＋1.5V 和－1.8V 或－1.5V 和－1.8V 之间的值时，表示 A/D 转换后的＋1(黑)或－1(白)。

波形图显示了整行中每个细胞单元的状态变量的动态变化(例如，图 7-10a 的第五行；图 7-10b 的第三行；图 7-10c 的第五行)。可以看出，在电容为 1pF 的情况下，对于非耦合的图像处理函数(如水平线检测(Horizontal Line Detection，HLD)和边缘提取)，建立时间约为几纳秒。另外，对于传播型算法，如水平连通分量检测，从状态变量的瞬态响应中可以明显地观察到相邻单元之间的相互作用，有助于算法获得更长的建立时间。

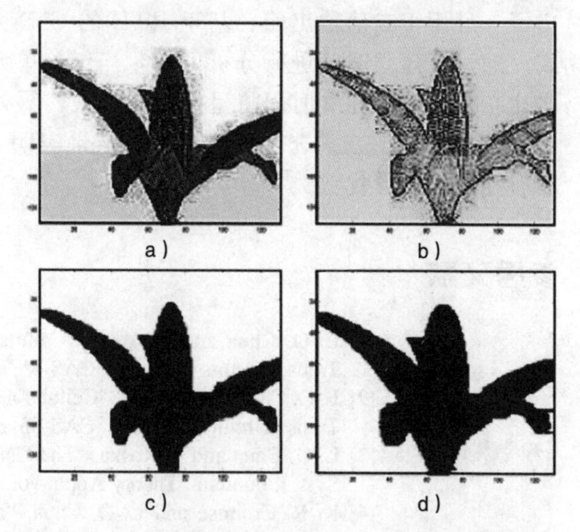

图 7-11　基于 128×128 RTD 的 CNN 阵列的仿真结果。a) 输入图像；b) EE 输出图像；c) HF 输出图像；d) 输出阴影图像

为了用于更大范围的图像处理，我们仿真了带有输入灰度图像的基于 128 × 128RTD 的 CNN 的完整阵列。图 7-11 展示了在同一输入图像上使用不同功能(边缘提取(Edge Extraction，EE)、孔填充(Hole Filling，HF)和阴影)的结果。

除了图 7-11 中的输入图像外，图 7-12 和图 7-13 中所示的另一幅图像用于显示输入图像和输出图像之间的中间过程。这些是全阵列仿真瞬态响应在不同时间戳的不同快照图像。

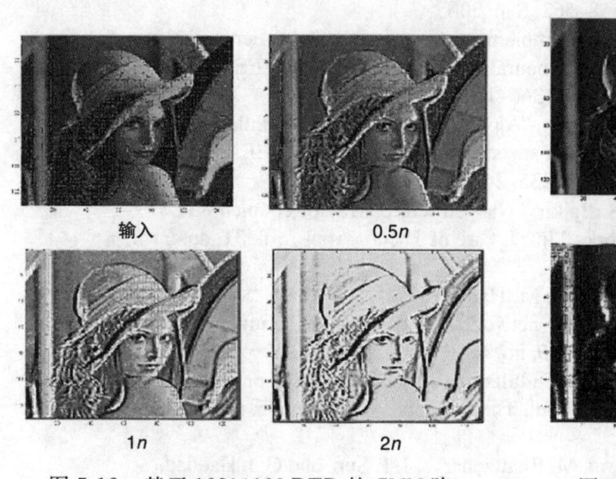

图 7-12　基于 128×128 RTD 的 CNN 阵列的边缘提取仿真结果

图 7-13　基于 128×128 RTD 的 CNN 阵列的平均仿真结果

7.5　本章总结

通过利用密歇根大学开发的 QSPICE 仿真器，我们成功地实现了基于 12×12 和

128×128 RTD 的 CNN 阵列的 EE、HF、阴影、HLD 等图像处理功能。而且我们得知如果反馈模板是对称模板，那么基于 RTD 的 CNN 就是一种稳定的结构。接下来，我们提出了一种用于二值输出的、基于 RTD 的 CNN 细胞单元获取近似建立时间的方法和表达式。通过对建立时间进行分析可知，当细胞单元注入或提取的总电流与 RTD 的峰值电流之比接近 1 时，建立时间将呈指数式增长。另外，我们将基于 RTD 的 CNN 与传统 CNN 和双二极管实现方案进行比较，仿真结果表明，RTD 在紧凑性、速度和设计灵活性方面具有独特的设计优势。

参考文献

[1] L. O. Chua and L. Yang, "Cellular neural networks: Theory," IEEE Trans. Circuits Syst., vol. CAS-35, no. 10, 1257–1272, Oct. 1988.

[2] L. O. Chua and L. Yang, "Cellular neural networks: Applications," IEEE Trans. Circuits Syst., vol. CAS-35, no. 10, 1273–1290, Oct. 1988.

[3] L. O. Chua and T. Roska, "The CNN paradigm," IEEE Trans. Circuits Syst. I, Fundam. Theory Appl., vol. 40, no. 3, 147–156, Mar. 1993.

[4] K. R. Crounse and L. O. Chua, "Methods for image processing and pattern formation in cellular neural networks: A tutorial," IEEE Trans. Circuits Syst. I, Fundam. Theory Appl., vol. 42, no. 10, 583–601, Oct. 1995.

[5] T. Roska and A. Rodriguez-Vazquez, "Toward visual microprocessors," Proc. IEEE, vol. 90, no. 7, 1244–1257, Jul. 2002.

[6] K. Karahaliloglu and S. Balkir, "Bio-inspired compact cell circuit for reaction-diffusion systems," IEEE Trans. Circuits Syst. II, Express Briefs, vol. 52, no. 9, 558–562, Sep. 2005.

[7] J. Kowalski, "0.8 m CMOS implementation of weighted-order statistic image filter based on cellular neural network architecture," IEEE Trans. Neural Netw., vol. 14, no. 5, 1366–1374, May 2003.

[8] P. Kinget and M. S. J. Steyaert, "A programmable analog cellular neural network CMOS chip for high speed image processing," IEEE J. Solid-State Circuits, vol. 30, no. 3, 235–243, Mar. 1995.

[9] K. Karahaliloglu and S. Balkir, "Nanostructure array of coupled RTDs as cellular neural networks," Int. J. Circuit Theory Appl., vol. 31, no. 6, 571–589, 2003.

[10] P. Julian, R. Dogaru, M. Itoh, M. Hanggi, and L. O. Chua, "Simplicial RTD-based cellular nonlinear networks," IEEE Trans. Circuits Syst. I, Fundam. Theory Appl., vol. 50, no. 4, 500–509, Apr. 2003.

[11] M. Hanggi and L. O. Chua, "Cellular neural networks based on resonant tunnelling diodes," Int. J. Circuit Theory Appl., vol. 29, no. 5, 487–504, 2001.

[12] P. Mazumder, S. Kulkarni, M. Bhattacharya, J. P. Sun, and G. I. Haddad, "Digital circuit applications of resonant tunneling devices," Proc. IEEE, vol. 86, no. 4, 664–686, Apr. 1998.

[13] Y. Tsuji and T. Waho, "Design of flash analog-to-digital converters using resonant-tunneling circuits," IEICE Trans. Electron., vol. E87C, no. 11, 1863–1868, 2004.

[14] J. I. Bergman, J. Chang, Y. Joo, B. Matinpour, J. Laskar, N. M. Jokerst, M. A. Brooke, B. Brar, and E. Beam III, "RTD/CMOS nanoelectronic circuits: Thin-film InP-based resonant tunneling diodes integrated with CMOS circuits," IEEE Electron Device Lett., vol. 20, no. 3, 119–122, Mar. 1999.

[15] Y. L. Huang, L. Ma, F. H. Yang, L. C. Wang, and Y. P. Zeng, "Resonant tunnelling diodes and high electron mobility transistors integrated on GaAs substrates," Chinese Phys. Lett., vol. 23, no. 3, 697–700, 2006.

[16] K. Maezawa, T. Akeyoshi, and T. Mizutani, "Functions and applications of monostable-bistable transition logic elements (MOBILE's) having multiple-input terminals," IEEE Trans. Electron Devices, vol. 41, no. 2, 148–154, Feb. 1994.

[17] M. Hanggi and L. O. Chua, "Compact bistable CNNs based on resonant tunneling diodes," in Proc. IEEE Int. Symp. Circuits Syst. (ISCAS), 2001, 93–96.

[18] M. Hanggi, R. Dogaru, and L. O. Chua, "Physical modeling of RTD-based CNN cells," in Proc. 6th IEEE Int. Workshop Cellular Neural Networks Their Appl. (CNNA), 2000, 177–182.

[19] M. Hanggi, L. O. Chua, and R. Dogaru, "A simple RTD-based circuit for Boolean CNN cells," in Proc. 6th IEEE Int. Workshop Cellular Neural Netw. Their Appl. (CNNA), 2000, 189–194.

[20] R. Dogaru, M. Hanggi, and L. O. Chua, "A compact and universal cellular neural network cell based on resonant tunneling diodes: Circuit, model, and functional capabilities," in Proc. 6th IEEE Int. Workshop Cellular Neural Netw. Their Appl. (CNNA), 2000, 183–188.

[21] M. Itoh, P. Julián, and L. O. Chua, "RTD-based cellular neural networks with multiple steady states," Int. J. Bifurcation Chaos, vol. 11, no. 12, 2913–2959, 2001.

[22] C. P. Gerousis and S. M. G. W. P., "Nanoelectronic single-electron transistor circuits and architectures," Int. J. Circuit Theory Appl., vol. 32, no. 5, 323–338, 2004.

[23] S. Bandyopadhyay, K. Karahaliloglu, S. Balkir, and S. Pramanik, "Computational paradigm for nanoelectronics: Self-assembled quantum dot cellular neural networks," IEE Proc. Circuits, Devices Syst., vol. 152, no. 2, 85–92, 2005.

[24] J. N. Schulman, H. J. De Los Santos, and D. H. Chow, "Physics-based RTD current-voltage equation," IEEE Electron Device Lett., vol. 17, no. 5, 220–222, May 1996.

[25] S.-R. Li, P. Mazumder, and L. O. Chua, "On the implementation of RTD based CNNs," in Proc. Int. Symp. Circuits Syst. (ISCAS), 2004, III-25–III-28.

[26] S.-R. Li, P. Mazumder, and L. O. Chua, "Cellular neural/nonlinear networks using resonant tunneling diode," in Proc. 4th IEEE Conf. Nanotechnol., 2004, 164–167.

CHAPTER8

第8章

多峰谐振隧穿二极管的彩色图像处理

Woo Hyung Lee 和 Pinaki Mazumder

本章介绍一种新颖的彩色图像处理方法，该方法利用多峰谐振隧穿二极管(Multi-Peak Resonant Tunneling Diode，MPRTD)的量化状态对颜色信息进行编码。在该方法中，多峰谐振隧穿二极管被排列成垂直型的二维阵列，这些垂直的多峰谐振隧穿二极管通过可编程的无源和有源元件进行局部连接，以实现各种彩色图像处理功能，例如量化、彩色提取、图像平滑、边缘检测和线条检测。为了处理输入图像中的颜色信息，该方法采用两种不同的颜色表示方法：一种使用颜色映射，另一种使用 RGB 表示。

8.1 引言

细胞神经网络(Cellular Neural Network，CNN)由 Chua 和 Yang[1,20]首次提出，是一种通过能够汇总来自相邻单元的加权模拟刺激，并生成数字输出的简单处理单元集合之间的局部交互作用来计算的大型并行网络。自 1987 年以来，这种网络迅速发展成为一种通用的、功能强大的后端硬件底层以加速非数值运算，这种速度是受能量和基板面积限制的传统计算机所不能企及的。几种在彩色图像分析中使用的二维和多维空间数据处理实际应用[25]，如视频运动检测[18]，DNA 微阵列模式分类[24]，癫痫发作中的实时脑电波研究[26]等，都被集成在单片超大规模集成电路(VLSI)上的模拟或数字细胞神经网络阵列成功实现。然而，传统细胞神经网络单元的散热和电路面积会将基于 CMOS 的细胞神经网络阵列的尺寸限制在 256×256 个处理单元左右，从而严重限制了输入和输出数据的分辨率。本章的目的是介绍一种新的基于量子隧穿器件(多峰谐振隧穿二极管)的非线性动力学系统，该系统能够以更高的精度执行各种类型的彩色图像处理任务。尽管基于多峰谐振隧穿二极管的纳米级神经元(处理元件)以及包含无源和有源器件的可编程突触与基于 CMOS 的模拟和数字细胞神经网络有着显著的不同，但本章将用非线性系统的整体行为来模仿细胞神经网络的计算模式。

谐振隧穿二极管(Resonant Tunneling Diode，RTD)由 Chang、Esaki 和 Tsu[2] 在 20

世纪 70 年代初发明，它证明了当在其两个端子上施加偏置电压时，谐振隧穿二极管的电流-电压特性曲线会由于自身的中尺度双势垒量子阱的遂穿效应产生一个向后折叠的形状。谐振隧穿二极管的这种负微分电阻(Negative Differential Resistance，NDR)特性已被许多研究人员巧妙地利用来设计高速和高密度的集成电路[3-5,8]，并用于构建具有更高速度和集成度的细胞神经网络[20]。与缓慢的平面型 PMOS 和 NMOS 器件不同，垂直集成的谐振隧穿二极管有着亚皮秒级的开关速度，这使得基于谐振隧穿二极管的数字与细胞神经网络系统有着超过基于 CMOS 型的功率延迟性能。为了展示谐振隧穿二极管在细胞神经网络架构中的优势，Hänggi 和 Chua[20] 将谐振隧穿二极管与细胞神经网络处理单元结合，并利用谐振隧穿二极管的自锁双稳态(1 位存储)特性实现了单色图像处理。

然而，如文献[20]中的简单谐振隧穿二极管结构并不能胜任彩色图像处理，因为处理彩色图像的每一个像素不止需要一位。在本章中，我们将讨论一种由多峰谐振隧穿二极管和可编程突触组成的新型二维阵列，这些突触可能由电阻、电容或有源器件组成。由于多峰谐振隧穿二极管通过垂直堆叠的双栅栏(单峰)谐振隧穿二极管来制造，最终的三维架构仅占非常小的基板面积。Waho、Chen 和 Yamamoto[19] 利用单稳态到双稳态过渡型逻辑元件(Mono-stable to Bi-stable Transition Logic Element，MOBILE)模式下的平面谐振隧穿二极管实现了多阈值多输出。本章中，我们通过如图 8-1 所示的在金属岛下生

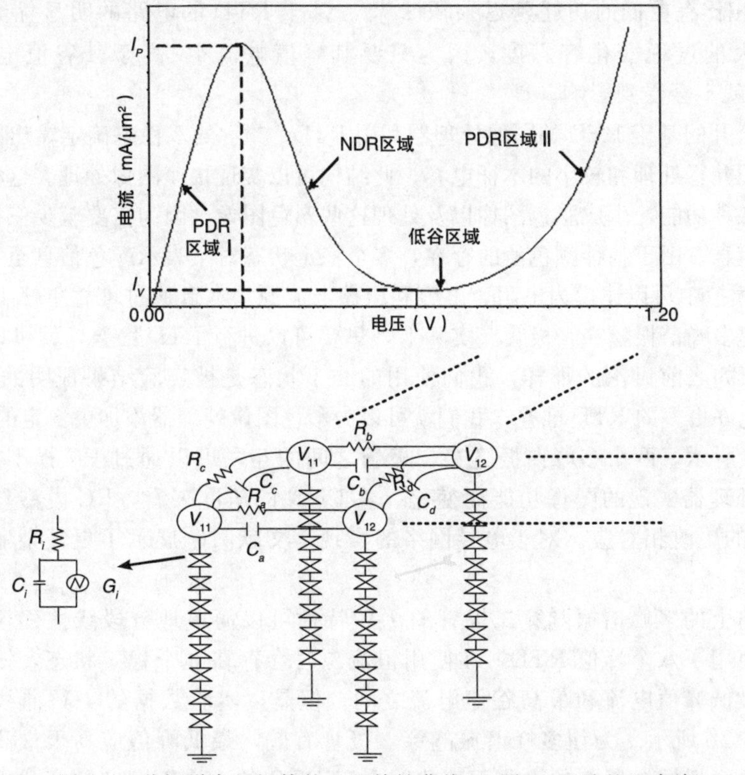

图 8-1 谐振隧穿二极管的 *I-V* 特性曲线(上图)，以及基于多峰谐振隧穿二极管的图像处理器的侧视和俯视图(下图)

长的垂直堆叠谐振隧穿二极管实现多个输出级别来对彩色图像进行处理。为了演示仿真结果，我们使用分段连续的八峰九态谐振隧穿二极管模型。这种谐振隧穿二极管最初由德州仪器将八个分段的伪态 ALA/In0.53Ga0.47A/InA 谐振隧穿二极管堆栈而成，其九态的存在由 Seabaugh、Kao 和 Yuan[7]在实验中确认。为了利用这九个稳定的状态来进行彩色图像处理，我们采用两种不同的颜色表示方法：颜色映射和 RGB 编码。颜色映射采用一张色彩图对颜色的值进行索引，而 RGB 编码用红、绿、蓝三个参数对单个像素进行表示。通过利用颜色描述方法和多峰谐振隧穿二极管的特性，我们实现了一些如量化、彩色提取、图像平滑的彩色图像处理方法。

8.2　基于多峰谐振隧穿二极管的彩色图像处理器

硅基谐振隧穿二极管(RTD)可以通过广泛替代上拉网络中使用的 PMOS 晶体管来增强常规 CMOS 电路的性能。RTD 器件的 *I-V* 特性包括三个不同的区域，即两个正微分电阻(Positive Differential Resistance，PDR)区域和一个介于中间的负微分电阻(Negative Differential Resistance，NDR)区域，如图 8-1 所示。可以在关键电路节点中巧妙地利用 RTD 的非单调隧穿特性，以在功率和延迟方面显著改善器件性能，从而与其他形式的 CMOS 电路相比有更低的功耗延迟乘积[16-18]。基于 RTD 的电路的明显优势在于，它们通常具有更大的过程变化容忍度，因为只要其峰值电流 I_P 高于其谷值电流 I_V，对于 RTD 的操作就不会受到影响。

文献中公开的基于 RTD 的图像处理器利用 RTD[16,17,23]的双稳态确定输出图像和处理方法。通过使用并行处理和较小的本征电容，此结构可以实现快速图像处理。这种方法的缺点是不能实现各种功能，生成彩色图像以及处理这些彩色图像，因为需要至少三种稳定的状态来显示彩色信息。由于各种颜色值的存在，多个稳定状态对于表示颜色信息至关重要。每个 RTD 在电路模拟中可以建模为电阻、电容和压控电流源。本章通过堆叠单峰 RTD 以获得 9 个状态来构建多峰谐振隧穿二极管。实际上，只要可以进行 RTD 堆叠，就可以实现任意数量的状态。正如之前讨论的那样，我们使用的 9 个状态是被实验结果证明的 RTD 统计信息[7]。如果允许更多的 RTD 堆叠，我们就可以为彩色图像处理器添加更稳定的状态。

如图 8-1 所示，两个多峰谐振隧穿二极管之间的互联可以通过 RC 模型实现，该 RC 模型会根据处理器实现的图像功能而变化。从 CNN 的角度来看，RC 模型参数的更改与 CNN 中模板的更改相对应。对于电导网络的实现，文献[16]展示了更复杂实施的可能性与初步方法。

垂直方向上的多峰谐振隧穿二极管的 *I-V* 特性可以简单地分段线性建模，如图 8-2a 所示。由于使用了八个峰值 RTD，在使用恒流源时会存在九个稳定状态，该恒流源提供的电流介于最低峰值电流和最高谷值电流之间。但是，实验数据的 *I-V* 曲线会存在直流偏移，如图 8-2b 所示。为使多峰谐振隧穿二极管有效，最低峰值应高于最高谷值。这些峰值或谷值也会根据金属岛的大小而变化。由于 RTD 的大小随工艺的变化而变化，因此需要考虑 *I-V* 曲线在该方向上的上下移动。根据实验结果表格[7]，如果金属岛的尺寸偏差是较大尺寸的 67%，或者较小尺寸的 33%，则可以保证多峰谐振隧穿二极管有效。工艺的变化也会影响功耗和速度，但是，如果假设输入是随机分布的，则总体速度和功耗不会有太大变化。根据式(8-9)，最差像素的速度降低了 30ps 左右，而根据式(8-14)，最差像素的功耗增加了约 0.2nW。如图 8-5、图 8-9 和图 8-15 所示，总体速度和功率耗散更多地取决于输出和模板的初始值。在使用平滑功能的情况下，稳定时间和功耗与初始颜色和平滑后的输出颜色之间的差异成比例。初始颜色和背景颜色之间的差异会成比例地影响颜色提取功能的稳定时间和功耗。

标准 CNN 状态方程如下[1,17-18,20]。

$$\frac{\mathrm{d}x_{ij}}{\mathrm{d}t}=-x_{ij}+\sum_{k,\ l\in N_{i,\ j}}(a_{k-i,\ l-j}f(x_{kl})+b_{k-i,\ l-j}u_{kl})+I_{ij} \tag{8-1}$$

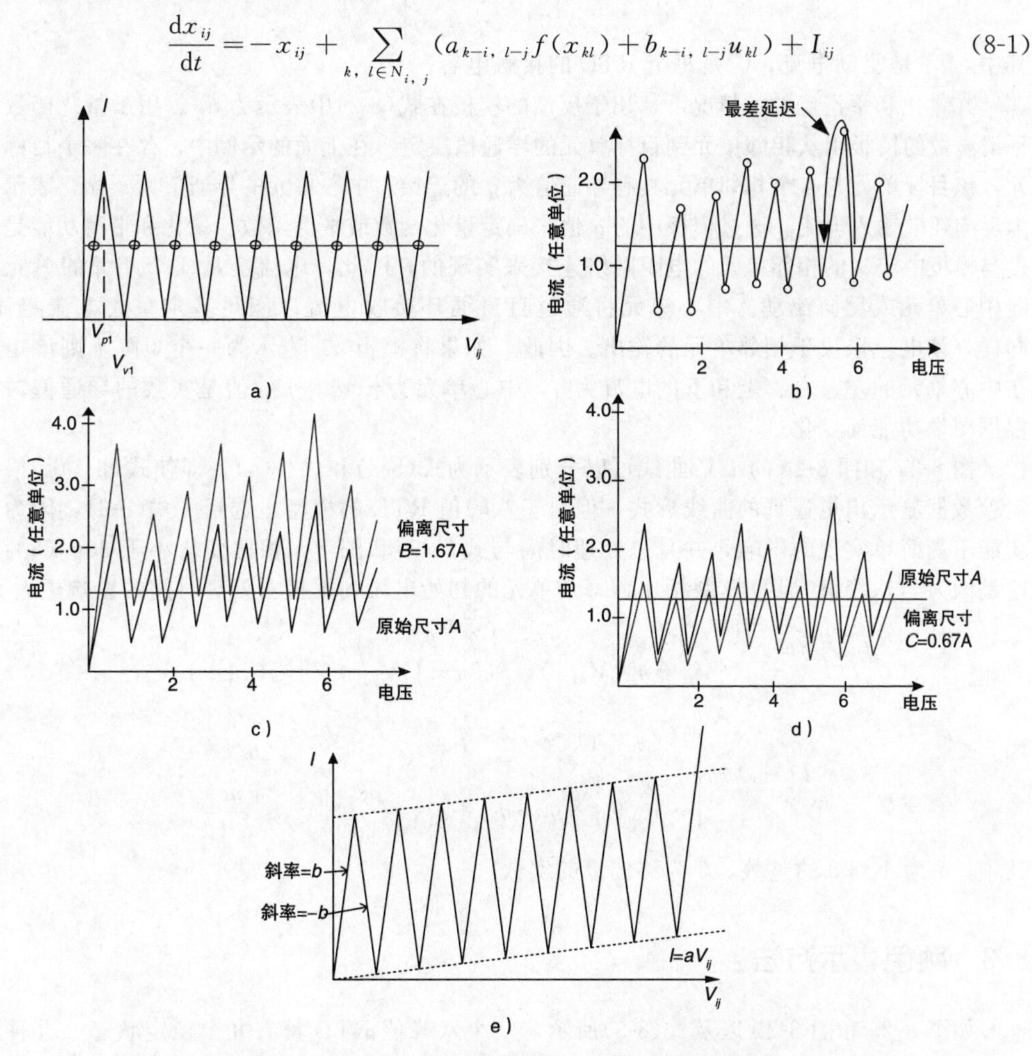

图 8-2　垂直方向上八峰 RTD 的 I-V 特性。a) 简化分段线性模型；b) 基于实验数据的分段线性模型；c) 有效功能的最大尺寸偏差；d) 有效功能的最小尺寸偏差；e) 具有线性直流偏移的分段线性模型(见彩插)

其中，$X_{ij}\in R$、$f(X_{ij})\in R$、$u_{kl}\in R$ 和 $I_{ij}\in R$ 表示状态、输出、输入和阈值。$a(i,j;k,l)$和 $b(i,j;k,l)$分别称为反馈和前馈运算符或模板。考虑到单元之间的网络连接并忽略前馈效应，可以将式(8-1)转换为式(8-2)，用于量化、平滑和颜色提取。

$$\frac{C\mathrm{d}v_{ij}}{\mathrm{d}t}=-J(v_{ij})+\sum_{k,\ l\in N_{i,\ j}}(a_{k-i,\ l-j}v_{kl})+I_{ij} \tag{8-2}$$

其中模板为

$$a=\begin{bmatrix}0 & q & 0\\ q & -4q & q\\ 0 & q & 0\end{bmatrix}$$

其中，I_{ij} 是驱动电流，C 是每个 RTD 的接触电容。

在量化和平滑函数的情况下，用于反馈的模板在式(8-2)中表示为 a_{ij}。用于量化函数和平滑函数的模板由从相邻单元到目标单元的导通值决定。在上面的示例中，存在一个目标单元，该目标单元与 4 个相邻单元具有导通值为 q 的连接，中心单元的导通值为$-4q$，表示其为反向耗散输入电流。通过模板中的 q 值来确定量化函数或平滑函数。量化和平滑功能是通过与模板中定义的相邻单元的电阻网络连接来实现的，因此，电流会从 4 个相邻的单元流向中心单元或反向流动。中心单元将通过自身循环接收电流以满足基尔霍夫电流定律。同样，该电流取决于相邻单元的输出。因此，如果将模板 a_{ij} 表示为一个矩阵，则该矩阵在中心单元的左、右、上和下的电流为 q，中心单元为$-4q$。q 的值是实数的导通值，其根据图像功能而变化。

图 8-2a 和图 8-2e 的 I-V 曲线可以分别表示为式(8-3)和式(8-4)。即使式(8-4)是根据实验数据显示出更逼真的曲线形式，但对于八峰值 RTD 的模型也选择了式(8-3)，因为该功能不受简单实现的影响，并且总处理时间与式(8-9)和图 8-5 相比变化小于 30ps(5%)。这是因为与八峰值 RTD 模型相比，每个单元的初始电压和模板对处理时间的影响更大。

$$J(V_{ij})=\begin{cases}\alpha(V_{ij}), & 0<V_{ij}\leqslant V_{p1}\\ \alpha(|V_{ij}-n\cdot V_{p1}|), & (2n-1)V_{p1}<V_{ij}\leqslant(2n+1)V_{p1}\end{cases} \tag{8-3}$$

$$J(V_{ij})=\begin{cases}b(V_{ij}-n)\cdot k, & 0<V_{ij}\leqslant\dfrac{nc_1}{2b}\\ -b((V_{ij}-n)\cdot k)+c_1, & \dfrac{nc_1}{2b}<V_{ij}\leqslant\dfrac{nc_1}{a+b}\end{cases} \tag{8-4}$$

其中，n 为 1 到 8 的整数，k 为移位量的实数。

8.3　颜色表示方法

如图 8-2a 和图 8-2b 以及式(8-3)所示，一个八峰值 RTD 具有九个稳定状态。九种状态可用于指示颜色值，即可以用于处理彩色图像。

使用八峰 RTD 阵列存储彩色图像有两种方法。一种方法是将八峰 RTD 的阵列电压与颜色索引值进行匹配。在这种方法中，每个索引值与颜色映射中的颜色一一对应，如

图 8-3b 所示，此方法称为颜色映射法，用于具有颜色映射的彩色图像。

但是，该方法中的颜色数量有限，由于八峰 RTD 只具有九个稳定状态，因此最多可以表示 9 种颜色。尽管有这个缺点，但颜色映射法比其他方法更易于制造。第二种方法是使用三个金属岛表示一个像素，每个金属岛对应红色、绿色和蓝色(RGB)，金属岛的电压值指示 RGB 颜色的强度。由于每个金属岛可以表示九种不同的强度，因此可以表示总共 729 种颜色，并且可以通过增加每个像素的金属岛的数量来扩展颜色的数量。这种方法称为 RGB 彩色法，如图 8-3a 所示，用于处理位图图像。

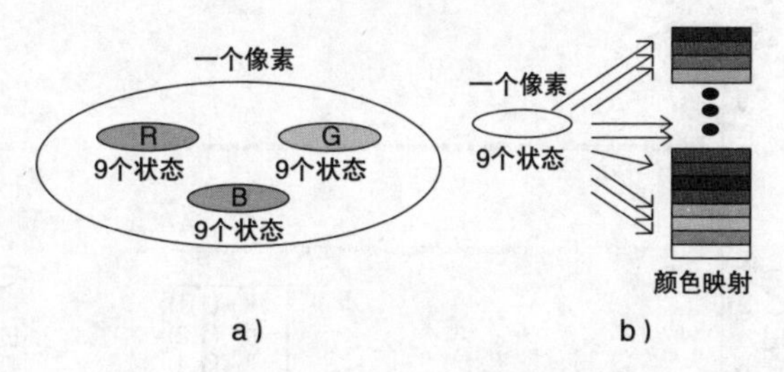

图 8-3　八峰 RTD 上带有金属岛的颜色表示方法。a) RGB 值法；b) 颜色映射法(见彩插)

多个量化级别也可以用于为图像提供灰度。如果我们假设三个多峰谐振隧穿二极管代表一个灰度，则可以为图像表示总共 729 个灰度。由于上述事实，可以在灰度图像中实现精细的分辨率。当我们需要实现对相邻像素的灰度边缘进行抛光的平滑功能时，这将非常有用。

8.4 颜色量化

8.4.1 实现和结果

使用多峰谐振隧穿二极管的离散稳定状态，可以实现颜色量化。图 8-4 表示 4×4 像素图像的颜色变化。

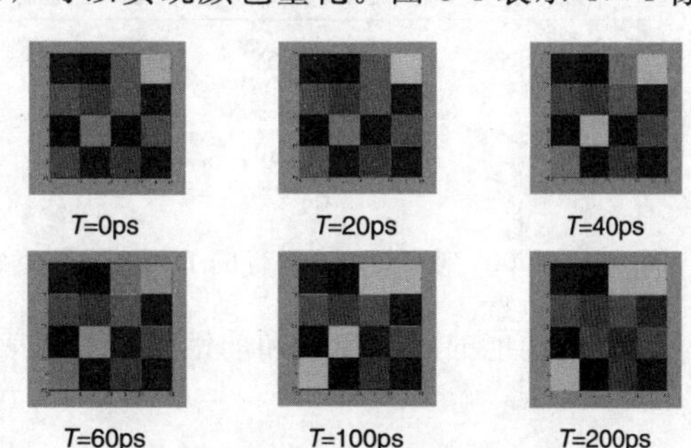

图 8-4　从 0ps 到 200ps 的 4×4 彩色图像量化的瞬态表示(见彩插)

彩色图像的这种变化是由多峰谐振隧穿二极管的 I-V 特性引起的，量化值通过最小欧几里得距离从初始颜色值获得。根据式(8-3)，可以将量化后的颜色值记为 I_{ij} 的函数。

$$J(v_{ij})=I_{ij} \tag{8-5}$$

$$v_{ijk}=J^{-1}(I_{ij}) \tag{8-6}$$

其中，v_{ijk} 是式(8-3)的解，并且 $k=1$，2，…，9，其中 1 对应图 8-3 中的最低值，9 对应图 8-3 中的最高值。如果我们假设输入图像值为 u_{ij}，则通过最小欧几里得距离可以得出如下公式。

$$距离_{\min}=\min_{k=1,\cdots,9}(|u_{ij}-v_{ijk}|) \tag{8-7}$$

具有最小欧几里得距离的式(8-3)的解是量化值。从不稳定状态到稳定状态的变化如图 8-5 所示。在图 8-5 中，可以通过监视图像中的轨迹来确定达到最终稳定状态的时间。如 HSPICE 仿真结果所示，值会在 200ps 后稳定下来，代表 HSPICE 仿真结果的图像也显示出相同的特性。根据仿真，为了实现量化功能，金属岛之间的最小连接电阻应为 250MΩ。

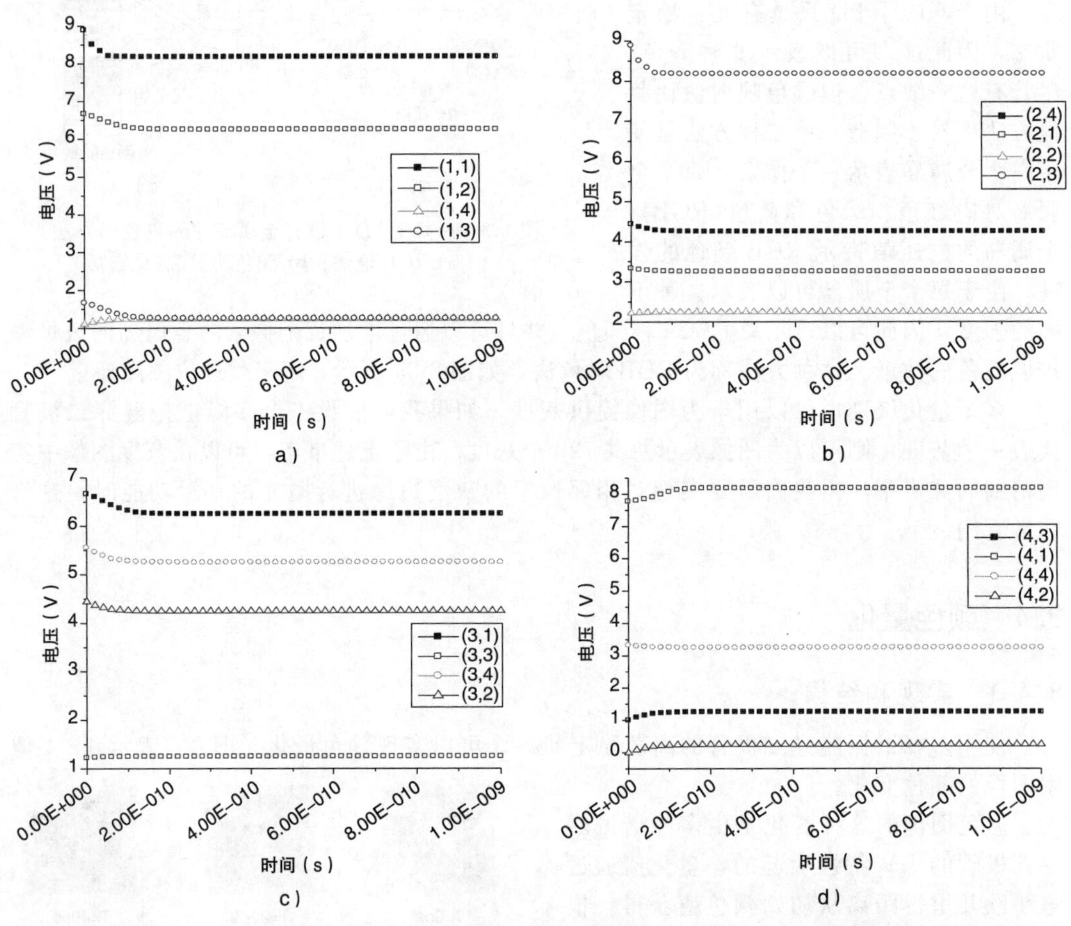

图 8-5 从 0ns 到 1ns 的不同行的 HSPICE 仿真结果。a）第一行；b）第二行；c）第三行；d）第四行

量化功能的反馈模板和前馈模板可以表示为：

$$a=\begin{pmatrix}0 & k & 0\\ k & -4k & k\\ 0 & k & 0\end{pmatrix},\quad b=\begin{pmatrix}0 & 0 & 0\\ 0 & 0 & 0\\ 0 & 0 & 0\end{pmatrix}$$

其中，k 是相邻单元格和中心单元格之间的电导。k 的典型值大于 0.01μmho。外部电流值应选择在 I-V 曲线的最低峰和最高谷之间。

图 8-6 描绘了最初来自 Looney Tunes Wiki 的 50×50 彩色图像的轨迹，时间从 0ns 到 1ns。

T=0ns

T=0.5ns

T=1ns

图 8-6 从 0ns 到 1ns 的 50×50 像素彩色图像量化（见彩插）

每个像素使用图像值表示一种颜色，并且用多峰谐振隧穿二极管对该颜色值进行了量化。图 8-6 中鸭子眼睛和嘴巴的颜色变化源自对多稳态谐振隧穿二极管稳定状态数量的限制。

8.4.2　建立时间分析

多峰谐振隧穿二极管结构阵列的建立时间定义为从初始条件值达到稳定状态所需的时间。稳定时间取决于细胞神经网络中最慢的单元。在式(8-2)中，如果我们假设初始电压为 v_0，则一阶微分方程的解为：

$$v(t)=\left[v_0-\left(\frac{I_{ij}}{\alpha+\sum\limits_{k,\ l\in N_{i,\ j}}a_{k-i,\ l-j}}\right)\right]\mathrm{e}^{-t(\alpha+\sum\limits_{k,\ l\in N_{i,\ j}}a_{k-i,\ l-j})/C}+\frac{I_{ij}}{\alpha+\sum\limits_{k,\ l\in N_{i,\ j}}a_{k-i,\ l-j}} \tag{8-8}$$

根据式(8-8)，当一组相邻单元通过任意模板互联时，中心单元的输出将会被更改。如果模板改变，则矢量 $a_{k-i,l-j}$ 也会改变。改变后的矢量会根据式 8-8 影响相邻单元与中心单元之间的导通值。只有当模板中的电流和相邻单元的输出均不改变电流时，中心单元的输出才能稳定下来。

量化函数中来自反馈算子的电流可以忽略不计，因此式 8-8 可以近似为：

$$v(t)=\left(v_0-\frac{I_{ij}}{\alpha}\right)\mathrm{e}^{-t\alpha/C}+\frac{I_{ij}}{\alpha} \tag{8-9}$$

根据式(8-9)，初始电压和量化电压之间的差与稳定时间成正比。如图 8-2 所示，在初始电压中，红线达到 I-V 曲线的负斜率时，稳定时间最大。

在表 8-1 中，显示了不同图像处理功能的稳定时间。稳定时间取决于图像处理功能，这归因于图像处理功能之间模板的改变。式(8-9)中更改模板(α)将会影响输出 $v(t)$，从而导致稳定时间的偏差。

表 8-1　图像处理功能之间的稳定时间比较

	最坏	最好	平均值
量化	120ps	50ps	83ps
平滑	0.05ns	0.7ns	0.35ns
颜色提取	0.05ns	1.3ns	0.7ns

8.4.3　能耗分析

需要确定多峰谐振隧穿二极管的功耗信息来确定多峰 RTD 阵列的工作效率。为了进行量化，我们假设如图 8-7 所示的等效电路模型，并假设电流从金属岛垂直流向基板。G_1 的 I-V 特性由多峰谐振隧穿二极管定义。要使用该器件的负微分电阻特性，其流过的电流需要在该器件 I-V 曲线中的峰值和谷值之间。

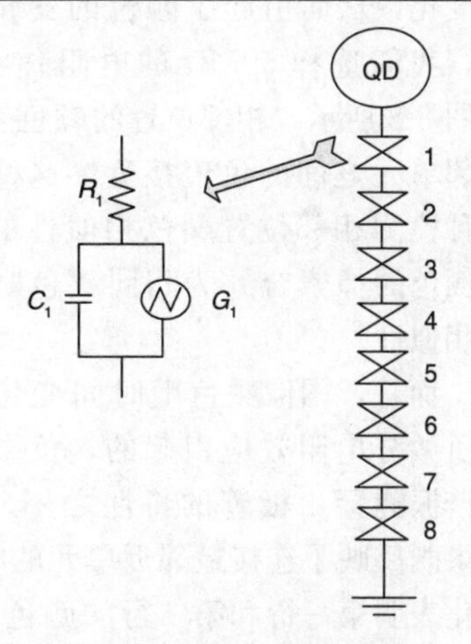

图 8-7　用于色彩量化的多峰值 RTD 的等效电路模型

我们还假设用于量化的金属岛之间的电流可以忽略不计。在图 8-7 中，可以用串联到电容器的电阻和并联的非线性压控电流源对每个单峰谐振隧穿二极管建模。储存在电容器上的输入能量由下式表示：

$$E_{v_0}=\int_0^{\infty} i_0(t)\cdot v_0\,\mathrm{d}t=v_0\int_0^{\infty} C_{\text{total}}\frac{\mathrm{d}v_0}{\mathrm{d}t}\mathrm{d}t=C_{\text{total}}v_0\int_0^{\infty}\mathrm{d}v_0=C_{\text{total}}{v_0}^2 \tag{8-10}$$

其中，C_{total} 是串联电容的总和。考虑到外部电流源，提供给量子点的能量等于

$$E_{\text{total}}=E_{v_0}+E_{\text{ext}}=C_{\text{total}}v_0^2+I^2R_{\text{total}} \tag{8-11}$$

其中，R_{total} 是垂直方向上串联电阻的总和。

量化后电容器的能量为：

$$E_{\text{Voutput}}=\int_0^{\infty} i_{\text{Vinput}}(t)\cdot v_{\text{output}}(t)\mathrm{d}t=\int_0^{\infty} C_{\text{total}}\frac{\mathrm{d}V_{\text{output}}}{\mathrm{d}t}\cdot v_{\text{output}}(t)\mathrm{d}t=\frac{C_{\text{total}}v_{\text{output}}^2(t)}{2} \tag{8-12}$$

在式(8-11)中，输出电压在式(8-8)中随时间变化。根据式(8-8)，能量随时间的变化由以下公式表示：

$$E_{\text{Voutput}}=\frac{C_{\text{total}}}{2}\left[\left(v_0-\frac{I}{\alpha}\right)\mathrm{e}^{-t\alpha/C}+\frac{I}{\alpha}\right]^2 \tag{8-13}$$

因此，量化后的能耗为：

$$E_{\text{diss}}=E_{\text{total}}-E_{\text{Voutput}}=C_{\text{total}}v_0^2+I^2R_{\text{total}}-\frac{C_{\text{total}}}{2}\left[\left(v_0-\frac{I}{\alpha}\right)\mathrm{e}^{-t\alpha/C}+\frac{I}{\alpha}\right]^2 \tag{8-14}$$

8.5　光滑函数

8.5.1　运行与结果

如图 8-8 所示，描绘了由于多峰谐振隧穿二极管与金属岛之间的电阻引起的像素值变化。由于电阻连接的每个金属岛中的电流发生变化，从而引起了颜色的变化。在此仿真中，我们选择 50MΩ 的电阻作为连接电阻。如图 8-8 所示，相邻位置的颜色发生变化使得相邻单元之间的色值接近。这种现象提供了一种检测相邻位置颜色相似性的方法，当相似颜色的像素合并为相同颜色时可以检测颜色相似性。

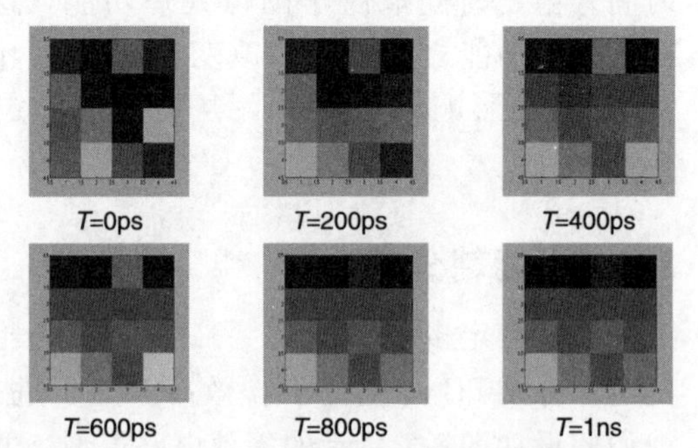

图 8-8　光滑函数从 0ps 到 1ns 的 4×4 彩色图像的瞬态表示(见彩插)

而且，图像颜色随时间变化的迹线是由于负微分电阻效应引起的，负微分电阻效应是谐振隧穿二极管的特性之一。因此，仿真结果既反映了连接最邻近单元的电阻的影响，又反映了负阻特性。在图 8-9 中，彩色图像的变化表明第一行和第二行的颜色与其他行的颜色完全不同，在仿真结果中也显示颜色较接近。另外，相邻单元的色值改变可以应用于去除图像的噪声。

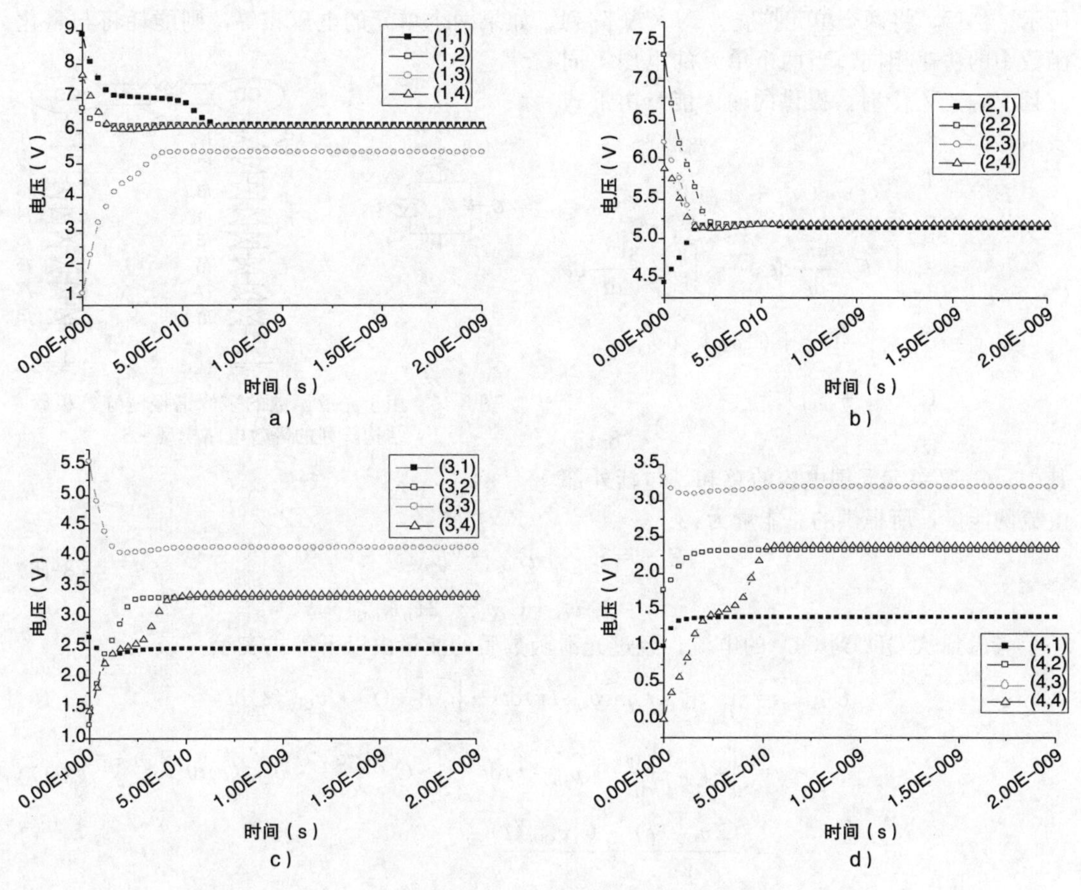

图 8-9　不同行 0ns 到 2ns 内的 HSPICE 结果。a）第一行；b）第二行；c）第三行；d）第四行

光滑函数的前馈模板和反馈模板可以表示为：

$$a=\begin{pmatrix}0 & l & 0\\ l & -4l & l\\ 0 & l & 0\end{pmatrix},\quad b=\begin{pmatrix}0 & 0 & 0\\ 0 & 0 & 0\\ 0 & 0 & 0\end{pmatrix}$$

其中，I 是相邻单元格与中心单元格之间的电导。I 的典型值在 0.04 至 0.02μmho 之间。输出的变化基于式(8-8)。

8.5.2　稳定时间

如图 8-9 所示，光滑函数的建立时间比量化函数的建立时间更长。这种差异由式(8-2)和式(8-8)中的反馈操作引起。在式(8-8)中，反馈运算项作为一个函数增加了稳定时间。系统建立后，反馈运算项变为零。因此，式(8-9)描述了建立之后的平滑函数。

8.5.3　能耗分析

为了分析光滑函数，我们将多峰谐振隧穿二极管结构的阵列简化成两个单元，如图 8-10

所示。然后，将两个单元扩展为 $N\times N$ 阵列。如果两个单元的电压相等，则能耗将与量化函数中的功耗相同。当两个单元的电压不同并且 $V_{QDj}>V_{QDi}$ 时，提供的输入能量由下式表示：

$$\begin{aligned}E_{v_0} &= \int_0^\infty i_0(t)\cdot(v_{0i}+v_{0j})\mathrm{d}t \\ &= v_{0i}\int_0^\infty C_t\frac{\mathrm{d}v_{0i}}{\mathrm{d}t}\mathrm{d}t+v_{0j}\int_0^\infty C_t\frac{\mathrm{d}v_{0j}}{\mathrm{d}t}\mathrm{d}t \\ &= C_t v_{0i}\int_0^\infty \mathrm{d}v_{0i}+C_t v_{0j}\int_0^\infty \mathrm{d}v_{0j} \\ &= C_t(v_{0i}^2+v_{0j}^2)\end{aligned} \tag{8-15}$$

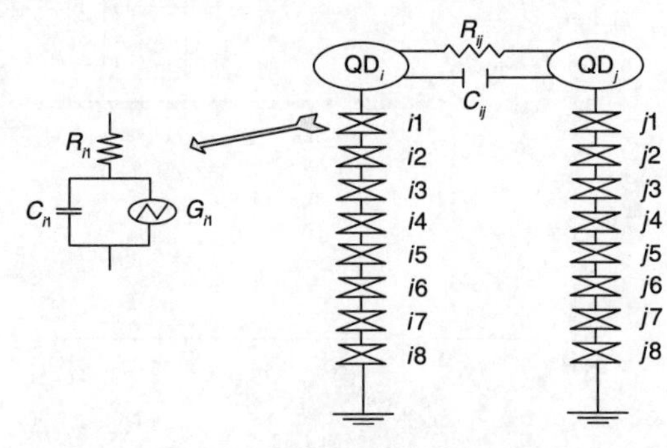

图 8-10　用于光滑函数的多峰谐振隧穿二极管结构阵列的等效电路模型

其中，C_t 是单元周围电容的总和。包括外部电流的能量，所提供的总能量为：

$$\begin{aligned}E_{\text{total}} &= E_{v_{0i}}+E_{v_{0j}}+2E_{\text{ext}} \\ &= C_t v_{0i}^2+C_t v_{0j}^2+2I_{ij}^2R_{\text{total}}\end{aligned} \tag{8-16}$$

考虑到从 QD$_i$ 到 QD$_j$ 的电流，经过光滑函数后的能量由以下等式表示：

$$\begin{aligned}E_{\text{Voutput}} &= \int_0^\infty i_{QDi}(t)\cdot v_{QDi}(t)\mathrm{d}t+\int_0^\infty i_{QDj}(t)\cdot v_{QDj}(t)\mathrm{d}t \\ &= \int_0^\infty C_t\frac{\mathrm{d}V_{QDi}}{\mathrm{d}t}\cdot v_{QDi}(t)\mathrm{d}t+\int_0^\infty C_t\frac{\mathrm{d}V_{QDj}}{\mathrm{d}t}\cdot v_{QDj}(t)\mathrm{d}t \\ &= \frac{C_t v_{QDi}^2(t)}{2}+\frac{C_t v_{QDj}^2(t)}{2}\end{aligned} \tag{8-17}$$

$$v_{QDi}(t)=\left[v_0-\left(\frac{I_{ij}}{\alpha-(1/R_{ij})}\right)\right]\mathrm{e}^{-t(\alpha-(1/R_{ij}))/C}+\frac{I_{ij}}{\alpha-\dfrac{1}{R_{ij}}} \tag{8-18}$$

$$v_{QDj}(t)=\left[v_0-\left(\frac{I_{ij}}{\alpha+(1/R_{ij})}\right)\right]\mathrm{e}^{-t(\alpha+(1/R_{ij}))/C}+\frac{I_{ij}}{\alpha+\dfrac{1}{R_{ij}}} \tag{8-19}$$

用于光滑函数的总能耗为：

$$E_{\text{diss}}=E_{\text{total}}-E_{\text{Voutput}}=C_t(v_{0i}^2+v_{0j}^2)+2I_{ij}^2R_{\text{total}}-\frac{C_t}{2}(v_{QDi}^2(t)+v_{QDj}^2(t)) \tag{8-20}$$

如果将两个点扩展为 $N\times N$ 阵列，则总能耗将修改为下式：

$$E_{\text{diss}}=E_{\text{total}}-E_{\text{Voutput}}=C_t\sum_{n=1}^{N^2}v_{0n}^2+4N^2\cdot I_{ij}^2R_{\text{total}}-\frac{C_t}{2}\sum_{n=1}^{N^2}V_{QDn}^2(t) \tag{8-21}$$

8.6　颜色提取

每个像素的颜色提取函数输出需要 3 个单元。如果我们用 RGB 方法表示彩色图像，则需要 9 个单元格。3 个单元之间的关系如图 8-11 所示。

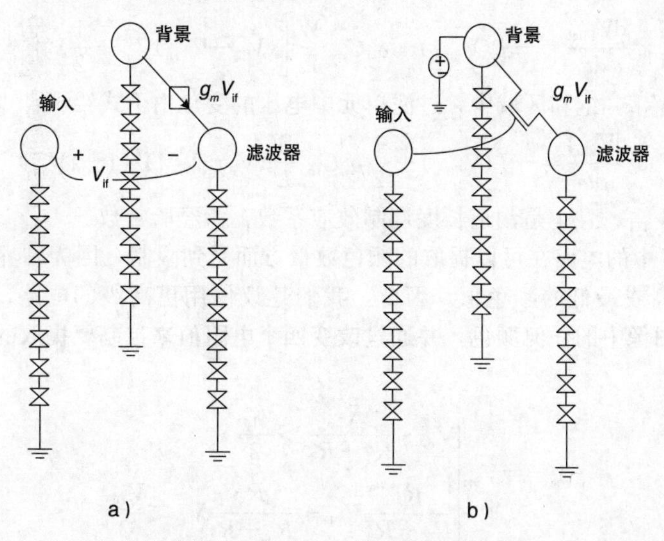

图 8-11　用于颜色提取的电路构造。a）使用压控电流源；b）使用 MOSFET

然而，如果我们用模板方法来表示关系，则反馈和前馈模板可以表示为：

$$a=\begin{pmatrix}0 & m & 0\\ 0 & 0 & 0\\ 0 & 0 & 0\end{pmatrix},\quad b=\begin{pmatrix}0 & 0 & 0\\ n & 0 & 0\\ 0 & 0 & 0\end{pmatrix}$$

输入与输出之间的关系表示为 n，背景与输出之间的关系表示为 m。从这些模板中，我们预期输入图像会影响背景输出和输出图像之间的电导。m 和 n 的值取决于要实现的设备。

图 8-11 所示的电路用于提取多峰谐振隧穿二极管结构阵列中的颜色。图 8-11a 是使用压控电流源进行颜色提取的电路。图 8-11a 中的输入是需要处理的图像的 RGB 色值。彩色图像处理后的背景色由背景单元值决定。此外，滤波单元值是要提取的图像的颜色值。

在图 8-11a 中，滤波单元中电压的变化可以通过下式获得：

$$C\frac{\mathrm{d}V_{\text{filter}}}{\mathrm{d}t}=-J(V_{\text{filter}})+g_mV_{\text{if}} \tag{8-22}$$

其中，g_m、V_{if} 和 V_{filter} 分别是电导率、滤波单元与输入单元之间的电压差以及滤波单元中的电压。

图 8-11 中可以使用两种方法来指定初始状态。一种是用一种颜色值初始化过滤单元；另一种方法是使用输入图像颜色值初始化过滤单元。这两种方法可用于图 8-11 中的两个电路。

如图 8-11a 所示，描绘了采用压控电流源的电路实现。在此电路中，可以使用如下的原理进行颜色提取：当 V_{if} 大于阈值电压时，则电流从背景单元流向过滤单元。图 8-11b 显示了用 MOSFET 代替压控电流源的电路实现。文献[21-22]展示了使用具有 III-V 材料的 MOSFET 混合电路来实现的可行性。尽管目前制造这种结构并不简单，但随着制造技术的发展，将来会越来越容易。在本章中，我们想证明在不久的将来将实现的工作的原型。

当 MOSFET 在三极管区域时，滤波单元中电压的变化可以通过下式获得：

$$C\frac{\mathrm{d}V_{\text{filter}}}{\mathrm{d}t}=-J(V_{\text{filter}})+\mu_n C_{\text{ox}}\frac{W}{L}\left[(V_{\text{if}}-V_{\text{TH}})V_{\text{bf}}-\frac{1}{2}V_{\text{bf}}^2\right] \tag{8-23}$$

其中，$V_{\text{if}}-V_{\text{bf}}\leqslant V_{\text{TH}}$。饱和区域中，过滤单元中电压的变化由下式给出：

$$C\frac{\mathrm{d}V_{\text{filter}}}{\mathrm{d}t}=-J(V_{\text{filter}})+\frac{1}{2}\mu_n C_{\text{ox}}\frac{W}{L}(V_{\text{if}}-V_{\text{TH}})^2(1+\lambda V_{\text{DS}}) \tag{8-24}$$

其中，$V_{\text{if}}-V_{\text{bf}}>V_{\text{TH}}$，且 λ 是沟道长度调制效应系数，为经验常数。

图 8-11a 和 b 中的电路在可以提取的颜色数量方面受到限制，因为临界电压的电流控制器仅允许提取最高或最低的颜色值。因此，我们建议使用更高级的电路，如图 8-12 所示。该电路可以提取图像中的任何颜色，并通过改变四个电阻值来控制要提取的颜色。输出电压如下：

$$V_{\text{out}}=V_{\text{in}}\begin{cases}V_{\text{in}}\cdot\dfrac{R_2}{R_1+R_2}>\dfrac{V_{\text{DD}}}{2}\text{或}\\[2ex]\dfrac{R_3}{R_3+R_4}V_{\text{DD}}+\dfrac{R_4}{R_3+R_4}V_{\text{in}}<\dfrac{V_{\text{DD}}}{2}\end{cases} \tag{8-25}$$

$$V_{\text{out}}=0\begin{cases}V_{\text{in}}\cdot\dfrac{R_2}{R_1+R_2}<\dfrac{V_{\text{DD}}}{2}\text{或}\\[2ex]\dfrac{R_3}{R_3+R_4}V_{\text{DD}}+\dfrac{R_4}{R_3+R_4}V_{\text{in}}>\dfrac{V_{\text{DD}}}{2}\end{cases}$$

通过使用图 8-12 中的电路，图 8-13 表示的是从 0ns 到 1ns 时间的 4×4 图像红色提取的过程。在图 8-14 中显示的是随时间变化的 HSPICE 仿真结果。HSPICE 仿真的色值变化结果证明了图 8-13 中的最终输出图像。

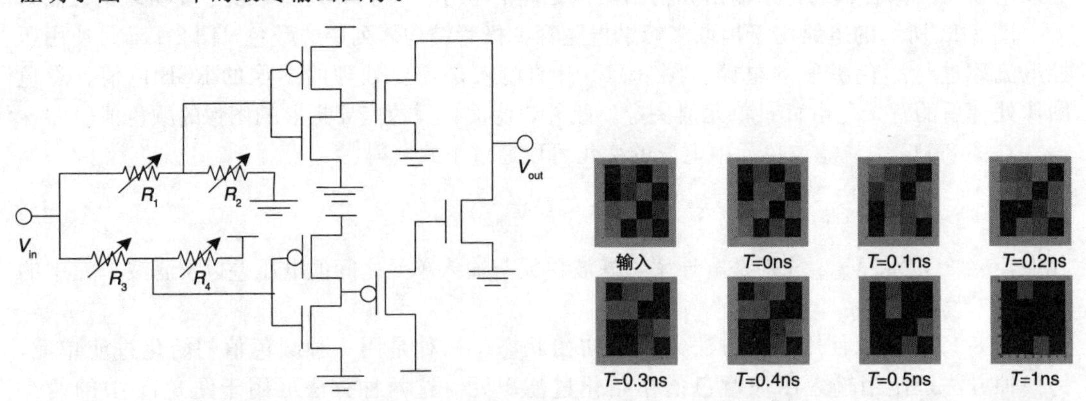

图 8-12　V_{out} 初始化为 V_{in} 的任意颜色提取的电路

图 8-13　使用图 8-12 所示电路对 4×4 像素图片中的青色进行提取（见彩插）

在表 8-2 中，描述了图像函数性能和特性的比较。与颜色提取相比，图像处理器在量化和光滑函数方面表现出更好的性能，这源自实现功能的设备。由于使用常规 CMOS 进行颜色提取，因此性能主要由 CMOS 决定。但是，可以通过使用纳米电子器件来克服这种退化。这将是我们接下来研究的重点。

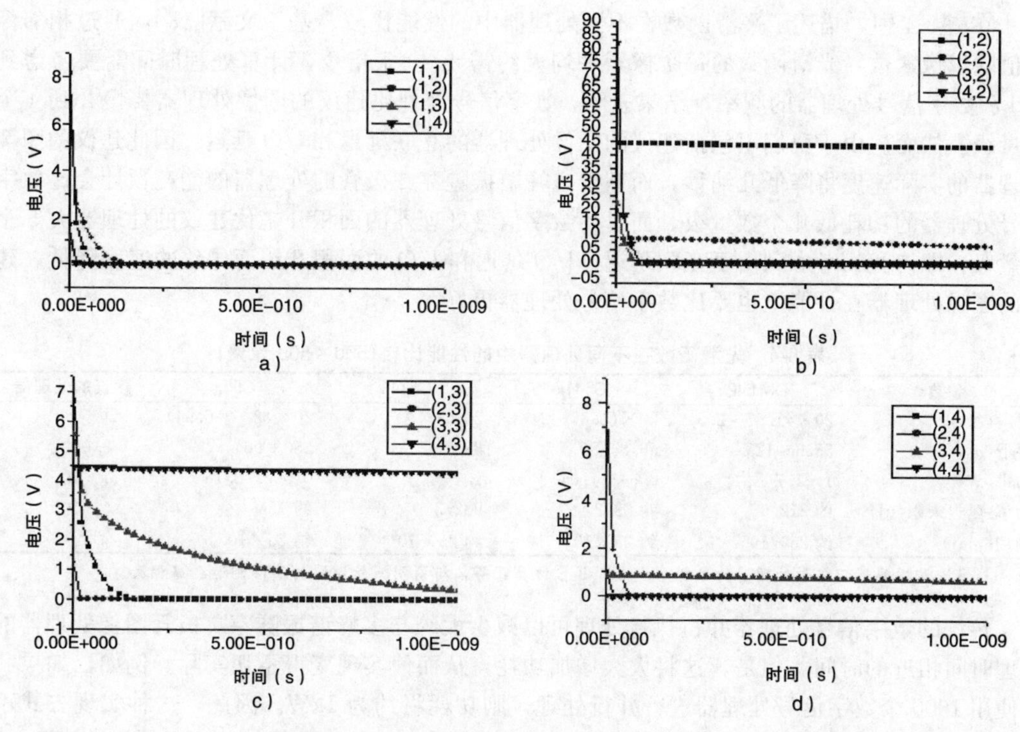

图 8-14　从 0ns 到 1ns 不同列的 HSPICE 仿真结果。a）第一列；b）第二列；c）第三列；d）第四列

表 8-2　图像函数的特征比较

参数	量化（50×50）	平滑（50×50）	颜色提取（图 8-9b）（4×4）	颜色提取（图 8-12）（50×50）
延迟（最坏情况）	0.13ns	0.6ns	0.3ns	1.3ns
功率（最坏情况）	10nW	10nW	0.038mW	0.015W
功率-延迟乘积	1.3×10^{-18}J	6×10^{-18}J	1.14×10^{-14}J	1.95×10^{-11}J
电阻	250MΩ	50MΩ	NA	NA
面积	约 $50\times50\text{nm}^2$	约 $50\times50\text{nm}^2$	约 $2\mu\text{m}^2$	约 $30\mu\text{m}^2$

8.7　与数字信号处理芯片的比较

在表 8-3 中，描述了商用数字信号处理器之间的性能比较[9-14]，工作频率在 150 到 600MHz 之间。在 IPC（每个时钟周期运行多少条指令）与能耗之间的关系中，能耗与 IPC 成反比，因为每个时钟周期处理的指令越多，能耗就越大。

表 8-3　不同处理器的操作规格[9-14]

参数	DM642	C641x	C6711	C55x
频率（MHz）	400～600	500～600	150	144～200
功率	1～1.7	0.64～1.04	1.1	0.065～0.16
CPI	1.67～2.5	1.67～2	6.7	2.5～6.94

在表 8-4 中，描述了平滑函数在不同处理器中的性能比较。基于文献[13]，通过相邻像素值除以像素数，光滑函数的每个像素平均大约需要 20 条指令，计算处理时间需要考虑到 CPI 和数字信号处理器的频率，结果表明，数字信号处理比建议的图像处理器要慢 2 到 4 个数量级。然而。由于我们不包括建议的图像处理器的互联延迟和 I/O 延迟，因此建议的图像处理器的实际速度将降低几纳秒，而基于多峰谐振隧穿二极管的处理器的能耗预计会比数字信号处理器的功耗低几个数量级。而且，数字信号处理器的面积开销比建议的处理器大 5 个数量级。即使我们考虑到由于互联延迟、I/O 延迟和 I/O 的面积开销而导致的速度降低，建议的图像处理器在性能上也要比数字信号处理器更好。

表 8-4　光滑函数在不同处理器中的性能比较(500×500 像素)

参数	DM 642	C641x	C6711	C55x	建议的处理器
平滑(指令)	20×(1.67～2.5)	20×(1.67～2)	20×(6.7)	20×(2.5～6.94)	1①
平滑(ns)	55.6～125	66.8～80	893	250～964	0.6
功率(W)	1～1.7	0.64～1.04	1.1	0.065～0.16	1×10^{-6}
功率-延迟乘积(nJ)	约 212.5	约 83.2	982.3	约 154	6×10^{-7}
面积(μm^2)	约 25×10^6	约 25×10^6	约 25×10^6	约 25×10^6	25×10

① 多峰谐振隧穿二极管处理器的数据基于 HSPICE 仿真获得，与商用微处理器的实际制造数据相反。

传统的数字信号处理器并行执行处理可以减少大约与多峰谐振隧穿二极管图像处理器的处理时间相近的时间。但是，这将大大增加功耗，从而使实现变得不切实际。例如，如果我们使用 1000 个数字信号处理器进行并行处理，则功耗将约为 1kW。因此，这种实现方式不会用于减少处理时间。所以，在能源和硅面积预算紧张的情况下，基于多峰谐振隧穿二极管的图像处理器将会有比现有数字计算机更优越的性能。

使用如文献[16-17]具有单个谐振隧穿二极管板的结构不能处理彩色图像算法，如表 8-2 所示的函数，因为它自身有两个状态。为了处理彩色图像算法，需要通过在单元之间添加大量互联来更改结构。但是，结构的紧凑带来的增益将消失。

8.8　稳定性

无论如何，我们必须确保当改变互联的 MPRTD 执行的图像函数时，MPRTD 网络保持稳定。为了检测描述彩色图像处理器体系结构的非线性动态系统的稳定性，我们将在这里运用经典的李雅普诺夫定理。考虑一个有 $M\times N$ 个 MPRTD 单元的阵列，其中第 i 行、第 j 列的单元用 $C(i,\ j)$表示，MPRTD 的第 i 行、第 j 列的输出用 V_{ij} 表示。然后，定义 MPRTD 图像处理器的李雅普诺夫方程 $E(t)$表示为式(8-26)：

$$E(t)=-\frac{1}{2}\sum_{n,\ m}\sum_{k,\ l}A(n,\ m;\ k,\ l)\cdot F_{n,\ m}(t)\cdot F_{k,\ l}(t)+\frac{1}{R(V_{n,\ m})}\sum_{n,\ m}\int_{0}^{F_{n,\ m}}G^{-1}(F_{n,\ m})\mathrm{d}F_{n,\ m}-\sum_{n,\ m}\sum_{k,\ l}B(n,\ m;\ k,\ l)\cdot F_{n,\ m}(t)\cdot U_{k,\ l}(t)-\sum_{n,\ m}I_{n,\ m}F_{n,\ m}(t) \tag{8-26}$$

其中，$U_{k,l}(t)$、$F_{n,m}(t)$以及 G 是前馈输入，相邻单元的输出以及相邻单元输出与目标单元输出之间的关系。图像处理器的稳定性可以通过以下两个定理来建立，这两个定理需要求李雅普诺夫能量函数均受 MPRTD 图像处理器提供能量的限制，并且能量函数单调降低至最小值。

定理 1　当提供的电压源有界时，基于多峰谐振隧穿二极管的彩色图像处理器的李雅普诺夫函数 $E(t)$受 $E_{\max}$ 约束。

证明

如果提供的电压源有界，则 $V_{n,m}$、$F_{k,l}$、$V_{k,l}$ 和 $U_{k,l}$ 有界；如果 $V_{n,m}$ 有界，则 $V_{n,m}$ 函数的差分电阻也有界。当提供的电压源有界时，相邻单元与目标单元之间的电流 $A(i, j; k, l)$和 $B(i, j; k, l)$也有界，考虑到有界的外部电流源，则 $E(t)$是有界的。

定理 2　当 $\mathrm{d}F_{n,m}/\mathrm{d}V_{n,m} \geqslant 0$ 时，基于多峰的彩色图像处理器的李雅普诺夫函数的微分 $E(t)$小于或等于零，即：

$$\frac{\mathrm{d}E(t)}{\mathrm{d}t} \leqslant 0, \quad \frac{\mathrm{d}F_{n,m}}{\mathrm{d}V_{n,m}} \geqslant 0 \tag{8-27}$$

证明

从式(8-26)中，$E(t)$相对于时间 t 的微分可表示为：

$$\begin{aligned}
\frac{\mathrm{d}E(t)}{\mathrm{d}t} = & -\sum_{n,m}\sum_{k,l} A(n, m; k, l)\frac{\mathrm{d}F_{n,m}}{\mathrm{d}V_{n,m}} \cdot \frac{\mathrm{d}V_{n,m}}{\mathrm{d}t} \cdot F_{k,l}(t) + \\
& \frac{1}{R(V_{n,m})}\sum_{n,m}\frac{\mathrm{d}F_{n,m}}{\mathrm{d}V_{n,m}} \cdot \frac{\mathrm{d}V_{n,m}}{\mathrm{d}t} \cdot G^{-1}(F_{n,m}) - \\
& \sum_{n,m}\sum_{k,l} B(n, m; k, l)\frac{\mathrm{d}F_{n,m}}{\mathrm{d}V_{n,m}} \cdot \frac{\mathrm{d}V_{n,m}}{\mathrm{d}t} \cdot U_{k,l}(t) - \sum_{n,m} I_{n,m}\frac{\mathrm{d}F_{n,m}}{\mathrm{d}V_{n,m}} \cdot \frac{\mathrm{d}V_{n,m}}{\mathrm{d}t} \\
= & -\sum_{n,m}\frac{\mathrm{d}F_{n,m}}{\mathrm{d}V_{n,m}} \cdot \frac{\mathrm{d}V_{n,m}}{\mathrm{d}t}\Big(\sum_{k,l} A(n, m; k, l) \cdot F_{k,l}(t) - \frac{G^{-1}(F_{n,m})}{R(V_{n,m})} + \\
& \sum_{k,l} B(n, m; k, l) \cdot U_{k,l}(t) + I_{n,m}\Big) \\
= & -\sum_{n,m}\frac{\mathrm{d}F_{n,m}}{\mathrm{d}V_{n,m}} \cdot \left[\frac{\mathrm{d}V_{n,m}}{\mathrm{d}t}\right]^2 \cdot C
\end{aligned} \tag{8-28}$$

由于我们可以假设 C 在物理意义上为正，因此 $\mathrm{d}E(t)/\mathrm{d}t$ 的正负取值取决于 $\mathrm{d}F_{n,m}/\mathrm{d}V_{n,m}$，根据此定理，基于多峰谐振隧穿二极管的彩色图像处理器在 $\mathrm{d}F_{n,m}/\mathrm{d}V_{n,m} \geqslant 0$ 的区域内是稳定的。当多峰谐振隧穿二极管的差分电阻为正时，$F_{n,m}$ 与 $V_{n,m}$ 的差为正。当彩色图像处理器的函数是量化或光滑函数时，模板 A 将改变并具有所有正值。在颜色提取的情况下，模板 A 具有相对于 $F_{k,l}$ 可变的正值，并且模板 B 也具有相对于 $U_{k,l}$ 可变的正值。变化值后的模板 A 和 B 不会影响图像处理器的稳定性。基于式(8-28)，无论怎样，多峰谐振隧穿二极管的彩色图像处理器都保持稳定。

8.9　本章总结

在本章中，我们介绍了一种通过使用空间分布的多峰谐振隧穿二极管阵列处理彩色图像的新体系结构。通过编程充当神经元的 MPRTD 互联模式(突触)来仿真不同的图像处理函数，例如量化函数、光滑函数和颜色提取，并演示了各种彩色图像处理功能，通过更改 MPRTD 之间的电导值来实现量化函数和光滑函数。对于颜色提取功能，我们介绍了三种不同的方法来提取所选颜色，并演示了这些功能的 HSPICE 仿真结果。通过仿真，我们证明了量化函数需要 130ps 的处理时间，光滑函数需要 600ps 的处理时间，颜色提取需要 1.3ns 的处理时间。显然，这些性能数据证明，基于 MPRTD 的彩色图像处理器比传统的数字信号处理器具有更快的处理速度和更低的能耗，如表 8-4 所示。

参考文献

[1] L. O. Chua and L. Yang, "Cellular Neural Networks: Applications," IEEE Trans. Circuits and Systems, vol. 35, Oct. 1988, 1273–1290.

[2] L. L. Chang, L. Esaki, and R. Tsu, "Resonant Tunneling Diode in Semiconductor Double Barriers," Appl. Phys. Lett., vol. 24, Jun. 1974, 593–595.

[3] P. Mazumder, S. Kulkarni, G. I. Haddad, and J. P. Sun, "Digital Applications of Quantum Tunneling Devices," Proceedings of the IEEE, Apr. 1998, 664–688.

[4] A. Seabaugh and P. Mazumder, "Quanmtum Devices and Their Applications," Proceedings of the IEEE, vol. 7, no. 4, April 1999.

[5] G. I. Haddad and P. Mazumder, "Tunneling Devices and Their Applications in High-Functionality/Speed Digital Circuits," Journal of Solid State Electronics, vol. 41, no. 10, Oct. 1997, 1515–1524.

[6] J. P. Sun, G. I. Haddad, P. Mazumder and J. N. Schulman, "Resonant Tunneling Diodes: Models and Properties", Proceedings of the IEEE, 1998.

[7] A. C. Seabaugh, Y. C. Kao and H. T. Yuan, "Nine-state Resonant Tunneling Diode Memory," IEEE Electron Device Lett., vol. 13, no. 9, 1992, 479–481.

[8] Li Ding and Pinaki Mazumder, "Noise- Tolerant Quantum MOS Circuits Using Resonant Tunneling Devices," IEEE Trans. Nanotechnology, vol. 3, 2004, 134–146.

[9] Texas Instruments, TMS320C6711 DSK: http://focus.ti.com/ docs/toolsw/folders/print/tmds320006711.html

[10] Texas Instruments, TMS320DM642 Product folder: http://focus.ti.com/docs/toolsw/folders/print/tmds320dm642.html

[11] Texas Instruments, TMS320DM642 Power Consumption: http://focus.ti.com/lit/an/spra962a/spra962a.pdf

[12] Texas Instruments, TMS320C6416 Product folder: http://focus.ti.com/docs/prod/folders/print/tms320c6416.html

[13] Texas Instruments, TMS320C6416 Power Consumption: http://focus.ti.com/lit/an/spra811c/spra811c.pdf

[14] http://focus.ti.com/dsp/docs/dsphome.tsp?sectionId=46&DCMP=TIHeaderTracking&HQS=Other+OT+hdr_p_dsp

[15] W. Pratt, Digital Image Processing, 3rd Edition, Wiley 2001.

[16] V. P. Roychowdhury, D. B. Janes, and S. Bandyopadhyay, "Collective Computational Activity in Self-Assembled Arrays of Quantum Dots: A Novel Neuromorphic Architecture for Nanoelectronics," IEEE Trans. on

Electron Devices, vol. 43, no.10, 1996, 1688–1699.
[17] K. Karahaliloglu, S. Balkir, S, "Image processing with quantum dot nanostructures," International Symposium on Circuits and Systems, vol. 5, 2002, 217–220.
[18] Woo Hyung Lee and Pinaki Mazumder, "Motion detection by quantum dots based velocity tuned filter," IEEE Trans. on Nanotechnology, vol. 7, 2008.
[19] Takao Waho, Kevin J. Chen and Masafumi Yamamoto, "Resonant-Tunneling Diode and HEMT Logic Circuits with Multiple Thresholds and Multilevel Output," IEEE Journal of solid-state circuits, vol. 33, no. 2, 1998.
[20] Martin Hänggi and Leon O. Chua, "Cellular neural networks based on resonant tunnelling diodes," International Journal of Circuit Theory and Applications, vol 29 issue 5, 487–504, 2001.
[21] W. Huang, et al., "Enhancement-mode GaN Hybrid MOS-HEMTs with Ron,sp of 20 mΩ-cm2," Proceedings of the 20th ISPSD, 2008.
[22] Bong-Hoon Lee and Yoon-Ha Jeong, "A Novel SET/MOSFET Hybrid Static Memory Cell Design," IEEE Trans. on Nanotechnology, vol. 3, 2004.
[23] K. Karahaliloglu, S. Balkir, S. Pramanik, and S. Bandyopadhyay, "A Quantum Dot Image Processor," IEEE Trans. on Electron Devices, vol. 50, no. 7, July 2003.
[24] Arena, P., Fortuna, L., Occhipinti, L, "A CNN algorithm for real time analysis of DNA microarrays," IEEE Transactions on Circuits and Systems I: Fundamental Theory and Applications, vol. 49 no. 3, Mar 2002, 335–340.
[25] Wang, L., De Gyvez, J.P. and Sanchez- Sinencio, E, "Time multiplexed color image processing based on a CNN with cell-state outputs," IEEE Trans. VLSI Systems, vol. 6, no. 2, June 1998, 314–322.
[26] Tetzlaff, R., R. Kunz, C. Ames, D. Wolf, "Analysis of Brain Electrical Activity in Epilepsy with Cellular Neural Networks (CNN)," Proc. on European Conference on Circuit Theory and Design, 1999.

CHAPTER9

第9章

基于谐振隧穿二极管阵列的速度调谐滤波器设计

Woo Hyung Lee 和 Pinaki Mazumder

在本章中，我们提出了一种纳米级速度调谐滤波器，它使用谐振隧穿二极管来实现时间滤波，以追踪移动中的物体和静止的物体。新的速度调谐滤波器不仅适用于纳米计算，而且在面积、功率和速度方面优于其他方法。结果表明，所提出的速度调谐滤波器的纳米结构在特定范围内是渐近稳定的。

9.1 引言

众所周知，实时视觉机器的应用任务是计算密集型的，需要复杂而昂贵的资源。此外，某些特定的任务，如生物机器人和生物医学应用，对整个系统的规模、功耗、抗冲击性和制造成本提出了额外的限制。实时视觉机器需要大量的计算量和计算资源进行运动计算。一个有吸引力的解决方案是使用并行图像处理架构[1-2]。

由于速度调谐滤波器是运动计算的主要组成部分之一，它要求紧凑的空间和较低的功耗。速度调谐滤波器可以与模式识别器、光流传感器和噪声去除器相结合，创建实时视觉机器。尽管人们已经研究了使用时空导数和 Reichardt 相关检测器的速度调谐滤波器，但它们不能提供足够的面积紧凑性、低功耗和/或速度[3-4]。这些问题可归因于传统模拟电路的局限性，无法实现实时视觉机器的高性能。

在纳米电子器件中，谐振隧穿二极管结构阵列在面积、功耗和速度方面表现出良好的性能。自从被几位研究人员研究[1-2]以来，它们的应用仅限于布尔逻辑或图像处理。

利用谐振隧穿二极管的双稳态，可以放大系统中的输出信号差，而在速度调谐滤波器中，需要一个实现放大输出差的电路以区分特定速度的物体。因此，可将谐振隧穿二极管用于速度调谐滤波器中，根据其中的速度来放大输出信号差。

在本章中，我们将研究一种使用诸如谐振隧穿二极管这样的纳米电子器件的新型速度调谐滤波器。由于利用了谐振隧穿二极管阵列的有效并行处理能力，速度调谐滤波器在面积、功率和速度方面均优于其他传统速度调谐滤波器。

9.2 基于 RTD 的速度调谐滤波器阵列

9.2.1 传统速度调谐滤波器

图 9-1 展示了传统的速度调谐滤波器。传统的速度调谐滤波器由前置放大器、滤波器、乘法器和差分放大器组成。前置放大器分为前置滤波部分和放大部分。在预滤波部分，输入信号 In_n 来自图 9-1 中未示出的光电探测器。在输入信号被前置放大器放大后，输入信号分别通过双层滤波器——受体层和水平单元层。受体层的主要功能是提高信噪比，水平单元层用于计算受体输出的时空平均值，双层滤波器的组合功能是时空带通滤波器。在文献[5]中，Torralba 使用 CNN 结构来实现时空带通滤波器，并使用有源和无源器件来连接 CNN 单元。

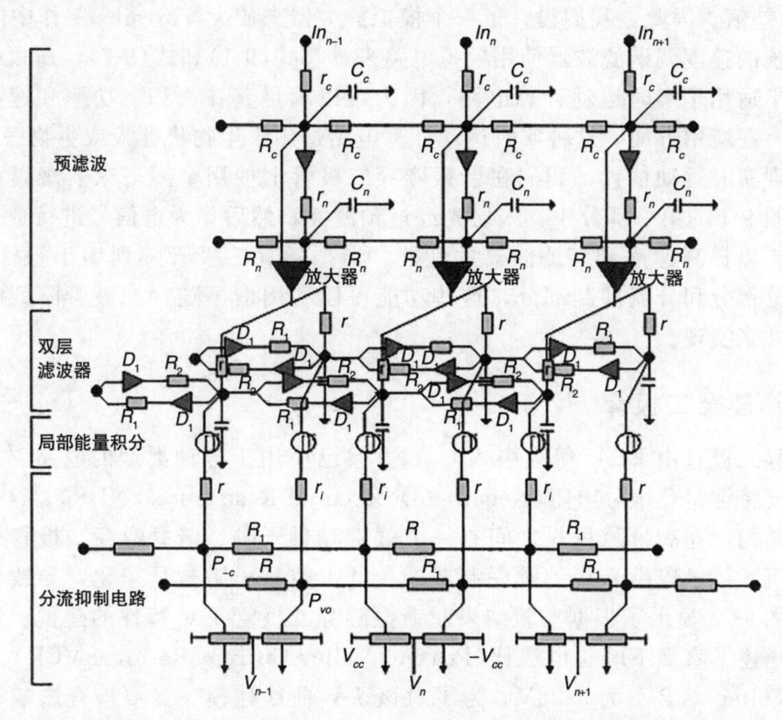

图 9-1 传统的速度调谐滤波器，包括预滤波、双层滤波器、局部能量积分和分流抑制电路[5]

在对来自光流的信号进行预滤波后，对滤波后的信号进行放大，以向双层滤波器提供输入。然后，用双层滤波器对信号进行滤波，使信号具有基于速度的不同值。最后，用局部能量积分放大滤波后的信号，并使用分流抑制电路将输出线性化为信号之间的差异。

局部能量积分可以用数学形式表示为：

$$
\begin{aligned}
P(\Delta v) &= \int \Gamma_s(f_x)\mathrm{d}f_x \\
&= \int \Gamma_e(f_x)|G(f_x)|^2\mathrm{d}f_x \\
&= \Gamma\int |G(f_x)|^2\mathrm{d}f_x \\
&= \frac{\Gamma}{2\gamma\sqrt{1+(v_x-v_0)^2/\Delta v_0^2}}
\end{aligned} \tag{9-1}
$$

式中，v_x 和$G(f_s)$分别表示输入速度和响应频率，Γ、γ 和 Δv_0 为常量[5]。速度调谐滤波器需要分流抑制电路来线性化输出。分流抑制的函数在数学上写为：

$$
V_{\text{out}}=\frac{G_+-G_-}{G_++G_-}V_{\text{cc}}=\frac{P_{V0}-P_{-V0}}{P_{V0}+P_{-V0}}V_{\text{cc}} \tag{9-2}
$$

根据式(9-2)可知，输出电压与G_+和G_-之间的差值成比例。差值可以表示为P_{V0}和P_{-V0}之间的差值。因此，我们设计了一个模拟放大器来放大 Torralba 工作中的差值[5]。

由于传统的速度调谐滤波器使用模拟电路来计算式(9-1)和式(9-2)，所以传统的速度调谐滤波器不适用于实时运动计算电路，因为难以满足其在面积、功率和速度方面较高的性能要求。在应用方面，这种实时运动计算电路适用于生物机器人或生物医学的应用。

为了实现实时运动估计，我们在谐振隧穿二极管上使用金属岛来实现谐振隧穿二极管阵列。在图 9-1 的第一部分中，入射光经过预滤波，然后作为电信号进行放大，剩下的部分将被聚焦以提高速度调谐滤波器的性能。谐振隧穿二极管阵列用于替代滤波部分、局部能量积分部分和分流抑制部分。这些功能可以利用谐振隧穿二极管阵列的负阻特性和面积紧凑性来实现。

9.2.2　谐振隧穿二极管

谐振隧穿二极管由 Esaki 等人引入[6-7]，并且已应用于各种类型的电路[8]。谐振隧穿二极管的主要特性是负微分电阻(Negative Differential Resistance，NDR)。这一特性来源于它的异质结构，在高带隙材料之间有一个低带隙量子阱。谐振隧穿二极管的厚度和宽度是用外延沉积技术以微米级的顺序制造的。低带隙量子阱被量子化，导致量子阱中的能级离散。图 9-2a 显示了根据实验结果对谐振隧穿二极管 *I-V* 特性的建模。制备的谐振隧穿二极管描述了室温下峰谷电流比(Peak-to-Valley-Current Ratio，PVCR)为 13，峰值电压(Peak Voltage，PV)为 0.28V。为了对该 *I-V* 曲线建模，需要检查影响谐振隧穿二极管传导的因素。

然而，谐振隧穿二极管的尺寸随工艺的变化而变化。由于电流与谐振隧穿二极管的大小成正比，所以 *I-V* 曲线也上下浮动。由于这些功能在保证负微分电阻区域时是有效的，这将影响系统的功能。这意味着，如果最低的峰值高于最高的谷值，则功能性从过程的偏差来看是有效的。根据实验结果，假设峰谷电流比为 13，因此，只要谐振隧穿二极管的大小偏差小于 13，功能就仍然有效。

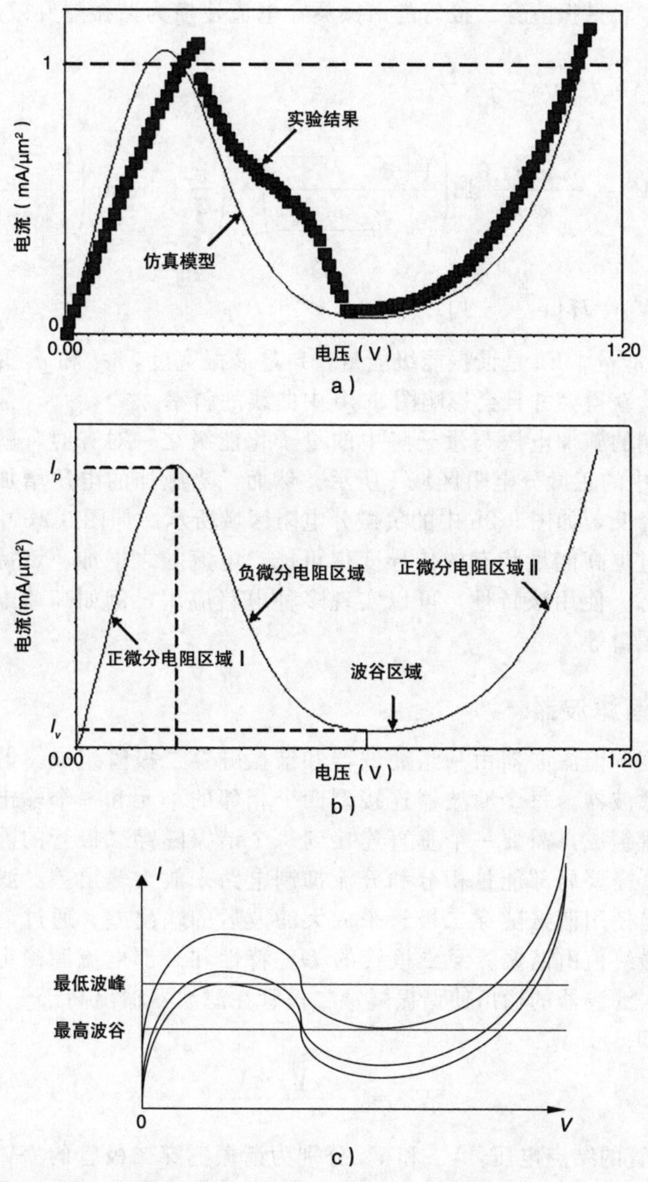

图 9-2　基于实验结果的谐振隧穿二极管的建模。a）实验结果与仿真模型；b）多区域谐振隧穿二极管的仿真模型；c)金属岛尺寸的 I-V 曲线偏差

然而，根据文献[9]，利用尖端技术制造峰谷电流比为 46 的谐振隧穿二极管是可能的。在这种情况下，保证系统功能的最大单元尺寸偏差为 46。随着工艺技术的发展，情况将得到改善。

谐振隧穿二极管的传导由两部分组成：一部分是谐振隧穿的传导，另一部分是二极管的传导。负微分电阻是谐振隧穿传导效应的结果[10-12]。利用 Schulman 等人提出的基于物理学的模型，将谐振隧穿二极管的谐振隧穿电流建模为谐振隧穿效应 J_1 与二极管传导效应 J_2 的和：

$$J(V)=J_1(V)+J_2(V) \tag{9-3}$$

$$J_1(V)=\frac{qm\cdot kT\Gamma}{4\pi^2\hbar^3}\ln\left(\frac{1+e^{\frac{E_F-E_r+\frac{n_1qV}{2}}{kT}}}{1+e^{\frac{E_F-E_r-\frac{n_1qV}{2}}{kT}}}\right)\cdot\left(\frac{\pi}{2}+\arctan\left(\frac{E_r-\frac{n_1qV}{2}}{\frac{\Gamma}{2}}\right)\right) \tag{9-4}$$

$$J_2(V)=H\left(e^{\frac{n_2qV}{kT}}-1\right) \tag{9-5}$$

其中，E_F 是费米能量，E_r 是谐振能级能量，Γ 是谐振宽度，n_1 和 n_2 是模型参数。这些参数通常通过经验获得，并且会影响图 9-2b 中曲线的斜率。

当二极管两端的施加电压与量子阱中的量子化能级之一对齐时，就会发生谐振隧道效应，如图 9-2b 中的正微分电阻区域 I 所示。然而，当施加的电压增加到与量子化能级错位时，传导会降低，如图 9-2b 中的负微分电阻区域所示。如图 9-2b 中的正微分电阻区域所示，随着通过更高能量状态的传导变得可能，电流随之增加。该特性使电路开关快速且自锁或双稳态。使用该特性，可以实现多种电路应用，例如高速电路、低功率延迟乘积电路和多值逻辑等。

9.2.3　速度调谐滤波器

所研究的速度调谐滤波器由一组滤波器和谐振隧穿二极管组成。谐振隧穿二极管通过二极管连接到滤波器。每个滤波器连接到四个相邻的单元和一个输出单元。输出单元由谐振隧穿二极管组成，需要一个垂直连接到每个谐振隧穿二极管的静态电流源。传统的速度调谐滤波器需要局部能量积分和分流抑制电路来放大输出差。滤波器结构没有使用这些电路，而是使用谐振隧穿二极管来放大滤波后的输出差。通过谐振隧穿二极管的差动电阻特性，最终值由谐振隧穿二极管的 I-V 特性和外部电流源确定。在所研究的速度调谐滤波器中，滤波器的输出使谐振隧穿二极管在滤波器输出高于 1.4V 时工作。该阈值电压可以由式(9-6)计算：

$$V_{\text{th}}=V_d+\frac{V_p+V_v}{2} \tag{9-6}$$

其中，V_d 为二极管的结点电压，V_p 和 V_v 分别为谐振隧穿二极管的 I-V 曲线中的峰值电压和谷值电压。

图 9-3 显示了速度调谐滤波器侧视图和俯视图的示意图。对速度调谐滤波器的分析需要一个新的状态方程。通过修正式(9-7)中扩散电路的状态方程，得到新的结构状态方程。在式(9-7)中，$X_{n,m}$、$S_{n,m}$ 和 v 分别表示输入电压、输出电压和速度。此外，γ 和 τ 在式(9-8)和式(9-9)中定义。这里，γ 与滤波部分单元之间的电导有关，τ 影响滤波器的处理时间。另外，v_{x0} 和 v_{y0} 分别表示 x 方向和 y 方向的调谐速度：

$$\tau \frac{\mathrm{d}S_{n,m}(t)}{\mathrm{d}t}=X_{n,m}(t)-S_{n,m}(t)+\left(\gamma^2+\frac{v_{x0}\tau}{2}\right)(S_{n-1,m}(t)-S_{n,m}(t))+$$
$$\left(\gamma^2+\frac{v_{x0}\tau}{2}\right)(S_{n,m-1}(t)-S_{n,m}(t))+$$
$$\left(\gamma^2-\frac{v_{x0}\tau}{2}\right)(S_{n+1,m}(t)-S_{n,m}(t))+$$
$$\left(\gamma^2-\frac{v_{x0}\tau}{2}\right)(S_{n,m+1}(t)-S_{n,m}(t)) \tag{9-7}$$

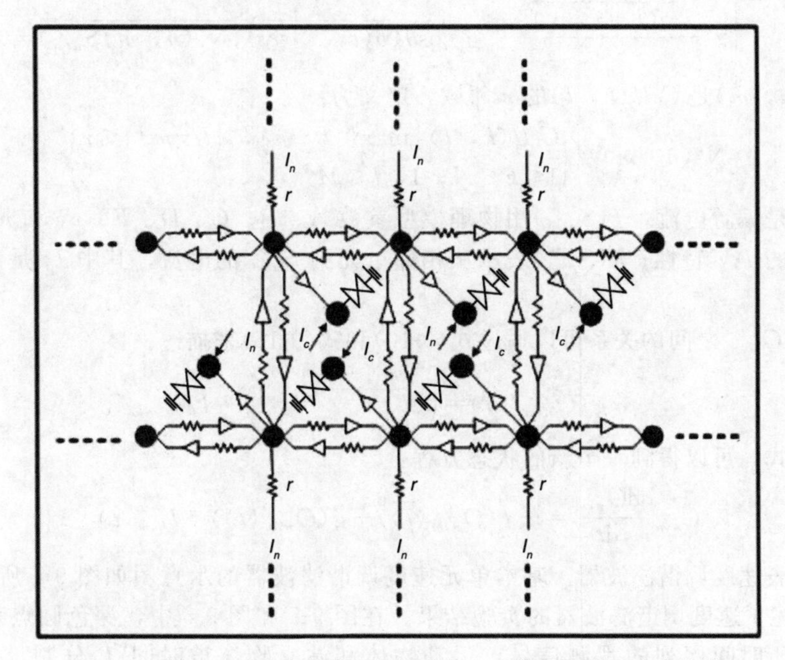

图 9-3　带有一系列滤波器和谐振隧穿二极管的速度调谐滤波器

$$\gamma^2=\frac{r}{\dfrac{kT}{qI_s\left(\mathrm{e}^{\frac{qV_d}{kT}}-1\right)}+R} \tag{9-8}$$

$$\tau=r\cdot C \tag{9-9}$$

考虑到谐振隧穿二极管，可以得到如下状态方程：

$$\frac{\mathrm{d}}{\mathrm{d}t}q_{n,m}=C_{n,m}\frac{\mathrm{d}S_{n,m}}{\mathrm{d}t}=-f(S_{n,m}(t))+h(S_{n,m}) \tag{9-10}$$

$$f(S_{n,m}(t))=F\cdot(\exp(n_2S_{n,m}q/kT)-1)+A\cdot\ln\left[\frac{1+\mathrm{e}^{((B-C+n_1S_{n,m})q/kT)}}{1+\mathrm{e}^{((B-C-n_1S_{n,m})q/kT)}}\right]\cdot$$
$$\left[\frac{\pi}{2}+\arctan\left(\frac{C-n_1S_{n,m}}{D}\right)\right]+H\left(\mathrm{e}^{\frac{n2\mathrm{eV}}{kT}}-1\right) \tag{9-11}$$

$$h(S_{n,m}(t))=\sum_{Cell(k,\ l)\in N_r(n,\ m)} G(Nr(n,\ m),\ \overrightarrow{v}(t,\ x,\ y))\cdot\left(\mathrm{e}^{\frac{q(N_r(n,\ m)-I_rR-S_{n,\ m})}{kT}}-1\right)\cdot I_s \tag{9-12}$$

其中，

$$G(N_r(n,\ m),\overrightarrow{v(t,\ x,\ y)})=\begin{cases}\gamma^2+\dfrac{\overrightarrow{v(t,\ x,\ y)}\cdot\tau}{2}\text{当}\cos\theta(\overrightarrow{v(t,\ x,\ y)},\overrightarrow{N_r(n,\ m)S_{n,m}})=0;\\ \gamma^2-\dfrac{\overrightarrow{v(t,\ x,\ y)}\cdot\tau}{2}\text{当}\cos\theta(\overrightarrow{v(t,\ x,\ y)},\overrightarrow{N_r(n,\ m)S_{n,m}})\neq 0;\end{cases} \tag{9-13}$$

并且，$N_r(n,\ m)$是$Cell(k,\ l)$的 r 邻域，定义为：

$$N_r(n,\ m)=\begin{Bmatrix}Cell(k,\ l)\,|\max\{|k-n|,\ |l-m|\}\leqslant r\\ 1\leqslant k\leqslant N;\ 1\leqslant l\leqslant M\end{Bmatrix} \tag{9-14}$$

其中，$I_{n,m}$ 是偏置电流，$f(S_{n,m})$用物理模型参数 A、B、C、D、F、n_1 和 n_2 描述谐振隧穿二极管的 I-V 特性；$h(S_{n,m})$表示从相邻单元到 $S_{n,m}$ 的电流，其中 I_s 是二极管中的饱和电流。

$S_{n,m}$ 与 $O_{n,m}$ 之间的关系可以通过式(9-10)和式(9-15)来描述：

$$g(O_{n,m}(t))=\left(\mathrm{e}^{\frac{q(S_{n,m}-O_{n,m})}{kT}}-1\right)\cdot I_s \tag{9-15}$$

利用这些公式，可以得到一个新的状态方程：

$$C_{n,m}\frac{\mathrm{d}O_{n,m}}{\mathrm{d}t}=-f(O_{n,m}(t))+g(O_{n,m}(t))+I_{n,m}(t) \tag{9-16}$$

这个方程代表速度调谐滤波器。基本单元速度调谐滤波器的示意图如图 9-4 所示。图 9-5 和图 9-6 描述了速度调谐滤波器的实验结果。在图 9-5 和图 9-6 中，深色圆点表示输入脉冲信号。基于时间序列的观测信号、运动物体和站立物体被时间 T 分割，因此 $T=2$

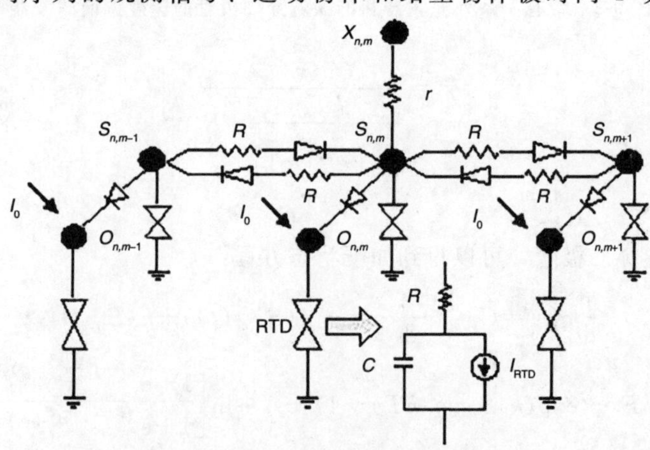

图 9-4　速度调谐滤波器基本单元电路模型

表示采样时钟序列中 $T=1$ 的下一时间。在图 9-5 中，站立物体(S_4)在输出 O_4 中放大，而其他从 S_2 到 S_1 的运动物体在 O_1 中保持低输出值。在图 9-6 中，从 S_2 到 S_1 的运动物体在 O_1 中被锁定为高值，而站立物体 S_4 被锁定为 O_4 中的低输出值。在图 9-7 中，左图是运动输入。第一行表示以 2 像素/秒的速度向右运动的物体，第二行为以 1 像素/秒的速度向右运动的物体，第三行表示静止不动的物体，第四行为以 1 像素/秒的速度向左运动的物体，第五行表示速度为 2 像素/秒的向左运动的物体。图 9-7 和图 9-8 的右侧显示滤波器的输出。在图 9-7 中，只有不运动的目标物体的输出值很高，显示为红色和黄色。因此，可以如图 9-7b 所示检测到非运动物体。

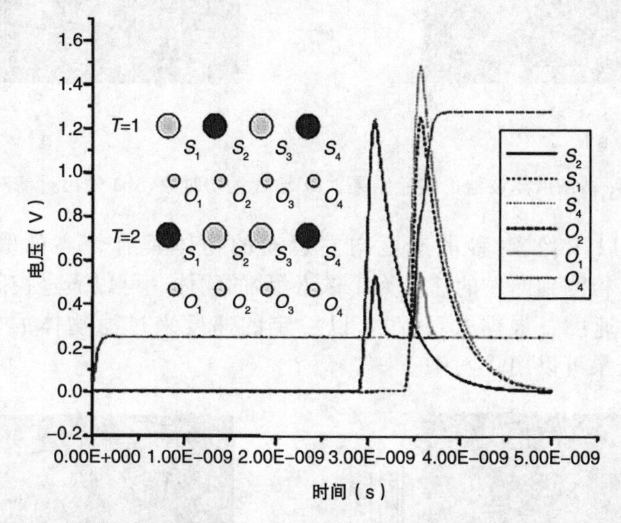

图 9-5　速度为 0 的速度调谐滤波器的 HSPICE 仿真结果(见彩插)

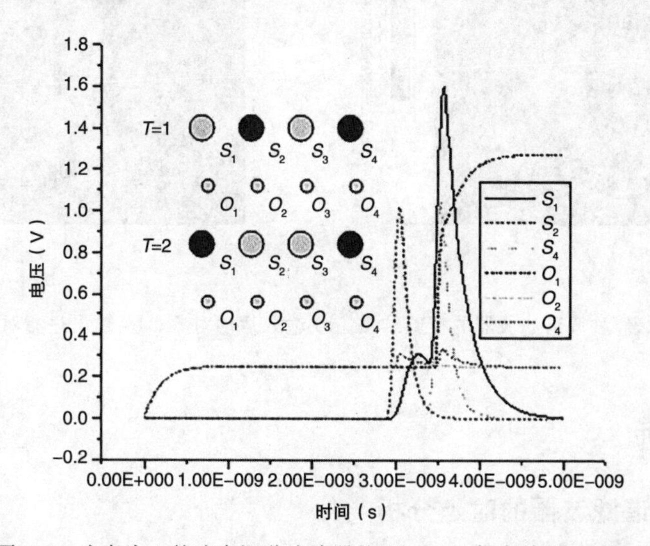

图 9-6　速度为 1 的速度调谐滤波器的 HSPICE 仿真结果(见彩插)

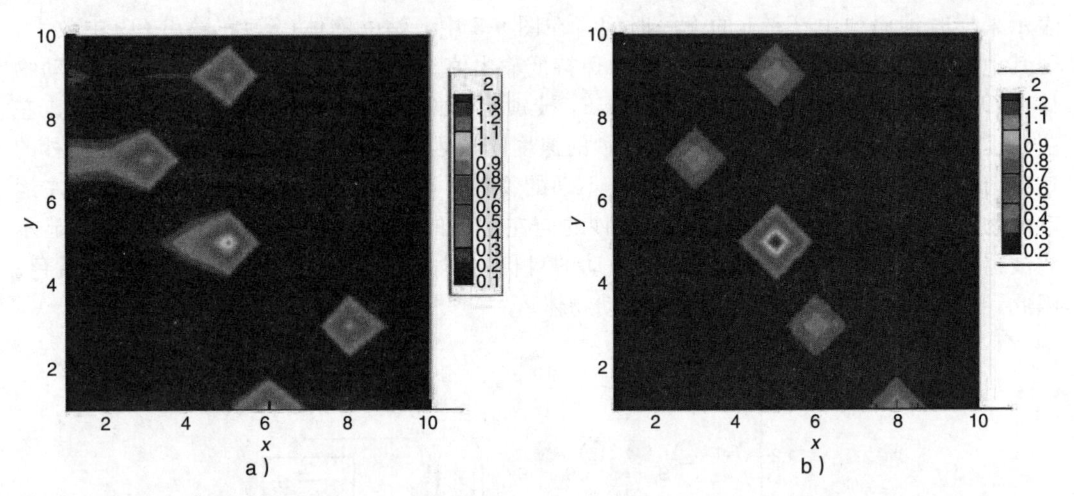

图 9-7　0 像素/秒调谐滤波器的实验结果。a) 输入运动对象；b) 输出过滤对象(见彩插)

在图 9-8 中，以 1 像素/秒的速度向左运动的物体具有较高的输出值。因此，如图 9-8b 所示，可以检测到向左的速度为 1 像素/秒的物体。可以通过控制单元之间的电阻值来选择要过滤的速度。根据式(9-7)，以一定的速度来过滤物体的电阻值是可控的。图 9-8b 中的输出结果可以用式(9-16)来解释。

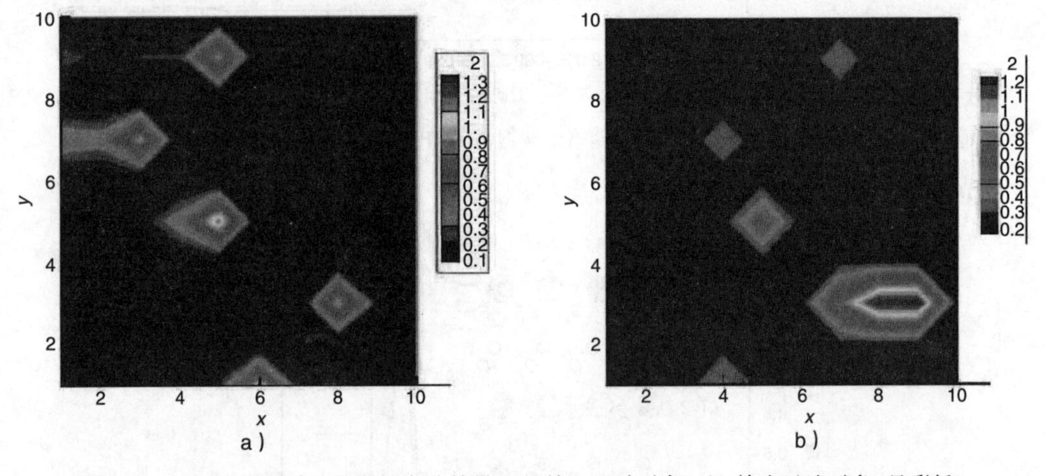

图 9-8　1 像素/秒调谐滤波器的实验结果。a) 输入运动对象；b) 输出过滤对象(见彩插)

9.3　系统分析

9.3.1　速度调谐滤波器的时延分析

本节研究输入信号到输出节点的延迟。为了分析信号延迟，将速度调谐滤波器视为树状的 RC 网络，简化为图 9-9 所示。图 9-9 描述了只有电容和电阻的速度调谐滤波器。

对于输出节点 $O_{n,m}$，式(9-17)始终成立：

$$\int_0^{\infty} V_{O_{n,n}}(t)\mathrm{d}t = \sum_{k=1}^{N} C_k S_k(0) R_{O_{n,m}} k \tag{9-17}$$

其中，

$$R_{O_{n,m,k}} = \sum R_j \Rightarrow (R_j \in [\mathrm{path}(O_{n,m} \to X_{n,m}) \cap \mathrm{path}(k \to X_{n,m})] \tag{9-18}$$

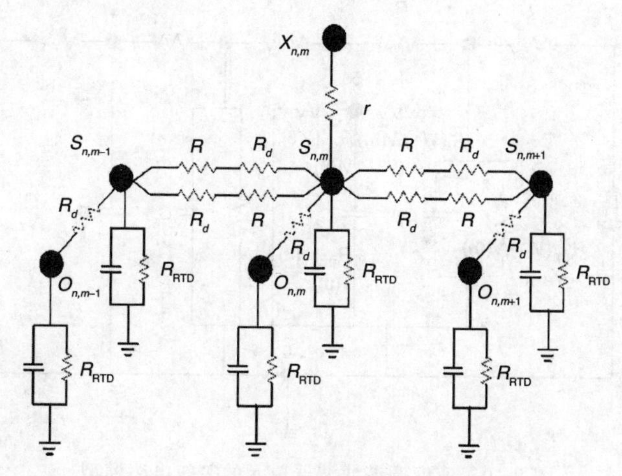

图 9-9　速度调谐滤波器的 RC 树表示

假设滤波器节点是 $2n\times 2m$ 的矩阵，与输出节点阵列相同，则信号从输入节点到输出节点在 n，m 位置的延迟可以表示为：

$$r\sum_{l=1}^{2m}\sum_{kl=1}^{2m}(C_{S_{k,l}} + C_{O_{k,l}}) - rC_{O_{n,m}} + (r + R_d(V) + 5R_{\mathrm{RTD}}(V))C_{O_{n,m}} \tag{9-19}$$

其中，$R_{\mathrm{RTD}}(V)$和 $R_d(V)$是具有调节器件两端电压功能的电阻。假设由于 RTD，输出在 5τ(时间常数)之后稳定，因此在输出上添加了 RTD 的稳定时间 $5R_{\mathrm{RTD}}(V)$。根据图 9-5 和图 9-6 中的仿真结果，RTD 稳定需要的时间在 200ps 到 500ps 之间。假设所有节点的电容都相同，则式(9-19)可以近似为：

$$C(4rn \cdot 4rm + R_d(V) + 5R_{\mathrm{RTD}}(V)) \tag{9-20}$$

在给定阵列大小的情况下，延迟由输入电阻、二极管电阻和式(9-20)中的 RTD 电阻决定。

传统的速度调谐滤波器在滤波后采用局部能量积分和分流抑制电路，因此速度调谐滤波器比传统的速度调谐滤波器速度快得多。为了详细解释这一点，需要研究局部能量积分和分流抑制电路的传播延迟。在电路实现中，积分逻辑由乘法器和加法器组成。使用最先进的 0.11μmCMOS 标准单元库，对于 4 位乘法器，该积分逻辑的整个处理过程需要 4.5ns 至 5ns[13]。包括加法器在内，处理时间将增加到 7ns 至 8ns，这比图 9-5 和图 9-6 所示的纳米电子电路要慢 100 倍左右。

9.3.2　速度调谐滤波器的功耗分析

所研究的速度调谐滤波器比传统速度调谐滤波器具有更少的器件组件，因此可以认为速度调谐滤波器消耗的功率更少。为了分析功耗，需要将速度调谐滤波器分为两个部分。第一个部分对应滤波器部分，包括滤波器连接，输入连接，金属岛和图 9-4 中的谐振隧穿二极管；第二个部分包括输出互联，输出金属岛和图 9-4 中的输出谐振隧穿二极管。为了便于计算功耗，重新绘制图 9-4，如图 9-10 所示。

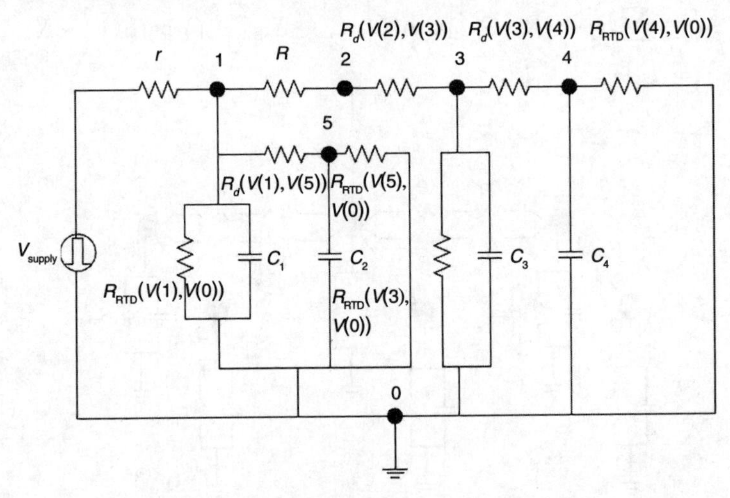

图 9-10 速度调谐滤波器单元的等效电路模型

电路分析时忽略滤波器右侧，假设滤波器区域内的电流是单向流动的。假设图 9-9 中节点 $X_{n,m}$ 的输入电压为 V_{supply}，V_{supply} 是一个有上升时间和下降时间的脉冲信号，电阻 r 的平均功耗为：

$$P_r=r\cdot I^2=r\cdot(YV_{\text{supply}})^2=r\cdot\left|\frac{1}{Z}\right|^2\cdot|V_{\text{supply}}|^2 \tag{9-21}$$

$$Y=\frac{1}{Z} \tag{9-22}$$

其中，

$$Z=r+\frac{R+R_d(V)+\dfrac{A\cdot(R_d(V)+A)}{2A+R_d(V)}\cdot\dfrac{A\cdot(R_d(V)+A)}{2A+R_d(V)}}{R+R_d(V)+\dfrac{2A\cdot(R_d(V)+A)}{2A+R_d(V)}} \tag{9-23}$$

其中，

$$A=\frac{\dfrac{1}{\mathrm{j}wC}\cdot R_{\text{RTD}}(V)}{\dfrac{1}{\mathrm{j}wC}+R_{\text{RTD}}(V)} \tag{9-24}$$

式中，$R_{\text{RTD}}(V)$和$R_d(V)$是具有调节器件两端电压功能的电阻。当电压施加到各个器件上时，$R_{\text{RTD}}(V)$和$R_d(V)$可以从 I-V 曲线中获得。二极管的 I-V 曲线可描述为：

$$I=I_s\left(\mathrm{e}^{\frac{qV}{kT}}-1\right) \tag{9-25}$$

RTD 的 I-V 曲线如式(9-3)、式(9-4)和式(9-5)所示。由于 V_{supply} 不是直流电源，所以器件两端的电压随时间变化。通过对仿真时间的分割和对每一区间方程的重复应用，可以处理这种计算。电阻 R 的平均功耗为：

$$P_R = R \cdot I_1^2 = R \cdot \left| \frac{\dfrac{A \cdot (R_d(V)+A)}{2A+R_d(V)}}{R+R_d(V)+\dfrac{2A \cdot (R_d(V)+A)}{2A+R_d(V)}} \right|^2 \cdot \left| \frac{1}{Z} \right|^2 \cdot |V|^2 \tag{9-26}$$

在滤波部分有二极管的情况下，平均功耗为：

$$P_{R_d(V)} = R_d(V) \cdot \left| \frac{\dfrac{A \cdot (R_d(V)+A)}{2A+R_d(V)}}{R+R_d(V)+\dfrac{2A \cdot (R_d(V)+A)}{2A+R_d(V)}} \right|^2 \cdot \left| \frac{1}{Z} \right|^2 \cdot |V|^2 \tag{9-27}$$

包括二极管、金属岛和谐振隧穿二极管的输出消耗的功率可表示为：

$$P_{\text{output}} = \frac{\left| \dfrac{A \cdot (R_d(V)+A)}{2A+R_d(V)} \right|^3}{\left| R+R_d(V)+\dfrac{2A \cdot (R_d(V)+A)}{2A+R_d(V)} \right|^2} \cdot \left| \frac{1}{Z} \right|^2 \cdot |V|^2 \tag{9-28}$$

总功耗可以通过测量流经电源的电流并与电源电压相乘得到，可以通过使用包含以上计算的 HSPICE 仿真获得。然而，由输出部分将外部电流包括到输出单元中，因此需要将由外部电流引起的功耗加到输出功耗中。修改后的功耗(包括外部电流的功耗)为：

$$P_{\text{output-mod}} = P_{\text{output}} + I_{\text{ext}}^2 \cdot R_{\text{RTD}}(V) \tag{9-29}$$

通过满足以下条件，可以使外部电流最小，以使静态功耗最小：

$$I_v + I_{\text{leak}} < I_{\text{ext}} < I_{\text{peak}} + I_{\text{leak}} \tag{9-30}$$

其中，I_{leak}、I_{peak} 和 I_v 是 RTD 电容分量的泄漏电流、峰值电流和谷值电流，如图 9-2b 所示。施加 0.5mA/μm^2 的电流密度，则存在两个稳定的电压点 0.15V 和 1.1V。因此，来自外部电流源的相应功耗为 15nW 和 110nW。将谐振隧穿二极管的电容值 10^{-15}F 和 V_{supply} 的值 1.5V 应用于 HSPICE 仿真，根据输出电压，总平均功耗在 29nW 至 114nW 的范围内。因此，如果考虑高输出电压，则外部电流在总功耗中占主导地位；否则，它与动态功耗相当。但是，动态功耗主要由输入电阻 r 和滤波器中电阻 R 的功率决定，它们中的每一个都比其他电阻元件具有更高的电阻值。

基于上述计算，表 9-1 给出了与文献[6，15]中速度调谐滤波器的性能比较。就面积而言，VTF 比其他 VTF 小 10 至 100 倍。如表 9-1 所示，VTF 的处理时间比其他 VTF 快 3 到 6 个数量级，并且功耗比其他 VTF 低约 100 倍。

表 9-1　速度调谐滤波器在 20×20 像素图像下的性能比较

	顺序速度调谐滤波器	传统网络速度调谐滤波器	新型速度调谐滤波器
面积	约 1000μm^2	约 100μm^2	约 10μm^2
处理时间	0.1～10ms(1GHz)	0.1～10μs	0.3～2ns
功率	0.1～1mW	0.1～1mW	1～10μW

9.3.3 速度调谐滤波器的稳定性

稳定性是系统设计中的一个重要问题。由于速度调谐滤波器由非线性元件(即 RTD 阵列)组成，因此需要使用适当的方法来检查非线性系统的稳定性。一种方法是 Lyapunov 定理。速度调谐滤波器的 Lyapunov 函数 $E(t)$定义为：

$$E(t)=-\frac{1}{2}\sum_{n,m}h(S_{n,m}(t))\cdot h(S_{k,l}(t))+\frac{1}{2}\sum_{n,m}f^2(S_{n,m}(t))-\sum_{n,m}I_{n,m}(S_{n,m}(t)) \tag{9-31}$$

考虑到 $f(S_{n,m}(t))$是非线性方程，$E(t)$可以描述为：

$$E(t)=-\frac{1}{2}\sum_{n,m}h(S_{n,m}(t))\cdot h(S_{k,l}(t))+\sum_{n,m}\int_0^{S_{n,m}}f(S_{n,m})\mathrm{d}S_{n,m}-\sum_{n,m}I_{n,m}(S_{n,m}(t)) \tag{9-32}$$

定理 1　当有电源电压限制时，速度调谐滤波器的 Lyapunov 函数 $E(t)$受 $E_{\max}$ 限制。

证明　为证明 $E(t)$是有界的，首先分析 $h(S_{n,m})$。假设电源电压是有界的，如果证明 $h(S_{n,m})$相对于 $S_{n,m}$ 的微分是有界的，则可以得出 $h(S_{n,m})$是有界的。由式(9-12)，得到 $h(S_{n,m})$对 $S_{n,m}$ 的微分：

$$h'(S_{n,m}(t))=\sum_{C(k,l)\in N_r(n,m)}G(N_r(n,m),\overrightarrow{v(t,x,y)})\cdot(q/kT)\cdot \mathrm{e}^{q(N_r(n,m)-I_rR-S_{n,m})/kT}\cdot I_s \tag{9-33}$$

在式(9-33)中，$h'(S_{n,m}(t))$以给定的有界 $S_{n,m}$ 为界。因此，显然 $h(S_{n,m})\cdot h(S_{k,l})$是有界的。为了证明 $f(S_{n,m})$是有界的，由式(9-9)得到 $f'(S_{n,m})$为：

$$f'(S_{n,m}(t))=b\exp(bn_2S_{n,m})Fn_2+\frac{\alpha\beta\left(\frac{\pi}{2}+\arctan\left(\frac{C-n_2S_{n,m}}{D}\right)\right)}{1+b\exp(B-C+n_2S_{n,m})}-\gamma \tag{9-34}$$

其中，

$$\alpha=A[1+b\cdot\exp(B-C-n_2S_{n,m})] \tag{9-35}$$

$$\beta=\frac{b\cdot\exp(B-C+n_2S_{n,m})}{1+b\cdot\exp(B-C-n_2S_{n,m})}+b\cdot\exp(B-C-n_2S_{n,m})\cdot\frac{[1+b\cdot\exp(B-C+n_2S_{n,m})]n_2}{[1+b\cdot\exp(B-C-n_2S_{n,m})]^2} \tag{9-36}$$

$$\gamma=\frac{A\cdot n_2\cdot\ln\left[\frac{1+b\cdot\exp(B-C+n_2S_{n,m})}{1+b\cdot\exp(B-C-n_2S_{n,m})}\right]}{D\left[1+\frac{(c-n_2S_{n,m})^2}{D^2}\right]}-H\cdot n_2\cdot b\cdot\exp(n_2bS_{n,m}) \tag{9-37}$$

其中，b 为 q/kT。在式(9-34)中，所有指数函数都以给定函数 $S_{n,m}$ 为界，因此 $f(S_{n,m})$是有界的。此外，具有有界函数 $S_{n,m}$ 的电流源是有界的，因此 $I_{n,m}$ 是有界的。根据 $E(t)$的每个元素都是有界的事实，可以得出 $E(t)$有界的结论。

定理2 在 $f'(S_{n,m})\geqslant 0$ 的区域中，速度调谐滤波器的 Lyapunov 函数的微分 $E(t)$ 小于或等于 0，即

$$\frac{\mathrm{d}E(t)}{\mathrm{d}t}\leqslant 0,\ f'(S_{n,m})\geqslant 0 \tag{9-38}$$

证明 根据式(9-31)，$E(t)$ 相对于时间 t 的微分可描述为：

$$\begin{aligned}\frac{\mathrm{d}E(t)}{\mathrm{d}t}=&-\sum_{n,m}\frac{\mathrm{d}f(S_{n,m}(t))}{\mathrm{d}S_{n,m}(t)}\cdot\frac{\mathrm{d}S_{n,m}(t)}{\mathrm{d}t}\cdot h(S_{k,l}(t))+\\&\sum_{n,m}\frac{\mathrm{d}f(S_{n,m}(t))}{\mathrm{d}S_{n,m}(t)}\cdot\frac{\mathrm{d}S_{n,m}(t)}{\mathrm{d}t}\cdot f(S_{n,m}(t))-\\&\sum_{n,m}I_{n,m}\cdot\frac{\mathrm{d}f(S_{n,m}(t))}{\mathrm{d}S_{n,m}(t)}\cdot\frac{\mathrm{d}S_{n,m}(t)}{\mathrm{d}t}\cdot f(S_{n,m}(t))\\=&-\sum_{n,m}\frac{\mathrm{d}f(S_{n,m}(t))}{\mathrm{d}S_{n,m}(t)}\cdot\frac{\mathrm{d}S_{n,m}(t)}{\mathrm{d}t}\cdot\\&(h(S_{k,l}(t))-f(S_{n,m}(t))+f(S_{n,m}(t))\cdot I_{n,m})\\=&-\sum_{n,m}\frac{\mathrm{d}f(S_{n,m}(t))}{\mathrm{d}S_{n,m}(t)}\cdot\left(\frac{\mathrm{d}S_{n,m}(t)}{\mathrm{d}t}\right)^2\cdot C\end{aligned} \tag{9-39}$$

假定 C 在物理意义上为正，则 $E(t)/\mathrm{d}t$ 的极性取决于 $f'(S_{n,m})$。假设 $f'(S_{n,m})\geqslant 0$ 导致 $E(t)/\mathrm{d}t\leqslant 0$。根据该定理，速度调谐滤波器在 $f'(S_{n,m})\geqslant 0$ 的有限区域内是稳定的。

因此，研究的电路最终是稳定的。如果初始条件为 $f'(S_{n,m})<0$，则由于外部电流，$S_{n,m}$ 进入 $f'(S_{n,m})\geqslant 0$ 的正差分电阻区域。外部电流源从负差分区域到正差分区域向 $S_{n,m}$ 提供驱动力。

推论1 当速度调谐滤波器稳定后，输出系统也将稳定。

证明 假设输出系统的 Lyapunov 函数为 $V(t)$。根据式(9-15)，因为已知 $S_{n,m}$ 是稳定函数，所以 $g(O_{n,m}(t))$ 的稳定性仅受 $O_{n,m}$ 影响。因此，可以通过与速度调谐滤波器相同的过程来检查输出系统的稳定性。这导致了相同的稳定性条件，即仅当 $f(S_{n,m})\geqslant 0$ 时，输出系统才稳定。

推论2 速度调谐滤波器是渐近稳定的。

证明 根据定理1、2和推论1，存在满足以下条件的任意 $S_{n,m}$ 初始值：

$$\|S_{0,0}\|<\delta\Rightarrow\|S_{n,m}(t,\ t_0,\ S_{0,0})\|<\varepsilon,\ \forall t\geqslant t_0 \tag{9-40}$$

另外，具有吸引力的是，存在一个 $\delta>0$ 的数，使得对于所有 $t_0\geqslant 0$ 都满足：

$$\|S_{0,0}\|<\delta\Rightarrow\|S_{n,m}(t,\ t_0,\ S_{0,0})\|\to 0,\ t\to\infty \tag{9-41}$$

然而，假定电压源无限大，速度调谐滤波器不满足上述条件。因为无限电压源可以产生无限电流源，所以 Lyapunov 函数 $E(t)$ 与定理1无关。

L. O. Chua 的工作证明了通用 CNN 的稳定性，并表明该系统具有全局稳定性[15]。在他的工作中，单元函数被定义为具有最大值和最小值以及正斜率区域的函数。但是，该系统与文献[15]使用的以 RTD 物理模型作为单元函数的系统有所不同。另外，该系统是渐近稳定的，而 Chua 的系统在所有条件下都是稳定的。

参考文献

[1] M Egmont-Petersen, D de Ridder, and H Handels, "Image processing with neural networks – a review", *Pattern Recognition*, 2002, 2279–2301.

[2] P. Kinget and M. S. Steyaert, "A programmable analog cellular neural network CMOS chip for high speed image processing", *IEEE Journal of Solid-State Circuits*, vol. 30, 1995, 235–243.

[3] E. H. Adelson, *Layered representation for image coding*. Technical Report 181, Vision and Modeling Group, The MIT Media Lab, 1991.

[4] N. Franceschini, "Early processig of color and motion in a mosaic visual system," *Neuro-science research*, vol. 2, 1985, 17–49.

[5] A. B. Torralba and J. Herault, "An efficient neuromorphic analog network for motion estimation" *IEEE Trans. on Circuits and Systems*, vol. 46, no. 2, 1999, 269–280.

[6] L. Esaki and R. Tsu, "Superlattice and negative differenctial conductivity in semiconductors," *IBM J. Res. Develop.*, vol. 14, no. 1, 1970, 61–65.

[7] L. L. Chang, L. Esaki, and R. Tsu, "Resonant tunneling in semiconductor double barriers," *Appl. Phys. Lett.*, vol. 24, no. 12, 1974, 593–595.

[8] P. Mazumder et al., "Digital circuit applications of resonant tunneling device," *Proc. IEEE*, vol. 86, no. 4, 1998, 664–686.

[9] Y. Su et al., "Novel AlInAsSb/InGaAs double-barrier resonant tunneling diode with high peak-to-valley current ratio at room temperature," *IEEE Electron Device Letters*, vol. 21, 2000, 146–148.

[10] J. N. Schulman, H. J. D. L. Santos, and D. H. Chow, "Physics based rtd current-voltage equation," *IEEE Electron Device Lett.*, vol. 17, 1996, 220–222.

[11] T. P. E. Broekaert et al., "A monolithic 4-bit 2-gsps resonant tunneling analog-to-digital converter," *IEEE J. Solid-State Circuits*, vol. 33, 1998, 1342–1349.

[12] J. P. Sun, G. I. Haddad, P. Mazumder, and J. N. Schulman, "Resonant tunneling diodes: models and properties," *Proc. IEEE*, vol. 86, 1998, 641–660.

[13] R. D. Kenney, M. J. Schulte, and M. A. Erle, "A high-frequency decimal multiplier," *IEEE International Conference on Computer Design*, 2004, 26–29.

[14] Yang et al., "Unequal packet loss resilience for mpeg-4 video over the internet," *ISCAS*, vol. 2, 2000, 832–835.

[15] L. O. Chua, and L.Yang, "Cellular neural networks: Theory," *IEEE Trans. Circuits and Systems*, vol. 35, October 1988, 1257–1272.

CHAPTER 10

第10章

基于量子点和可变电阻器件的可编程人工视网膜图像处理

Yalcin Yilmaz 和 Pinaki Mazumder

在本章中，提出了一个基于模拟可编程电阻网格的架构，它在最基本的层面上模仿了生物视网膜的细胞连接，能够执行各种实时的图像处理任务，如边缘和线条检测。单元结构采用被称为量子点的三维受限谐振隧穿二极管进行信号放大和锁存，这些量子点通过非易失性连续可变电阻元件在相邻单元之间相互连接。本章将介绍一种编程连接的方法，并通过电路仿真对其进行验证。我们通过使用所提出的单元结构的二维阵列进行仿真，证明各种扩散特性、边缘检测和线条检测任务，并提供分析模型。

10.1 引言

特征提取是视觉系统中的一项基本任务，因为提取的特征为相关性提供依据。在数字通用处理器中，尽管许多图像处理应用程序不需要浮点精度[1]，但这些应用程序每秒依然需要进行大量的操作。在视觉机器中使用快速、简单、相对准确的提取系统，可以直接减少处理的时间和所需的迭代次数。因此，主处理器元件可以依靠减少的数据集，为决策提供关于提取的特征的质量信息。

基于 CNN 的体系结构自带并行处理能力，这使其成为各种图像处理任务的有效平台。实时操作仅需短暂的处理时间，且局部连接为 VLSI 的实现提供了简单性、可扩展性和功耗效率[4]。因此，为了在视觉系统中执行细节提取任务，我们投入了大量的精力来开发新的方法并找到足够的 CNN 模板，例如边缘检测[5-7]，这大大得益于巨大的并行性和计算效率。

基于电阻网格的体系结构模型为执行多图像处理任务和运动检测提供了简单而有效的方法，而且它们都是 CNN 的简单形式。与数字计算结构相比，这些模型还有面积紧凑、噪声抗性和功耗较低的优点，这吸引了研究人员的注意。模型对 VLSI 芯片中元件值的不匹配也相对不敏感[8]。然而，文献中基于电阻网格的体系结构大多是静态应用的特定结构，不具备其数字电路对应产品的功能灵活性。因此，我们还需要在这些体系结构模型中引入新的方法和器件以实现功能通用性。

RTD 由于其 NDR 和快速开关特性，已被广泛应用于各种 CNN 结构。RTD 作为可变电阻被引入 CNN 单元中，增强了 CNN 单元的通用性和紧凑性。在文献[9]中，研究了一种采用 RTD 的 CNN 体系结构，并证明了 RTD 支持各种图像处理应用的快速建立时间。

在本章中，我们提出了一种基于可变电阻网格的体系结构，它改进了之前提出的速度调谐滤波器(VTF)体系结构[10]。结果表明，当包含可变电阻连接时，我们的体系结构可以获得各种扩散特性。这种升级的体系结构模型可用于不同的图像处理应用程序，例如边缘检测和线条检测，并且提供可以执行各种任务的灵活模拟处理环境。此外，RTD 还被用于提供高速信号的检测和放大。本章还提出了一种四个方向的电阻连接编程方法。

10.2　CNN 结构

10.2.1　谐振隧穿二极管模型与偏置

由于其 NDR 的基本特性，RTD 已被用于许多电路应用中。这里的 NDR 特性是指在一定范围内，NDR 装置施加电压的增加将导致通过该装置的电流减少，即随着电压的增加，电阻也增加。

RTD 电导由两种机制决定：第一种机制是谐振隧穿，用来提供 NDR 特性；另一种机制是二极管导通。

RTD I-V 的 NDR 特性如图 10-1 所示，其中的偏差水平基于文献[11]中的物理基础模型。RTD 电流 $J_{RTD}(V)$的公式如下：

$$J_1(V)=\frac{qm*kT\Gamma}{4\pi^2\hbar^3}\ln\left(\frac{1+e^{(E_F-E_r+n_1qV/2)/kT}}{1+e^{(E_F-E_r-n_1qV/2)/kT}}\right)*\left(\frac{\pi}{2}+\arctan\left(\frac{E_r-\frac{n_1qV}{2}}{\Gamma/2}\right)\right) \tag{10.1a}$$

$$J_2(V)=H\left(\frac{en2qV}{kT}-1\right) \tag{10.1b}$$

$$J_{RTD}(V)=J_1(V)+J_2(V) \tag{10.1c}$$

其中，$J_1(V)$为谐振隧穿引起的电流，$J_2(V)$为二极管导通电流。E_F 为费米能级，E_r 为谐振能级，Γ 为谐振宽度，n_1 和 n_2 为经验模型参数。q、$m*$、k、T 和$\hbar$分别为电子电荷、有效质量、玻尔兹曼常数、绝对温度和还原普朗克常数。V 是整个装置的电压。

当 RTD 被施加静态电流源偏置时，NDR 特性的主要优点会清晰地显示出来。如图 10-1 所示，如果选择该源的电流大小，使其在三个地方相交于 RTD I-V 曲线，就可以获得两个稳定的电压点。这一结果表明，对于通过 RTD 的相同电流量，它的电压可以取

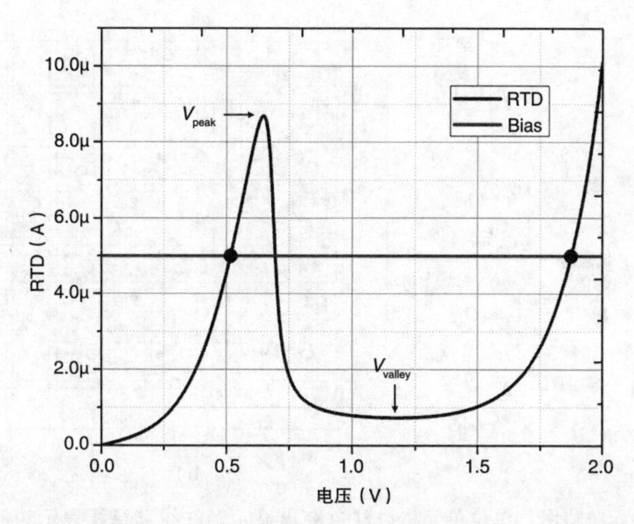

图 10-1　RTD I-V 曲线。灰线对应偏置水平，两条线的交点代表稳定操作点

两个稳定的值，分别对应于最低和最高电压与曲线的交点。因为任何小的扰动都会使RTD在中间的交点不稳定，所以RTD不会切换到外部交点。

这种结构的双稳态特性可以用来建立电压电平探测器，因为任何低于切换阈值的电压都会导致其在低状态下稳定，而任何高于阈值的电压都会导致其在高状态下稳定。RTD切换阈值可近似为：

$$V_{\mathrm{th_{RTD}}}=\frac{V_{\mathrm{peak}}+V_{\mathrm{valley}}}{2} \tag{10.2}$$

其中，V_{peak} 和 V_{valley} 分别为RTD的峰值和谷值电压。在检测模式下使用时，当系统启动，所有的RTD都会偏置到低压状态，对较高电压的控制扰动导致RTD稳定在较高的稳定水平上，同时还允许信号状态的检测和锁定。

10.2.2　单元结构

图 10-2a 显示了本章提出的单元结构，它由可变电阻器件、二极管和RTD组成。其中，可变电阻器件为相邻单元提供电阻连接，二极管为这些连接引入单向性，RTD检测和锁存信号电平。该单元的输入节点表示为 $I_{n,m}$，中心节点表示为 $C_{n,m}$，输出节点表示为 $O_{n,m}$。输入端由电压信号驱动，电压信号与由光电探测器产生的像素强度电平相对应。我们采用可变电阻器件的连接为实现网格结构中的各向同性、各向异性对称和不对称扩散特性提供可编程性，以提供多种方法实现各种时空滤波器。

4个可变电阻连接到单元及其邻近的中心节点，使中心节点电压成为相邻单元的中心节点电压的函数。连接的电阻决定了邻近的中心电压对单元中心电压的影响有多大。串联二极管控制两个相邻单元之间的电流在一个方向上仅通过一条路径。输出节点由二极管与中心节点隔离，二极管提供与二极管阈值相等的电压势垒。RTD能够检测和锁定输出信号。当电流源偏置时，RTD最初在较低的稳定电压下稳定；当中心节点上的电压电

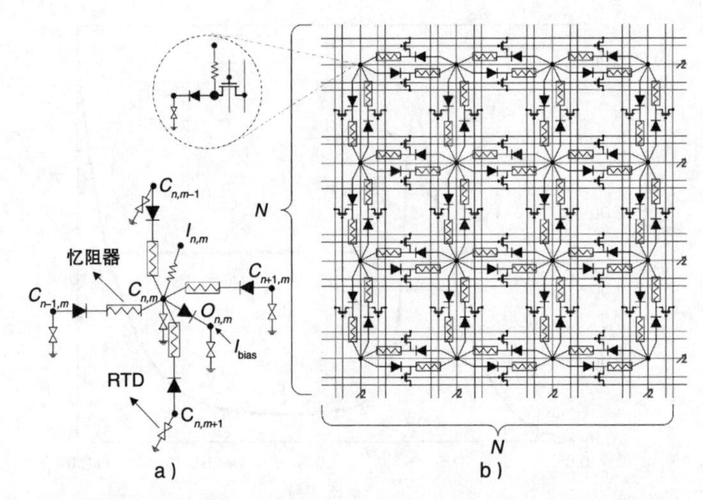

图 10-2　单元结构图。单位单元格以红色突出显示。红线和绿线表示访问晶体管的编程连接。a) 可变电阻单元；b) 处理阵列的俯视图(见彩插)

平超过检测阈值时，RTD在较高的稳定电压下稳定。两个稳定状态提供二进制输出。检测阈值等于RTD的二极管阈值和切换阈值之和。

图 10-2b 显示了 4×4 样本处理数组的俯视图，这里的单元以二维数组的方式连接。其中，图 10-2a 中用红色突出显示单元。为了对阵列中的某些功能进行编程，需要改变电阻，图 10-2b 中用绿线表示与单元的编程连接。每个绿色连接表示可编程的信号与电压驱动程序的连接，访问晶体管用于隔离正常阵列操作期间的连接。编程连接也可以与单元输入共享相同的连接，因此，如果将输入电阻设计得较小，则以增加编程时间或由于输入电阻两端的压降而增加编程电压为代价，从而减少了访问晶体管的数量。在单元擦除期间，需要红色和蓝色所示的连接以及访问晶体管，以绕过反向偏置的二极管。在擦除操作期间，可变电阻器件两端的电压极性相反。

10.3　编程可变电阻连接

为了能够在同一个阵列中实现不同的处理任务，我们需要编程电阻连接的电阻的流程。

图 10-3 显示了 $N \times N$ 阵列的编程流程。编程在四个方向(从左到右，从右到左，从上到下和从下到上)上执行，每次执行一个方向。整个阵列的编程在四个不同的方向上穿过阵列来改变这些方向的电阻。当在一个方向上进行时，电阻是按列的方式设置的。与单独编程阵列中的每个电阻单元相比，这种编程方式大大减少了所需的总时间。写入脉冲的持续时间和电压幅值决定了要存储在连接中的电阻。

在一个方向上，使用相同的电压幅度和脉冲持续时间。然而，可以沿不同方向改变脉冲特性以编程不同的电阻，从而为阵列编程不同的功能。

左至右方向的编程操作示例如图 10-4 所示。阵列中的所有连接最初都处于低电阻状态。编程首先将第一列写入电压设置为高(用红线表示)，其余列(用绿线表示)写入电压设置为低(在我们的实现中为 0V)。

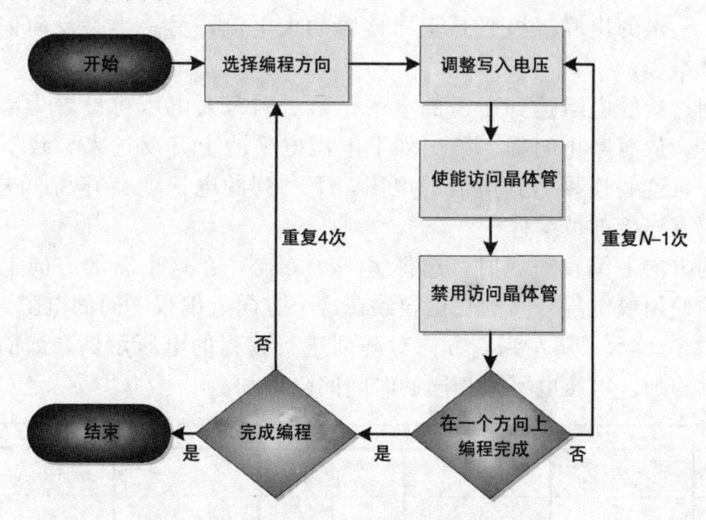

图 10-3　阵列编程流程

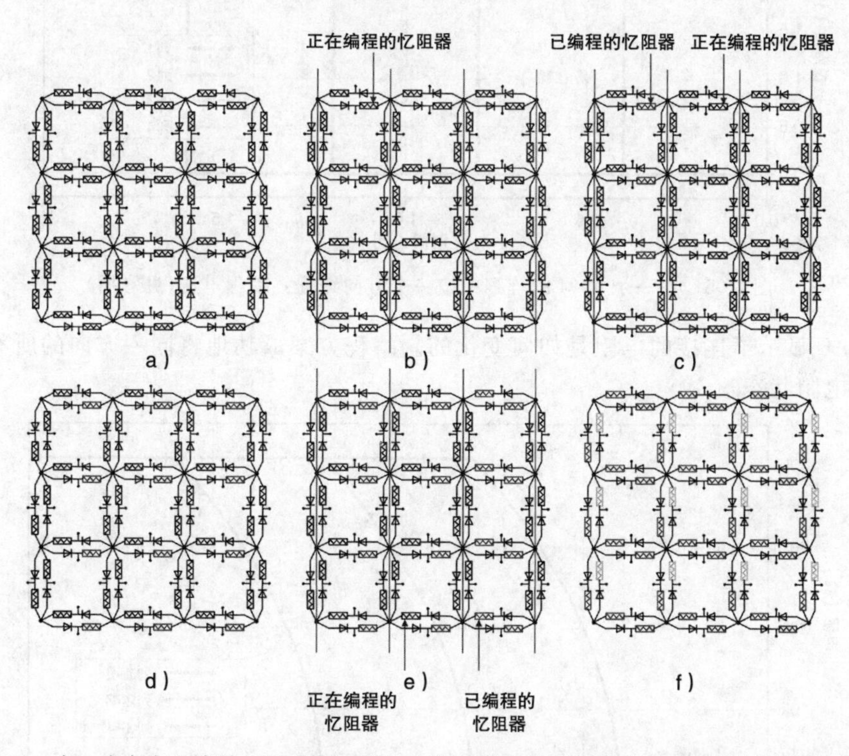

图 10-4　在一个方向上编程。绿线表示低压电平(0V)；其他颜色表示改变的高压电平。可变电阻器件的不同颜色表示不同的最终电阻。a) 处于初始状态的阵列；b) 从左到右开始编程；c) 从左到右完成第一列编程；d) 所有从左到右完成连接的编程；e) 从右到左方向完成第一列的编程；f) 所有连接在所有方向编程后的整个阵列(见彩插)

在这种配置中，第一列连接观察到非零电压差，而其余的连接观察到零电压差。在第一列中，由于一半的串联二极管是正向偏置的大电流，另一半是反向偏置的，因此只有一半的连接被编程。

一旦第一列连接的电阻达到所需的电平，第二列写入电压将设置为高，使这些连接上的电压差为零，从而停止编程。第二列上电压电平的上升反过来导致下一列连接的电压差为非零。一旦这些连接达到所需的电阻，下一列的电压就会升高。这个过程会重复到所选方向的所有连接都被编程。

当在选定的方向上编程完成时，选择另一个方向，在这个新的方向上重复相同的过程。不同电压的使用或电压升高的变化导致在这个方向上编程不同的电阻。

在图 10-5 中，显示了从左到右方向对阵列进行编程的电压示例。如前所述，写入电压以每列为基础施加。电压电平以相同的时间间隔增加。

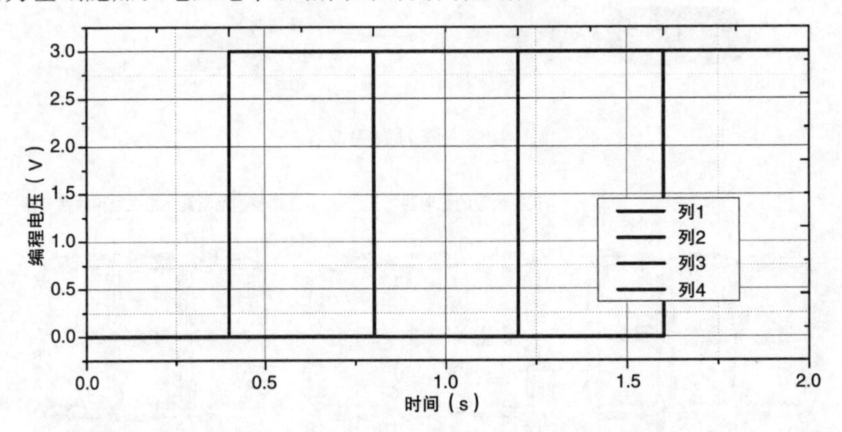

图 10-5　在一个 4×4 的阵列中按一个方向编程：编程电压(见彩插)

图 10-6 显示了连接的电阻是如何变化的。编程方案成功地将同一方向的所有连接调谐到同一电阻状态。

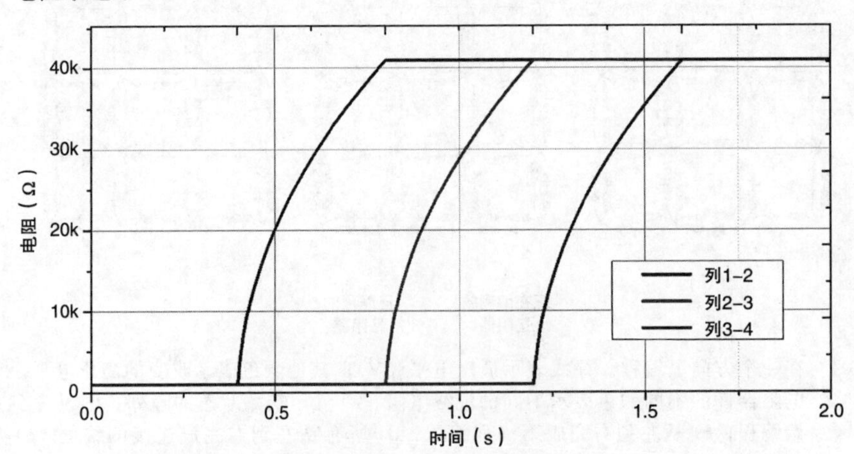

图 10-6　在一个 4×4 的阵列中按一个方向编程：同一行中的电阻(见彩插)

为了使所提出的方法可行，必须满足两个关键要求：第一个要求是，即使存在串联的正向偏置二极管，也应该能够对可变电阻器件进行编程；第二个要求是，当有一个反向偏置二极管串联连接时，器件的电阻状态不会也不应该改变。

图 10-7 显示了在执行编程操作时使用可变电阻器件的串联二极管的效果。结果表明，该器件具有正向偏置串联二极管，使器件编程时的电阻低于无串联二极管编程时的电阻。这种电阻的降低可以通过增加编程时间或电压幅值来补偿。该结果表明，仍然可以用串联二极管编程连接。

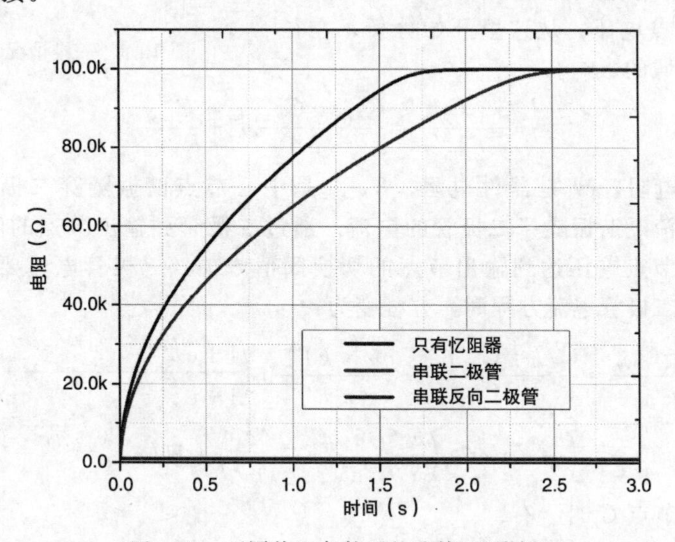

图 10-7　不同偏置条件下的连接(见彩插)

在编程过程中，串联反向偏置二极管不会引起器件电阻的显著变化。电阻有效地使其免受高压偏置的影响。此属性使在相反方向上的编程连接成为可能，这对我们提出的方案至关重要。

10.4　分析建模

10.4.1　边缘检测

边缘检测是视觉系统中的基本特征提取任务，能提供关于已处理图像中物体边界的物理信息，而位于两个不同强度等级之间的过渡点就是边缘。

栅格提供的扩散特性可以通过控制电阻进行调整。这些特性与双稳态谐振隧穿二极管偏置相结合，可以用于实现包括边缘检测在内的各种图像处理任务。当所有忆阻器被编程为相同的电阻时，栅格显示出对称扩散特性，该特性可用于检测输入图像的边缘或轮廓。

当输入电压之间出现不连续的地方，即低输入与高输入相邻处，会有一个边缘存在。

对一维连接进行的简化分析(图 10-8)表明这种结构可用于边缘检测。在图中，$I_{n,m}$ 是输入电压电平，$C_{n,m}$ 是中心节点电压电平，$O_{n,m}$ 是第 n 个节点的输出电压电平。

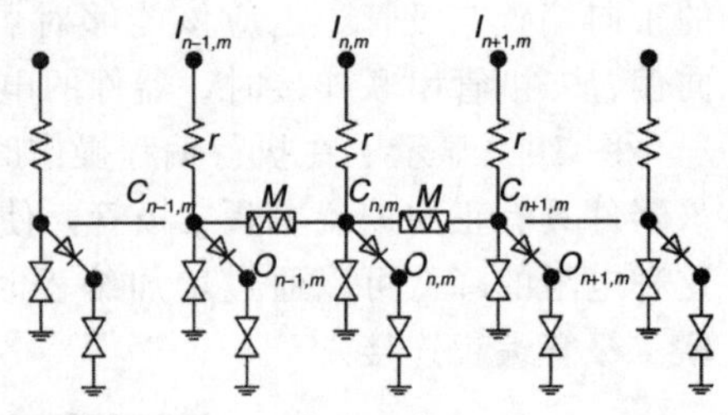

图 10-8　一维情况下的 CNN 电路

假设输入 $I_{n,m}$ 与 $I_{n+1,m}$ 之间有一个边缘。因此，$I_{n,m}$ 和边缘之前的输入为高，$I_{n+1,m}$ 和边缘之后的输入为低(在这里设置成 0V)。

将基尔霍夫电流定律应用于节点 $C_{n,m}$ 和 $C_{n+1,m}$ 以获得节点电压，从这里开始分析，在初始点忽略最近邻域的影响。

$$\frac{I_{n,m}-C_{n,m}}{r}=\frac{C_{n,m}-C_{n+1,m}}{M}+\frac{C_{n,m}}{R_{\mathrm{RTD}_1}} \tag{10-3}$$

其中，r 是输入电阻，M 是器件电阻，R_{RTD1} 是中心节点谐振隧穿二极管的有效电阻，$C_{n,m}/R_{\mathrm{RTD1}}$ 表示流经谐振隧穿二极管的电流。通过二极管到输出节点的电流分支忽略不计，因为在中心节点电压达到输出节点的切换阈值之前，二极管电流要小一个数量级。当插入谐振隧穿二极管电流方程时，方程变为：

$$\frac{I_{n,m}-C_{n,m}}{r}=\frac{C_{n,m}-C_{n+1,m}}{M}+\frac{qm*kT\Gamma}{4\pi^2\hbar^3}\ln\left(\frac{1+\mathrm{e}^{(E_F-E_r+n_1qC_{n,m}/2)/kT}}{1+\mathrm{e}^{(E_F-E_r-n_1qC_{n,m}/2)/kT}}\right)*$$
$$\left(\frac{\pi}{2}+\arctan\left(\frac{E_r-n_1qC_{n,m}/2}{\Gamma/2}\right)\right)+H\left(\mathrm{e}^{n_2qC_{n,m}/kT}-1\right) \tag{10-4}$$

类似地，在节点 $C_{n+1,m}$ 有：

$$\frac{C_{n,m}-C_{n+1,m}}{M}=\frac{C_{n+1,m}}{r}+\frac{C_{n+1,m}}{R_{\mathrm{RTD}_2}} \tag{10-5}$$

以及

$$\frac{C_{n,m}-C_{n+1,m}}{M}=\frac{C_{n+1,m}}{r}+\frac{qm*kT\Gamma}{4\pi^2\hbar^3}\ln\left(\frac{1+\mathrm{e}^{(E_F-E_r+n_1qC_{n+1,m}/2)/kT}}{1+\mathrm{e}^{(E_F-E_r-n_1qC_{n+1,m}/2)/kT}}\right)*$$
$$\left(\frac{\pi}{2}+\arctan\left(\frac{E_r-n_1qC_{n+1,m}/2}{\Gamma/2}\right)\right)+H\left(\mathrm{e}^{n_2qC_{n+1,m}/kT}-1\right) \tag{10-6}$$

R_{RTD2} 是输出节点谐振隧穿二极管的有效电阻。式(10-4)和式(10-6)可以通过数值计算得到中间节点电压 $C_{n,m}$ 和 $C_{n+1,m}$。设计这些电压对于获得边缘检测功能至关重要。当存在边缘时，中心节点电压 $C_{n,m}$ 应该上升以干扰检测节点谐振隧穿二极管。

可按照下式选择参数：

$$C_{n,m}>V_{\mathrm{threshold}}，当\ I_{n,m}=V_{\mathrm{high}} \tag{10-7a}$$
$$C_{n+1,m}<V_{\mathrm{threshold}}，当\ I_{n+1,m}=V_{\mathrm{low}}(0\mathrm{V}) \tag{10-7b}$$
$$V_{\mathrm{threshold}}=V_d+V_{\mathrm{RTD}} \tag{10-7c}$$

V_d 是二极管阈值，V_{RTD} 是谐振隧穿二极管的开关阈值。这样，输出 $O_{n,m}$ 将切换到高稳定点，表示有一个边缘，$O_{n+1,m}$ 将保持在低稳定点。

如果考虑邻近器件的影响，可以看到，由于 $I_{n+2,m}$ 也很低，节点 $C_{n+1,m}$ 上的实际电压将低于上述计算值，因此不违反条件 $C_{n+1,m}<V_{\text{threshold}}$，而是有助于进一步满足条件。同样，$I_{n+1,m}$ 也有助于节点 $C_{n,m}>V_{\text{threshold}}$。在二维情况下，扩散电路的状态方程可由下式获得：

$$\frac{I_{n,m}-C_{n,m}}{r}+\frac{C_{n-1,m}-C_{n,m}}{M}+\frac{C_{n,m-1}-C_{n,m}}{M}+\frac{C_{n+1,m}-C_{n,m}}{M}+\frac{C_{n,m+1}-C_{n,m}}{M}-I_{\text{RTD}}=c\,\frac{\mathrm{d}s_{n,m}}{\mathrm{d}t} \tag{10-8}$$

其中

$$I_{\text{RTD}}=\frac{C_{n,m}}{R_{\text{RTD}}} \tag{10-9}$$

c 是谐振隧穿二极管的寄生电容。假设谐振隧穿二极管电阻有限，将式(10-9)代入式(10-8)：

$$I_{n,m}=C_{n,m}\left(1+\frac{4r}{M}+\frac{r}{R_{\text{RTD}}}\right)-\frac{r}{M}(C_{n-1,m}+C_{n,m-1}+C_{n+1,m}+C_{n,m+1})+rc\,\frac{\mathrm{d}C_{n,m}}{\mathrm{d}t} \tag{10-10}$$

采用傅里叶变换，传递函数为：

$$\begin{aligned}H(f_m,\ f_n,\ f_t)&=\frac{S(f_m,\ f_n,\ f_t)}{E(f_m,\ f_n,\ f_t)}\\&=\frac{1}{\left(1+\frac{4r}{M}+\frac{r}{R_{\text{RTD}}}\right)-\frac{2r}{M}(\cos(2\pi f_m)+\cos(2\pi f_n))+rc2\pi \mathrm{j}f_t}\end{aligned} \tag{10-11}$$

正如谐振隧穿二极管 I-V 曲线所示，它充当一个正可变电阻，表明传递函数分母的实部总为正。

10.4.2 线条检测

在电阻网格中引入垂直和水平方向的各向异性可以实现线条检测。为了检测线条，中心节点电压应该在一个方向上成为相邻单元中心节点电压的较弱函数，而在另一个方向上成为较强函数。例如，垂直方向上的高电阻和水平方向上的低电阻限制了垂直方向上相邻单元的影响，并且使其能够在水平方向上扩散，这意味着对水平方向上的线条检测。

垂直方向上的低电阻和水平方向上的高电阻限制了水平方向上相邻单元的影响，并且能够在垂直方向上扩散，这意味着对垂直方向上的线条检测。在这种情况下，扩散网络状态方程变成：

$$\begin{aligned}I_{n,m}=&C_{n,m}\left(1+\frac{2r}{M_{\text{high}}}+\frac{2r}{M_{\text{low}}}+\frac{r}{R_{\text{RTD}}}\right)-\frac{r}{M_{\text{high}}}(C_{n-1,m}+C_{n+1,m})-\\&\frac{r}{M_{\text{low}}}\left(C_{n,m-1}+C_{n,m+1}+rc\,\frac{\mathrm{d}C_{n,m}}{\mathrm{d}t}\right)\end{aligned} \tag{10-12}$$

其中，M_{high} 是可变电阻器件编程为高电平时的电阻，M_{low} 是编程为低电平时的电阻。对于垂直线条和水平线条的检测而言，二者的状态方程是对称的。

10.5 仿真结果

本节给出了验证各种扩散配置，演示边缘检测和线条检测操作的仿真结果。在 64×64 阵列上进行仿真，使用基于图 10-1 所示器件特性的电阻测试器件，以及文献[12]的可变电阻器件仿真。用标称参数进行仿真，以提供概念证明。然而，在文献[8]中进行的研究表明基于电阻网格的体系结构具有容错性，并且可以以非最优值运行。因此，所提出的体系结构应该具有容错性。例如，对于边缘检测情况，该容错性取决于设计的高/低电压与阈值之间还有多少余量。

本章提出的忆阻网格可以支持上述不同的扩散特性，这些特性在许多图像处理应用中都很重要。各向异性扩散可用于边缘提取应用[13]，各向异性对称扩散特性可用于线条检测，各向异性不对称扩散特性可用于运动检测[14]。

图 10-9 显示了可以在提出的体系结构中实现的扩散特性。当所有连接被编程为相同电阻时，可以获得各向同性扩散特性(图 10-9b)。

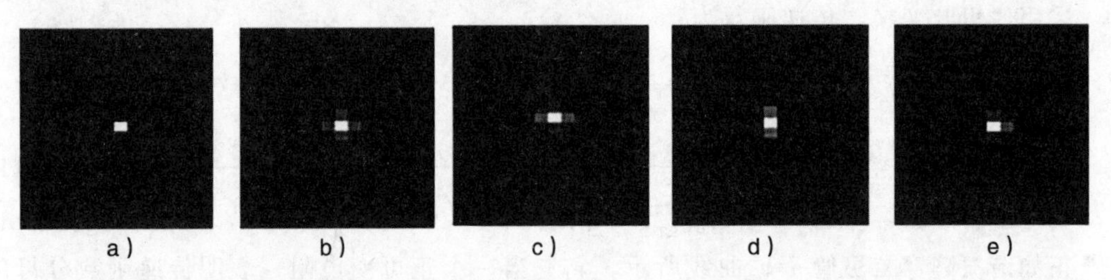

图 10-9 可以在提出的体系结构中实现的各种扩散特性。a) 输入；b) 各向同性扩散；c) 水平方向各向异性对称扩散；d) 垂直方向各向异性对称扩散；e) 各向异性不对称扩散

当水平连接被编程为低电阻，垂直连接被编程为高电阻时，获得水平方向的各向异性对称扩散(图 10-9c)。当水平和垂直忆阻器的电阻与前一种编程情况相反时，实现垂直方向的各向异性对称扩散(图 10-9d)。最后，当所有电阻被编程为不同电阻时，实现各向异性不对称扩散(图 10-9e)。这些特性及其组合可以用来执行各种视觉任务。

10.5.1 边缘检测

对两种类型的输入图像进行边缘检测仿真：第一，边缘不规则，边缘周围有中间强度值像素，如图 10-10 所示；第二，如图 10-11 所示，边缘规则，边缘周围像素亮度差异最大。

在边缘检测模式中，所提出的体系结构以对应黑色像素的高输入值和对应白色像素的低输入值开始，其间的缩放电压对应灰色阴影。当如图 10-9a 所示的第一类输入类型应用于阵列时，在体系结构的 $O_{n,m}$ 节点处会观察到如图 10-10b 所示的边缘模式。在图 10-10b 中，黑、白线分别对应于 $O_{n,m}$ 节点上的高、低谐振隧穿二极管电压电平。

上述仿真结果表明边缘提取相对准确。在厚度为几个像素或边界包含灰色阴影的区域中，可以观察到边界线中的不连续性或跳跃。不过，结果的质量可以通过微调栅极电阻以及谐振隧穿二极管设计参数来提高。

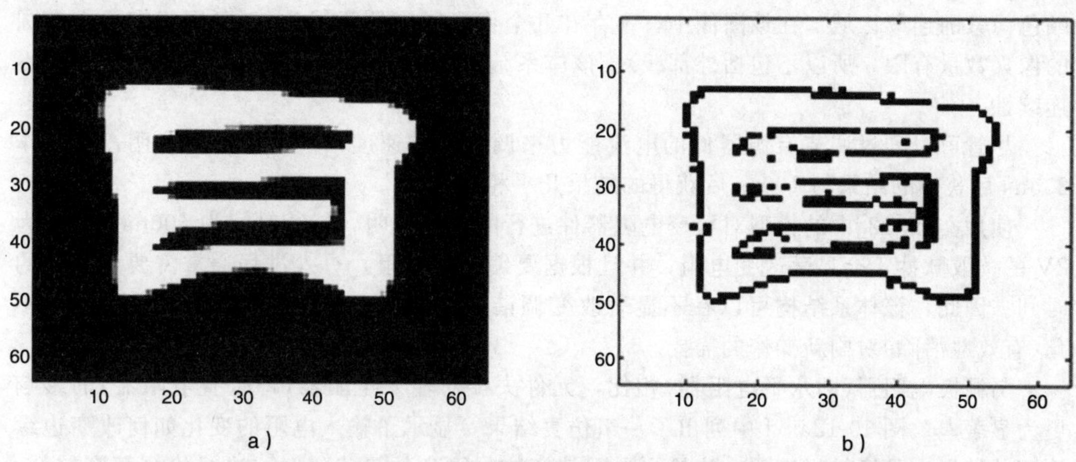

图 10-10　第一类边缘检测。a) 边缘不规则的边缘检测样本输入；b) 输出结果

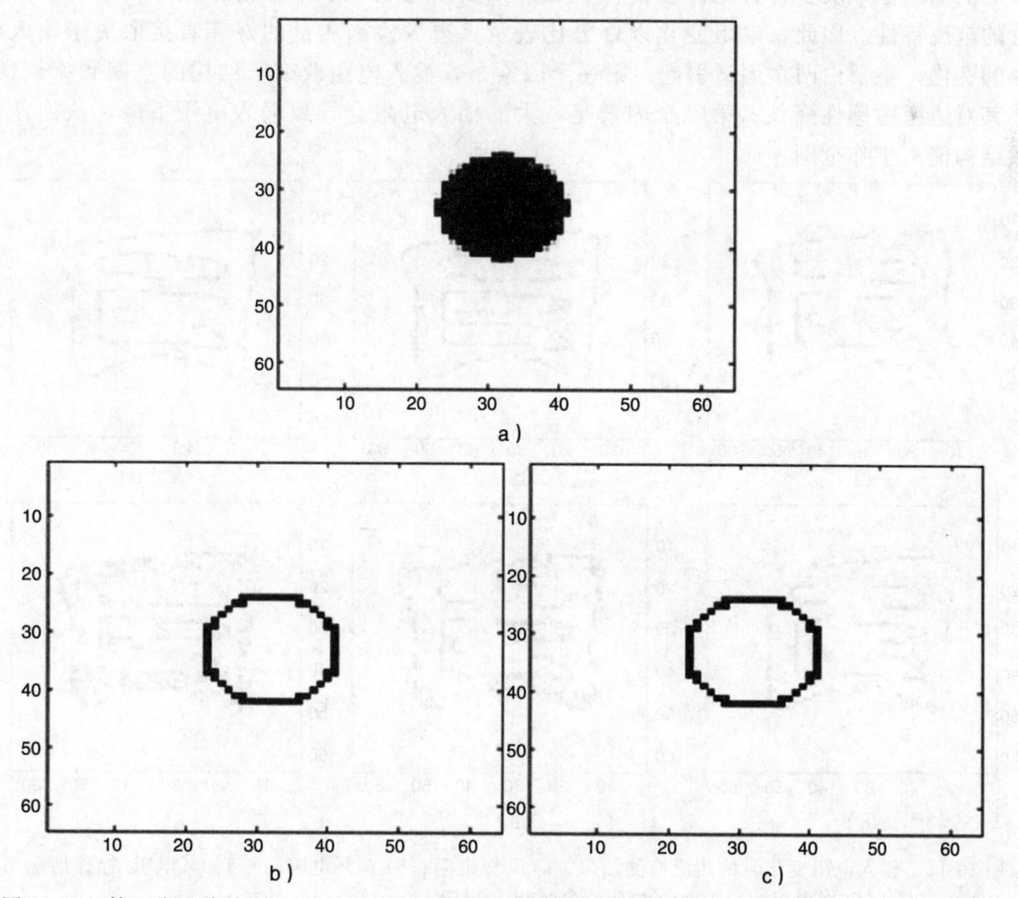

图 10-11　第二类边缘检测。a) 具有规则边缘的边缘检测样本 2；b) 2.5ns 的输出；c) 100ns 的输出

图 10-11a～c 提供了第二组样本滤波。第二类图像包含一个圆形，该圆形有大的相同颜色像素的连续区域。在该图像中，不存在几个像素厚度的区域(由于可用于表示一个圆的像素数量有限，所以不包括外部线)。该体系结构能够清晰地勾勒出边缘，没有任何不连续性。

尽管可以通过调节有源器件的电流能力来调节操作速度，但上述仿真表明，在操作 2.5ns 后获得的结果与 100ns 后获得的结果几乎相同。

使用文献[12]中的模型对可变电阻器件进行的仿真表明，持续时间为 100ns、振幅为 2V 的读取脉冲不会显著改变电阻，并且根据要编码的电阻，写入过程通常需要几秒钟的时间。因此，该体系结构可以在不显著改变调谐的情况下重复执行调谐操作，从而最小化(有效地消除)对刷新操作的需要。

与栅极电阻器(即水平电阻器)相比，元件失配对输入电阻器(即垂直电阻器)的影响更为显著[1]。图 10-12a～f 中列出了一组仿真结果，显示了输入电阻的变化如何改变边缘检测的结果。仿真结果表明，当输入电阻偏离仿真得到的最优值时，边缘检测精度较低。准确的电阻值取决于各种电路和器件参数，如所用的电压水平、谐振隧穿二极管和二极管的电流特性。因此，电阻变化以百分比表示。边缘检测质量的好坏直接取决于输入电阻的变化，主要由两个因素引起：第一个因素是，输入电阻改变了结构的空间频率调谐，使其对边缘敏感性降低；第二个因素是，大的输入电阻会导致输入电压下降，从而使体系结构偏离工作范围。

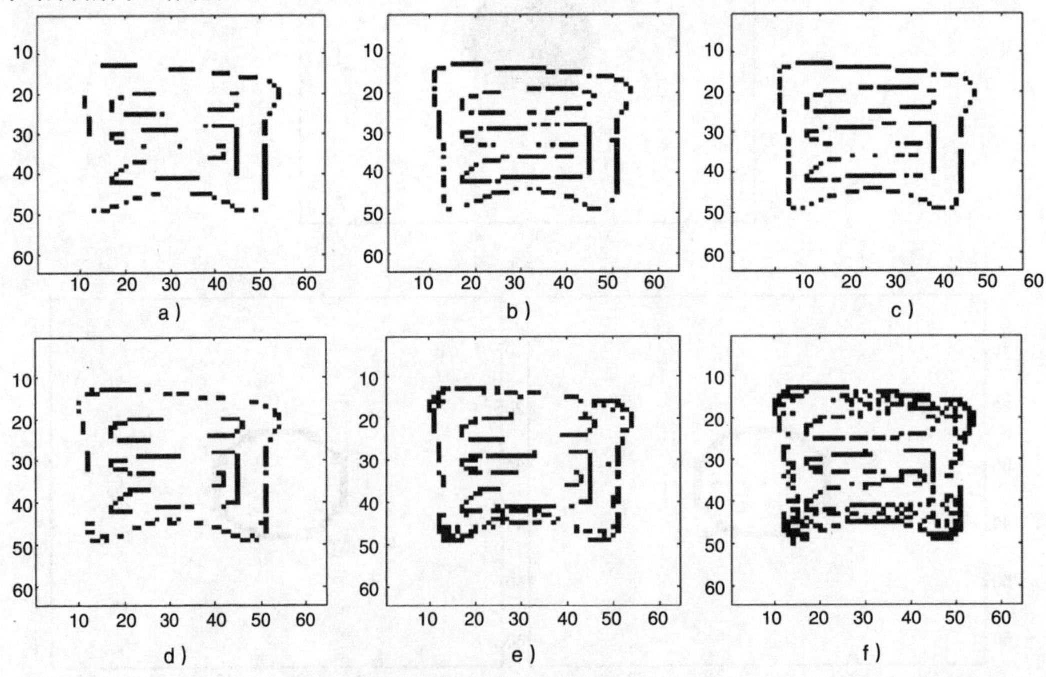

图 10-12　输入电阻变化时的边缘检测结果。a) 50%电阻；b) 75%电阻；c) 100%电阻(标称情况)；d) 500%电阻；e) 1000%电阻；f) 2000%电阻

10.5.2 线条检测

图 10-13 显示了线条检测结果。在系统初始化后 500ns 得到绘制结果。当考虑图 10-9a 中的图像时，如果我们假设黑色像素代表高电压，白色像素代表低电压，那么从高电压到低电压的扩散将导致低电压在较高电压电平上的增加和稳定。图 10-13 所示的结果被颠倒过来，以清楚地显示检测到的线条。

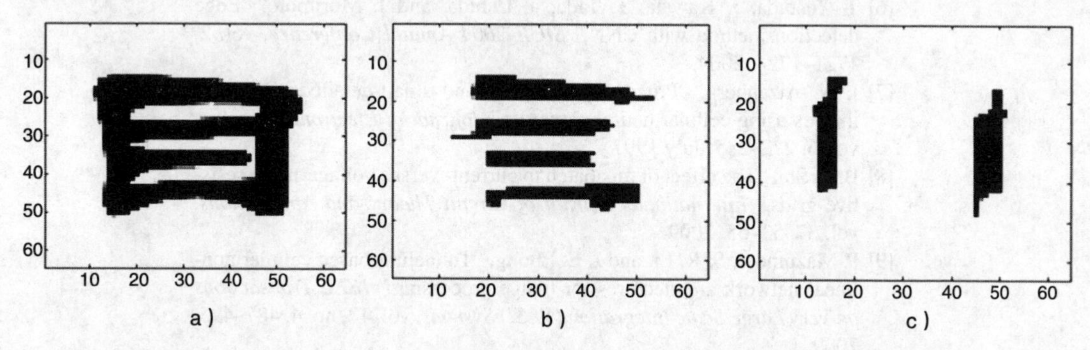

图 10-13 线条检测结果。a）线条检测样本输入；b）水平线条检测；c）垂直线条检测

10.6 本章总结

本章介绍了一种基于模拟网格的体系结构，该体系结构集成了用于可编程的可变电阻连接和用于信号检测和锁存的谐振隧穿二极管。该体系结构可以被编程以执行各种图像处理任务。本章还提供了一种改变阵列配置中的忆阻器电阻状态的方法，并通过电路仿真进行了演示。我们讨论了描述边缘检测和线条检测结构的分析模型，并提供了仿真结果以验证其功能。仿真数据表明，所提出的包含可编程模拟电阻元件的结构配置可以重复使用，以极高的速度执行各种图像处理功能。

参考文献

[1] T. Roska, “Analogic CNN Computing: Architectural, Implementation, and Algorithmic Advances – a Review,” in *Cellular Neural Networks and Their Applications Proceedings, 1998 Fifth IEEE International Workshop on*, no. April, 1998, 3–10.

[2] B. E. Shi and L. O. Chua, “Resistive grid image filtering: Input/output analysis via the CNN framework,” *IEEE Transactions on Circuits and Systems I: Fundamental Theory and Applications*, vol. 39, no. 7, 531–548, 1992.

[3] P. Kinget and M. S. J. Steyaert, “A programmable analog cellular neural network CMOS chip for high speed image processing,” *IEEE Journal of Solid-State Circuits*, vol. 30, no. 3, 235–243, 1995.

[4] H. Li, X. Liao, C. Li, H. Huang, and C. Li, "Edge detection of noisy images based on cellular neural networks," *Communications in Nonlinear Science and Numerical Simulation*, vol. 16, no. 9, 3746–3759, 2011. [Online]. Available: http://dx.doi.org/10.1016/j.cnsns.2010.12.017

[5] J. Zhao, H. Wang, and D. Yu, "A new approach for edge detection of noisy image based on CNN," *International Journal of Circuit Theory and Applications*, vol. 31, no. 2, 119–131, 2003. [Online]. Available: http://doi.wiley.com/10.1002/cta.210

[6] T. Yoshida, J. Kawata, T. Tada, a. Ushida, and J. Morimoto, "Edge detection method with CNN," *SICE 2004 Annual Conference*, vol. 2, 1721–1724, 2004.

[7] I. N. Aizenberg, "Processing of noisy and small-detailed gray-scale images using cellular neural networks," *Journal of Electronic Imaging*, vol. 6, 272–285, July 1997.

[8] B. E. Shi, "The effect of mismatch in current- versus voltage-mode resistive grids," *International Journal of Circuit Theory and Applications*, vol. 37, 53–65, 2009.

[9] P. Mazumder, S. R. Li, and I. E. Ebong, "Tunneling-based cellular nonlinear network architectures for image processing," *IEEE Transactions on Very Large Scale Integration (VLSI) Systems*, vol. 17, no. 4, 487–495, 2009.

[10] W. H. Lee and P. Mazumder, "Motion detection by quantum-dots-based velocity-tuned filter," *IEEE Transactions on Nanotechnology*, vol. 7, no. 3, 355–362, 2008.

[11] J. Schulman, H. De Los Santos, and D. Chow, "Physicsbased RTD current-voltage equation," *IEEE Electron Device Letters*, vol. 17, no. 5, 220–222, May 1996. [Online]. Available: http://ieeexplore.ieee.org/lpdocs/epic03/wrapper.htm?arnumber=491835

[12] Z. Biolek, D. Biolek, and V. Biolkova, "SPICE model of memristor with nonlinear dopant drift," *Radioengineering*, vol. 18, no. 2, 210–214, 2009.

[13] P. Perona and J. Malik, "Scale-space and edge detection using anisotropic diffusion," 629–639, 1990.

[14] A. B. Torralba, "Analogue Architectures for Vision Cellular Neural Networks and Neuromorphic Circuits," Ph.D. dissertation, 1999.

CHAPTER 11

第 11 章

基于忆阻器的非线性细胞/神经网络：设计、分析及应用

Xiaofang Hu、Shukai Duan、Wenbo Song、JiaguiWu 和 Pinaki Mazumder

本章将介绍一种基于忆阻器的紧凑型细胞神经网络(CNN)模型，并进一步分析其性能和应用。在新的 CNN 设计结构中，突触的电路元件由忆阻桥电路构成，这种结构可以替代传统 CNN 架构中被延用至今的复杂乘法电路。此外，忆阻器的负微分效应和非线性伏安特性已经被用来替代传统 CNN 的线性电阻。本章提出的 CNN 结构有如下几个优点：如高集成度、非易失性以及突触权重可编程等。本章将通过对多种图像处理功能进行仿真来阐明基于忆阻器的 CNN 设计和操作，并通过蒙特卡罗仿真来证明 CNN 中忆阻器突触权重的变化行为。

11.1 引言

1988 年，Chua 和 Yang 在他们的开创性论文[1-2]中提出了非线性细胞/神经网络(CNN)。在论文中，他们展示了对元胞自动机计算规则和神经网络局部互联结构融合的过程，这种融合可以大幅加速真实世界的计算任务。总体来说，人工物理学、化学、人工生物学等多类十分具有代表性的学科，已经广泛应用到 CNN 模型中[3]。它的连续时间模拟操作可实现高精度的实时信号处理，而且其组成处理元件(Processing Element，PE)之间的局部互联规则消除了对全局信号互联的需求。这种特性也使得多种 CNN 架构的数字和模拟结果可以通过 VLSI 芯片实现。在文献[4-9]中，分别展示了几种 CNN 的应用，如垂线检测、降噪、边缘提取、特征检测和字符识别等。

然而，为了改进处理静态图像和动态图像的分辨率，PE 的尺寸以及用于描述控制(前馈)模板和反馈模板(在 CNN 模型的计算中被用作编程工件[5-6])PE 之间的连通性都必须大幅减小。在当前的 CNN 中，CMOS 的 VLSI 芯片通常被限制在 16K 处理单元之内，而且最近诸多学者尝试了诸如谐振隧穿二极管(RTD)[7]和量子点[8]等新兴技术来实现更

紧凑的 PE，以提高 CNN 计算的处理能力。然而，PE 之间固定连接的元件缺乏可编程性，RTD 和量子点中的隧穿电流变化过于复杂，成为这些新兴技术的主要局限。

最近，忆阻器的出现[10-11]为显著提高片上 CNN 模型的计算处理能力提供了新的可能。在文献[12]中，忆阻器作为基本的电路元件被引入，展现了其在近来纳米制造技术中的优异器件性能，如非易失性、二值计算、多存储形态以及可缩小到最终物理尺寸的纳米形态[13-16]。这些忆阻器的特性已被广泛利用并展现在非易失性电阻[17-18]、人工神经网络[19-23]、复合电路[24-25]等应用领域。由于其电导可以像生物突触一样随着应用的电压或电流发生改变，因此已经被证明可以用于人工突触的生物信号处理。最近，Kim 等人提出了一种紧凑型忆阻桥突触，这种结构的权重及其权值编程可以在不同的时隙中执行[21-22]。

在本章中，提出了一种基于忆阻器的 CNN(M-CNN)。具体来讲，忆阻桥电路应用于实现相邻细胞之间的交互。不同于文献[21-22]中提出的忆阻器电路结构，这里使用的忆阻器是一种基于实验数据得到的实际仿真模型。而且，考虑到忆阻器具有局部负差分的非线性伏安特性，因此可以用来代替传统 CNN 细胞的线性电阻。就结果而言，具有非易失性和可编程突触电路的 M-CNN 更加的通用和紧凑，并且不需要设计复杂的传统电路来实现传统的复杂输出函数。

11.2 忆阻器基础

忆阻器是具有可变电阻状态的非线性无源器件。它的数学关系可由电荷 q 和磁通量 φ 来定义：

$$\frac{\mathrm{d}\varphi}{\mathrm{d}t}=\frac{\mathrm{d}\varphi(q)}{\mathrm{d}q}\cdot\frac{\mathrm{d}q}{\mathrm{d}t} \tag{11-1}$$

根据基本电路规则，通过式(11-1)可得出：

$$v(t)=\frac{\mathrm{d}\varphi(q)}{\mathrm{d}q}i(t)=M(q)i(t) \tag{11-2}$$

其中，$M(q)$被定义为忆阻器的电阻，又称为忆阻，它是关于内部电流 i 和状态变量 x 的函数。

Simmons 隧道势垒模型是基于 TiO_2/TiO_{2-x} 忆阻器最准确的物理模型，该模型由惠普实验室提出[13]。如图 11-1 所示，忆阻器由夹在两个铂(Pt)电极之间的两层 TiO_2 和 TiO_{2-x} 组成。忆阻幅度由与电阻 R_s 串联的电子隧道势垒确定。在这种情况下，状态变量 x 是 Simmons 势垒的宽度，其动力学特性如文献[13]中所示：

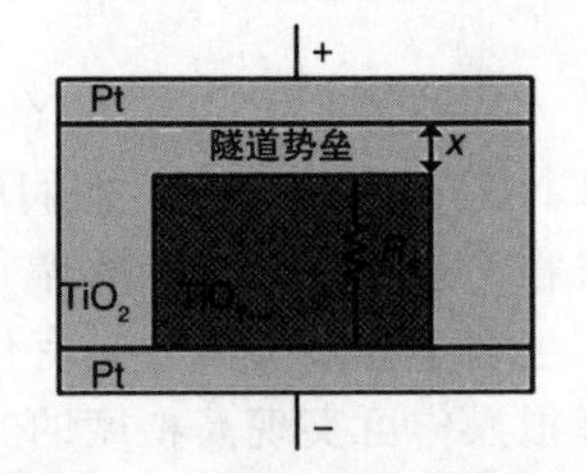

图 11-1 Simmons 隧道势垒忆阻器的物理模型[13]

$$\frac{\mathrm{d}x(t)}{\mathrm{d}t}=\begin{cases}C_{\mathrm{off}}\sinh\left(\dfrac{i}{i_{\mathrm{off}}}\right)\exp\left[-\exp\left(\dfrac{x-a_{\mathrm{off}}}{w_c}-\dfrac{|i|}{b}\right)-\dfrac{x}{w_c}\right], & i>0\\ C_{\mathrm{on}}\sinh\left(\dfrac{i}{i_{\mathrm{on}}}\right)\exp\left[-\exp\left(-\dfrac{x-a_{\mathrm{on}}}{w_c}-\dfrac{|i|}{b}\right)-\dfrac{x}{w_c}\right], & i<0\end{cases} \tag{11-3}$$

其中，c_{off}、c_{on}、i_{off}、i_{on}、a_{off}、a_{on}、w_c 和 b 为拟合参数，参数 c_{off} 和 c_{on} 影响 x 的大小，参数 i_{off} 和 i_{on} 反映电流的阈值，a_{off} 和 a_{on} 分别代表 x 的上界和下界。式(11-3)也可以解释为 TiO_{2-x} 中氧空位的漂移速度。关于这个模型，已经有两个热点问题被讨论[15]：(1)在忆阻器设备里，不存在明显的电流电压关系；(2)它的结构过于复杂，以至于无法进行数值和数学分析。因此，在此之后，文献[15]提出了一种具有简单表达式的可替代模型，同样也可以反应出相同的物理特性。在这种简化的模型中，状态变量 x 的推导如下所示：

$$\frac{\mathrm{d}x(t)}{\mathrm{d}t}=\begin{cases}k_{\mathrm{off}}\left(\dfrac{i(t)}{i_{\mathrm{off}}}-1\right)^{\alpha_{\mathrm{off}}}\cdot f_{\mathrm{off}}(x), & 0<i_{\mathrm{off}}<i \\ 0, & i_{\mathrm{on}}<i<i_{\mathrm{off}} \\ k_{\mathrm{on}}\left(\dfrac{i(t)}{i_{\mathrm{on}}}-1\right)^{\alpha_{\mathrm{on}}}\cdot f_{\mathrm{on}}(x), & i<i_{\mathrm{on}}<0\end{cases} \tag{11-4}$$

其中，k_{off} 是一个正常数，k_{on} 是一个负常数，a_{off} 和 a_{on} 代表拟合参数，i_{on} 和 i_{off} 代表电流阈值。与之相对应，两个窗函数 $f_{\mathrm{on}}(x)$和 $f_{\mathrm{off}}(x)$表示推导对状态变量 x 的依赖性并保证 x 的有效范围，即 $x\in[x_{\mathrm{on}}, x_{\mathrm{off}}]$。

$$f_{\mathrm{off}}(x)=\exp\left[-\exp\left(\frac{x-a_{\mathrm{off}}}{w_c}\right)\right] \tag{11-5a}$$

$$f_{\mathrm{on}}(x)=\exp\left[-\exp\left(\frac{x-a_{\mathrm{on}}}{w_c}\right)\right] \tag{11-5b}$$

流经忆阻器的电流与电压之间的关系可以写为：

$$v(t)=\left[R_{\mathrm{on}}+\frac{R_{\mathrm{off}}-R_{\mathrm{on}}}{x_{\mathrm{off}}-x_{\mathrm{on}}}(x-x_{\mathrm{on}})\right]\cdot i(t) \tag{11-6}$$

其中，$M(x)=R_{\mathrm{on}}+\dfrac{R_{\mathrm{off}}-R_{\mathrm{on}}}{x_{\mathrm{off}}-x_{\mathrm{on}}}(x-x_{\mathrm{on}})$ 代表忆阻值，R_{on} 和 R_{off} 分别代表忆阻器的最低和最高电阻。应当注意的是，正电压或电流会增加非掺杂层的宽度，从而增加忆阻值；而负电压或电流会导致忆阻值的减少。

为了观察忆阻器在施加正弦电压 $v=\sin(2\pi f)$时的行为，我们对此进行了一系列的基础仿真，结果如图 11-2 所示。图 11-2a～d 分别展现了窗函数 $f_{\mathrm{on}}(x)$、$f_{\mathrm{off}}(x)$和电流电压在对数坐标系下的关系，以及状态变量 x、忆阻值变化与电流的关系。在该仿真中，忆阻器模型的参

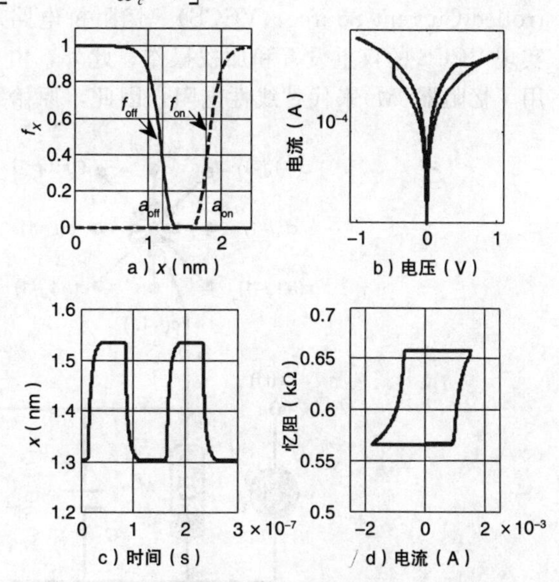

图 11-2　忆阻器在 $v=\sin(2\pi f)$下的特性曲线。a) 窗函数 $f_{\mathrm{on}}(x)$(蓝色虚线)和 $f_{\mathrm{off}}(x)$(红色实线)；b) 电压与电流之间的关系；c) 状态变量 x 的变化；d) 设备中忆阻值与电流之间的关系(见彩插)

数设置为：$R_{\mathrm{off}}=1\mathrm{k}\Omega$，$R_{\mathrm{on}}=50\Omega$，$i_{\mathrm{off}}=115\mu\mathrm{A}$，$i_{\mathrm{off}}=8.9\mu\mathrm{A}$，$a_{\mathrm{off}}=1.2\mathrm{nm}$，$a_{\mathrm{on}}=1.8\mathrm{nm}$，$w_c=107\mathrm{pm}$。

11.3　基于忆阻器的细胞神经网络

11.3.1　忆阻细胞神经网络的描述

基于忆阻器的细胞神经网络(M-CNN)由位于 $c(i,j)$ 的($i=1,2,3,\cdots,M$；$j=1,2,3,\cdots,N$)$M\times N$ 阶阵列组成，如图 11-3 所示。一个中央细胞有 $(2r+1)^2$ 个邻域细胞，其中 $r\in[1,2,3,\cdots]$ 代表邻域半径，由 CNN 的局部互联结构决定。在本章中，我们采用最为常用的 $r=1$ 来完成研究，即每一个细胞只与其周围最近的 8 个细胞相互连接。

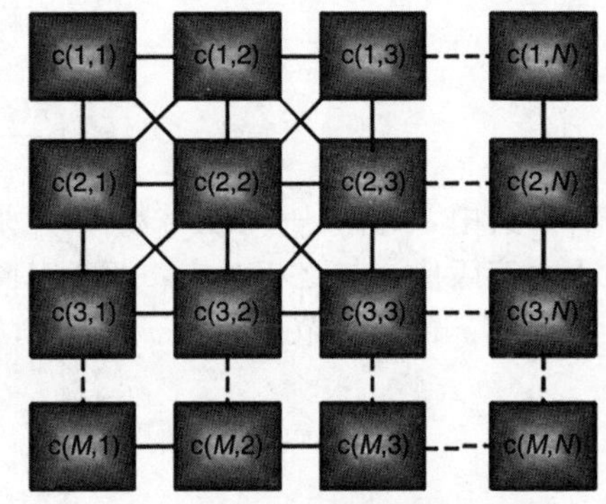

图 11-3　M-CNN 的拓扑结构，其中每一个矩形都代表具有独立结构的细胞

如同标准的 CNN 一样[1]，每一个细胞都有着独立的电路结构和参数值。图 11-4 展示了 M-CNN 单元的示意图，该单元包含一个电容器，一个忆阻器和两个可变增益的压控电流源(Voltage Controlled Current Source，VCCS)。忆阻桥电路用于实现 VCCS 的权重设置和加权操作。此外，由于采用了忆阻器(M)来代替线性电阻，因此，原始结构中输出转换的部分被完全消除了。

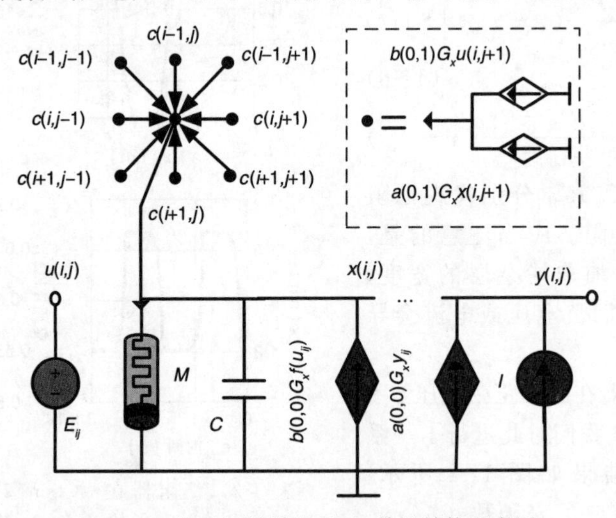

图 11-4　基于忆阻器的 CNN 单元结构示意图

在 CNN 中，每一个位于第 i 行、第 j 列的细胞 $c(i,j)$ 都能收到来自位于阵列中第 k' 行、第 l' 列的 8 个邻域细胞 $c(k',l')$ 的输入电流，其中 $(k',l')\in\{(i-1,j-1),(i-1,j),(i-1,j+1),(i,j-1),(i,j+1),(i+1,j-1),(i+1,j),(i+1,$

$j+1)\}$。这些输入在图 11-4 中用实心点来表示。特别的是，每个实心点都表示一个输入电流，该输入电流是相应单元的 2 个 VCCS 的总和，正如图中虚线矩形所表示的一样。类似地，每一个细胞 $c(i, j)$还同时向与其相邻的 8 个细胞提供输出电流。

应当注意的是，每一个细胞的总输入电源不仅仅包括其 8 个相邻的输出电流，还包括自身电流以及额外的独立电流源。因此，为简单起见，一个细胞本身也被认为是 CNN 中其邻域的一个相邻细胞。

细胞 $c(i, j)$的动态特性取决于 18 个被称为模板原件的权重参数，1 个被表示为 I 的独立电流源，1 个被表示为 u_{ij} 的独立电压源，以及其自身的状态 x_{ij}。模板的参数组成了 3×3 的反馈模板 A 和 3×3 的控制模板 B。它们确定了邻域细胞之间的增益。独立电流源提供偏置电流，独立电压源则为网络提供连续的输入。此外，由于利用了忆阻桥电路和忆阻器，状态 x_{ij} 本身就可以实现稳定性的要求，并可以直接作为输出，即 $y_{ij}=x_{ij}$(后文将详细说明)。

根据上述的描述和基尔霍夫电流定理，CNN 中每个细胞的动力学特性可以表示如下：

$$C\frac{\mathrm{d}x_{ij}(t)}{\mathrm{d}t}=-m(x_{ij}(t))+\sum_{c(k,\ l)}(a_{ij,\ kl}x_{kl}(t)+b_{ij,\ kl}u_{kl})+I \tag{11-7}$$

其中，$c(k, l)\in N_r(i, j)$表示 $c(i, j)$的 r 邻域，这里 $r=1$。如上式所示，对于一个细胞 $c(i, j)$来说，其邻域细胞 $c(k, l)$包含了其自身所有符合邻域要求的(k', l')。

$m(\cdot)$代表流经忆阻器(M)的电流，其形式为：

$$m(x_{ij}(t))=\frac{v_M}{M(t)}=\frac{x_{ij}(t)}{M(t)} \tag{11-8}$$

其中，$M(t)$是忆阻器的电阻值。在接下来的章节中，将详细解释基于数学模型式(11-8)的 M-CNN 模拟实现方案。

11.3.2　使用忆阻桥电路实现突触的连接

在 CNN 对信号和图像的处理应用中，模板元素(权重)发挥着十分重要的作用。为了执行不同的功能，应当相应地更新其模板权值。在传统的 CNN 电路实现结构中，权重及其权值操作是通过很多放大器和乘法器实现的[7]。对于一个放大器来说，一旦建立好电路，其放大增益就会固定，无法改变。另外，该乘法器由至少 8 个以上以非线性方式工作的 CMOS 晶体管实现，这样会消耗大量的资源。因此，在乘法处理中(加权操作)会不可避免地存在大量的非线性操作[21]。

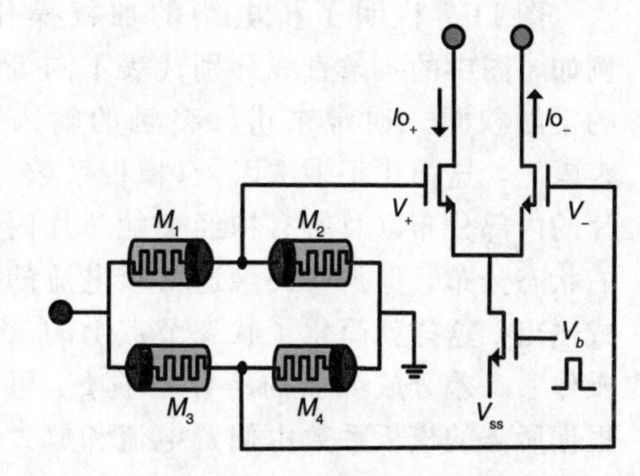

图 11-5　忆阻器桥电路[21]

最近有研究提出可以用忆阻突触桥电路作为人工神经网络突触的替代品，用以替代放大器和乘法器来实现权值编程和权重操作[21-22]。如图 11-5 所示，这样的电路由 4 个相同的忆阻器(M_1、M_2、M_3 和 M_4)组成，能够执行零、正或负突触操作。当在输入端施加脉冲 V_{in}(正或负)时，每个忆阻器的阻值将根据极性发生相应的变化。正负端之间的通道电压由下式定义：

$$V_W = V_+ - V_- = \left(\frac{M_2}{M_1 + M_2} - \frac{M_4}{M_3 + M_4}\right) V_{in} \tag{11-9}$$

为了表达突触权重 ω 与突触输入信号 V_{in} 之间的关系，可以将式(11-9)改写为：

$$V_W = \omega V_{in} \tag{11-10}$$

其中，突触权值 ω 的范围为[-0.9，0.9]，代表 $M_2/(M_1+M_2) - M_4/(M_3+M_4)$。当 $M_2/M_1 > M_4/M_3$ 时，突触权重为正值；当 $M_2/M_1 < M_4/M_3$ 时，为负值；突触权重为 0，则为平衡状态。图 11-6 说明了在桥结构中忆阻器随时间的变化过程，同时指出了权重变化的三个区域。在该仿真中，M_1 和 M_4 被初始化为 R_{off}，M_2 和 M_3 被初始化为 R_{on}。编程电压为 1V。

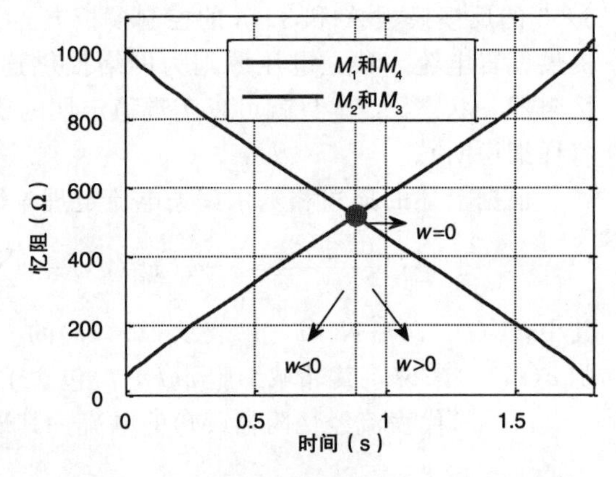

图 11-6　桥电路中忆阻器的变化曲线(见彩插)

在桥电路中，输入端口由权值编程信号 V_p 和突触输入信号 V_{in} 共享，以便在不同时隙中进行加权操作。只要权值信号的幅度小于阈值[13-16]或脉冲宽度非常窄[21-22]，那么在加权操作期间忆阻器的变化就可以忽略不计。因此，加权因子 ω 是一个常数，使得突触输入和突触输出之间的关系是线性的，这些内容已经在文献[21-22]中得到详细的讨论。

如图 11-5 右侧所示的差分放大器使用跨导参数 g_m 将电压转化为电流，正负端上的电流可用下式表示：

$$\begin{cases} I_{o+} = -\dfrac{1}{2} g_m V_M = -\dfrac{1}{2} g_m \omega V_{in} \\ I_{o-} = \dfrac{1}{2} g_m V_M = \dfrac{1}{2} g_m \omega V_{in} \end{cases} \tag{11-11}$$

图 11-7 说明了桥电路的加权操作。例如，图中的 4 条直线分别代表不同等级的突触权重。通常来讲，突触的输入代表电压，这简化了乘法因子(模板系数)芯片的内部分布以及所有神经突触芯片内部的状态分布。但是，突触通常以电流的形式输出，这样就简化了状态节点上的求和操作[5]。差分放大器的跨导增益 g_m 可以根据所需的模板系数由偏置电流和放大器的晶体管尺寸来设置。

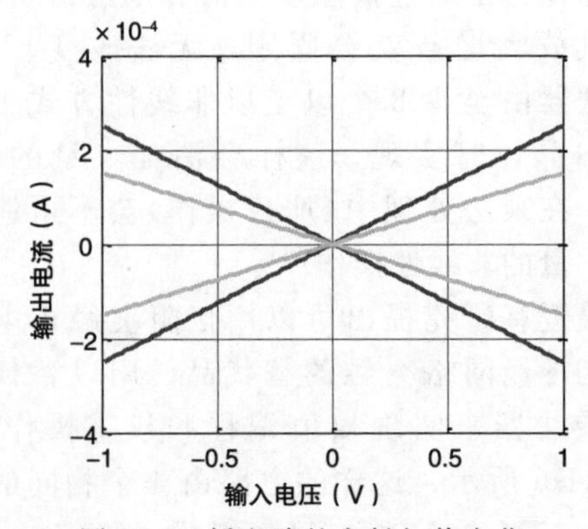

图 11-7　桥电路的突触权值变化

11.3.3 M-CNN 细胞的实现

如上所述，一个细胞 $c(i, j)$ 可以收到包括自己在内的邻域细胞的 18 个突触输入，这些突触的输入包括了权重输入 $b_{ij,kl}u_{kl}$ 和权值状态 $a_{ij,kl}x_{kl}$，这些会通过状态节点分别相加并输入中央细胞中，忆阻器(M)如图 11-4 所示。

图 11-8 展示了 M-CNN 的模拟实现示意图，来自 k 个忆阻桥电路的权值信号(I_{01}，…，I_{0k})通过左下角的端口输入中央细胞中。右侧底部的电路是提供直流电流 I 的偏置电路。然后，通过将左上部差分电路的输出通道连接在一起，实现突触电流和偏置电流的聚合。接下来，总电流会通过右上方的聚合器反馈给忆阻器，然后再将其转化为细胞的状态变量 x_{ij} 和最终输出到邻域细胞的输出变量 y_{ij}。

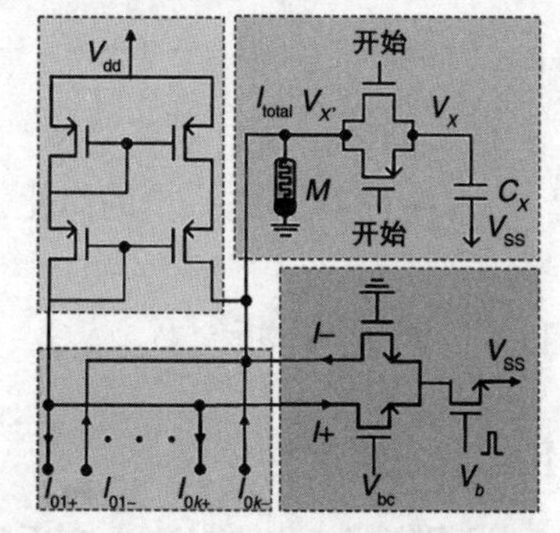

图 11-8　M-CNN 细胞(单元)的模拟实现示意图。左下部代表邻域细胞的突触输入，右下部代表提供偏置电流的偏置电路，这些电流通过左上部的负载电路相加，而剩下的部分实现电流向电压的转换和聚合

总电流 I_{total} 由下式给出：

$$I_{total}=\underbrace{I_{01}+I_{02}+I_{03}+\cdots+I_{0k}}_{I_0}+I \tag{11-12}$$

其中，$I_{0i}=I_{0i-}-I_{0i+}$ 是与第 i 个忆阻桥电路相连的差分放大器的输出电流。最后，由 I_0 所表示的突触电流之和可以被重写为：

$$\begin{aligned}I_0&=g_m(\omega_1V_{in1}+\omega_2V_{in2}+\omega_3V_{in3}+\cdots+\omega_kV_{ink})\\&=\sum_k g_m\omega_kV_{ink}\end{aligned} \tag{11-13}$$

因此，忆阻器桥电路可以以更紧凑、更简单的形式实现式(11-7)中的累加项。应当注意的是，如果所有的反馈模板和控制模板为非零，那么 $k=18$；如果有一个模板为零，那么 $k=9$，这是一个简单的实现方案。另一个选择是，如果忆阻器桥突触为时分复用模型，那么 18 个与模板有关的权值可以由这些突触电路中的 9 个来实现。首先，在每个计算周期中先计算控制项 $\sum b_{ij,kl}u_{kl}$，再将结果存入模拟电流模式(current-mode)存储器中。然后，用这 9 个突触计算反馈模式 $\sum a_{ij,kl}x_{kl}$，再把结果与之前的结果相加，从而实现两个累加项。

流经状态忆阻器的电流和输出电压对应细胞状态的导数，即 dx_{ij}/dt。然后，通过累加器，细胞状态 x 可由下式获得：

$$V_x=C_x\cdot M\Big(\sum_k g_m\omega_kV_{ink}+I\Big) \tag{11-14}$$

应当注意的是，除了执行求和操作，有源负载部分同样也起到限制状态忆阻器电压范围的作用[22]：

$$V_x=\begin{cases}C_x\cdot(V_{\mathrm{dd}}-2V_{\mathrm{th}}), & I_{\mathrm{total}}\geqslant\dfrac{V_{\mathrm{dd}}-2V_{\mathrm{th}}}{R_{\mathrm{out}}}\\ C_x\cdot M\cdot I_{\mathrm{total}}, & \dfrac{-V_{\mathrm{ss}}+2V_{\mathrm{th}}}{R_{\mathrm{out}}}\leqslant I_{\mathrm{total}}\leqslant\dfrac{V_{\mathrm{dd}}-2V_{\mathrm{th}}}{R_{\mathrm{out}}}\\ C_x\cdot(-V_{\mathrm{ss}}+2V_{\mathrm{th}}), & I_{\mathrm{total}}\leqslant\dfrac{-V_{\mathrm{ss}}+2V_{\mathrm{th}}}{R_{\mathrm{out}}}\end{cases}\tag{11-15}$$

原本的输出函数不再必要，因为状态可以达到稳定(边界)并且支持二值输出，这使得 CNN 电路得到进一步的简化。

11.4 数学分析

11.4.1 稳定性

根据定义，如果 CNN 在无穷长的时间状态下还具有稳定的输出，则它是稳定的[9]。在电路分析中，如果一个时间连续的自治网络有界且能量函数受控，则它处于稳定状态。因为一个 CNN(一个确切的网络)的状态变量(解决方案)受限于电路参数，这样的条件很容易保证其边界条件。通常来讲，能量函数的收敛被认为是证明 CNN 处于稳定状态的关键[9]。通过李雅普诺夫稳定性理论，M-CNN 的能量方程定义为：

$$\begin{aligned}E(t)=&\sum_{(i,j)}\int_0^{x_{ij}}m(s)\mathrm{d}s-\frac{1}{2}\sum_{(i,j)}\sum_{(k,l)}a_{ij,kl}x_{kl}(t)x_{ij}(t)-\\&\sum_{(i,j)}\sum_{(k,l)}b_{ij,kl}u_{kl}(t)x_{ij}(t)-\sum_{(i,j)}Ix_{ij}(t)\end{aligned}\tag{11-16}$$

定理 1　对于一个 $M\times N$ 阶的细胞神经网络，$E(t)$ 的边界定义为：

$$\max|E(t)|\leqslant E_{\max}\tag{11-17}$$

其中，

$$\begin{aligned}E_{\max}=&\frac{1}{2}\sum_{(i,j)}\sum_{(k,l)}|a_{ij,kl}x_{kl}(t)x_{ij}(t)|+\\&\sum_{(i,j)}\sum_{(k,l)}|b_{ij,kl}u_{kl}(t)x_{ij}(t)|+MN\left(|I|+\max_{i,j}\left|\int_0^{x_{ij}}m(s)\mathrm{d}s\right|\right)\end{aligned}\tag{11-18}$$

证明　通过定义 $E(t)$，可以获得

$$\begin{aligned}|E(t)|\leqslant&\frac{1}{2}\sum_{(i,j)}\sum_{(k,l)}|a_{ij,kl}x_{kl}(t)x_{ij}(t)|+\\&\sum_{(i,j)}\sum_{(k,l)}|b_{ij,kl}u_{kl}(t)x_{ij}(t)|+\sum_{(i,j)}|Ix_{ij}(t)|+\sum_{(i,j)}\left|\int_0^{x_{ij}}m(s)\mathrm{d}s\right|\\\leqslant&\frac{1}{2}\sum_{(i,j)}\sum_{(k,l)}|a_{ij,kl}x_{kl}(t)x_{ij}(t)|+\sum_{(i,j)}\sum_{(k,l)}|b_{ij,kl}u_{kl}(t)x_{ij}(t)|+\\&\sum_{(i,j)}|I|\cdot|x_{ij}(t)|+\sum_{(i,j)}\left|\int_0^{x_{ij}}m(s)\mathrm{d}s\right|\\\leqslant&\frac{1}{2}\sum_{(i,j)}\sum_{(k,l)}|a_{ij,kl}x_{kl}(t)x_{ij}(t)|+\sum_{(i,j)}\sum_{(k,l)}|b_{ij,kl}u_{kl}(t)x_{ij}(t)|+\end{aligned}$$

$$MN(|I|)+MN\left(\max_{i,j}\left|\int_0^{x_{ij}} m(s)\mathrm{d}s\right|\right)$$
$$\leqslant\frac{1}{2}\sum_{(i,j)}\sum_{(k,l)}|a_{ij,kl}x_{kl}(t)x_{ij}(t)|+\sum_{(i,j)}\sum_{(k,l)}|b_{ij,kl}u_{kl}(t)x_{ij}(t)|+$$
$$MN\left(|I|+\max_{i,j}\left|\int_0^{x_{ij}} m(s)\mathrm{d}s\right|\right)=E_{\max} \tag{11-19}$$

从式(11-18)和式(11-19)得到的 $E(t)$ 是有界的(如式(11-17)所述)。值得注意的是，细胞的输出电压受限于电路实现方案中的两个边界(如式(11-15)所述)。与大多数的 CNN 应用相同，这两个边界分别用于表示其二进制的输出，即图像中的像素点 1 和 −1。因此，在 M-CNN 的数学模型中，x_{ij} 的范围被限制在[−1，1]之内。

定理 2　*函数 $E(t)$ 单调递减，即*

$$\frac{\mathrm{d}(E(t))}{\mathrm{d}t}\leqslant 0 \tag{11-20}$$

证明　如果反馈模板是对称的，即 $a_{ij,kl}=a_{kl,ij}$，则能量函数相对于时间 t 的导数如下所示：

$$\frac{\mathrm{d}E(t)}{\mathrm{d}t}=-\sum_{(i,j)}\sum_{(k,l)}a_{ij,kl}x_{kl}(t)\frac{\mathrm{d}x_{ij}(t)}{\mathrm{d}t}-\sum_{(i,j)}\sum_{(k,l)}b_{ij,kl}u_{kl}(t)\frac{\mathrm{d}x_{ij}(t)}{\mathrm{d}t}-$$
$$\sum_{(i,j)}I\frac{\mathrm{d}x_{ij}(t)}{\mathrm{d}t}+\sum_{(i,j)}\frac{\mathrm{d}x_{ij}(t)}{\mathrm{d}t}\frac{\mathrm{d}}{\mathrm{d}x_{ij}(t)}\int_0^{x_{ij}} m(s)\mathrm{d}s \tag{11-21}$$

根据 CNN 的定义，我们可获得：

$$a_{ij,kl}=0,\ b_{ij,kl}=0,\ \text{对于}\ c(k,l)\notin N_r(i,j) \tag{11-22}$$

则有

$$\frac{\mathrm{d}E(t)}{\mathrm{d}t}=-\sum_{(i,j)}\frac{\mathrm{d}x_{ij}(t)}{\mathrm{d}t}\left\{\sum_{(k,l)}a_{ij,kl}x_{kl}(t)+\sum_{(k,l)}b_{ij,kl}u_{kl}(t)+I-\frac{\mathrm{d}}{\mathrm{d}x_{ij}(t)}\int_0^{x_{ij}} m(s)\mathrm{d}s\right\}$$
$$=-\sum_{(i,j)}\frac{\mathrm{d}x_{ij}(t)}{\mathrm{d}t}\left\{\sum_{(k,l)}(a_{ij,kl}x_{kl}(t)+b_{ij,kl}u_{kl}(t))+I-m(x_{ij}(t))\right\} \tag{11-23}$$

将式(11-7)代入式(11-23)，并令 $C>0$，则有

$$\frac{\mathrm{d}E(t)}{\mathrm{d}t}=-\sum_{(i,j)}C\left(\frac{\mathrm{d}x_{ij}(t)}{\mathrm{d}t}\right)^2\leqslant 0 \tag{11-24}$$

这意味着能量方程单调递减。同时，由于能量方程受到一些条件的约束(定理 1)，基于忆阻器 CNN 的状态变量同样也会受到约束。这样的网络总是产生 DC 输出，换句话说，基于忆阻器的 CNN 是稳定的。

11.4.2　容错性

在实际情况下，由于设备的误差或者其他原因，CNN 中的细胞也许会存在一些误差。总体来说，CNN 应当可以在细胞存在误差的情况下正常工作，即应当具有容错性。按照理论来讲，如果当一些细胞没有正常工作时，而 CNN 依旧维持稳定，这说明 CNN 具有不错的容错性。在本研究中，我们将验证忆阻器的容错性。

定义 stuck-at-α 故障定义为故障单元不会随其他单元输入输出的变化而变化，其中 α 的约束条件为 $|\alpha|\leqslant 1$[26]。

在图像处理中，CNN 处理器(单元)的归一化输出为 1 和 −1(或 0)，分别代表白色和黑色的像素。细胞的 stuck-at-α 故障会使其状态变量保持不变，相应地，对应像素值是否恒定取决于 α 的值。

拥有单个 stuck-at-α 故障的忆阻器 CNN 的动力学方程可由下式给出：

$$C\frac{\mathrm{d}x_{ij}(t)}{\mathrm{d}t}=-m(x_{ij}(t))+\sum_{c(k,l)}(\overline{a}_{ij,kl}x_{kl}(t)+b_{ij,kl}u_{kl})+I+a_f\alpha \tag{11-25}$$

其中，a_f 和 $\overline{a}$ 分别表示故障模板和其余模板。

拥有单个 stuck-at-α 故障的忆阻器 CNN 的能量方程 $V(t)$ 被定义为：

$$V(t)=\sum_{(i,j)}\int_0^{x_{ij}}m(s)\mathrm{d}s-\frac{1}{2}\sum_{(i,j)}\sum_{(k,l)}\overline{a}_{ij,kl}x_{kl}(t)x_{ij}(t)-\sum_{(i,j)}\sum_{(k,l)}b_{ij,kl}u_{kl}(t)x_{ij}(t)-\sum_{(i,j)}Ix_{ij}(t)-\sum_{(i,j)}a_f\alpha x_{ij}(t) \tag{11-26}$$

定理 3 对于 $M\times N$ 阶的忆阻器 CNN，其能量方程 $V(t)$ 的边界被定义为：

$$\max|V(t)|\leqslant V_{\max} \tag{11-27}$$

其中

$$V_{\max}=\frac{1}{2}\sum_{(i,j)}\sum_{(k,l)}|\overline{a}_{ij,kl}x_{kl}(t)x_{ij}(t)|+\sum_{(i,j)}\sum_{(k,l)}|b_{ij,kl}u_{kl}(t)x_{ij}(t)|+MN(|I|+\max_{i,j}\left|\int_0^{x_{ij}}m(s)\mathrm{d}s\right|+|a_f\alpha|) \tag{11-28}$$

证明 基于式(11-26)$V(t)$的定义，我们可以得出：

$$\begin{aligned}|V(t)|&\leqslant\frac{1}{2}\sum_{(i,j)}\sum_{(k,l)}|\overline{a}_{ij,kl}x_{kl}(t)x_{ij}(t)|+\sum_{(i,j)}\sum_{(k,l)}|b_{ij,kl}u_{kl}(t)x_{ij}(t)|+\\&\quad\sum_{(i,j)}|Ix_{ij}(t)|+\sum_{(i,j)}\left|\int_0^{x_{ij}}m(s)\mathrm{d}s\right|+\sum_{(i,j)}\left|a_f\alpha\cdot x_{ij}(t)\right|\\&\leqslant\frac{1}{2}\sum_{(i,j)}\sum_{(k,l)}|\overline{a}_{ij,kl}x_{kl}(t)x_{ij}(t)|+\sum_{(i,j)}\sum_{(k,l)}|b_{ij,kl}u_{kl}(t)x_{ij}(t)|+\\&\quad\sum_{(i,j)}|I|\cdot|x_{ij}(t)|+\sum_{(i,j)}\left|\int_0^{x_{ij}}m(s)\mathrm{d}s\right|+\sum_{(i,j)}|a_f\alpha|\cdot|x_{ij}(t)|\\&\leqslant\frac{1}{2}\sum_{(i,j)}\sum_{(k,l)}|\overline{a}_{ij,kl}x_{kl}(t)x_{ij}(t)|+\sum_{(i,j)}\sum_{(k,l)}|b_{ij,kl}u_{kl}(t)x_{ij}(t)|+\\&\quad MN(|I|)+MN\left(\max_{i,j}\left|\int_0^{x_{ij}}m(s)\mathrm{d}s\right|\right)+MN(|a_f\alpha|)\\&\leqslant\frac{1}{2}\sum_{(i,j)}\sum_{(k,l)}|\overline{a}_{ij,kl}x_{kl}(t)x_{ij}(t)|+\sum_{(i,j)}\sum_{(k,l)}|b_{ij,kl}u_{kl}(t)x_{ij}(t)|+\\&\quad MN\left(|I|+\max_{i,j}\left|\int_0^{x_{ij}}m(s)\mathrm{d}s\right|+|a_f\alpha|\right)=V_{\max}\end{aligned} \tag{11-29}$$

因此，$V(t)$的边界条件如式(11-27)所示。

定理 4　$V(t)$的能量方程是单调递减的，即

$$\frac{\mathrm{d}V(t)}{\mathrm{d}t}\leqslant 0 \tag{11-30}$$

证明　在与定理 2 中相同的反馈模板的假设下，$V(t)$相对于时间 t 的导数为：

$$\begin{aligned}\frac{\mathrm{d}V(t)}{\mathrm{d}t}=&-\sum_{(i,j)}\sum_{(k,l)}\overline{a}_{ij,kl}x_{kl}(t)\frac{\mathrm{d}x_{ij}(t)}{\mathrm{d}t}-\\&\sum_{(i,j)}\sum_{(k,l)}b_{ij,kl}u_{kl}(t)\frac{\mathrm{d}x_{ij}(t)}{\mathrm{d}t}-\sum_{(i,j)}I\frac{\mathrm{d}x_{ij}(t)}{\mathrm{d}t}+\\&\sum_{(i,j)}\frac{\mathrm{d}x_{ij}(t)}{\mathrm{d}t}\frac{\mathrm{d}}{\mathrm{d}x_{ij}(t)}\int_0^{x_{ij}}m(s)\mathrm{d}s-\sum_{(i,j)}a_f\alpha\frac{\mathrm{d}x_{ij}(t)}{\mathrm{d}t}\end{aligned} \tag{11-31}$$

与式(11-23)中的推导类拟，可以从式(11-31)中得到如下结果：

$$\begin{aligned}\frac{\mathrm{d}V(t)}{\mathrm{d}t}&=-\sum_{(i,j)}\frac{\mathrm{d}x_{ij}(t)}{\mathrm{d}t}\left\{\sum_{(k,l)}\overline{a}_{ij,kl}x_{kl}(t)+\sum_{(k,l)}b_{ij,kl}u_{kl}(t)+I-\frac{\mathrm{d}}{\mathrm{d}x_{ij}(t)}\int_0^{x_{ij}}m(s)\mathrm{d}s+a_f\alpha\right\}\\&=-\sum_{(i,j)}\frac{\mathrm{d}x_{ij}(t)}{\mathrm{d}t}\left\{-m(x_{ij}(t))+\sum_{(k,l)}(\overline{a}_{ij,kl}x_{kl}(t)+b_{ij,kl}u_{kl}(t))+I+a_f\alpha\right\}\end{aligned} \tag{11-32}$$

将式(11-25)代入式(11-32)，然后令 $C>0$，可以得到：

$$\frac{\mathrm{d}V(t)}{\mathrm{d}t}=-\sum_{(i,j)}C\left(\frac{\mathrm{d}x_{ij}(t)}{\mathrm{d}t}\right)^2\leqslant 0 \tag{11-33}$$

因此，我们可以得出拥有单个 stuck-at-α 故障的忆阻器 CNN 是稳定的结论，这也表明了其具有容错性。

11.5　计算机仿真

在本节中，我们将使用 Matlab 对 M-CNN 进行包括稳定性和容错性在内的数值分析，并提出两种典型的图像处理应用。

11.5.1　稳定性分析

图 11-10 显示了在基于忆阻器的 4×4CNN 中，细胞 $c(2,2)$在经历 6 组初始条件下(如图 11-9 所示)的瞬态行为。可以观察到，M-CNN 单元的输出(状态)可以达到稳定状态并最终得以保持。这个现象符合上节中的定理推导结果，而且这个结果对一系列的实际应用而言必不可少。另外，在本次仿真中，我们选择的模板和偏置电流分别为：

$$A=\begin{bmatrix}0&1&0\\1&2&1\\0&1&0\end{bmatrix},\quad B=0,\quad I=0 \tag{11-34}$$

0.8	0.7	1.0	−0.1
1.0	1.0	1.0	1.0
1.0	0.9	0.7	0.8
−0.1	1.0	0.8	1.0

a）

0.8	1.0	1.0	0.6
1.0	1.0	1.0	1.0
−1.0	0.9	−1.0	−0.8
−0.9	−1.0	−0.7	−0.8

b）

−0.8	1.0	−0.1	−0.6
1.0	1.0	1.0	−0.1
−1.0	0.9	−1.0	−0.8
−0.9	−1.0	−0.7	−0.8

c）

−0.9	−1.0	1.0	1.0
−1.0	1.0	−1.0	1.0
1.0	−1.0	0.7	0.8
0.9	1.0	0.8	1.0

d）

−0.9	−1.0	−0.9	−1.0
−1.0	1.0	−1.0	−1.0
1.0	−1.0	1.0	1.0
0.7	1.0	1.0	0.8

e）

−0.8	−0.9	−1.0	−0.6
−1.0	1.0	−1.0	−1.0
−1.0	−0.8	−1.0	−0.8
−0.9	−1.0	−0.7	−0.8

f）

图 11-9　a～f 为 $c(2,2)$在不同初始状态下的 6 组初始条件

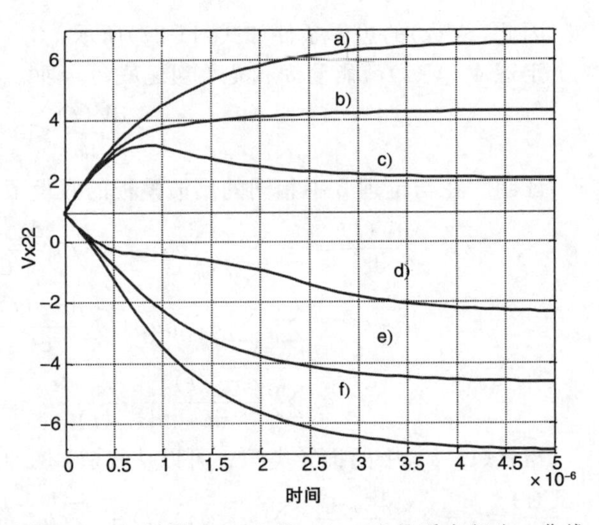

图 11-10　忆阻器 CNN 细胞 $c(2,2)$的瞬态行为。曲线 a～f 分别表述图 11-9a～f 中相应的瞬态行为

11.5.2　容错性分析

为了验证 M-CNN 的容错性，我们采用 21×21 的忆阻器 CNN 来实现图像反转功能，其对应的模板和偏置电流(阈值)如下所示：

$$A=\begin{bmatrix}0&2&0\\0&2&0\\0&2&0\end{bmatrix},\quad B=\begin{bmatrix}0&0&0\\0&4&0\\0&0&0\end{bmatrix},\quad I=4 \tag{11-35}$$

图 11-11 显示了基于忆阻器的 CNN 的图像反转的时间演变，该 CNN 具有 stuck-at-0 故障的单个单元 $c(8,5)$。可以看出，尽管这里存在单个 stuck-at-0 故障单元，忆阻器 CNN 依旧实现了令人满意的图像反转功能，成功地将黑色图像反转成了白色。应当注意的是，为每个子图像添加了黑色的边界以更好地呈现仿真效果，并不是反转图像的一部分。

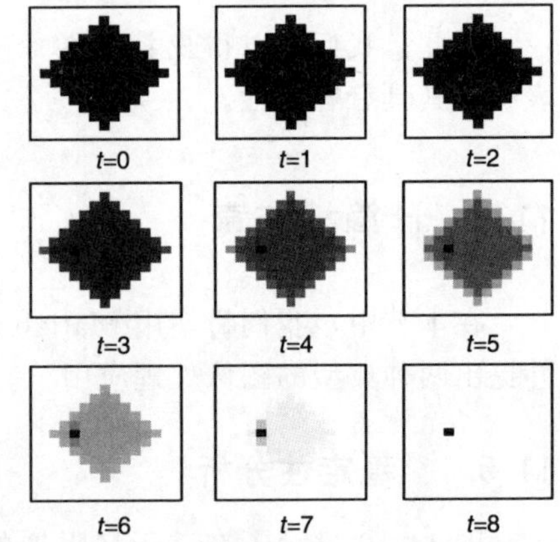

图 11-11　拥有单个 stuck-at-0 故障 $c(8,5)$的忆阻器 CNN 的图像反转

11.5.3　M-CNN 的应用

我们使用两类 M-CNN 来实现典型的图像处理：1）使用非耦合 M-CNN 实现图像的水平线检测和边缘提取；2）使用耦合 M-CNN 实现图像去噪。

1）用于水平线检测和边缘提取的非耦合 M-CNN

如果所有的反馈模板 A 为零或者只有中心单元一个非零元素(代表自反馈)，那么这

个 CNN 为非耦合 CNN[9]。水平线检测(HLD)是一种非耦合 CNN 典型应用。这意味着非耦合 CNN 可以水平地删除孤立点并保留至少包含两个点的水平线。在本例中，模板和偏置电流如下所示[21]：

$$A=[0\quad 1\quad 0],\quad B=[1\quad 1],\quad I=-1 \tag{11-36}$$

图 11-12a 和 b 分别展示了原始图像和处理结果。

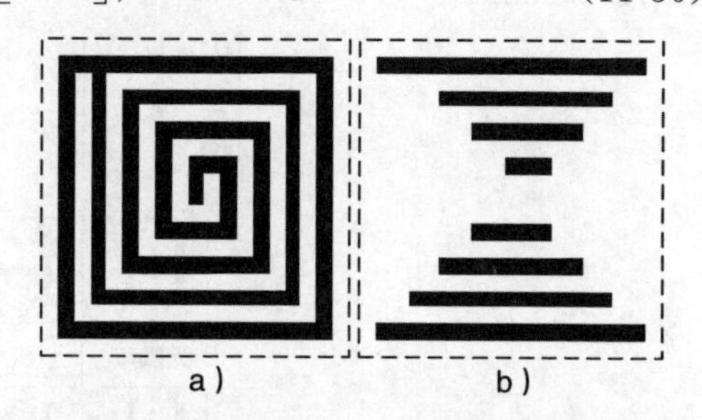

图 11-12　使用非耦合 M-CNN 的水平线检测。a) 输入图像；b) 输出图像

另一个应用是边缘提取，这是图像处理中的常见操作。边缘提取是特征提取的重要环节，因为图像的边缘包括了大部分被视为图像形状的信息。在这里，我们分别给 M-CNN 和标准 CNN 输入一个汽车牌照的图像(如图 11-13a 所示)，并使用式(11-37)中提供的模板进行边缘提取。处理结果分别如图 11-13b 和 c 所示。

$$A=\begin{bmatrix}0 & 0 & 0\\ 0 & 0 & 0\\ 0 & 0 & 0\end{bmatrix},\quad B=\begin{bmatrix}-1 & -1 & -1\\ -1 & 8 & -1\\ -1 & -1 & -1\end{bmatrix},\quad I=-1 \tag{11-37}$$

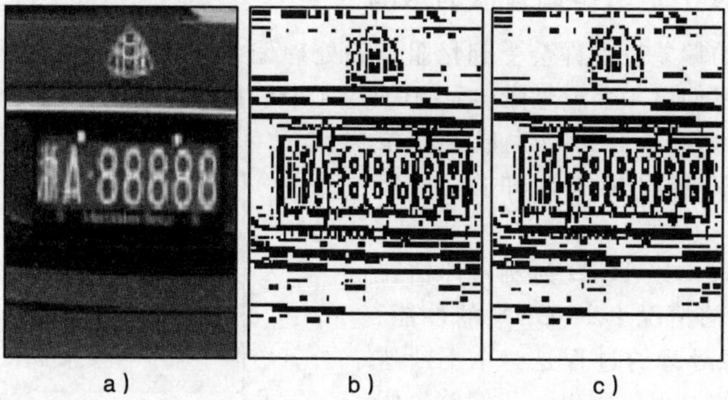

a)　b)　c)

图 11-13　边缘提取的图像处理示例。a) 原始(输入)图像；b) M-CNN 的输出图像；c) 传统 CNN 的输出图像

图 11-13a 为原始图像，图 11-13b 和 c 为由 M-CNN 和标准 CNN 得到的处理结果。应当注意的是，边缘提取的反馈模板为零，这意味着没有反馈(包括自反馈)。实验结果证实了 M-CNN 模型在图像处理方面的表现与标准 CNN 相似：图 11-13b 和 c 的平均像素差别为 1.47%。

2) 耦合 M-CNN 的图像去噪

在 CNN 中，具有反馈和控制模板的线性图像处理等效于具有无限冲激响应(Infinite Impulse Response，IIR)内核的空间卷积[3]。另外，被处理的图像往往来源于现实世界中的相机或其他设备，而这类设备会不可避免地受到一些噪声的影响。因此，去噪就成为图像处理的一项十分重要的工作。现在，我们考虑在 19×19 的图像中(图 11-14 的左上角)，加入方差

$\sigma=0.02$，平均值 $m=0$ 的高斯白噪声(左下角)作为 M-CNN 和标准 CNN 的输入。对应的图像处理结果分别显示在图中的第一行和第二行中，其使用的模板和阈值如式(11-38)所示。这个结果揭示了即便 M-CNN 拥有更加简单的电路结构，但是它却拥有与标准 CNN 相同的优秀去噪性能。

$$A=\begin{bmatrix}0&1&0\\1&4&1\\0&1&0\end{bmatrix},\quad B=\begin{bmatrix}0&0&0\\0&0&0\\0&0&0\end{bmatrix},\quad I=0 \tag{11-38}$$

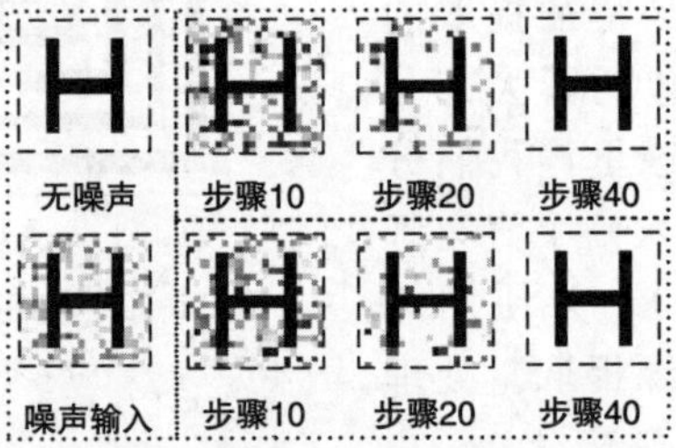

无噪声
步骤10
步骤20
步骤40
噪声输入
步骤10
步骤20
步骤40

图 11-14　图像去噪的执行示例。左侧图像分别为无噪声图像和带 0.02 高斯方差的白噪声图像。右侧第一行为 M-CNN 的图像处理结果，第二行为标准 CNN 的图像处理结果

11.5.4　M-CNN 上忆阻器偏差值的影响

忆阻器突触的偏差值也许会受到忆阻器的处理偏差、权重设置不准确或权重偏差等的影响。首先，我们以 4 个理想标准为例(对应 4 个权重)，假设忆阻器的总体偏差遵循方差 $\sigma=0.02$ 的高斯分布，可以生成 100 条线，表示理想权重的偏差，如图 11-15 所示。

×10⁻⁴
4
2
0
-2
-4
-1
-0.5
0
0.5
1
输出电流（A）
输入电压（V）

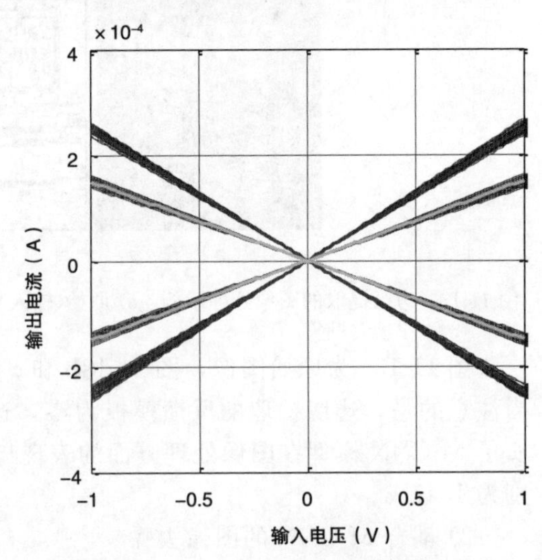

图 11-15　带忆阻偏差的忆阻桥电路的突触权重变化

在本节中，我们以 HLD 为例，评估在忆阻值不断变化的情况下 M-CNN 的性能。由于 CNN 对图像处理的过程是一个不断迭代以寻找稳定解的过程，所以，我们首先假设在每一步迭代过程中，忆阻器突触的变化遵循方差 $\sigma=0.02$ 的高斯分布，然后执行 100 次蒙特卡罗模拟，结果如图 11-16 所示。

另外，图 11-17 展示了 100 次蒙特卡罗模拟的平均误差(方块)和平均运行时间(星形)。随忆阻器权重增加的变化可以发现，忆阻器的偏差值并不会影响图像的处理结果，因为与M-CNN 输出信号的二值量化相比，小偏差完全可以忽略不计。例如，即使方差为 1，但是最终输出与原始输出依旧相同。然而，由于图像处理是一系列的迭代过

程，因此，如果模板中出现一些变化，则该过程将需要执行更多的迭代操作才能获得稳定的解决方案。

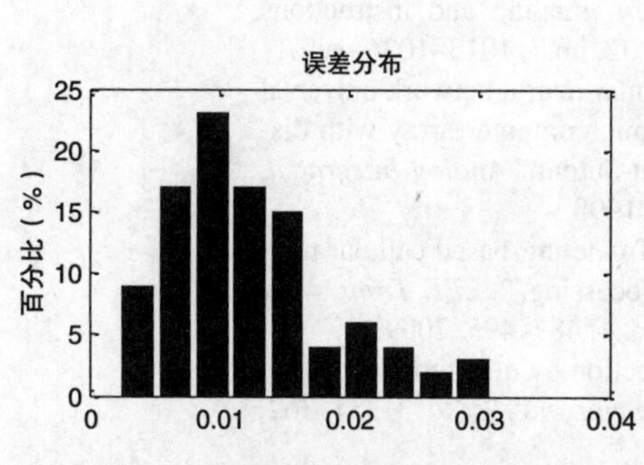

图 11-16　HLD 带忆阻器权重变化的 100 次仿真误差直方图，$\sigma=0.02$

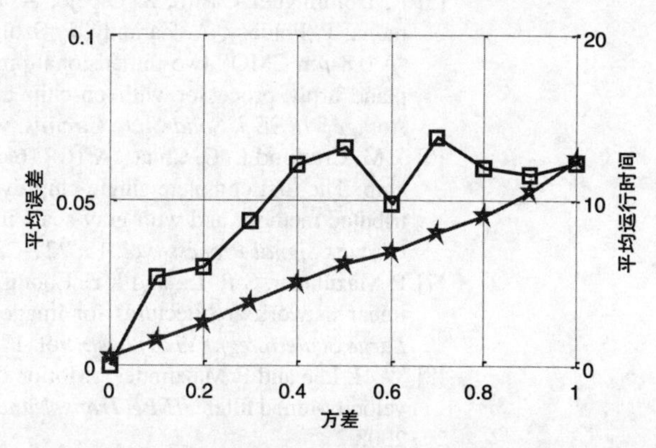

图 11-17　在 HLD 的 100 次仿真中，以秒为单位的平均误差(方块)和平均运行时间(星形)与忆阻器权重方差的变化

11.6　本章总结

生物科学领域和电子工程领域的学者已经对忆阻器进行了广泛的研究，如今，忆阻器已经成为实现集成形态神经网络突触的主要手段。本章通过详细的数学推理展现了一个新颖的基于忆阻器的细胞神经网络实现方案。在本章提出的忆阻器 CNN 中，忆阻器不仅用在可编程桥结构中实现突触权重(模板)，同时也用来代替原来的线性电阻。权值编程和权重的处理都可以通过忆阻桥电路实现，而且原本的 sigmoid 输出电路可以省略，进一步减小处理元件的尺寸以提升计算速度。因此，本章提出的架构更加紧凑，更适合 VLSI 的实现。

我们通过李雅普诺夫能量方程对稳定性和容错性进行了数学分析，为忆阻器细胞神经网络的实现提供了理论基础。仿真结果揭示了 M-CNN 在图像处理中的诸多常用功能，包括水平线检测、边缘提取、图像去噪等。最后，我们使用蒙特卡罗模拟验证了忆阻器特性偏差值的影响。可以看出，忆阻器的偏差特性会在一定程度上影响 M-CNN 的性能，但是不会影响最终的结果。

参考文献

[1] L. O. Chua and L. Yang, “Cellular neural networks: theory,” *IEEE Trans. Circuits Syst.*, vol. CAS-35, no. 10, 1257–1272, 1988.
[2] L. O. Chua and L. Yang, “Cellular neural networks: applications,” *IEEE Trans. Circuits Syst.*, vol. CAS-35, no. 10, 1273–1290, 1988.
[3] L. O. Chua and T. Roska, “Cellular Neural Networks and Visual Computing,” Cambridge, England: *Cambridge University Press*. 2002, 272–275.

[4] T. Yang, "Cellular Neural Network and Image Processing," *Nova Science Publisher*, Inc. 2002, lst Edition.
[5] R. Domínguez-Castro, S. Espejo, A. Rodríguez-Vázquez, R. A. Carmona, P. Földesy, Á. Zarándy, P. Szolgay, T. Szirányi, and T. Roska, "A 0.8-μm CMOS two-dimensional programmable mixed-signal focal-plane array processor with on-chip binary imaging and instructions storage," *IEEE J. Solid-State Circuits*, vol. 32, no.7, 1013–1026, 1997.
[6] J. M. Cruz and L. O. Chua, "A 16×16 cellular neural network universal chip: The first complete single-chip dynamic computer array with distributed memory and with gray-scale input-output," *Analog Integrated. Circuits Signal Process,* vol. 15, 227–237, 1998.
[7] P. Mazumder, S-R. Li, and I. E. Ebong, "Tunneling-based cellular nonlinear network architectures for image processing," *IEEE Trans. Very Large Scale Integr. (VLSI) Syst.*, vol. 17, no. 4, 487–495, 2009.
[8] W. H. Lee and P. Mazumder, "Motion detection by quantum dots based velocity-tuned filter", *IEEE Trans. Nanotechnol.,* vol. 7, No. 3, 357–362, 2008.
[9] S.-R. Li, P. Mazumder, and L. O. Chua, "Cellular neural/nonlinear networks using resonant tunneling diode," *The Fourth IEEE conference on nanotechnology*, 164–167, 2004.
[10] D. B. Strukov, G. S. Snider, D. R. Stewart, and R. S. Williams, "The missing memristor found," *Nature*, vol. 453, no. 7191, 80–83, 2008.
[11] R. S. Williams, "How we found the missing memristor," *IEEE spectr.*, vol. 45, no. 12, 28–35, 2008.
[12] L. O. Chua, "Memristor—the missing circuit element," *IEEE Trans. Circ. Theor.*, vol. 18, no. 5, 507–519, 1971.
[13] M. D. Pickett, D. B. Strukov, J. L. Borghetti, J. J. Yang, G. S. Snider, D. R. Stewart, and R. S. Williams, "Switching dynamics in titanium dioxide memristive devices," *J. Appl. Phys.,* vol. 106, no. 7, 074508, 2009.
[14] H. Abdalla and M. D. Pickett, "SPICE modeling of memristors," *In Circuits and Systems (ISCAS), 2011 IEEE International Symposium* on, 1832–1835, 2011.
[15] S. Kvatinsky, E. G. Friedman, A. Kolodny, and U. C. Weiser, "TEAM: ThrEshold adaptive memristor model," *IEEE Trans. Circuits Syst.,* vol. 60, no. 1, 211–221, 2013.
[16] F. Alibart, L. Gao, B. D. Hoskins, and D. B. Strukov, "High precision tuning of state for memristive devices by adaptable variation-tolerant algorithm," *Nanotechnology,* vol. 23, no. 7, 075201, 2012.
[17] X. Hu, S. Duan, L. Wang, and X. Liao, "Memristive crossbar array with applications in image processing," *Sci. China: Inf. Sci.*, vol. 55, no. 2, 461–472, 2012.
[18] S. Duan, X. Hu, L. Wang, C. Li, and P. Mazumder, "Memristor-Based RRAM with Applications," *Sci. China: Inf. Sci.*, vol. 55, no. 6, 1446–1460, 2012.
[19] S. H. Jo, T. Chang, I. Ebong, et al., "Nanoscale Memristor Device as Synapse in Neuromorphic Systems," *Nano Letters*, vol. 10, no. 4. 1297–1301, 2010.
[20] X. Hu, S. Duan, and L. Wang, "A Novel chaotic neural network using memristors with applications in associative memory," *Abstr. Appl. Anal.*, vol. 2012, 1–19, 2012.

[21] H. Kim, M. Sah, C. Yang, T. Roska, et al., “Memristor bridge synapses,” *Proc. IEEE*, vol. 100, no. 6, 2061–2070, 2012.
[22] S.P. Adhikari, C. Yang, H. Kim, and L. O. Chua, “Memristor bridge synapse-based neural network and its learning,” *IEEE trans. Neural Netw. Learn. Syst.*, vol. 23, no. 9, 1426–1435, 2012.
[23] F. Corinto, A. Ascoli, Y.-S. Kim, and K.-S. Min, “Cellular Nonlinear Networks with Memristor Synapses,” In Memristor Networks, 267–291. *Springer International Publishing*, 2014.
[24] L. Wang, E. Drakakis, S. Duan, and P. He, “Memristor model and its application for chaos generation,” *Int. J. Bifurcat. Chaos,* vol. 22, no. 8, 1250205, 2012.
[25] S. Liu, L.Wang, S. Duan, C. Li, and J. Wang, “Memristive device based filter and integration circuits with applications,” *Adv. Sci. Letters*, vol. 8, no. 1, 194–199, 2012.
[26] L. Wang, X. Yang, and S. Duan, “Analysis of Fault Tolerance of Cellular Neural Networks and Applications to Image Processing,” *in Third International Conference on Natural Computation, Washington, DC*, 252–256, 2007.

CHAPTER12

第12章

基于忆阻器的神经网络动力学分析及其应用

Yongbin Yu、Lefei Men、Qingqing Hu、Shouming Zhong、
Nyima Tashi、Pinaki Mazumder、Idongesit Ebong、
Qishui Zhong 和 Xingwen Liu

本章将重点研究忆阻神经网络，特别是基于忆阻器的 WTA 神经网络和基于忆阻器的循环神经网络。首先，在理论上解释两类忆阻神经网络的设计。然后，进行动力学分析，以研究这些神经网络的行为。在此理论分析的基础上，实现 WTA 神经网络在皮肤疾病分类器中的应用，取得较好的仿真效果，并提供两个实例来验证忆阻循环神经网络。

12.1 引言

1971 年，忆阻器被认为是第四种基本电路元件[1]。从那时起，忆阻器一直作为一种理论的存在，直到 HP 实验室在 2008 年建立了第一个物理模型[2-3]。近年来，越来越多的研究人员致力于忆阻器的研究，并推动其潜在的应用，例如具有与 DRAM 一样的高密度和速度的非易失性存储设备[4-5]、神经网络[6-7]等等。值得注意的是，神经网络由于其并行计算、学习能力、函数逼近和组合优化的优势而得到了广泛的应用[8]。人们已经研究了多种神经网络模型，例如 Hopfield 神经网络、细胞神经网络、卷积神经网络、Winner-Take-All 神经网络、Cohen-Grossberg 神经网络、Lotka-Volterra 神经网络和自适应神经网络[9-13]。

特别是在人工神经网络中，忆阻器已被证明拥有广大的前途，可应用于基于忆阻器突触的多层神经网络[14-15]。我们知道，Hopfield 神经网络模型可以在电路中实现，其中自反馈连接权重和连接权重由电阻器实现[16-17]。如果我们使用忆阻器而不是电阻器，则可以建立一个新模型，其中连接权重根据其状态而变化，也就是说，这是一个与状态有关的开关循环网络，称为基于忆阻器的循环神经网络（Memristor-based Recurrent Neural Networks，MRNN）。

MRNN 的动力学分析引起了越来越多的关注。2010 年，微分包含理论首先用于研究 MRNN 的动力学分析(参见文献[18])。一方面，人们研究了 MRNN 的稳定性[19-22]和 MRNN 的同步控制[23-27]。另一方面，人们又研究了其周期性和混沌特性[28]。另外，通过一些理论结果研究的 MRNN 的无源性在文献[29-33]中被提出。无源性及其广义耗散性表征了动态系统的能耗。耗散性是科学和控制工程中使用的重要理论，它在物理学、系统理论和控制工程之间建立了紧密的联系。因此，关于 MRNN 耗散性的研究是有趣的挑战。文献[34]解决了时变延迟 MRNN 的全局指数的耗散性问题，文献[35]研究了时变延迟基于忆阻器的复值神经网络的耗散性，此外，文献[36]提出了具有泄漏和时变延迟 MRNN 的严格(Q，S，R)-γ-耗散性。然而，MRNN 的驱动响应系统的耗散性尚未在文献中进行研究或研究较少。同时，这种 MRNN 会发生泄漏延迟，导致不稳定和性能不佳。因此，受表 12-1 中相关工作的启发，我们对带有泄漏项的 MRNN 的动力学给予了重点关注。

表 12-1　相关工作

论文	系统	延迟	动力学分析
Radhika[38]	Stochastic MRNN	离散与分布式	耗散性
Cai[5]	Switching jumps MRNN	时变	同步
Rakkiyappan[41]	Complex-valued Drive-response MRNN	泄漏与时变	耗散性
我们发表的论文[57]	MRNN	泄漏与时变	耗散性
我们的论文	Drive-response MRNN	泄漏与时变	耗散性
结果比较	新模型	新型一般性延迟	耗散性准则宽松

近年来，人们已经开发了神经网络来解决皮肤分类器问题[37-40]。神经科学家发现，赢家通吃(WTA)行为总是发生在许多认知过程中。此外，WTA 是竞争性学习、决策和模式识别的基本机制，已广泛存在于社会和自然界。

WTA 神经网络具有双重作用，即选择最大输入并在输入消失后加强该模式，这意味着只有受刺激最大的神经元才会作出反应，而其他神经元则被抑制[41-46]。近来，研究人员已经做出了相当大的努力来研究 WTA 神经网络及其在图像分类和特征提取中的应用[47-52]。在医学领域，WTA 神经网络和其他类型的神经网络都具有强大的功能[37,53-57]。在当前文献中，大多数工作集中于学习规则、架构设计、电路实现和功能应用。但是，这些工作很少为忆阻器架构提供动力学分析及其在皮肤分类器中的应用。

至于 WTA 神经网络，最近的发展已经研究了四神经 MOSFET 实现的神经网络及其动力学分析[46]，整合和发射神经元和 RRAM 突触[47]，稳定性分析[58]，以及具有 WTA 训练算法的忆阻器网络[44]。文献[46]提出了一种考虑忆阻器交叉阵列的新型模型及其动力学分析。受到表 12-2 中相关工作的启发，我们将提供一种新颖的观点来说明 WTA 如何用于解决现实生活中的问题，尤其是如何利用忆阻器阵列来学习和作出医学决策。

表 12-2　相关工作

论文	模型	动力学分析	应用
Fang[11]	MOSFET＋WTA	WTA 行为	无
Filimon[13]	BP 神经网络	无	皮肤病分类器
Bavandpour[4]	STDP(忆阻器交叉阵列)	无	图片分割
Wu[55]	WTA	稳定性分析	无
我们发表的论文[10]	STDP＋WTA(忆阻器交叉阵列)	无	位置检测
我们的论文	BP-MWNN(忆阻器交叉阵列)	WTA 行为	皮肤病分类器
结果比较	新模型	足够多的新条件	新模型，准确率高

12.2　定义和规则

为了方便起见，我们引入一些预备知识和术语：在本节中，以下考虑的所有的系统解决方案均以 Filippov 为基础[62]。$co[\Pi_1, \Pi_2]$表示由实数Π_1和Π_2或者实数矩阵Π_1和Π_2生成的凸包的闭包[63]。$\mathbb{R}^+$表示正实数集；$\mathbb{R}^n$表示n维欧式空间；$\mathbb{R}^{n\times m}$为所有$n\times m$实数矩阵集。令$C([-\tau, 0], \mathbb{R}^n)$表示从$[-\tau, 0]$到$\mathbb{R}^n$的连续函数族$\phi(s)$。上标“T”和“$-1$”分别代表矩阵的转置和逆。$A>0(A<0)$表示矩阵 A 是对称正定(负定)，对称矩阵中的对称项用“$*$”表示；I是一个适当维度的单位矩阵。L_2^n是在空间$\mathbb{R}^+$上取值于$\mathbb{R}^n$的平方可积函数；L_{2e}^n是L_2^n空间的扩展，其定义为$L_{2e}^n=\{f$：f是一个在$\mathbb{R}^+$上可测量的函数，$P_T f\in L_2^n$，$\forall \tau\in\mathbb{R}^+\}$，其中如果$t\leqslant\tau$，$P_\tau f(t)=f(t)$；如果$t>\tau$，则为 0；对于任意函数$x(t)$，$y(t)\in L_{2e}^n$，矩阵$M$，我们定义$\langle x, My\rangle_\tau=\int_0^\tau x^{\mathrm{T}}(t)My(t)\mathrm{d}t$。

我们提出一些必要的定义和引理。

定义 1　(文献[64])令$E\subseteq\mathbb{R}^n$，$x\to F(x)$称为从E到$\mathbb{R}^n$集值映射，对于每一个来自$E\subseteq\mathbb{R}^n$的点x，有一个非空集$F(x)\subseteq\mathbb{R}^n$。

定义 2　(文献[64])非空集值映射F称作在$x_0\in E\subseteq\mathbb{R}^n$上半连续。如果对于任意包含$F(x_0)$的开放集合$N$，存在一个$x_0$上的邻域$M$，使$F(M)\subseteq N$。如果对于每个$x\in E$，$F(x)$是闭合的(凸，紧凑)，则$F(x)$是具有闭合(凸，紧凑)函数图像。

定义 3　(文献[64])对于微分系统$\frac{\mathrm{d}x}{\mathrm{d}t}=f(t, x)$，其中$f(t, x)$在$x$上不连续，则集值映射中的$f(t, x)$被定义为

$$F(t, x)=\bigcap_{\varepsilon>0}\bigcap_{\rho(N)=0} co[f(t, B(x, \varepsilon)\setminus N)]$$

其中，$B(x, \varepsilon)=\{y: \|y-x\|\leqslant\varepsilon\}$是中心为$x$，半径为$\varepsilon$的球域；在所有零测度以及$\varepsilon>0$的集合$N$上求交集，且$\rho(N)$是集合$N$的勒贝格测度。

系统$\frac{\mathrm{d}x}{\mathrm{d}t}=f(t, x)$在初始条件$x(0)=x_0$下的 Filippov 解一定在子域$t\in[t_2, t_2]\in[0, t_0]$上连续，且该子域满足$x(0)=x_0$和微分包含：

$$\frac{\mathrm{d}x}{\mathrm{d}t}\in F(t, x)\text{对于 a. a. }t\in[0, t_0]$$

引理 1　(文献[65])对于任意 $W\in\mathbb{R}^{n\times n}$ 且 $W>0$ 的常数厄米矩阵，带有标量 $a<b$ 的向量函数 $\omega(s)$：$[a, b]\to\mathbb{R}^n$ 的积分被良好定义，则

(1) $\left(\int_a^b\omega(s)\mathrm{d}s\right)^{\mathrm{T}}W\left(\int_a^b\omega(s)\mathrm{d}s\right)\leqslant(b-a)\int_a^b\omega^{\mathrm{T}}(s)W\omega(s)\mathrm{d}s$

(2) $\left(\int_a^b\int_{t+\lambda}^t\omega(s)\mathrm{d}s\mathrm{d}\lambda\right)^{\mathrm{T}}W\left(\int_a^b\int_{t+\lambda}^t\omega(s)\mathrm{d}s\mathrm{d}\lambda\right)\leqslant\frac{(b-a)^2}{2}\int_a^b\int_{t+\lambda}^t\omega^{\mathrm{T}}(s)W\omega(s)\mathrm{d}s\mathrm{d}\lambda$

引理 2　(文献[66])对于常数矩阵 A、B 和 C，其中 $A=A^{\mathrm{T}}$，$C=C^{\mathrm{T}}$，则其线性矩阵不等式

$$\begin{bmatrix}A & B^{\mathrm{T}}\\ B & -C\end{bmatrix}<0$$

等价于 $C>0$，$A+B^{\mathrm{T}}C^{-1}B<0$。

12.3　基于忆阻器的神经网络设计

基于引言中对 MRNN 和 MWNN 的概述以及相关的初步研究，和上一节中的一些定义和引理，本节将进行 MRNN 和 MWNN 的设计。

12.3.1　MRNN 的设计

基于一类具有泄漏延迟和时变延迟的 MRNN，本节将研制驱动响应系统。

我们使用 Itoh 提出的分段线性模型(参见文献[67])构建如图 12-1 所示的 MRNN 类，描述如下：

$$\begin{cases}\dot{x}_i(t)=-c_i(x_i(t-\delta))x_i(t-\delta)+\\ \qquad\sum_{j=1}^n a_{ij}(f_j(x_j(t))-x_j(t))f_j(x_j(t))+\\ \qquad\sum_{j=1}^n b_{ij}(g_j(x_j(t-\tau_j(t)))-x_j(t))\times\\ \qquad g_j(x_j(t-\tau_j(t)))+I_i(t),\ t\geqslant0,\ i=1, 2, \cdots, n\\ x_i(t)=\psi_i(t),\ t\in[-\tau, 0],\ i=1, 2, \cdots, n\end{cases}\tag{12-1}$$

其中

$$c_i(x_i(t-\delta))=\begin{cases}c_i',\ x_i(t-\delta)\leqslant0\\ c_i'',\ x_i(t-\delta)>0\end{cases}$$

$$a_{ij}(f_j(x_j(t))-x_j(t))=\begin{cases}a_{ij}',\ f_j(x_j(t))-x_j(t)\leqslant0\\ a_{ij}'',\ f_j(x_j(t))-x_j(t)>0\end{cases}$$

$$b_{ij}(g_j(x_j(t-\tau_j(t)))-x_j(t))=\begin{cases}b_{ij}',\ g_j(x_j(t-\tau_j(t)))-x_j(t)\leqslant0\\ b_{ij}'',\ g_j(x_j(t-\tau_j(t)))-x_j(t)>0\end{cases}$$

其中，函数里 $c_i'>0$，$c_i''>0$，a_{ij}'、a_{ij}''、b_{ij}' 和 $b_{ij}''(i, j=1, \cdots, n)$皆为常量，$f_i$ 和 g_i 是有界的连续函数，$I_i(t)$是一个连续周期的外部输入函数，c_i 是 $x_i(t-\delta)$的函数，a_{ij}

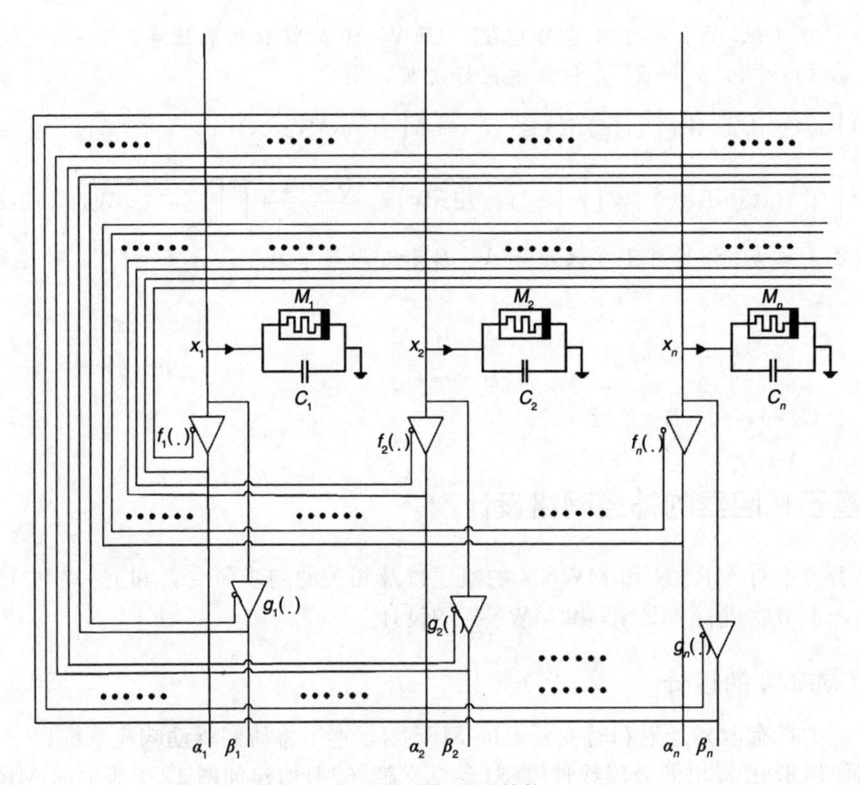

图 12-1 MRNN 结构

是 $f_j(x_j(t))-x_j(t)$的函数，b_{ij} 是 $g_j(x_j(t-\tau_j(t)))-x_j(t)$的函数。并且激活函数满足以下假设：

假设 1 对于 $j=1, 2, \cdots, n$，$\forall a, b\in R, a\neq b$，函数 $f_i g_i$ 是有界的且满足条件 $l_i^-\leqslant\dfrac{f_j(a)-f_j(b)}{a-b}\leqslant l_i^+$，$k_i^-\leqslant\dfrac{g_j(a)-g_j(b)}{a-b}\leqslant k_j^+$，其中 l_i^-、l_i^+、k_i^- 和 k_i^+ 都是已知的正实常数。δ 是泄漏延迟，$\tau_j(t)$是时变延迟，并且关系满足以下假设：

假设 2 泄漏延迟 δ 满足 $\delta>0$ 且时变延迟 $\tau_j(t)$满足 $0\leqslant\tau_j(t)\leqslant\overline{\tau}$，$\dot{\tau}_j(t)\leqslant\mu$，其中 $\overline{\tau}$ 和 μ 都是常数。令 $\tau=\max\{\overline{\tau}, \delta\}$，$\overline{c}_i=\max\{c_i', c_i''\}$，$\underline{c}_i=\min\{c_i', c_i''\}$，$\overline{a}_{ij}=\max\{a_{ij}', a_{ij}''\}$，$\underline{a}_{ij}=\min\{a_{ij}', a_{ij}''\}$，$\overline{b}_{ij}=\max\{b_{ij}', b_{ij}''\}$，$\underline{b}_{ij}=\min\{b_{ij}', b_{ij}'\}$，并且关系满足以下假设：

假设 3 对于微分包含，满足以下条件

$co[\underline{c}_i, \overline{c}_i]y_i(t)-co[\underline{c}_i, \overline{c}_i]x_i(t)\subseteq co[\underline{c}_i, \overline{c}_i](y_i(t)-x_i(t))$

$co[\underline{a}_{ij}, \overline{a}_{ij}]f_j(y_j(t))-co[\underline{a}_{ij}, \overline{a}_{ij}]f_j(x_j(t))\subseteq co[\underline{a}_{ij}, \overline{a}_{ij}](f_j(y_j(t))-f_j(x_j(t)))$

$co[\underline{b}_{ij},\overline{b}_{ij}]g_j(y_j(t))-co[\underline{b}_{ij},\overline{b}_{ij}]g_j(x_j(t))\subseteq co[\underline{b}_{ij},\overline{b}_{ij}](g_j(y_j(t))-g_j(x_j(t)))$

它遵循来自式(12-1)的

$$\dot{x}_i(t)\in -co[\underline{c}_i, \overline{c}_i]x_i(t-\delta)+\sum_{j=1}^{n}co[\underline{a}_{ij}, \overline{a}_{ij}]f_j(x_j(t))+$$

$$\sum_{j=1}^{n} co[\underline{b}_{ij}, \overline{b}_{ij}]g_j(x_j(t-\tau_j(t)))+I_i(t) \tag{12-2}$$

或者同样的，对于 $i, j=1, 2, \cdots, n$，存在 $c^* \in co[\underline{c}_i, \overline{c}_i]$，$a_{ij}^* \in co[\underline{a}_{ij}, \overline{a}_{ij}]$，$b_{ij}^* \in co[\underline{b}_{ij}, \overline{b}_{ij}]$，使

$$\begin{aligned}\dot{x}_i(t)=-c_i^* x_i(t-\delta)+\sum_{j=1}^{n}(a_{ij}^* f_j(x_j(t))+\\ b_{ij}^* g_j(x_j(t-\tau_j(t))))+I_i(t)\end{aligned} \tag{12-3}$$

为了方便说明，将式(12-2)转换为向量形式：

$$\begin{aligned}\dot{x}(t)\in -co[\underline{C}, \overline{C}]x(t-\delta)+co[\underline{A}, \overline{A}]f(x(t))+\\ co[\underline{B}, \overline{B}]g(x(t-\tau(t)))+I(t)\end{aligned} \tag{12-4}$$

其中 $x(t)=[x_1(t), \cdots, x_n(t)]^{\mathrm{T}}$，$f(x(t))=[f_1(x_1(t)), \cdots, f_n(x_n(t))]^{\mathrm{T}}$，$g(x(t-\tau(t)))=[g_1(x_1(t-\tau_1(t))), \cdots, g_n(x_n(t-\tau_n(t)))]^{\mathrm{T}}$，$\underline{C}=diag(\underline{c}_1, \cdots, \underline{c}_n)$，$\overline{C}=diag(\overline{c}_1, \cdots, \overline{c}_n)$，$\underline{A}=(\underline{a}_{ij})_{n\times n}$，$\overline{A}=(\overline{a}_{ij})_{n\times n}$，$\underline{B}=(\underline{b}_{ij})_{n\times n}$，$\overline{B}=(\overline{b}_{ij})_{n\times n}$，$I(t)=[I_1(t), \cdots, I_n(t)]^{\mathrm{T}}$。

应用集值映射和微分包含的理论，式(12-4)等效于：存在 $C' \in co[\underline{C}, \overline{C}]$，$A' \in co[\underline{A}, \overline{A}]$，$B' \in co[\underline{B}, \overline{B}]$，使

$$\dot{x}(t)=-C'x(t-\delta)+A'f(x(t))+B'g(x(t-\tau(t)))+I(t) \tag{12-5}$$

在本节，将式(1-2)或式(1-3)作为驱动系统，则相应的响应系统如下：

$$\begin{aligned}\dot{y}(t)\in -co[\underline{C}, \overline{C}]y(t-\delta)+co[\underline{A}, \overline{A}]f(y(t))+\\ co[\underline{B}, \overline{B}]g(y(t-\tau(t)))+I(t)+u(t)\end{aligned} \tag{12-6}$$

或者，存在 $C'' \in co[\underline{C}, \overline{C}]$，$A'' \in co[\underline{A}, \overline{A}]$，$B'' \in co[\underline{B}, \overline{B}]$，使

$$\dot{y}(t)=-C''y(t-\delta)+A''f(y(t))+B''g(y(t-\tau(t)))+I(t)+u(t) \tag{12-7}$$

对于初始条件 $y_i(t)=\omega_i(t)(t\in[-\tau, 0], i=1, 2, \cdots, n)$，其中 $y(t)=[y_1(t), \cdots, y_n(t)]^{\mathrm{T}}$，$f(y(t))=[f_1(y_1(t)), \cdots, f_n(y_n(t))]^{\mathrm{T}}$，$g(y(t-\tau(t)))=[g_1(y_1(t-\tau_1(t))), \cdots, g_n(y_n(t-\tau_n(t)))]^{\mathrm{T}}$，$u(t)=[u_1(t), \cdots, u_n(t)]^{\mathrm{T}}$ 是合适的控制输入。

应用以上理论和假设，使 $e_i(t)=y_i(t)-x_i(t)$ 处于错误状态，$\phi_i(e_i(t))=f_i(y_i(t))-f_i(x_i(t))$，$\varphi_i(e_i)=g_i(y_i(t))-g_i(x_i(t))$，我们可以获得错误系统为：

$$\dot{e}(t)\in -co[\underline{C}, \overline{C}]e(t-\delta)+co[\underline{A}, \overline{A}]\phi(e(t))+co[\underline{B}, \overline{B}]\varphi(e(t-\tau(t)))+u(t) \tag{12-8}$$

或者，存在 $C\in co[\underline{C}, \overline{C}]$，$A\in co[\underline{A}, \overline{A}]$，$B\in co[\underline{B}, \overline{B}]$，使

$$\begin{cases}\dot{e}(t)=-Ce(t-\delta)+A\phi(e(t))+B\varphi(e(t-\tau(t)))+u(t)\\ \overline{\omega}(t)=\omega(t)-\psi(t), t\in[-\tau, 0]\end{cases} \tag{12-9}$$

其中，$e(t)=[e_1(t), \cdots, e_n(t)]^{\mathrm{T}}$，$\phi(e(t))=[\phi_1(e_1(t)), \cdots, \phi_n(e_n(t))]^{\mathrm{T}}$，$\varphi(e(t-\tau(t)))=[\varphi_1(e_1(t-\tau_1(t))), \cdots, \varphi_n(e_n(t-\tau_n(t)))]^{\mathrm{T}}$，初始条件为 $\overline{\omega}(t)=\omega(t)-$

$\psi(t)(t\in[-\tau, 0])$，其中 $\overline{\omega}(t)=[\overline{\omega}_1(t), \cdots, \overline{\omega}_n(t)]^{\mathrm{T}}$，$\overline{\omega}_i(t)=\omega_i(t)-\psi_i(t)$。

定义 4 （文献[68]）给定实对称矩阵 Q 和 R，实矩阵 S，式(12-9)叫作严格(Q, S, R)-γ-耗散性，如果存在标量 $\gamma>0$，使不等式

$$\langle\phi(e), Q\phi(e)\rangle+2\langle\phi(e), Su\rangle+\langle u, Ru\rangle\geqslant\gamma\langle u, u\rangle \tag{12-10}$$

对于所有 $u\in L_{2e}^n$，$t_f\geqslant 0$ 和在零初始条件下成立。

备注 1 在耗散性分析中，当 $u(t)\in L_{2e}^n$，并且 $u(t)$和错误状态 $e(t)$满足式(12-10)，式(12-9)将被视作一个开环控制系统。在下节中，我们将给出基于式(12-9)的驱动响应系统的严格(Q, S, R)-γ-耗散性准则和一些推论。

12.3.2 MWNN 的设计

忆阻器是一种非线性无源电子设备，可通过电荷量 q 和磁通量 φ 的本构关系在数学上进行定义：

$$M(q)\triangleq\frac{\dot{\varphi}(q)}{\dot{q}}, W(q)\triangleq\frac{\dot{q}(\varphi)}{\dot{\varphi}} \tag{12-11}$$

其中，$M(q)$和 $W(\varphi)$分别表示忆阻和忆导，而上点表示导数。在不失一般性的前提下，我们研究了忆阻器，并假设忆阻器具有“单调递增”和“分段线性”的非线性特征，如下所示：

$$q(\varphi)=d\varphi+0.5(c-d)(|\varphi+1|-|\varphi-1|) \tag{12-12}$$

因此，忆导函数 $W(\varphi)$为：

$$W(\varphi)=\frac{q(\dot{\varphi})}{\dot{\varphi}}=\frac{\dot{q}(\varphi)}{\dot{t}}\frac{\dot{t}}{\dot{\varphi}}=\frac{i}{v}=\begin{cases}c, & |\varphi|<1\\ d, & |\varphi|>1\end{cases} \tag{12-13}$$

在神经网络中，可以使用忆阻器对突触进行建模，并使用交叉阵列实现网络连接。MWNN 的设计受到文献[46]的启发，其结构是通过金属氧化物半导体场效应晶体管实现的。在架构设计和电路实现的基础上，我们介绍了忆阻器来设计 MWNN 在 MOSFET、电阻器和电容器上实现的神经元，可以通过交叉阵列结构上的忆阻器突触与其他神经元相连。由 MOSFET 和忆阻器实现的四神经元 WTA 神经网络如图 12-2 所示。MOSFET 功能由下式给出：

$$h(x, y)=\begin{cases}K[2(x+V_T)y-(x+V_T)^2], & y\geqslant 0, 0\leqslant x+V_T\leqslant y\\ Ky^2, & y\geqslant 0, x+V_T>y\\ 0, & \text{其他}\end{cases} \tag{12-14}$$

其中，V_T 是电压阈值，且 K 取决于 MOSFET 的物理特性。首先，我们考虑首个神经元并且包含以下根据基尔霍夫回路法的状态方程。

$$I_1=C\dot{v}_1+Gv_1+h(v_1, v_2)+h(v_1, v_3)+h(v_1, v_4)+3v_1W(\varphi_1) \tag{12-15}$$

然后

$$C\dot{v}_1=I_1-Gv_1-\sum_{j\neq 1}h(v_1, v_j)-3v_1W(\varphi_1) \tag{12-16}$$

其中，φ_1 表示 v_1 的时间积分。同样，给出第 i 个神经元的状态方程

$$C\dot{v}_i = I_i - Gv_i - \sum_{j\neq i} h(v_i, v_j) - 3v_i W(\varphi_i), \ i=1, 2, 3, 4 \tag{12-17}$$

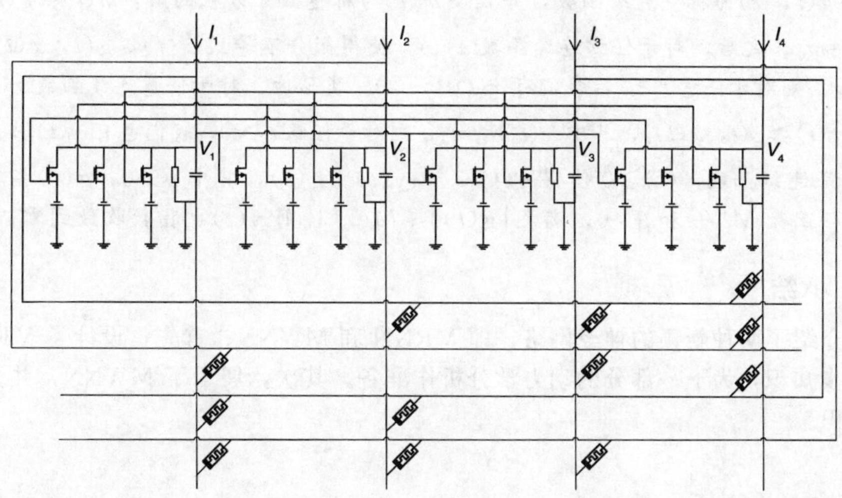

图 12-2　MWNN 结构

受此模型的激励，令 $h(\cdot, \cdot)$作为通用函数，则有

$$C\dot{v}_i = I_i - Gv_i - \sum_{j\neq i} h(v_i, v_j) - (N-1)v_i W(\varphi_i), \ i=1, 2, \cdots, N \tag{12-18}$$

其中，v_i 是第 i 个神经元的激活，I_i 是第 i 个神经元的外部输入，$W(\varphi_i)$是第 i 个忆阻器交叉阵列结构上的导通值。

在式(12-18)中，$\{-(N-1)v_i W(\varphi_i)\}$项是 MWNN 的关键因素。毫无疑问，式(12-18)没有这一项将变为文献[46]中的模型。

为了研究 MWNN 式(12-18)的性质，我们首先介绍一些假设、定义和引理[46]。用 $I_1, I_2, \cdots, I_N$ 表示外部输入，且 $I_{\max}$ 和 $v_{\max}$ 是最大的外部输入及其对应的最大输出。

备注 2　如果 v 是一个式(12-18)的平衡点，使得 $v_{\max}>0$ 且 $v_j \leqslant 0 (j\neq \max)$，则其为 WTA 点。

备注 3　根据定义，$h(x, y)$满足 Lipschitz 条件。因此，存在一个常量 $L>0$，使得 $|h(x_1, y)-h(x_2, y)| \leqslant L|x_1-x_2|$ 和 $|h(x, y_1)-h(x, y_2)| \leqslant L|y_1-y_2|$。

备注 4　函数类 F 满足

$$\begin{aligned} F=\{h(x, y)\geqslant 0 \mid & h(x, y)\text{是连续的，单调不减的} \\ & \text{其中 } x \text{ 和 } y, h(x, y)=0, \text{当 } y\leqslant 0\} \end{aligned} \tag{12-19}$$

备注 5　如果时间趋近无穷，式(12-18)的轨迹收敛到平衡点，则 MWNN 式(12-18)是收敛的。如果存在 $M>0$ 和 $\sigma>0$，使得对于任意 $t\geqslant 0$ 都有 $\|x(t)-x_0\| \leqslant M\mathrm{e}^{-\sigma t}$，其中 $\|\cdot\|$是欧几里得范数，则式(12-18)指数收敛至 x_0[69]。如果式(12-18)是(指数地，渐近地)在李雅普诺夫意义上稳定[70]，则 MWNN 式(12-18)也将(指数地，渐近地)稳定。

备注 6　用于证明该定理的方法遵循文献[46]中的理论。

引理 3 比较原理

1. 令 $g(t, x)$ 为标量连续函数，并且令 $m(t)$ 为标量微分方程的解：$\dot{m}(t)=g(t, m(t))$ 且 $m(t_0)=m_0$。之后，对于任意连续函数 $x(t)$，使得微分不等式 $\dot{x}(t)\leqslant g(t, x(t))$，其中 $x(t_0)=m_0$，则对于任意 $t\geqslant t_0$，我们有 $x(t)\leqslant m(t)$。类似地，对于任意连续函数 $x(t)$ 满足微分不等式 $\dot{x}(t)\geqslant g(t, x(t))$，其中 $x(t_0)=m_0$，则对于任意 $t\geqslant t_0$，我们也有 $x(t)\geqslant m(t)$。

2. 如果连续函数 $y(t)\geqslant 0$ 使得 $\dot{y}(t)\leqslant -\alpha y(t)+g(t)$，其中 $\alpha>0$，$g(t)$ 指数收敛到零，即存在正数 $M>0$ 和 $\beta>0$，满足 $|g(t)|\leqslant M\mathrm{e}^{-\beta t}$，则 $y(t)$ 也指数收敛到零。

12.3.3 小结

本节介绍了两种新颖的神经网络，即 MRNN 和 MWNN。首先，设计了 MRNN，并介绍了初步知识，为下一部分的动力学分析作准备。其次，展示了 MWNN，并介绍了一些相关知识。

12.4 动力学分析

根据上一节提出的神经网络模型和基本方法，本节将进行相关的动力学分析。首先将对 MRNN 进行动力学分析，然后提出 WTA 点存在的充分条件，并对 WTA 行为和收敛性分析进行研究。

12.4.1 MRNN 的动力学分析

本节将提出具有时变延迟和泄漏延迟的驱动响应系统（式(12-9)）的严格 (Q, S, R)-γ-耗散性准则的主要结果。

定理 1 对于给定的矩阵 S 以及对称矩阵 Q 和 R，如果存在对称矩阵 $Q_i=Q_i^{\mathrm{T}}(i=1, 2, 3)$，$R_i=R_i^{\mathrm{T}}(i=1, 2, 3)$，$S_i=S_i^{\mathrm{T}}(i=1, 2, 3)$，正定矩阵 $P>0$，$E>0$，$F>0$，$G>0$，$H>0$，$X>0$，$Y>0$，任意矩阵 Z，$N_i\ (i=1, 2, 3)$，正对角矩阵 $W_i=diag(w_{i1}, \cdots, w_{in})(i=1, 2, 3, 4)$，以及标量 $\gamma>0$，使得以下矩阵不等式成立，则系统（式(12-9)）是严格 (Q, S, R)-γ-耗散的：

$$\Phi_1=\begin{bmatrix} \vartheta_{11} & \vartheta_{12} & \vartheta_{13} \\ * & \vartheta_{14} & 0 \\ * & * & \vartheta_{15} \end{bmatrix}>0 \tag{12-20}$$

$$\Phi_2=\begin{bmatrix} E & -E & 0 & 0 \\ * & \vartheta_{21} & \vartheta_{22} & \vartheta_{23} \\ * & * & \vartheta_{24} & 0 \\ * & * & * & \vartheta_{25} \end{bmatrix}>0 \tag{12-21}$$

$$\Phi_3=\begin{bmatrix} G & -G & 0 & 0 \\ * & \vartheta_{31} & \vartheta_{32} & \vartheta_{33} \\ * & * & \vartheta_{34} & 0 \\ * & * & * & \vartheta_{35} \end{bmatrix}>0 \tag{12-22}$$

$$\begin{bmatrix} E & Z \\ * & E \end{bmatrix}>0 \tag{12-23}$$

$$\begin{bmatrix} \Pi & \mathcal{A}^{\mathrm{T}}\ell \\ * & -\ell \end{bmatrix}<0 \tag{12-24}$$

其中，

$$\Pi=\begin{bmatrix}
\Pi_{1,1} & \Pi_{1,2} & Z & G & \Pi_{1,5} & 0 & 0 & 0 & \Pi_{1,9} & PB & 0 & 0 & \bar{\tau}X & \Pi_{1,14} & P & 0 \\
* & \Pi_{2,2} & \Pi_{2,3} & 0 & 0 & 0 & 0 & 0 & 0 & 0 & 0 & 0 & 0 & 0 & 0 & 0 \\
* & * & \Pi_{3,3} & 0 & 0 & 0 & 0 & 0 & 0 & 0 & 0 & 0 & 0 & 0 & 0 & 0 \\
* & * & * & \Pi_{4,4} & 0 & 0 & 0 & 0 & 0 & 0 & 0 & 0 & 0 & 0 & 0 & 0 \\
* & * & * & * & \Pi_{5,5} & 0 & 0 & 0 & 0 & 0 & 0 & 0 & 0 & \Pi_{5,14} & -S & 0 \\
* & * & * & * & * & \Pi_{6,6} & 0 & 0 & 0 & \Pi_{6,10} & 0 & 0 & 0 & 0 & 0 & \Pi_{6,16} \\
* & * & * & * & * & * & -R_2 & 0 & 0 & 0 & 0 & 0 & 0 & 0 & 0 & 0 \\
* & * & * & * & * & * & * & -S_2 & 0 & 0 & 0 & 0 & 0 & 0 & 0 & 0 \\
* & * & * & * & * & * & * & * & \Pi_{9,9} & 0 & 0 & 0 & 0 & 0 & 0 & 0 \\
* & * & * & * & * & * & * & * & * & \Pi_{10,10} & 0 & 0 & 0 & \Pi_{10,14} & 0 & \Pi_{10,16} \\
* & * & * & * & * & * & * & * & * & * & -R_3 & 0 & 0 & 0 & 0 & 0 \\
* & * & * & * & * & * & * & * & * & * & * & -S_3 & 0 & 0 & 0 & 0 \\
* & * & * & * & * & * & * & * & * & * & * & * & \Pi_{13,13} & 0 & 0 & 0 \\
* & * & * & * & * & * & * & * & * & * & * & * & * & \Pi_{14,14} & -C^{\mathrm{T}}P & 0 \\
* & * & * & * & * & * & * & * & * & * & * & * & * & * & \Pi_{15,15} & 0 \\
* & * & * & * & * & * & * & * & * & * & * & * & * & * & * & \Pi_{16,16}
\end{bmatrix}$$

并且

$$\vartheta_{11}=Q_1+L_1W_1L_2+K_1W_2K_2,$$

$$\vartheta_{12}=-\frac{1}{2}(L_1+L_2)W_1,\ \vartheta_{13}=-\frac{1}{2}(K_1+K_2)W_2,$$

$$\vartheta_{14}=Q_2+W_1,\ \vartheta_{15}=Q_3+W_2,$$

$$\vartheta_{21}=E+R_1+L_1W_1L_2+K_1W_2K_2,$$

$$\vartheta_{22}=-\frac{1}{2}(L_1+L_2)W_1,\ \vartheta_{23}=-\frac{1}{2}(K_1+K_2)W_2,$$

$$\vartheta_{24}=R_2+W_1,\ \vartheta_{25}=R_3+W_2,$$

$$\vartheta_{31}=G+S_1+L_1W_1L_2+K_1W_2K_2,$$

$$\vartheta_{32}=-\frac{1}{2}(L_1+L_2)W_1,\ \vartheta_{33}=-\frac{1}{2}(K_1+K_2)W_2,$$

$$
\begin{aligned}
\vartheta_{34} &= S_2+W_1,\ \vartheta_{35}=S_3+W_2,\\
\Pi_{1,1} &= Q_1+R_1+S_1-PC-C^{\mathrm{T}}P-E-G+\bar{\tau}^2F+\\
&\quad \delta^2H-\bar{\tau}^2X-\delta^2Y-L_1W_1L_2-K_1W_2K_2,\\
\Pi_{1,2} &= E-Z,\ \Pi_{1,5}=PA+\frac{1}{2}(L_1+L_2)W_1+L_2^{\mathrm{T}}W_3^{\mathrm{T}},\\
\Pi_{1,9} &= \frac{1}{2}(K_1+K_2)W_2+K_2^{\mathrm{T}}W_4^{\mathrm{T}},\ \Pi_{1,14}=C^{\mathrm{T}}PC+\delta Y,\\
\Pi_{2,2} &= -(1-\mu)Q_1-2E+Z+Z^{\mathrm{T}},\ \Pi_{2,3}=E-Z,\\
\Pi_{3,3} &= -R_1-E,\ \Pi_{4,4}=-S_1-G,\\
\Pi_{5,5} &= Q_2+R_2+S_2-W_1-W_3-W_3^{\mathrm{T}}-Q,\\
\Pi_{5,14} &= -A^{\mathrm{T}}PC,\ \Pi_{6,6}=-(1-\mu)Q_2+N_1+N_1^{\mathrm{T}},\\
\Pi_{6,10} &= N_1+N_2^{\mathrm{T}},\\
\Pi_{6,16} &= -N_1+N_3^{\mathrm{T}},\\
\Pi_{9,9} &= Q_3+R_3+S_3-W_2-W_4-W_4^{\mathrm{T}},\\
\Pi_{10,10} &= -(1-\mu)Q_3+N_2+N_2^{\mathrm{T}},\\
\Pi_{10,14} &= -B^{\mathrm{T}}PC,\\
\Pi_{10,16} &= -N_2+N_3^{\mathrm{T}},\\
\Pi_{13,13} &= -F-X,\\
\Pi_{14,14} &= -H-Y,\\
\Pi_{15,15} &= \gamma I-R,\\
\Pi_{16,16} &= -N_3-N_3^{\mathrm{T}},\\
K_1 &= diag\{k_1^-,\ k_2^-,\ \cdots,\ k_n^-\},\\
K_2 &= diag\{k_1^+,\ k_2^+,\ \cdots,\ k_n^+\},\\
L_1 &= diag\{l_1^-,\ l_2^-,\ \cdots,\ l_n^-\},\\
L_2 &= diag\{l_1^+,\ l_2^+,\ \cdots,\ l_n^+\},\\
\mathcal{A} &= [0,\ 0,\ 0,\ -C,\ A,\ 0,\ 0,\ 0,\ 0,\ B,\ 0,\ 0,\ 0,\ 0,\ I,\ 0],\\
\ell &= \bar{\tau}^2E+\delta^2G+\frac{\bar{\tau}^4}{4}X+\frac{\delta^4}{4}Y
\end{aligned}
$$

证明 1 考虑以下李雅普诺夫-克拉索夫斯基(Lyapunov-Krasovskii)函数：

$$V(t)=V_1(t)+V_2(t)+V_3(t)+V_4(t)$$

其中，

$$V_1(t)=\left(e(t)-C\int_{t-\sigma}^{t}e(s)\mathrm{d}s\right)^{\mathrm{T}}P\left(e(t)-C\int_{t-\sigma}^{t}e(s)\mathrm{d}s\right)$$

$$
\begin{aligned}
V_2(t)=&\int_{t-\tau(t)}^{t}e^{\mathrm{T}}(s)Q_1e(s)\mathrm{d}s+\int_{t-\tau(t)}^{t}\phi^{\mathrm{T}}(s)Q_2\phi(s)\mathrm{d}s+\\
&\int_{t-\tau(t)}^{t}\varphi^{\mathrm{T}}(s)Q_3\varphi(s)\mathrm{d}s+\int_{t-\bar{\tau}}^{t}e^{\mathrm{T}}(s)R_1e(s)\mathrm{d}s+
\end{aligned}
$$

$$
\begin{aligned}
&\int_{t-\overline{\tau}(t)}^{t}\phi^{\mathrm{T}}(s)R_2\phi(s)\mathrm{d}s+\int_{t-\overline{\tau}}^{t}\varphi^{\mathrm{T}}(s)R_3\varphi(s)\mathrm{d}s+\\
&\int_{t-\delta}^{t}e^{\mathrm{T}}(s)S_1e(s)\mathrm{d}s+\int_{t-\delta}^{t}\phi^{\mathrm{T}}(s)S_2\phi(s)\mathrm{d}s+\\
&\int_{t-\delta}^{t}\varphi^{\mathrm{T}}(s)S_3\varphi(s)\mathrm{d}s
\end{aligned}
$$

$$
\begin{aligned}
V_3(t)=&\overline{\tau}\int_{-\overline{\tau}}^{0}\int_{t+\theta}^{t}\dot{e}^{\mathrm{T}}(s)E\dot{e}(s)\mathrm{d}s\mathrm{d}\theta+\overline{\tau}\int_{-\overline{\tau}}^{0}\int_{t+\theta}^{t}e^{\mathrm{T}}(s)Fe(s)\mathrm{d}s\mathrm{d}\theta+\\
&\delta\int_{-\delta}^{0}\int_{t+\theta}^{t}\dot{e}^{\mathrm{T}}(s)G\dot{e}(s)\mathrm{d}s\mathrm{d}\theta+\delta\int_{-\delta}^{0}\int_{t+\theta}^{t}e^{\mathrm{T}}(s)He(s)\mathrm{d}s\mathrm{d}\theta
\end{aligned}
$$

$$
\begin{aligned}
V_4(t)=&\frac{\overline{\tau}^2}{2}\int_{-\overline{\tau}}^{0}\int_{\theta}^{0}\int_{t+\beta}^{t}\dot{e}^{\mathrm{T}}(s)X\dot{e}(s)\mathrm{d}s\mathrm{d}\beta\mathrm{d}\theta+\\
&\frac{\delta^2}{2}\int_{-\delta}^{0}\int_{\theta}^{0}\int_{t+\beta}^{t}\dot{e}^{\mathrm{T}}(s)Y\dot{e}(s)\mathrm{d}s\mathrm{d}\beta\mathrm{d}\theta
\end{aligned}
$$

首先，需要证明函数 $V(t)$是正定的。

根据引理 1，可得：

$$
\overline{\tau}\int_{-\overline{\tau}}^{0}\int_{t+\theta}^{t}\dot{e}^{\mathrm{T}}(s)E\dot{e}(s)\mathrm{d}s\mathrm{d}\theta\geqslant\overline{\tau}\int_{-\overline{\tau}}^{0}\left(-\frac{1}{\theta}\left(\int_{t+\theta}^{t}\dot{e}(s)\mathrm{d}s\right)^{\mathrm{T}}E\left(\int_{t+\theta}^{t}\dot{e}(s)\mathrm{d}s\right)\right)\mathrm{d}\theta \tag{12-25}
$$

对于任意标量$-\overline{\tau}\leqslant\theta<0$，有$-\dfrac{1}{\theta}\geqslant\dfrac{1}{\tau}$，则根据式(12-25)，可以得到：

$$
\begin{aligned}
&\overline{\tau}\int_{-\overline{\tau}}^{0}\int_{t+\theta}^{t}\dot{e}^{\mathrm{T}}(s)E\dot{e}(s)\mathrm{d}s\mathrm{d}\theta\geqslant\int_{-\overline{\tau}}^{0}\left(\int_{t+\theta}^{t}\dot{e}(s)\mathrm{d}s\right)^{\mathrm{T}}E\left(\int_{t+\theta}^{t}\dot{e}(s)\mathrm{d}s\right)\mathrm{d}\theta\\
&=\int_{t-\overline{\tau}}^{t}\begin{bmatrix}e(t)\\e(s)\end{bmatrix}^{\mathrm{T}}\begin{bmatrix}E&-E\\-E&E\end{bmatrix}\begin{bmatrix}e(t)\\e(s)\end{bmatrix}\mathrm{d}s
\end{aligned}\tag{12-26}
$$

类似地，可得：

$$
\delta\int_{-\delta}^{0}\int_{t+\theta}^{t}\dot{e}^{\mathrm{T}}(s)G\dot{e}(s)\mathrm{d}s\mathrm{d}\theta\geqslant\int_{t-\delta}^{t}\begin{bmatrix}e(t)\\e(s)\end{bmatrix}^{\mathrm{T}}\begin{bmatrix}G&-G\\-G&G\end{bmatrix}\begin{bmatrix}e(t)\\e(s)\end{bmatrix}\mathrm{d}s \tag{12-27}
$$

此外，由于 F 和 H 正定，下列两个不等式成立：

$$
\overline{\tau}\int_{-\overline{\tau}}^{0}\int_{t+\theta}^{t}e^{\mathrm{T}}(s)Fe(s)\mathrm{d}s\mathrm{d}\theta>0 \tag{12-28}
$$

$$
\delta\int_{-\delta}^{0}\int_{t+\theta}^{t}e^{\mathrm{T}}(s)He(s)\mathrm{d}s\mathrm{d}\theta>0 \tag{12-29}
$$

并且，由于 P、X 和 Y 正定，$V_1(t)>0$ 和 $V_4(t)>0$ 成立。

对于 $i=1$，2，…，n，假设 1 保证了

$$
(\phi_i(e_i(t))-l_i^-e_i(t))(l_i^+e_i(t)-\phi_i(e_i(t)))\geqslant0 \tag{12-30}
$$

和

$$
(\varphi_i(e_i(t))-k_i^-e_i(t))(k_i^+e_i(t)-\varphi_i(e_i(t)))\geqslant0 \tag{12-31}
$$

所以，可得：

$$
m_1(t)=\phi^{\mathrm{T}}(e(t))W_1\phi(e(t))-e^{\mathrm{T}}(t)(L_1+L_2)W_1\phi(e(t))+e^{\mathrm{T}}(t)L_1W_1L_2e(t)
$$

$$=\begin{bmatrix}e(t)\\ \phi(e(t))\end{bmatrix}^{\mathrm{T}}\begin{bmatrix}L_1W_1L_2 & -\frac{1}{2}(L_1+L_2)W_1\\ * & W_1\end{bmatrix}\begin{bmatrix}e(t)\\ \phi(e(t))\end{bmatrix}\leqslant 0 \tag{12-32}$$

类似地，可得：

$$m_2(t)=\varphi^{\mathrm{T}}(e(t))W_2\varphi(e(t))-e^{\mathrm{T}}(t)(K_1+K_2)W_2\varphi(e(t))+e^{\mathrm{T}}(t)K_1W_2K_2e(t)$$

$$=\begin{bmatrix}e(t)\\ \varphi(e(t))\end{bmatrix}^{\mathrm{T}}\begin{bmatrix}K_1W_2K_2 & -\frac{1}{2}(K_1+K_2)W_2\\ * & W_2\end{bmatrix}\begin{bmatrix}e(t)\\ \varphi(e(t))\end{bmatrix}\leqslant 0 \tag{12-33}$$

易得：

$$h_1(t)=\int_{t-\tau(t)}^{t}m_1(s)\mathrm{d}s+\int_{t-\overline{\tau}}^{t}m_1(s)\mathrm{d}s+\int_{t-\delta}^{t}m_1(s)\mathrm{d}s\leqslant 0 \tag{12-34}$$

$$h_2(t)=\int_{t-\tau(t)}^{t}m_2(s)\mathrm{d}s+\int_{t-\overline{\tau}}^{t}m_2(s)\mathrm{d}s+\int_{t-\delta}^{t}m_2(s)\mathrm{d}s\leqslant 0 \tag{12-35}$$

如果式(12-20)～式(12-22)成立，则根据式(12-26)～式(12-35)，可得：

$$\begin{aligned}V(t)&\geqslant V_1(t)+V_2(t)+V_3(t)+V_4(t)+h_1(t)+h_2(t)\\ &\geqslant V_2(t)+\int_{t-\overline{\tau}}^{t}\begin{bmatrix}e(t)\\ e(s)\end{bmatrix}^{\mathrm{T}}\begin{bmatrix}E & -E\\ -E & E\end{bmatrix}\begin{bmatrix}e(t)\\ e(s)\end{bmatrix}\mathrm{d}s+\\ &\quad\int_{t-\delta}^{t}\begin{bmatrix}e(t)\\ e(s)\end{bmatrix}^{\mathrm{T}}\begin{bmatrix}G & -G\\ -G & G\end{bmatrix}\begin{bmatrix}e(t)\\ e(s)\end{bmatrix}\mathrm{d}s+h_1(t)+h_2(t)\\ &=\int_{t-\tau(t)}^{t}\eta_1^{\mathrm{T}}(s)\Phi_1\eta_1(s)\mathrm{d}s+\int_{t-\overline{\tau}}^{t}\eta_2^{\mathrm{T}}(t,s)\Phi_2\eta_2(t,s)\mathrm{d}s+\\ &\quad\int_{t-\delta}^{t}\eta_3^{\mathrm{T}}(t,s)\Phi_3\eta_3(t,s)\mathrm{d}s>0\end{aligned} \tag{12-36}$$

其中，

$$\eta_1^{\mathrm{T}}(s)=[e^{\mathrm{T}}(s),\ \phi^{\mathrm{T}}(e(s)),\ \varphi^{\mathrm{T}}(e(s))]^{\mathrm{T}},$$

$$\eta_2^{\mathrm{T}}(t,s)=[e^{\mathrm{T}}(t),\ e^{\mathrm{T}}(s),\ \phi^{\mathrm{T}}(e(s)),\ \varphi^{\mathrm{T}}(e(s))]^{\mathrm{T}},$$

$$\eta_3^{\mathrm{T}}(t,s)=[e^{\mathrm{T}}(t),\ e^{\mathrm{T}}(s),\ \phi^{\mathrm{T}}(e(s)),\ \varphi^{\mathrm{T}}(e(s))]^{\mathrm{T}}$$

至此，已证明 $V(t)$ 是正定的。接下来，需要根据式(12-9)的解求 $V(t)$ 的时间导数。

$$\dot{V}_1(t)=2\left(e(t)-C\int_{t-\sigma}^{t}e(s)\mathrm{d}s\right)^{\mathrm{T}}P(\dot{e}(t)-C(e(t)-e(t-\delta))) \tag{12-37}$$

$$\begin{aligned}\dot{V}_2(t)\leqslant\ &e^{\mathrm{T}}(t)Q_1e(t)-(1-\mu)e^{\mathrm{T}}(t-\tau(t))Q_1e(t-\tau(t))+\\ &\phi^{\mathrm{T}}(e(t))Q_2\phi(e(t))-\\ &(1-\mu)\phi^{\mathrm{T}}(e(t-\tau(t)))Q_2\phi(e(t-\tau(t)))+\\ &\varphi^{\mathrm{T}}(e(t))Q_3\varphi(e(t))-\\ &(1-\mu)\varphi^{\mathrm{T}}(e(t-\tau(t)))Q_3\varphi(e(t-\tau(t)))+\\ &e^{\mathrm{T}}(t)R_1e(t)-e^{\mathrm{T}}(t-\overline{\tau})R_1e(t-\overline{\tau})+\\ &\phi^{\mathrm{T}}(e(t))R_2\phi(e(t))-\phi^{\mathrm{T}}(e(t-\overline{\tau}))R_2\phi(e(t-\overline{\tau}))+\\ &\varphi^{\mathrm{T}}(e(t))R_3\varphi(e(t))-\varphi^{\mathrm{T}}(e(t-\overline{\tau}))R_3\varphi(e(t-\overline{\tau}))+\end{aligned}$$

$$
\begin{aligned}
&e^{\mathrm{T}}(t)S_1e(t)-e^{\mathrm{T}}(t-\delta)S_1e(t-\delta)+\\
&\phi^{\mathrm{T}}(e(t))S_2\phi(e(t))-\phi^{\mathrm{T}}(e(t-\delta))S_2\phi(e(t-\delta))+\\
&\varphi^{\mathrm{T}}(e(t))S_3\varphi(e(t))-\varphi^{\mathrm{T}}(e(t-\delta))S_3\varphi(e(t-\delta))
\end{aligned}
\tag{12-38}
$$

$$
\begin{aligned}
\dot{V}_3(t)=&\bar{\tau}^2\dot{e}^{\mathrm{T}}(t)E\dot{e}(t)-\bar{\tau}\int_{t-\bar{\tau}}^{t}\dot{e}^{\mathrm{T}}(s)E\dot{e}(s)\mathrm{d}s+\\
&\bar{\tau}^2e^{\mathrm{T}}(t)Fe(t)-\bar{\tau}\int_{t-\bar{\tau}}^{t}e^{\mathrm{T}}(s)Fe(s)\mathrm{d}s+\\
&\delta^2\dot{e}^{\mathrm{T}}(t)G\dot{e}(t)-\delta\int_{t-\delta}^{t}\dot{e}^{\mathrm{T}}(s)G\dot{e}(s)\mathrm{d}s+\\
&\delta^2e^{\mathrm{T}}(t)He(t)-\delta\int_{t-\delta}^{t}e^{\mathrm{T}}(s)He(s)\mathrm{d}s
\end{aligned}
\tag{12-39}
$$

令 $\eta_4(t)=\int_{t-\tau(t)}^{t}\dot{e}(s)\mathrm{d}s$，$\eta_5(t)=\int_{t-\bar{\tau}}^{t-\tau(t)}\dot{e}(s)\mathrm{d}s$，根据引理 2.1，将积分区间 $[t-\bar{\tau},\ t]$ 分为 $[t-\bar{\tau},\ t-\tau(t)]$ 和 $[t-\tau(t),\ t]$，得出：

$$
\begin{aligned}
\bar{\tau}\int_{t-\bar{\tau}}^{t}\dot{e}^{\mathrm{T}}(s)E\dot{e}(s)\mathrm{d}s\geqslant&\frac{\bar{\tau}}{\tau(t)}\eta_4^{\mathrm{T}}(t)E\eta_4(t)+\frac{\bar{\tau}}{\bar{\tau}-\tau(t)}\eta_5^{\mathrm{T}}(t)E\eta_5(t)\\
=&\eta_4^{\mathrm{T}}(t)E\eta_4(t)+\frac{\bar{\tau}-\tau(t)}{\tau(t)}\eta_4^{\mathrm{T}}(t)E\eta_4(t)+\eta_5^{\mathrm{T}}(t)E\eta_5(t)+\\
&\frac{\tau(t)}{\bar{\tau}-\tau(t)}\eta_5^{\mathrm{T}}(t)E\eta_5(t)
\end{aligned}
\tag{12-40}
$$

显然，

$$
\begin{bmatrix}\sqrt{\dfrac{\bar{\tau}-\tau(t)}{\tau(t)}}\eta_4^{\mathrm{T}}(t)\\-\sqrt{\dfrac{\tau(t)}{\bar{\tau}-\tau(t)}}\eta_5^{\mathrm{T}}(t)\end{bmatrix}^{\mathrm{T}}\begin{bmatrix}E&Z\\&E\end{bmatrix}\begin{bmatrix}\sqrt{\dfrac{\bar{\tau}-\tau(t)}{\tau(t)}}\eta_4^{\mathrm{T}}(t)\\-\sqrt{\dfrac{\tau(t)}{\bar{\tau}-\tau(t)}}\eta_5^{\mathrm{T}}(t)\end{bmatrix}\geqslant 0
\tag{12-41}
$$

这表明：

$$
\frac{\bar{\tau}-\tau(t)}{\tau(t)}\eta_4^{\mathrm{T}}(t)E\eta_4(t)+\frac{\tau(t)}{\bar{\tau}-\tau(t)}\eta_5^{\mathrm{T}}(t)E\eta_5(t)\geqslant\eta_4^{\mathrm{T}}(t)Z\eta_5(t)+\eta_5^{\mathrm{T}}(t)Z^{\mathrm{T}}\eta_4(t)
\tag{12-42}
$$

若式(12-23)成立，则根据式(12-40)～式(12-42)，可得：

$$
\begin{aligned}
&\bar{\tau}\int_{t-\bar{\tau}}^{t}\dot{e}^{\mathrm{T}}(s)E\dot{e}(s)\mathrm{d}s\geqslant\eta_4^{\mathrm{T}}(t)E\eta_4(t)+\eta_5^{\mathrm{T}}(t)E\eta_5(t)+\eta_4^{\mathrm{T}}(t)Z\eta_5(t)+\eta_5^{\mathrm{T}}(t)Z\eta_4(t)\\
&=\begin{bmatrix}\eta_4^{\mathrm{T}}(t)\\\eta_5^{\mathrm{T}}(t)\end{bmatrix}^{\mathrm{T}}\begin{bmatrix}E&Z\\&E\end{bmatrix}\begin{bmatrix}\eta_4^{\mathrm{T}}(t)\\\eta_5^{\mathrm{T}}(t)\end{bmatrix}\geqslant 0
\end{aligned}
\tag{12-43}
$$

显然，式(12-43)表明：

$$
-\bar{\tau}\int_{t-\bar{\tau}}^{t}\dot{e}^{\mathrm{T}}(s)E\dot{e}(s)\mathrm{d}s\leqslant\omega^{\mathrm{T}}(t)\Upsilon\omega(t)
\tag{12-44}
$$

其中，

$$\omega^{\mathrm{T}}(t)=[e^{\mathrm{T}}(t),\ e^{\mathrm{T}}(t-\tau(t)),\ e^{\mathrm{T}}(t-\overline{\tau})],\ \Upsilon=\begin{bmatrix}-E & E-Z & Z\\ & -2E+Z^{\mathrm{T}}+Z & E-Z\\ * & & -E\end{bmatrix}$$

另外，根据引理 1，易得：

$$\begin{aligned}&-\delta\int_{t-\delta}^{t}\dot{e}^{\mathrm{T}}(s)G\dot{e}(s)\mathrm{d}s\\&\leqslant-(e(t)-e(t-\sigma))^{\mathrm{T}}G(e(t)-e(t-\sigma))\\&=\begin{bmatrix}e(t)\\e(t-\sigma)\end{bmatrix}^{\mathrm{T}}\begin{bmatrix}-G & G\\ & -G\end{bmatrix}\begin{bmatrix}e(t)\\e(t-\sigma)\end{bmatrix}\end{aligned}\tag{12-45}$$

$$-\overline{\tau}\int_{t-\overline{\tau}}^{t}e^{\mathrm{T}}(s)Fe(s)\mathrm{d}s\leqslant-\int_{t-\overline{\tau}}^{t}e^{\mathrm{T}}(s)\mathrm{d}sF\int_{t-\overline{\tau}}^{t}e(s)\mathrm{d}s\tag{12-46}$$

$$-\delta\int_{t-\delta}^{t}e^{\mathrm{T}}(s)He(s)\mathrm{d}s\leqslant-\int_{t-\delta}^{t}e^{\mathrm{T}}(s)\mathrm{d}sH\int_{t-\delta}^{t}e(s)\mathrm{d}s\tag{12-47}$$

根据引理 1 中的式(12-2)，可得：

$$\begin{aligned}\dot{V}_4(t)=&\frac{\overline{\tau}^4}{4}\dot{e}^{\mathrm{T}}(t)X\dot{e}(t)-\frac{\overline{\tau}^2}{2}\int_{-\overline{\tau}}^{0}\int_{t+\theta}^{t}\dot{e}^{\mathrm{T}}(s)X\dot{e}(s)\mathrm{d}s\mathrm{d}\theta+\\&\frac{\delta^4}{4}\dot{e}^{\mathrm{T}}(t)Y\dot{e}(t)-\frac{\delta^2}{2}\int_{-\delta}^{0}\int_{t+\theta}^{t}\dot{e}^{\mathrm{T}}(s)Y\dot{e}(s)\mathrm{d}s\mathrm{d}\theta\\\leqslant&\frac{\overline{\tau}^4}{4}\dot{e}^{\mathrm{T}}(t)X\dot{e}(t)-\overline{\tau}^2e^{\mathrm{T}}(t)Xe(t)+\overline{\tau}e^{\mathrm{T}}(t)X\int_{t-\overline{\tau}}^{t}e(s)\mathrm{d}s+\\&\overline{\tau}\int_{t-\overline{\tau}}^{t}e^{\mathrm{T}}(s)\mathrm{d}sXe(t)-\int_{t-\overline{\tau}}^{t}e^{\mathrm{T}}(s)\mathrm{d}sX\int_{t-\overline{\tau}}^{t}e(s)\mathrm{d}s+\\&\frac{\delta^4}{4}\dot{e}^{\mathrm{T}}(t)Y\dot{e}(t)-\delta^2e^{\mathrm{T}}(t)Ye(t)+\delta e^{\mathrm{T}}(t)Y\int_{t-\delta}^{t}e(s)\mathrm{d}s+\\&\delta\int_{t-\delta}^{t}e^{\mathrm{T}}(s)\mathrm{d}sYe(t)-\int_{t-\delta}^{t}e^{\mathrm{T}}(s)\mathrm{d}sY\int_{t-\delta}^{t}e(s)\mathrm{d}s\end{aligned}\tag{12-48}$$

令 $m(t)=\phi(e(t-\tau(t)))+\varphi(e(t-\tau(t)))$，可得：

$$\begin{aligned}&2[\phi^{\mathrm{T}}(e(t-\tau(t)))N_1+\varphi^{\mathrm{T}}(e(t-\tau(t)))N_2+m^{\mathrm{T}}(t)N_3]\times\\&[\phi(e(t-\tau(t)))+\varphi(e(t-\tau(t)))-m(t)]=0\end{aligned}\tag{12-49}$$

此外，可以在假设 1 下验证：

$$m_3(t)=2\phi^{\mathrm{T}}(e(t))W_3(L_2e(t)-\phi(e(t)))\geqslant0\tag{12-50}$$

$$m_4(t)=2\varphi^{\mathrm{T}}(e(t))W_4(K_2e(t)-\varphi(e(t)))\geqslant0\tag{12-51}$$

根据式(12-32)～式(12-33)以及式(12-37)～式(12-51)，可得：

$$\begin{aligned}&\dot{V}(t)-\phi^{\mathrm{T}}(e(t))Q\phi(e(t))-2\phi^{\mathrm{T}}(e(t))Su(t)-u^{\mathrm{T}}(t)(R-\gamma I)u(t)\\\leqslant&\dot{V}(t)-\phi^{\mathrm{T}}(e(t))Q\phi(e(t))-2\phi^{\mathrm{T}}(e(t))Su(t)-\\&u^{\mathrm{T}}(t)(R-\gamma I)u(t)-m_1(t)-m_2(t)+m_3(t)+m_4(t)+\\&2(\phi^{\mathrm{T}}(e(t-\tau(t)))N_1+\varphi^{\mathrm{T}}(e(t-\tau(t)))N_2+m^{\mathrm{T}}(t)N_3)\times\\&(\phi(e(t-\tau(t)))+\varphi(e(t-\tau(t)))-m(t))\leqslant\xi^{\mathrm{T}}(t)\Pi\xi(t)+\dot{e}^{\mathrm{T}}(t)\ell\dot{e}(t)\\=&\xi^{\mathrm{T}}(t)(\Pi+\mathcal{A}^{\mathrm{T}}\ell\mathcal{A})\xi(t)\end{aligned}\tag{12-52}$$

其中，

$$\xi^{\mathrm{T}}(t)=[e^{\mathrm{T}}(t),\ e^{\mathrm{T}}(t-\tau(t)),\ e^{\mathrm{T}}(t-\overline{\tau}),\ e^{\mathrm{T}}(t-\delta),\ \phi^{\mathrm{T}}(e(t)),\ \phi^{\mathrm{T}}(e(t-\tau(t))),\ \phi^{\mathrm{T}}(e(t-\overline{\tau})),\ \phi^{\mathrm{T}}(e(t-\delta)),\ \varphi^{\mathrm{T}}(e(t)),\ \varphi^{\mathrm{T}}(e(t-\tau(t))),\ \varphi^{\mathrm{T}}(e(t-\overline{\tau})),\ \varphi^{\mathrm{T}}(e(t-\delta)),\ \int_{t-\overline{\tau}}^{t}e^{\mathrm{T}}(s)\mathrm{d}s,\ \int_{t-\delta}^{t}e^{\mathrm{T}}(s)\mathrm{d}s,\ u^{\mathrm{T}}(t),\ m^{\mathrm{T}}(t)]$$

对式(12-24)应用引理 2，得到$\Pi+\mathcal{A}^{\mathrm{T}}\ell\mathcal{A}<0$。由此可得：

$$\dot{V}(t)-\phi^{\mathrm{T}}(e(t))Q\phi(e(t))-2\phi^{\mathrm{T}}(e(t))Su(t)-u^{\mathrm{T}}(t)(R-\gamma I)u(t)\leqslant 0 \tag{12-53}$$

对于任意 $\tau\geqslant 0$，从 0 到 τ 积分式(12-53)，可得：

$$\int_0^{\tau}(\dot{V}(t)-\phi^{\mathrm{T}}(e(t))Q\phi(e(t))-2\phi^{\mathrm{T}}(e(t))Su(t))\,\mathrm{d}t-\int_0^{\tau}(u^{\mathrm{T}}(t)(R-\gamma I)u(t))\,\mathrm{d}t\leqslant 0 \tag{12-54}$$

这表明在零初始条件下：

$$\begin{aligned}&\int_0^{\tau}(-\phi^{\mathrm{T}}(e(t))Q\phi(e(t))-2\phi^{\mathrm{T}}(e(t))Su(t))\,\mathrm{d}t-\\&\int_0^{\tau}(u^{\mathrm{T}}(t)(R-\gamma I)u(t))\,\mathrm{d}t\leqslant -V(t)\leqslant 0\end{aligned} \tag{12-55}$$

这等价于式(12-10)中的严格(Q,S,R)-γ-耗散性。因此，如果 LMI 式(12-20)～式(12-24)成立，则系统(式(12-9))是严格(Q,S,R)-γ-耗散的。证明完毕。

备注 7　与文献[57]相比，在考虑的 LKF 中有两个以上的三重积分项 $\frac{\overline{\tau}^2}{2}\int_{-\overline{\tau}}^{0}\int_{\theta}^{0}\int_{t+\beta}^{t}\dot{e}^{\mathrm{T}}(s)X\dot{e}(s)\mathrm{d}s\mathrm{d}\beta\mathrm{d}\theta$ 和 $\frac{\delta^2}{2}\int_{-\delta}^{0}\int_{\theta}^{0}\int_{t+\beta}^{t}\dot{e}^{\mathrm{T}}(s)Y\dot{e}(s)\mathrm{d}s\mathrm{d}\beta\mathrm{d}\theta$，其作用是进一步降低保守性。

备注 8　本章在神经网络中考虑了时变延迟和泄漏延迟，可以将其扩展到更一般的情况。

推论 1　令 $u=0$，定理 1 的条件做如下改变：

(1) $\Pi_{55}=Q_2+R_2+S_2-W_1-W_3-W_3^{\mathrm{T}}$；

(2) 删除矩阵Π中的第 15 行及第 15 列；

(3) 将下标 16 更改为下标 15。

则系统(8)或系统(9)渐近稳定，即驱动系统(6)与响应系统(4)同步。

与基于常规忆阻器的循环神经网络相比，系统(式(12-1))不仅包含时变延迟，还包含泄漏延迟，具有更广泛的适用性。特别地，当没有泄漏延迟时，系统(式(12-1))变为：

$$\begin{cases}\dot{x}_i(t)=-c_i(x_i)x_i(t)+\\\qquad\sum_{j=1}^{n}a_{ij}(f_j(x_j(t))-x_j(t))f_j(x_j(t))+\\\qquad\sum_{j=1}^{n}b_{ij}(g_j(x_j(t-\tau_j(t)))-x_j(t))\times\\\qquad g_j(x_j(t-\tau_j(t)))+I_i(t),\ t\geqslant 0,\ i=1,2,\cdots,n\\x_i(t)=\psi_i(t),\ t\in[-\tau,0],\ i=1,2,\cdots,n\end{cases} \tag{12-56}$$

与前面一样，我们可以得到相应的矢量形式的驱动响应系统：

$$\begin{cases}\dot{e}(t)=-Ce(t)+A\phi(e(t))+B\varphi(e(t-\tau(t)))+u(t),\ t\geqslant 0\\ \varpi(t)=\omega(t)-\psi(t),\ t\in[-\tau,\ 0]\end{cases}\tag{12-57}$$

按照定理2中讨论的类似步骤，可以立即得到以下推论：

推论2　对于给定的矩阵 S 以及对称矩阵 Q 和 R，如果存在对称矩阵 $Q_i=Q_i^{\mathrm{T}}(i=1,\ 2,\ 3)$，$R_i=R_i^{\mathrm{T}}(i=1,\ 2,\ 3)$，正定矩阵 $P>0$，$E>0$，$F>0$，$X>0$，任意矩阵 Z，$N_i(i=1,\ 2,\ 3)$，正对角矩阵 $W_i=diag\{w_{i1},\ \cdots,\ w_{in}\}(i=1,\ 2,\ 3,\ 4)$，以及标量 $\gamma>0$，使得以下矩阵不等式成立，则系统(式(12-53))是严格$(Q,\ S,\ R)$-γ-耗散的：

$$\Phi_1=\begin{bmatrix}\vartheta_{11}^1 & \vartheta_{12}^1 & \vartheta_{13}^1\\ * & \vartheta_{14}^1 & 0\\ * & * & \vartheta_{15}^1\end{bmatrix}>0,\ \Phi_2=\begin{bmatrix}E & -E & 0 & 0\\ * & \vartheta_{21}^1 & \vartheta_{22}^1 & \vartheta_{23}^1\\ * & * & \vartheta_{24}^1 & 0\\ * & * & * & \vartheta_{25}^1\end{bmatrix}>0,$$

$$\begin{bmatrix}E & Z\\ * & E\end{bmatrix}>0,\ \begin{bmatrix}\Pi & \mathcal{A}^{\mathrm{T}}\ell\\ * & -\ell\end{bmatrix}<0$$

其中，

$$\Pi=\begin{bmatrix}
\Pi_{1,1} & \Pi_{1,2} & Z & \Pi_{1,4} & 0 & 0 & \Pi_{1,7} & PB & 0 & \bar{\tau}X & P & 0\\
* & \Pi_{2,2} & \Pi_{2,3} & 0 & 0 & 0 & 0 & 0 & 0 & 0 & 0 & 0\\
* & * & \Pi_{3,3} & 0 & 0 & 0 & 0 & 0 & 0 & 0 & 0 & 0\\
* & * & * & \Pi_{4,4} & 0 & 0 & 0 & 0 & 0 & 0 & -S & 0\\
* & * & * & * & \Pi_{5,5} & 0 & \Pi_{5,7} & 0 & 0 & 0 & 0 & \Pi_{5,12}\\
* & * & * & * & * & -R_2 & 0 & 0 & 0 & 0 & 0 & 0\\
* & * & * & * & * & * & \Pi_{7,7} & 0 & 0 & 0 & 0 & 0\\
* & * & * & * & * & * & * & \Pi_{8,8} & 0 & 0 & 0 & \Pi_{8,12}\\
* & * & * & * & * & * & * & * & -R_3 & 0 & 0 & 0\\
* & * & * & * & * & * & * & * & * & \Pi_{10,10} & 0 & 0\\
* & * & * & * & * & * & * & * & * & * & \Pi_{11,11} & 0\\
* & * & * & * & * & * & * & * & * & * & * & \Pi_{12,12}
\end{bmatrix}$$

$$\vartheta_{11}^1=Q_1+L_1W_1L_2+K_1W_2K_2,$$

$$\vartheta_{12}^1=-\frac{1}{2}(L_1+L_2)W_1,\ \vartheta_{13}^1=-\frac{1}{2}(K_1+K_2)W_2,$$

$$\vartheta_{14}^1=Q_2+W_1,\ \vartheta_{15}^1=Q_3+W_2,$$

$$\vartheta_{21}^1=E+R_1+L_1W_1L_2+K_1W_2K_2,$$

$$\vartheta_{22}^1=-\frac{1}{2}(L_1+L_2)W_1,\ \vartheta_{23}^1=-\frac{1}{2}(K_1+K_2)W_2,$$

$$\vartheta_{24}^1=R_2+W_1,\ \vartheta_{25}^1=R_3+W_2,$$

$$
\begin{aligned}
\Pi_{1,1} &= Q_1+R_1+S_1-PC-C^{\mathrm{T}}P-E+\bar{\tau}^2F-\bar{\tau}^2X- \\
&\quad L_1W_1L_2-K_1W_2K_2, \\
\Pi_{1,2} &= E-Z,\ \Pi_{1,4}=PA+\frac{1}{2}(L_1+L_2)W_1+L_2^{\mathrm{T}}W_3^{\mathrm{T}}, \\
\Pi_{1,7} &= \frac{1}{2}(K_1+K_2)W_2+K_2^{\mathrm{T}}W_4^{\mathrm{T}}, \\
\Pi_{2,2} &= -(1-\mu)Q_1-2E+Z+Z^{\mathrm{T}},\ \Pi_{2,3}=E-Z, \\
\Pi_{3,3} &= -R_1-E,\ \Pi_{4,4}=Q_2+R_2-W_1-W_3-W_3^{\mathrm{T}}-Q, \\
\Pi_{5,5} &= -(1-\mu)Q_2+N_1+N_1^{\mathrm{T}},\ \Pi_{5,7}=N_1+N_2^{\mathrm{T}}, \\
\Pi_{5,12} &= -N_1+N_3^{\mathrm{T}},\ \Pi_{6,16}=-N_1+N_3^{\mathrm{T}}, \\
\Pi_{7,7} &= Q_3+R_3-W_2-W_4-W_4^{\mathrm{T}}, \\
\Pi_{8,8} &= -(1-\mu)Q_3+N_2+N_2^{\mathrm{T}},\ \Pi_{8,12}=-N_2+N_3^{\mathrm{T}}, \\
\Pi_{10,10} &= -F-X,\ \Pi_{11,11}=\gamma I-R,\ \Pi_{12,12}=-N_3-N_3^{\mathrm{T}}
\end{aligned}
$$

$$
\begin{aligned}
&K_1=diag\{k_1^-,\ k_2^-,\ \cdots,\ k_n^-\},\ K_2=diag\{k_1^+,\ k_2^+,\ \cdots,\ k_n^+\}, \\
&L_1=diag\{l_1^-,\ l_2^-,\ \cdots,\ l_n^-\},\ L_2=diag\{l_1^+,\ l_2^+,\ \cdots,\ l_n^+\}, \\
&\mathcal{A}=[-C,\ 0,\ 0,\ A,\ 0,\ 0,\ 0,\ B,\ 0,\ 0,\ I,\ 0], \\
&\ell=\bar{\tau}^2E+\frac{\bar{\tau}^4}{4}X
\end{aligned}
$$

接下来，我们考虑另一种普遍的情形，当 $f_i=g_i$ 时，得到另一个通用系统：

$$
\begin{cases}
\dot{x}_t(t)=-c_i(x_i(t-\delta))x_i(t-\delta)+ \\
\qquad \sum_{j=1}^{n}a_{ij}(f_j(x_j(t))-x_j(t))f_j(x_j(t))+ \\
\qquad \sum_{j=1}^{n}b_{ij}(f_j(x_j(t-\tau_j(t)))-x_j(t))\times \\
\qquad f_j(x_j(t-\tau_j(t)))+I_i(t),\ t\geqslant 0,\ i=1,\ 2,\ \cdots,\ n \\
x_i(t)=\psi_i(t),\ t\in[-\tau,\ 0],\ i=1,\ 2,\ \cdots,\ n
\end{cases}
\tag{12-58}
$$

则相应的矢量形式的驱动响应系统如下：

$$
\begin{cases}
\dot{e}(t)=-Ce(t-\delta)+A\phi(e(t))+B\phi(e(t-\tau(t)))+u(t),\ t\geqslant 0 \\
\varpi(t)=\omega(t)-\psi(t),\ t\in[-\tau,\ 0]
\end{cases}
\tag{12-59}
$$

按照定理 2 中讨论的类似步骤，可以立即得到以下推论：

推论 3　对于给定的矩阵 S 以及对称矩阵 Q 和 R，如果存在对称矩阵 $Q_i=Q_i^{\mathrm{T}}(i=1,\ 2,\ 3)$，$R_i=R_i^{\mathrm{T}}(i=1,\ 2)$，$S_i=S_i^{\mathrm{T}}(i=1,\ 2)$，正定矩阵 $P>0$，$E>0$，$F>0$，$G>0$，$H>0$，$X>0$，$Y>0$，任意矩阵 Z，正对角矩阵 $W_i=diag\{w_{i1},\ \cdots,\ w_{in}\}(i=1,\ 2)$ 以及标量 $\gamma>0$，使得以下矩阵不等式成立，则系统（式(12-59)）是严格 $(Q,\ S,\ R)$-γ-耗散的：

$$\Phi_1=\begin{bmatrix}\vartheta_{11}^2 & \vartheta_{12}^2\\ * & \vartheta_{13}^2\end{bmatrix}>0,\ \Phi_2=\begin{bmatrix}E & -E & 0\\ * & \vartheta_{21}^2 & \vartheta_{22}^2\\ * & * & \vartheta_{23}^2\end{bmatrix}>0,$$

$$\Phi_3=\begin{bmatrix}G & -G & 0\\ * & \vartheta_{31}^2 & \vartheta_{32}^2\\ * & * & \vartheta_{33}^2\end{bmatrix}>0,$$

$$\begin{bmatrix}E & Z\\ * & E\end{bmatrix}>0,\ \begin{bmatrix}\Pi & \mathcal{A}^{\mathrm{T}}\ell\\ * & -\ell\end{bmatrix}<0$$

其中，

$$\Pi=\begin{bmatrix}
\Pi_{1,1} & \Pi_{1,2} & Z & G & \Pi_{1,5} & PB & 0 & 0 & \bar{\tau}X & \Pi_{1,10} & P\\
* & \Pi_{2,2} & \Pi_{2,3} & 0 & 0 & 0 & 0 & 0 & 0 & 0 & 0\\
* & * & \Pi_{3,3} & 0 & 0 & 0 & 0 & 0 & 0 & 0 & 0\\
* & * & * & \Pi_{4,4} & 0 & 0 & 0 & 0 & 0 & 0 & 0\\
* & * & * & * & \Pi_{5,5} & 0 & 0 & 0 & 0 & \Pi_{5,10} & -S\\
* & * & * & * & * & \Pi_{6,6} & 0 & 0 & 0 & 0 & 0\\
* & * & * & * & * & * & -R_2 & 0 & 0 & 0 & 0\\
* & * & * & * & * & * & * & -S_2 & 0 & 0 & 0\\
* & * & * & * & * & * & * & * & \Pi_{9,9} & 0 & 0\\
* & * & * & * & * & * & * & * & * & \Pi_{10,10} & -C^{\mathrm{T}}P\\
* & * & * & * & * & * & * & * & * & * & \Pi_{11,11}
\end{bmatrix}$$

$\vartheta_{11}^2=Q_1+L_1W_1L_2$，$\vartheta_{12}^2=-\frac{1}{2}(L_1+L_2)W_1$

$\vartheta_{13}^2=Q_2+W_1$，$\vartheta_{21}^2=E+R_1+L_1W_1L_2$

$\vartheta_{22}^2=-\frac{1}{2}(L_1+L_2)W_1$，$\vartheta_{23}^2=R_2+W_1$

$\vartheta_{31}^2=G+S_1+L_1W_1L_2$，$\vartheta_{32}^2=-\frac{1}{2}(L_1+L_2)W_1$

$\vartheta_{33}^2=S_2+W_1$

$\Pi_{1,1}=Q_1+R_1+S_1-PC-C^{\mathrm{T}}P-E-G+\bar{\tau}^2F+\delta^2H-\bar{\tau}^2X-\delta^2Y-L_1W_1L_2$

$\Pi_{1,2}=E-Z$，$\Pi_{1,5}=PA+\frac{1}{2}(L_1+L_2)W_1+L_2^{\mathrm{T}}W_2^{\mathrm{T}}$

$\Pi_{1,10}=C^{\mathrm{T}}PC+\delta Y$，$\Pi_{2,2}=-(1-\mu)Q_1-2E+Z+Z^{\mathrm{T}}$

$\Pi_{2,3}=E-Z$，$\Pi_{3,3}=-R_1-E$，$\Pi_{4,4}=-S_1-G$

$\Pi_{5,5}=Q_2+R_2+S_2-W_1-W_2-W_2^{\mathrm{T}}-Q$

$\Pi_{5,10}=-A^{\mathrm{T}}PC$，$\Pi_{6,6}=-(1-\mu)Q_2$，$\Pi_{6,10}=-B^{\mathrm{T}}PC$

$$\Pi_{9,9}=-F-X,\ \Pi_{10,10}=-H-Y,\ \Pi_{11,11}=\gamma I-R$$

$$L_1=diag\{l_1^-,\ l_2^-,\ \cdots,\ l_n^-\},\ L_2=diag\{l_1^+,\ l_2^+,\ \cdots,\ l_n^+\}$$

$$\mathcal{A}=[0,\ 0,\ 0,\ -C,\ A,\ B,\ 0,\ 0,\ 0,\ 0,\ I]$$

$$\ell=\bar{\tau}^2E+\delta^2G+\frac{\bar{\tau}^4}{4}X+\frac{\delta^4}{4}Y$$

一般地，当没有泄露延迟且 $f_i=g_i$，可得到如下所示的系统：

$$\begin{cases}\dot{x}_t(t)=-c_i(x_i(t))x_i(t)+\\ \qquad\sum_{j=1}^{n}a_{ij}(f_j(x_j(t))-x_j(t))f_j(x_j(t))+\\ \qquad\sum_{j=1}^{n}b_{ij}(f_j(x_j(t-\tau_j(t)))-x_j(t))\times\\ \qquad f_j(x_j(t-\tau_j(t)))+I_i(t),\ t\geqslant 0, \quad i=1,\ 2,\ \cdots,\ n\\ x_i(t)=\psi_i(t),\ t\in[-\tau,\ 0], \quad i=1,\ 2,\ \cdots,\ n\end{cases} \tag{12-60}$$

其相应的矢量形式的驱动响应系统如下：

$$\begin{cases}\dot{e}(t)=-Ce(t)+A\phi(e(t))+B\phi(e(t-\tau(t)))+u(t), & t\geqslant 0\\ \phi(t)=\omega(t)-\psi(t), & t\in[-\tau,\ 0]\end{cases} \tag{12-61}$$

按照定理 2 中讨论的类似步骤，可以立即得到以下推论：

推论 4　对于给定的矩阵 S 以及对称矩阵 Q 和 R，如果存在对称矩阵 $Q_i=Q_i^{\mathrm{T}}(i=1,\ 2,\ 3)$，$R_i=R_i^{\mathrm{T}}(i=1,\ 2)$，正定矩阵 $P>0$，$E>0$，$X>0$，任意矩阵 Z，正对角矩阵 $W_i=diag\{w_{i1},\ \cdots,\ w_{in}\}(i=1,\ 2)$ 以及标量 $\gamma>0$，使得以下矩阵不等式成立，则系统（式(12-61)）是严格$(Q,\ S,\ R)$-γ-耗散的：

$$\Phi_1=\begin{bmatrix}\vartheta_{11}^3 & \vartheta_{12}^3\\ * & \vartheta_{13}^3\end{bmatrix}>0,\ \Phi_2=\begin{bmatrix}E & -E & 0\\ * & \vartheta_{21}^3 & \vartheta_{22}^3\\ * & * & \vartheta_{23}^3\end{bmatrix}>0,$$

$$\begin{bmatrix}E & Z\\ * & E\end{bmatrix}>0,\ \begin{bmatrix}\Pi & \mathcal{A}^{\mathrm{T}}\ell\\ * & -\ell\end{bmatrix}<0$$

其中，

$$\Pi=\begin{bmatrix}\Pi_{1,1} & \Pi_{1,2} & Z & \Pi_{1,4} & PB & 0 & \bar{\tau}X & P\\ * & \Pi_{2,2} & \Pi_{2,3} & 0 & 0 & 0 & 0 & 0\\ * & * & \Pi_{3,3} & 0 & 0 & 0 & 0 & 0\\ * & * & * & \Pi_{4,4} & 0 & 0 & 0 & -S\\ * & * & * & * & \Pi_{5,5} & 0 & 0 & 0\\ * & * & * & * & * & -R_2 & 0 & 0\\ * & * & * & * & * & * & \Pi_{7,7} & 0\\ * & * & * & * & * & * & * & \Pi_{8,8}\end{bmatrix}$$

$$\vartheta_{11}^3=Q_1+L_1W_1L_2,\ \vartheta_{12}^3=-\frac{1}{2}(L_1+L_2)W_1,$$
$$\vartheta_{13}^3=Q_2+W_1,\ \vartheta_{21}^3=E+R_1+L_1W_1L_2,$$
$$\vartheta_{22}^3=-\frac{1}{2}(L_1+L_2)W_1,\ \vartheta_{23}^3=R_2+W_1,$$
$$\Pi_{1,1}=Q_1+R_1-PC-C^{\mathrm{T}}P-E+\bar{\tau}^2F-\bar{\tau}^2X-L_1W_1L_2,$$
$$\Pi_{1,2}=E-Z,\ \Pi_{1,4}=PA+\frac{1}{2}(L_1+L_2)W_1+L_2^{\mathrm{T}}W_2^{\mathrm{T}},$$
$$\Pi_{2,2}=-(1-\mu)Q_1-2E+Z+Z^{\mathrm{T}},\ \Pi_{2,3}=E-Z,$$
$$\Pi_{3,3}=-R_1-E,\ \Pi_{4,4}=Q_2+R_2-W_1-W_2-W_2^{\mathrm{T}}-Q,$$
$$\Pi_{5,5}=-(1-\mu)Q_2,\ \Pi_{7,7}=-F-X,\ \Pi_{8,8}=\gamma I-R,$$
$$L_1=diag\{l_1^-,\ l_2^-,\ \cdots,\ l_n^-\},\ L_2=diag\{l_1^+,\ l_2^+,\ \cdots,\ l_n^+\},$$
$$\mathcal{A}=[0,\ 0,\ 0,\ -C,\ A,\ B,\ 0,\ I],$$
$$\ell=\bar{\tau}^2E+\frac{\bar{\tau}^4}{4}X$$

12.4.2 MWNN的动力学分析

为了使系统成为WTA网络，必须保证系统(式(12-8))存在WTA点。此外，我们仍需要证明MWNN(式(12-18))最终会稳定到WTA点。在本节中，我们将对系统(式(12-18))进行动力学分析。首先，介绍存在WTA点的一些充分条件；然后，研究WTA行为并进行收敛性分析。

12.4.3 WTA点存在的充分条件

定理2 假设函数 $h(x,\ y)$ 属于类 F，则系统(式(12-18))具有WTA点，当且仅当

$$I_j\leqslant h_{\max}\left(0,\ \frac{I_{\max}}{(G+(N-1)k)}\right)=h_{\max}(0,\ v_{\max}),\ j\neq\max,\ j=1,\ 2,\ \cdots,\ N \tag{12-62}$$

其中，$I_{\max}$ 是最大输入，$k=\min\{c,\ d\}$ 是忆阻器的忆导。

证明2 在不失一般性的前提下，我们假设 $I_1>I_2>\cdots>I_N>0$。此处，$I_{\max}=I_1$，$h_1=h_{\max}$。

充分性 假设式(12-62)为真，要证明系统(式(12-18))有一个平衡点 v，使得 $v_1>0$ 且 $v_j\leqslant 0(j\neq 1)$，只需证明存在一个WTA点。实际上，因为函数 $h(x,\ y)$ 属于类 F，所以有 $-Gv_1+I_1-(N-1)v_1k=0$，即 $v_1=I_1/(G+(N-1)k)$，且 $-Gv_j+I_j-(N-1)v_jk-h_1(v_j,\ v_1)=0$；接下来，证明对于任意 $j\neq 1$，方程 $-Gv_j+I_j-(N-1)v_jk-h_1(v_j,\ v_1)=0$ 具有非正解，令 $g(x)=-Gx+I_j-(N-1)xk-h_1(x,\ v_1)$，$g(x)$ 是连续的，且 $g(0)=I_j-h_1(0,\ v_1)\leqslant 0$，令 $T>0$，当 T 足够大时，$g(-T)=GT+I_j-h_1(-T,\ v_1)+T(N-1)k\geqslant GT-h_1(0,\ v_1)>0$。根据连续函数的中值定理，可得存在

一个点 $v_j \in [-T, 0]$，使 $g(v_j)=0$，由此证明 WTA 点存在。

必要性　证明如果系统（式(12-18)）有一个 WTA 点，则式(12-62)必为真。实际上，假设式(12-62)为假，则有 $j \neq 1$ 满足 $I_j > h_1(0, v_1)$。令 v 为 WTA 点，即 $v_1 > 0$ 且 $v_j \leqslant 0 (j \neq 1)$。已知 $v_1 = I_1/(G+(N-1)k) > 0$ 且 $-Gv_j + I_j - (N-1)v_j k - h_1(v_j, v_1) = 0$，则 $0 > Gv_j + (N-1)v_j k = I_j - h_1(v_j, v_1)$，$I_j < h_1(v_j, v_1)$。因为函数 $h(x, y)$ 在 x 上单调非递减，则 $I_j < h_1(v_j, v_1) < h_1(0, v_1)$，这与假设的 $I_j > h_1(0, v_1)$ 矛盾。因此，式(12-62)必为真。

定理 2 是关于固定输入集的。当不知道哪个输入最大时，我们可以得到下述结果。

推论 5　假设函数 $h_i(x, y)$ 属于类 F，则当

$$I_j \leqslant \min_{1 \leqslant i \leqslant N} h_i(0, v_{\max}),\ j \neq \max,\ j=1, 2, \cdots, N \tag{12-63}$$

系统（式(12-18)）具有 WTA 点。

证明 3　可从定理 3.1 直接得出，所以，证明省略。

特别地，当 $h_i(x, y) = h(x, y)$，$i \in \{1, 2, \cdots, N\}$，可得下述结果。

推论 6　如果函数 $h(x, y)$ 属于类 F，则 MWNN（式(12-18)）有 WTA 点，当且仅当

$$I_j \leqslant h(0, v_{\max}),\ j \neq \max,\ j=1, 2, \cdots, N$$

证明 4　这个证明类似于定理 3.1。

对于用 MOSFET 和忆阻器实现的 MWNN，可得到下述结果。

推论 7　对于所有的 $j \neq \max$，当且仅当

$$G \leqslant \min\left\{\frac{I_{\max}}{V_T} - (N-1)k,\ \frac{2KV_T I_{\max}}{I_j + KV_T} - (N-1)k\right\}$$

或

$$\frac{I_{\max}}{V_T} - (N-1)k \leqslant G \leqslant \frac{\sqrt{K} I_{\max}}{\sqrt{I_j}} - (N-1)k$$

具有 MOSFET 函数 $h_i(x, y)$ 的 MWNN（式(12-18)）具有 WTA 点。

12.4.4　WTA 行为和收敛性分析

在存在 WTA 点的充分条件的基础上，进行收敛性分析，使 MWNN（式(12-18)）具有 WTA 行为。

定理 3　如果函数 $h_i(x, y)(i=1, 2, \cdots, N)$ 属于类 F，那么 MWNN（式(12-18)）的轨迹是有界的。

证明 5　只需证明系统(8)的轨迹最终保持在有界集中即可。如果 $v_i > \dfrac{I_i}{G+(N-1)k}$，则根据 $h_i(x, y)$ 的非负性，可得：

$$\begin{aligned} G\dot{v}_i &= I_i - Gv_i - \sum_{j \neq i} h(v_i, v_j) - (N-1)v_i k \\ &\leqslant I_i - Gv_i - (N-1)v_i k < 0 \end{aligned} \tag{12-64}$$

因此，v_i 将一直减小到 $v_i < \dfrac{I_i}{G+(N-1)k}$，因此存在一个正 $U > 0$，使得 $v_i \leqslant U(i=$

1，2，…，N)。如果 $v_i<0$，则根据 $h_i(x, y)$在 x 和 y 上的非递减性，可得：

$$\begin{aligned} G\dot{v}_i &= I_i - Gv_i - \sum_{j\neq i} h(v_i, v_j) - (N-1)v_i k \\ &\geqslant I_i - Gv_i - \sum_{j\neq i} h(0, U) - (N-1)v_i k \end{aligned} \tag{12-65}$$

因此，如果 $v_i < \dfrac{I_i - \sum_{j\neq i} h(0, U)}{G+(N-1)k}$，则 $\dot{v}_i > 0$ 且 v_i 将会增加，存在一个常数 B，满足 $v_i \geqslant B(i=1, 2, \cdots, N)$。至此，我们得到一个上界 U 和一个下界 B，因此，MWNN(式(12-18))的轨迹是有界的。证明完毕。

MWNN(式(12-18))的轨迹具有下述保序性。

定理 4　如果函数 $h_i(x, y)(i=1, 2, \cdots, N)$是连续函数，且对于任意 x 有 $h_1(x, x)=h_2(x, x)=\cdots=h_N(x, x)$，则 MWNN(式(12-18))是保序的。

证明 6　需证明对任意 $t>t_0$，当 $I_i>I_j$ 且 $v_i(t_0)>v_j(t_0)$时，$v_i(t)>v_j(t)$。

令 $\Delta v(t)=v_i(t)-v_j(t)$，因此 $\Delta v(t)$连续且 $\Delta v(t_0)>0$。假设该定理不成立，则存在一个 $t^*>t_0$，满足 $\Delta v(t^*)=0$，且对于 $t_0<t^*<t$，有 $\Delta v(t)>0$，在点 t^*，有 $v_i(t^*)=v_j(t^*)$。

从式(12-8)中的第 i 个方程减去第 j 个方程，得到：

$$\begin{aligned} C\Delta\dot{v}(t^*) =& -G\Delta v(t^*) + (I_i - I_j) - [h_j(v_i(t^*, v_j(t^*))) - h_i(v_j(t^*), v_i(t^*))] - \\ & \sum_{k\neq i, j} [h_k(v_i(t^*), v_k(t^*)) - h_k(v_j(t^*), v_k(t^*))] - (N-1)k\Delta v(t^*) \\ =& I_i - I_j > 0 \end{aligned} \tag{12-66}$$

因为 $\Delta\dot{v}(t)$也是连续的，所以根据上述不等式，存在一个小数 $\delta>0(\delta<t^*-t_0)$，在区间$[t^*-\delta, t^*+\delta]$满足 $\Delta\dot{v}(t)>0$，即 $\Delta v(t)$在此区间内严格递增，$\Delta v(t^*)>\Delta v(t^*-\delta)>0$，这与 t^* 的选择相矛盾，因此假设不成立。证明完毕。

实际上，如果函数 $h_i(x, y)(i=1, 2, \cdots, N)$平滑，则可以证明 WTA 点是指数稳定的。

定理 5　假设函数 $h_i(x, y)(i=1, 2, \cdots, N)$属于类 F，且对于任意 x 满足 $h_1(x, x)=h_2(x, x)=\cdots=h_N(x, x)$，那么每当式(12-18)的轨迹从原点开始进入 WTA 区域 C^+，它将永远停留在那里。此外，如果函数 $h_i(x, y)(i=1, 2, \cdots, N)$满足利普希茨(Lipschitz)条件，对于任意 $\gamma<G+(N-1)k$，它将以指数形式收敛到 WTA 点，收敛速度至少为 γ。

证明见附录。

12.4.5　小结

本节研究了 MRNN 和基于忆阻器的 WTA 神经网络的动力学分析，并为下一节的仿真和应用提供了良好的理论基础。

12.5 应用与仿真

在上一节所强调的动力学分析的基础上，MWNN 存在指数稳定的 WTA 点，可用于皮肤分类器，为了证明所提出的 MRNN 的主要结果，本节将采用两个带有仿真结果的示例。

12.5.1 MRNN 的仿真

在本节中，将提供两个示例来验证 MRNN 的主要结果。

示例 1　将具有泄漏延迟和时变延迟模型的二维 MRNN 视为：

$$\dot{x}(t)=-Cx(t-\delta)+Af(x(t))+Bg(x(t-\tau(t)))+I(t) \tag{12-67}$$

并具有以下参数值：

$$c_1(x_1(t-\delta))=\begin{cases}4.02, & x_1(t-\delta)\leqslant 0\\ 3.98, & x_1(t-\delta)>0\end{cases}$$

$$c_2(x_2(t-\delta))=\begin{cases}4.02, & x_2(t-\delta)\leqslant 0\\ 3.98, & x_2(t-\delta)>0\end{cases}$$

$$a_{11}(f_1(x_1(t))-x_1(t))=\begin{cases}-0.5, & f_1(x_1(t))-x_1(t)\leqslant 0\\ -0.6, & f_1(x_1(t))-x_1(t)>0\end{cases}$$

$$a_{12}(f_2(x_2(t))-x_2(t))=\begin{cases}1.2, & f_2(x_2(t))-x_2(t)\leqslant 0\\ 1.1, & f_2(x_2(t))-x_2(t)>0\end{cases}$$

$$a_{21}(f_1(x_1(t))-x_1(t))=\begin{cases}2.4, & f_1(x_1(t))-x_1(t)\leqslant 0\\ 2.5, & f_1(x_1(t))-x_1(t)>0\end{cases}$$

$$a_{22}(f_2(x_2(t))-x_2(t))=\begin{cases}2.5, & f_2(x_2(t))-x_2(t)\leqslant 0\\ 2.4, & f_2(x_2(t))-x_2(t)>0\end{cases}$$

$$b_{11}(g_1(x_1(t-\tau_1(t)))-x_1(t))=\begin{cases}1.4, & g_1(x_1(t-\tau_1(t)))-x_1(t)\leqslant 0\\ 1.3, & g_1(x_1(t-\tau_1(t)))-x_1(t)>0\end{cases}$$

$$b_{12}(g_2(x_2(t-\tau_2(t)))-x_2(t))=\begin{cases}-1, & g_2(x_2(t-\tau_2(t)))-x_2(t)\leqslant 0\\ -1.1, & g_2(x_2(t-\tau_2(t)))-x_2(t)>0\end{cases}$$

$$b_{21}(g_1(x_1(t-\tau_1(t)))-x_1(t))=\begin{cases}2.5, & g_1(x_1(t-\tau_1(t)))-x_1(t)\leqslant 0\\ 2.4, & g_1(x_1(t-\tau_1(t)))-x_1(t)>0\end{cases}$$

$$b_{22}(g_2(x_2(t-\tau_2(t)))-x_2(t))=\begin{cases}-0.1, & g_2(x_2(t-\tau_2(t)))-x_2(t)\leqslant 0\\ -0.2, & g_2(x_2(t-\tau_2(t)))-x_2(t)>0\end{cases}$$

然后，研究基于式(12-67)的驱动响应系统，选择：

$$C=\begin{bmatrix}4 & 0\\0 & 4\end{bmatrix},\quad A=\begin{bmatrix}-0.5 & 1.2\\ & 2.5 & 2.5\end{bmatrix},\quad B=\begin{bmatrix}1.4 & -1\\2.5 & -0.1\end{bmatrix},$$

$$u=\begin{bmatrix}0.01\\-0.04\end{bmatrix},\quad Q=\begin{bmatrix}5 & 2.2\\2.2 & 3\end{bmatrix},\quad R=\begin{bmatrix}4.5 & -0.5\\-0.5 & 2.5\end{bmatrix},$$

$$S=\begin{bmatrix}0.3 & -0.6\\0.4 & 0.5\end{bmatrix}$$

因此，很容易检查假设1、2和3是否满足。为了证明结果非常宽松，我们选择 $\delta=0.2$，$\bar{\tau}=2$，$\mu=0.2$，激活函数为 $f(x)=g(x)=\tanh x$，现在在定理2中找到LMI的解，可行的解是：

$$Q_1=\begin{bmatrix}0.0253 & -0.0120\\-0.0120 & 0.0136\end{bmatrix},\quad Q_2=\begin{bmatrix}0.035\,03 & 0.1175\\0.1175 & 0.1429\end{bmatrix},$$

$$Q_3=\begin{bmatrix}0.8663 & -0.2380\\-0.2380 & 0.3327\end{bmatrix},\quad S_1=\begin{bmatrix}0.2242 & -0.0871\\-0.0871 & 0.0996\end{bmatrix},$$

$$S_2=\begin{bmatrix}0.2895 & 0.0856\\0.0856 & 0.1176\end{bmatrix},\quad S_3=\begin{bmatrix}0.0065 & 0.0000\\0.0000 & 0.0041\end{bmatrix},$$

$$R_1=\begin{bmatrix}0.0351 & -0.0117\\-0.0117 & 0.0183\end{bmatrix},\quad R_2=\begin{bmatrix}0.3635 & 0.1248\\0.1248 & 0.1481\end{bmatrix},$$

$$R_3=\begin{bmatrix}0.0082 & 0.0012\\0.0012 & 0.0053\end{bmatrix},\quad P=\begin{bmatrix}0.9150 & -0.2607\\-0.2607 & 0.3815\end{bmatrix},$$

$$E=\begin{bmatrix}0.0004 & -0.0002\\-0.0002 & 0.0002\end{bmatrix},\quad F=\begin{bmatrix}0.0056 & -0.0030\\-0.0030 & 0.0030\end{bmatrix},$$

$$G=\begin{bmatrix}0.1257 & -0.0498\\-0.0498 & 0.0610\end{bmatrix},\quad H=\begin{bmatrix}67.7842 & -18.7619\\-18.7619 & 25.3050\end{bmatrix},$$

$$X=\begin{bmatrix}0.0001 & -0.0001\\-0.0001 & 0.0001\end{bmatrix},\quad Y=\begin{bmatrix}15.2297 & -4.9328\\-4.9328 & 6.1341\end{bmatrix},$$

$$Z=\begin{bmatrix}-0.000\,006 & 0.000\,004\\0.000\,004 & -0.000\,004\end{bmatrix},\quad N_1=\begin{bmatrix}347\,910 & -1780\\1780 & -347\,910\end{bmatrix},$$

$$N_2=\begin{bmatrix}347\,910 & -1780\\1780 & -347\,910\end{bmatrix},\quad N_3=\begin{bmatrix}347910 & -1780\\1780 & -347\,910\end{bmatrix},$$

$$W_1=\begin{bmatrix}0.0790 & 0\\0 & 0.0379\end{bmatrix},\quad W_2=\begin{bmatrix}0.0610 & 0\\0 & 0.0312\end{bmatrix},$$

$$W_3=\begin{bmatrix}0.2506 & 0\\0 & 0.0986\end{bmatrix},\quad W_4=\begin{bmatrix}0.8575 & 0\\0 & 0.3313\end{bmatrix}$$

且 $\gamma=0.3700$。

因此，基于式(12-67)的相应驱动响应系统是 $(Q,\ S,\ R)$-γ-耗散的。图12-3a表示当 $\tau=0.5$，初始条件为 $e_1=0.5$，$e_2=-0.15$ 时，该误差系统所有轨迹的状态响应。即使 $\bar{\tau}>1$，仍然可以获得可行的解，图12-3b表示当 $\tau=1.5$ 时所有轨迹的状态响应。

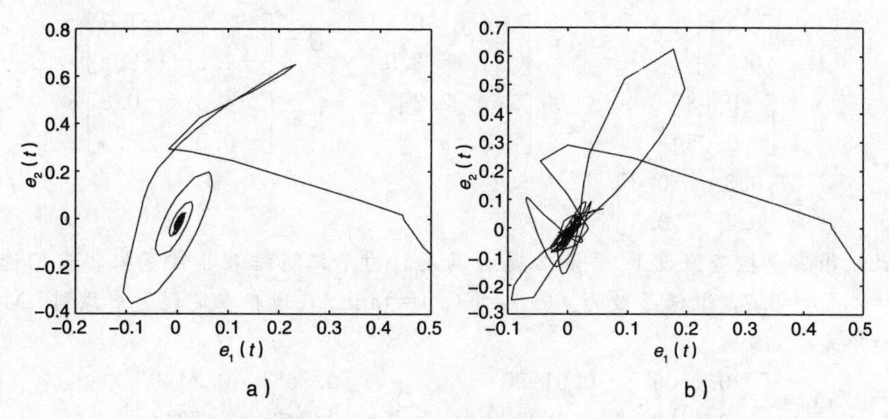

图 12-3　式(12-67)对应误差系统的所有状态轨迹的行为。a) $\tau(t)=0.5$；b) $\tau(t)=1.5$

示例 2　将另一个具有泄漏延迟和时变延迟模型的二维 MRNN 视为：

$$\dot{x}(t)=-Cx(t-\delta)+Af(x(t))+Bg(x(t-\tau(t)))+I(t) \tag{12-68}$$

并具有以下参数值：

$$c_1(x_1(t-\delta))=\begin{cases}5.02, & x_1(t-\delta)\leqslant 0\\ 4.98, & x_1(t-\delta)>0\end{cases}$$

$$c_2(x_2(t-\delta))=\begin{cases}6.02, & x_2(t-\delta)\leqslant 0\\ 5.98, & x_2(t-\delta)>0\end{cases}$$

$$a_{11}(f_1(x_1(t))-x_1(t))=\begin{cases}4.8, & f_1(x_1(t))-x_1(t)\leqslant 0\\ 4.7, & f_1(x_1(t))-x_1(t)>0\end{cases}$$

$$a_{12}(f_2(x_2(t))-x_2(t))=\begin{cases}0.4, & f_2(x_2(t))-x_2(t)\leqslant 0\\ 0.5, & f_2(x_2(t))-x_2(t)>0\end{cases}$$

$$a_{21}(f_1(x_1(t))-x_1(t))=\begin{cases}-4.1, & f_1(x_1(t))-x_1(t)\leqslant 0\\ -4, & f_1(x_1(t))-x_1(t)>0\end{cases}$$

$$a_{22}(f_2(x_2(t))-x_2(t))=\begin{cases}3.9, & f_2(x_2(t))-x_2(t)\leqslant 0\\ 3.8, & f_2(x_2(t))-x_2(t)>0\end{cases}$$

$$b_{11}(g_1(x_1(t-\tau_1(t)))-x_1(t))=\begin{cases}-2.6, & g_1(x_1(t-\tau_1(t)))-x_1(t)\leqslant 0\\ -2.5, & g_1(x_1(t-\tau_1(t)))-x_1(t)>0\end{cases}$$

$$b_{12}(g_2(x_2(t-\tau_2(t)))-x_2(t))=\begin{cases}-1.2, & g_2(x_2(t-\tau_2(t)))-x_2(t)\leqslant 0\\ -1.3, & g_2(x_2(t-\tau_2(t)))-x_2(t)>0\end{cases}$$

$$b_{21}(g_1(x_1(t-\tau_1(t)))-x_1(t))=\begin{cases}-1.2, & g_1(x_1(t-\tau_1(t)))-x_1(t)\leqslant 0\\ -1.3, & g_1(x_1(t-\tau_1(t)))-x_1(t)>0\end{cases}$$

$$b_{22}(g_2(x_2(t-\tau_2(t)))-x_2(t))=\begin{cases}-2.9, & g_2(x_2(t-\tau_2(t)))-x_2(t)\leqslant 0\\ -2.8, & g_2(x_2(t-\tau_2(t)))-x_2(t)>0\end{cases}$$

然后，研究基于式(12-68)的驱动响应系统，选择：

$$C=\begin{bmatrix}5 & 0\\0 & 6\end{bmatrix},\quad A=\begin{bmatrix}4.8 & 0.5\\-4 & 3.9\end{bmatrix},\quad B=\begin{bmatrix}-2.5 & -1.2\\-1.2 & -2.8\end{bmatrix},$$

$$u=\begin{bmatrix}-0.03\\0.05\end{bmatrix},\quad Q=\begin{bmatrix}5 & 2.2\\2.2 & 3\end{bmatrix},\quad R=\begin{bmatrix}4.5 & -0.5\\-0.5 & 2.5\end{bmatrix},$$

$$S=\begin{bmatrix}0.3 & -0.6\\0.4 & 0.5\end{bmatrix}$$

因此，很容易检查假设1、3和2是否满足。为了证明结果非常宽松，我们选择 $\delta=0.1$，$\overline{\tau}=2$，$\mu=0.2$，激活函数为 $f(x)=g(x)=\tanh x$，现在在定理1中找到LMI的解，其中可行解是：

$$Q_1=\begin{bmatrix}0.0605 & -0.0129\\-0.0129 & 0.0209\end{bmatrix},\quad Q_2=\begin{bmatrix}0.3651 & 0.2498\\0.2498 & 0.2244\end{bmatrix},$$

$$Q_3=\begin{bmatrix}0.8356 & 0.2186\\0.2186 & 0.5467\end{bmatrix},\quad S_1=\begin{bmatrix}0.2113 & -0.0025\\-0.0025 & 0.1553\end{bmatrix},$$

$$S_2=\begin{bmatrix}0.3277 & 0.2250\\0.2250 & 0.2009\end{bmatrix},\quad S_3=\begin{bmatrix}0.0391 & -0.0147\\-0.0147 & 0.0136\end{bmatrix},$$

$$R_1=\begin{bmatrix}0.0862 & -0.0091\\-0.0091 & 0.0332\end{bmatrix},\quad R_2=\begin{bmatrix}0.3759 & 0.2580\\0.2580 & 0.2315\end{bmatrix},$$

$$R_3=\begin{bmatrix}0.0470 & -0.0182\\-0.0182 & 0.0166\end{bmatrix},\quad P=\begin{bmatrix}0.4421 & 0.0272\\0.0272 & 0.2257\end{bmatrix},$$

$$E=\begin{bmatrix}0.000\,86 & -0.000\,09\\-0.000\,09 & 0.000\,17\end{bmatrix},\quad F=\begin{bmatrix}0.0102 & -0.0017\\-0.0017 & 0.0038\end{bmatrix},$$

$$G=\begin{bmatrix}1.1829 & 0.0160\\0.0160 & 0.3051\end{bmatrix},\quad H=\begin{bmatrix}31.1825 & 2.2005\\2.2005 & 39.8134\end{bmatrix},$$

$$X=\begin{bmatrix}0.000\,26 & -0.000\,02\\-0.000\,02 & 0.000\,08\end{bmatrix},\quad Y=\begin{bmatrix}266.6554 & 13.0960\\13.0960 & 98.9058\end{bmatrix},$$

$$Z=\begin{bmatrix}-0.000\,01 & 0.000\,001\\0.000\,001 & -0.000\,001\end{bmatrix},\quad N_1=\begin{bmatrix}-1661.3 & 671.5\\-671.4 & -1661.3\end{bmatrix},$$

$$N_2=\begin{bmatrix}-1661.4 & 671.5\\-671.5 & -1661.4\end{bmatrix},\quad N_3=\begin{bmatrix}1661.4 & -671.5\\671.5 & 1661.4\end{bmatrix},$$

$$W_1=\begin{bmatrix}0.1574 & 0\\0 & 0.0641\end{bmatrix},\quad W_2=\begin{bmatrix}0.1920 & 0\\0 & 0.0817\end{bmatrix},$$

$$W_3=\begin{bmatrix}0.1320 & 0\\0 & 0.0468\end{bmatrix},\quad W_4=\begin{bmatrix}1.0405 & 0\\0 & 0.6108\end{bmatrix}$$

且 $\gamma=0.4154$。

因此，基于式(12-68)的相应驱动响应系统是(Q, S, R)-γ-耗散的。图12-4a表示当 $\tau=0.2$，初始条件为 $e_1=1.2$，$e_2=-1.2$ 时，该误差系统所有轨迹的状态响应。即使 $\overline{\tau}>1$，仍然可以获得可行的解，图12-4b表示当 $\tau=2$ 时所有轨迹的状态响应。

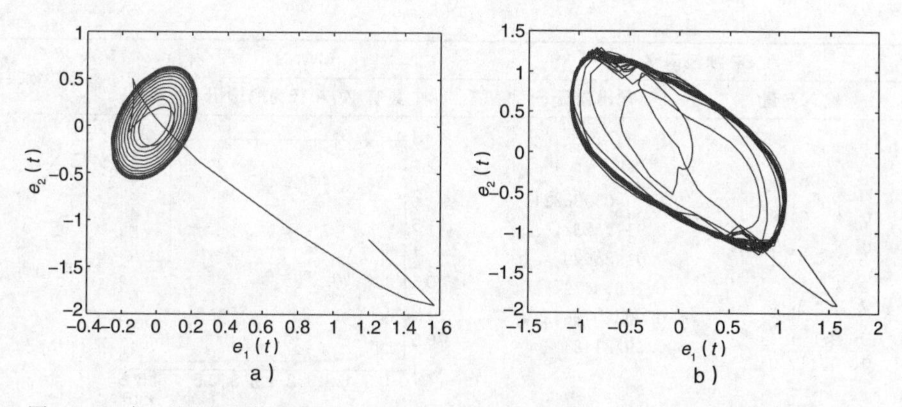

图 12-4　式(12-68)对应误差系统的所有状态轨迹的行为。a) $\tau(t)=0.2$；b) $\tau(t)=2$

备注 9　令 $\Pi+\mathcal{A}^{\mathrm{T}}\ell\mathcal{A}=0$，即可求出 τ 的上界。

12.5.2　BP-MWNN 分类器系统的说明性示例

本节将通过说明性示例来证明获得的结果，并进一步确认理论结果与数值结果之间的一致性。我们使用 MATLAB 来开发 BP-MWNN 分类器系统，对于红斑鳞状疾病，该系统输入了 33 种临床和组织病理学特征。在输入向量中，如果在家族中观察到红斑鳞状疾病，则家族史的值为 1(否则为 0)，而所有其他特征的强度等级在 0(不存在)和 3(严重)之间，此外，值 1 和 2 为中间强度。从 BP 神经网络获得的 6 个输出被输入到 MWNN 中。

表 12-3 列出了具有 WTA 行为的输出和分类结果，图 12-5 展示了训练集、测试集和验证集的混淆矩阵。从这些矩阵中可以看到，正确答案的数量很多，错误答案的数量很少，这意味着网络的输出是准确的。与文献[37]相比，训练集、测试集和验证集的精度分别提高了 5.8%、3.7%和 1.8%，系统精度为 98.6%，增长率为 4.9%，这证明了本书分类器系统的可行性和效率。

表 12-3　BP-MWNN 分类器(见彩插)

记录	BP 神经网络		MWNN	分类结果
	输入向量	输出向量	具有 WTA 行为的输出	
1	{2, 3, 1, 2, 1, 0, 0, 0, 0, 0, 0, 0, 0, 2, 0, 0, 1, 0, 0, 2, 1, 2, 2, 0, 0, 0, 0, 0, 0, 0, 0, 2, 0}	{1.03082150, −0.06557043, 0.00863432, 0.01264964, 0.06634284, −0.03107488}	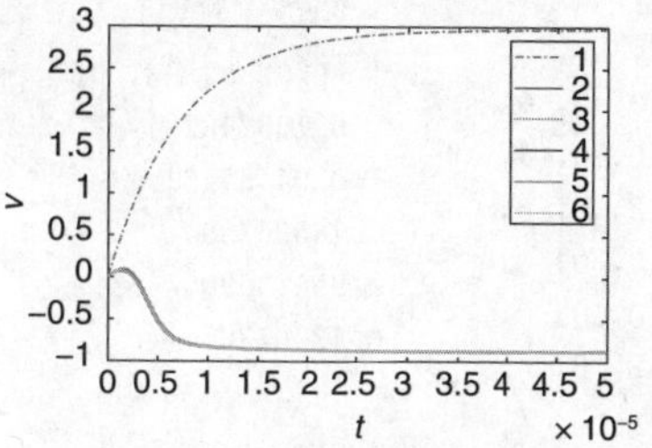	银屑病(牛皮癣)

（续）

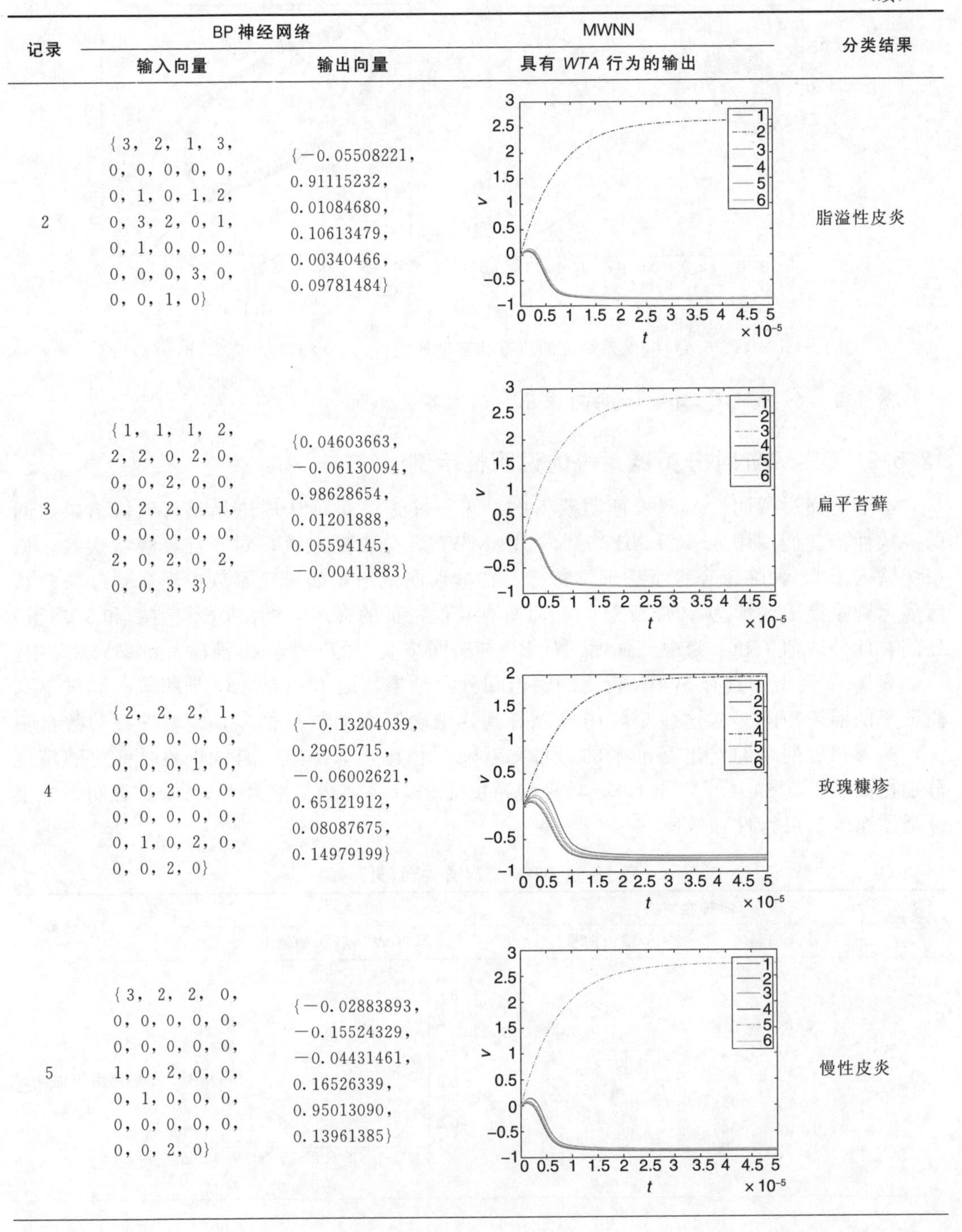

记录	BP 神经网络		MWNN	分类结果
	输入向量	输出向量	具有 *WTA* 行为的输出	
2	{3，2，1，3，0，0，0，0，0，0，1，0，1，2，0，3，2，0，1，0，1，0，0，0，0，0，0，3，0，0，0，1，0}	{−0.05508221，0.91115232，0.01084680，0.10613479，0.00340466，0.09781484}		脂溢性皮炎
3	{1，1，1，2，2，2，0，2，0，0，0，2，0，0，0，2，2，0，1，0，0，0，0，0，2，0，2，0，2，0，0，3，3}	{0.04603663，−0.06130094，0.98628654，0.01201888，0.05594145，−0.00411883}		扁平苔藓
4	{2，2，2，1，0，0，0，0，0，0，0，0，1，0，0，0，2，0，0，0，0，0，0，0，0，1，0，2，0，0，0，2，0}	{−0.13204039，0.29050715，−0.06002621，0.65121912，0.08087675，0.14979199}		玫瑰糠疹
5	{3，2，2，0，0，0，0，0，0，0，0，0，0，0，1，0，2，0，0，0，1，0，0，0，0，0，0，0，0，0，0，2，0}	{−0.02883893，−0.15524329，−0.04431461，0.16526339，0.95013090，0.13961385}		慢性皮炎

（续）

记录	BP 神经网络		MWNN	分类结果
	输入向量	输出向量	具有 *WTA* 行为的输出	
6	{2, 2, 1, 0, 0, 0, 2, 0, 2, 0, 0, 0, 0, 0, 0, 3, 2, 0, 1, 0, 0, 0, 0, 0, 0, 0, 0, 3, 0, 2, 2, 2, 0}	{−0.09570358, 0.18649829, 0.00099481, −0.04136459, 0.03260639, 1.04644850}		毛发红糠疹

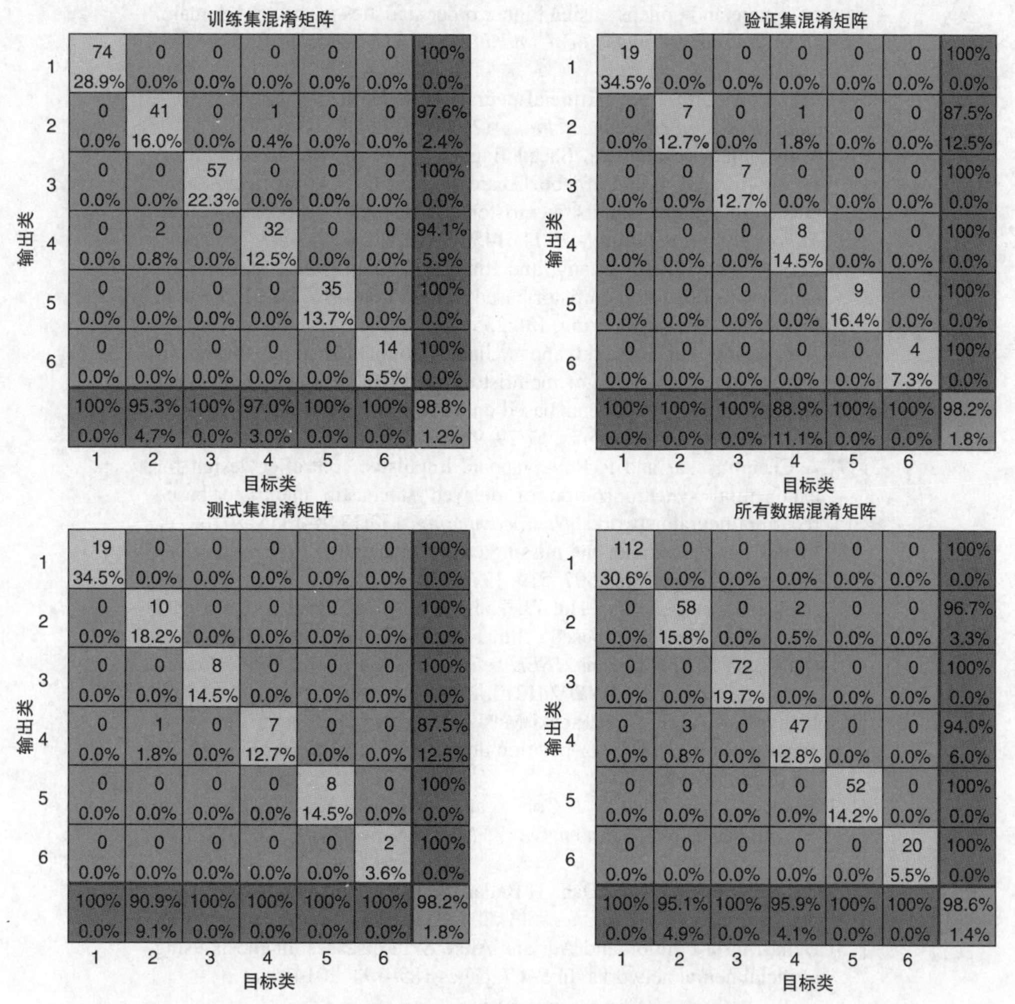

图 12-5 训练集、测试集和验证集的混淆矩阵

12.5.3　小结

在本节中，通过应用和仿真结果说明了忆阻 WTA 神经网络和循环神经网络的可行性和适用性，这是基于忆阻器的两种典型神经网络。

参考文献

[1] Shyam Prasad Adhikari, Hyongsuk Kim, Ram Kaji Budhathoki, Changju Yang, and Leon O Chua. A circuit-based learning architecture for multilayer neural networks with memristor bridge synapses. *IEEE Transactions on Circuits and Systems I: Regular Papers*, 62(1):215–223, 2015.

[2] SM Shafiul Alam and Mohammed Imamul Hassan Bhuiyan. Detection of seizure and epilepsy using higher order statistics in the emd domain. *IEEE journal of biomedical and health informatics*, 17(2):312–318, 2013.

[3] Filippo Amato et al., Artificial neural networks in medical diagnosis. *Journal of Applied Biomedicine*, 11(2):47–58, 2013.

[4] Mohammad Bavandpour, Saeed Bagheri-Shouraki, Hamid Soleimani, Arash Ahmadi, and Bernabé Linares-Barranco. Spiking neuro-fuzzy clustering system and its memristor crossbar based implementation. *Microelectronics Journal*, 45(11):1450–1462, 2014.

[5] Zuowei Cai, Lihong Huang, and Lingling Zhang. New conditions on synchronization of memristor-based neural networks via differential inclusions. *Neurocomputing*, 186:235–250, 2016.

[6] A Chandrasekar, R Rakkiyappan, Jinde Cao, and Shanmugam Lakshmanan. Synchronization of memristor-based recurrent neural networks with two delay components based on second-order reciprocally convex approach. *Neural Networks*, 57:79–93, 2014.

[7] A Chandrasekar and R Rakkiyappan. Impulsive controller design for exponential synchronization of delayed stochastic memristor-based recurrent neural networks. *Neurocomputing*, 173:1348–1355, 2016.

[8] Leon Chua. Memristor-the missing circuit element. *IEEE Transactions on circuit theory*, 18(5):507–519, 1971.

[9] Shukai Duan, Xiaofang Hu, Zhekang Dong, Lidan Wang, and Pinaki Mazumder. Memristor-based cellular nonlinear/neural network: design, analysis, and applications. *IEEE transactions on neural networks and learning systems*, 26(6):1202–1213, 2015.

[10] Idongesit E, Ebong and Pinaki Mazumder. Cmos and memristor-based neural network design for position detection. *Proceedings of the IEEE*, 100(6):2050–2060, 2012.

[11] Yuguang Fang, Michael A Cohen, and Thomas G Kincaid. Dynamics of a winner-take-all neural network. *Neural Networks*, 9(7):1141–1154, 1996.

[12] Jerome A Feldman and Dana H Ballard. Connectionist models and their properties. *Cognitive science*, 6(3):205–254, 1982.

[13] Delia-Maria Filimon and Adriana Albu. Skin diseases diagnosis using artificial neural networks. In *SACI*, pages 189–194, 2014.

[14] Aleksei Fedorovich Filippov. *Differential equations with discontinuous righthand sides: control systems*, volume 18. Springer Science & Business Media, 2013.

[15] Zhenyuan Guo, Jun Wang, and Zheng Yan. Global exponential dissipativity and stabilization of memristor-based recurrent neural networks with time-varying delays. *Neural Networks*, 48:158–172, 2013.

[16] Zhenyuan Guo, Jun Wang, and Zheng Yan. Passivity and passification of memristor-based recurrent neural networks with time-varying delays. *Neural Networks and Learning Systems, IEEE Transactions on*, 25(11):2099–2109, 2014.

[17] Zhishan Guo and Jun Wang. Information retrieval from large data sets via multiple-winners-take-all. In *2011 IEEE International Symposium of Circuits and Systems (ISCAS)*, 2669–2672, 2011.

[18] Morris W Hirsch. Convergent activation dynamics in continuous time networks. *Neural Networks*, 2(5):331–349, 1989.

[19] Nan Hou, Hongli Dong, Zidong Wang, Weijian Ren, and Fuad E Alsaadi. Non-fragile state estimation for discrete markovian jumping neural networks. *Neurocomputing*, 179:238–245, 2016.

[20] Jin Hu and Jun Wang. Global uniform asymptotic stability of memristor-based recurrent neural networks with time delays. In *Proceedings of 2010 International Joint Conference on Neural Networks (IJCNN)*, 1–8, 2010.

[21] Jin Hu and Jun Wang. Global uniform asymptotic stability of memristor-based recurrent neural networks with time delays. In *Proceedings of The 2010 International Joint Conference on Neural Networks (IJCNN)*, 1–8. IEEE, 2010.

[22] Xiaofang Hu, Gang Feng, Shukai Duan, and Lu Liu. Multilayer rtd-memristor-based cellular neural networks for color image processing. *Neurocomputing*, 162:150–162, 2015.

[23] Makoto Itoh and Leon O Chua. Memristor oscillators. *International Journal of Bifurcation and Chaos*, 18(11):3183–3206, 2008.

[24] L Lenhardt, I Zekovic′, T Dramic′anin, and MD Dramic′anin. Artificial neural networks for processing fluorescence spectroscopy data in skin cancer diagnostics. *Physica Scripta*, 2013(T157):014057, 2013.

[25] Richard Lippmann. An introduction to computing with neural nets. *IEEE Assp magazine*, 4(2):4–22, 1987.

[26] Hongjian Liu, Zidong Wang, Bo Shen, and Xiu Kan. Synchronization for discrete-time memristive recurrent neural networks with time-delays. In *Proceedings of 2015 Chinese Control Conference (CCC) on IEEE*, 3478–3483, 2015.

[27] Yurong Liu, Zidong Wang, and Xiaohui Liu. On global exponential stability of generalized stochastic neural networks with mixed time-delays. *Neurocomputing*, 70(1):314–326, 2006.

[28] Ning Li and Jinde Cao. New synchronization criteria for memristor-based networks: Adaptive control and feedback control schemes. *Neural Networks*, 61:1–9, 2015.

[29] Shuai Li, Yangming Li, and Zheng Wang. A class of finite-time dual neural networks for solving quadratic programming problems and its k-winners-take-all application. *Neural Networks*, 39:27–39, 2013.

[30] Xiaodi Li, R Rakkiyappan, and G Velmurugan. Dissipativity analysis of memristor-based complex-valued neural networks with time-varying delays. *Information Sciences*, 294:645–665, 2015.

[31] J. Lu and D. W. C. Ho. Globally exponential synchronization and synchronizability for general dynamical networks. *IEEE Transactions on Systems, Man, and Cybernetics, Part B (Cybernetics)*, 40(2):350–361, April 2010.

[32] K Mala, V Sadasivam, and S Alagappan. Neural network based texture analysis of ct images for fatty and cirrhosis liver classification. *Applied Soft Computing*, 32:80–86, 2015.

[33] Pinaki Mazumder, Sung-Mo Kang, and Rainer Waser. Memristors: devices, models, and applications. *Proceedings of the IEEE*, 100(6):1911–1919, 2012.

[34] Victor Emil Neagoe and Armand Dragos Ropot. Concurrent self-organizing maps for pattern classification. In *IEEE International Conference on Cognitive Informatics, 2002. Proceedings*, 304–312, 2002.

[35] Ben Niu, Hamid Reza Karimi, Huanqing Wang, and Yanli Liu. Adaptive output-feedback controller design for switched nonlinear stochastic systems with a modified average dwell-time method. *IEEE Transactions on Systems, Man, and Cybernetics: Systems*, 2017.

[36] Ben Niu and Lu Li. Adaptive backstepping-based neural tracking control for mimo nonlinear switched systems subject to input delays. *IEEE Transactions on Neural Networks and Learning Systems*, 2017.

[37] Ben Niu, Xudong Zhao, Lixian Zhang, and Hongyi Li. p-times differentiable unbounded functions for robust control of uncertain switched nonlinear systems with tracking constraints. *International Journal of Robust and Nonlinear Control*, 25(16):2965–2983, 2015.

[38] Thirunavukkarasu Radhika and Gnaneswaran Nagamani. Dissipativity analysis of stochastic memristor-based recurrent neural networks with discrete and distributed time-varying delays. *Network: Computation in Neural Systems*, 27(4):237–267, 2016.

[39] Rajan Rakkiyappan, Arunachalam Chandrasekar, and Jinde Cao. Passivity and passification of memristor-based recurrent neural networks with additive time-varying delays. *Neural Networks and Learning Systems, IEEE Transactions on*, 26(9):2043–2057, 2015.

[40] R Rakkiyappan, A Chandrasekar, S Laksmanan, and Ju H Park. State estimation of memristor-based recurrent neural networks with time-varying delays based on passivity theory. *Complexity*, 19(4):32–43, 2014.

[41] R Rakkiyappan, G Velmurugan, Xiaodi Li, and Donal O'Regan. Global dissipativity of memristor-based complex-valued neural networks with time-varying delays. *Neural Computing and Applications*, 27(3): 629–649, 2016.

[42] Davide Sacchetto, Giovanni De Micheli, and Yusuf Leblebici. Multiterminal memristive nanowire devices for logic and memory applications: a review. *Proceedings of the IEEE*, 100(6):2008–2020, 2012.

[43] Li Shang, De-Shuang Huang, Ji-Xiang Du, and Zhi-Kai Huang. Palmprint recognition using ICA based on winner-take-all network and radial basis probabilistic neural network. In *International Symposium on Neural Networks*, pages 216–221. Springer, 2006.

[44] Patrick M Sheridan, Chao Du, and Wei D Lu. Feature extraction using memristor networks. *IEEE transactions on neural networks and learning systems*, 27(11):2327–2336, 2016.

[45] Qiankun Song, Jinling Liang, and Zidong Wang. Passivity analysis of discrete-time stochastic neural networks with time-varying delays.

Neurocomputing, 72(7):1782–1788, 2009.

[46] Dmitri B Strukov, Gregory S Snider, Duncan R Stewart, and R Stanley Williams. The missing memristor found. *Nature*, 453(7191): 80–83, 2008.

[47] M Vemis, G Economou, S Fotopoulos, and A Khodyrev. The use of boolean functions and local operations for edge detection in images. *Signal Processing*, 45(2):161–172, 1995.

[48] Mathukumalli Vidyasagar. *Nonlinear systems analysis*, volume 42. Siam, 2002.

[49] N Abdel Wahab, M Abdel Wahed, and Abdallah SA Mohamed. Texture features neural classifier of some skin diseases. In *Circuits and Systems, 2003 IEEE 46th Midwest Symposium on*, volume 1, 380–382, 2003.

[50] Shiping Wen, Gang Bao, Zhigang Zeng, Yiran Chen, and Tingwen Huang. Global exponential synchronization of memristor-based recurrent neural networks with time-varying delays. *Neural Networks*, 48:195–203, 2013.

[51] Shiping Wen, Zhigang Zeng, Tingwen Huang, and Yiran Chen. Passivity analysis of memristor-based recurrent neural networks with time-varying delays. *Journal of the Franklin Institute*, 350(8):2354–2370, 2013.

[52] Shiping Wen, Zhigang Zeng, and Tingwen Huang. Exponential stability analysis of memristor-based recurrent neural networks with time-varying delays. *Neurocomputing*, 97:233–240, 2012.

[53] R Stanley Williams. How we found the missing memristor. *IEEE spectrum*, 45(9):28–35, 2008.

[54] Ailong Wu, Shiping Wen, and Zhigang Zeng. Synchronization control of a class of memristor-based recurrent neural networks. *Information Sciences*, 183(1):106–116, 2012.

[55] Ailong Wu, Zhigang Zeng, and Jiejie Chen. Analysis and design of winner-take-all behavior based on a novel memristive neural network. *Neural Computing and Applications*, 24(7–8):1595–1600, 2014.

[56] Ailong Wu and Zhigang Zeng. Exponential stabilization of memristive neural networks with time delays. *Neural Networks and Learning Systems, IEEE Transactions on*, 23(9):1919–1929, 2012.

[57] Jianying Xiao, Shouming Zhong, and Yongtao Li. Relaxed dissipativity criteria for memristive neural networks with leakage and time-varying delays. *Neurocomputing*, 171:708–718, 2016.

[58] Jar-Ferr Yang, Chi-Ming Chen, Wen-Chung Wang, and Jau-Yien Lee. A general mean-based iterative winner-take-all neural network. *IEEE Transactions on Neural Networks*, 6(1):14–24, 1995.

[59] Yu Chao Yang, Feng Pan, Qi Liu, Ming Liu, and Fei Zeng. Fully room-temperature-fabricated nonvolatile resistive memory for ultrafast and high-density memory application. *Nano letters*, 9(4):1636–1643, 2009.

[60] Jui-Cheng Yen, Fu-Juay Chang, and Shyang Chang. A new winners-take-all architecture in artificial neural networks. *IEEE Transactions on Neural Networks*, 5(5):838–843, 1994.

[61] AL Yuille and D Geiger. Winner-take-all networks. *The handbook of brain theory and neural networks*, 1228–1231, 2003.

[62] Shimeng Yu. Orientation classification by a winner-take-all network with oxide rram based synaptic devices. In *2014 IEEE International Symposium on Circuits and Systems (ISCAS)*, 1058–1061, 2014.

[63] Guodong Zhang, Yi Shen, and Junwei Sun. Global exponential stability of a class of memristor-based recurrent neural networks with time-varying delays. *Neurocomputing*, 97:149–154, 2012.
[64] Guodong Zhang, Yi Shen, Quan Yin, and Junwei Sun. Global exponential periodicity and stability of a class of memristor-based recurrent neural networks with multiple delays. *Information Sciences*, 232:386–396, 2013.
[65] Guodong Zhang, Yi Shen, Quan Yin, and Junwei Sun. Passivity analysis for memristor-based recurrent neural networks with discrete and distributed delays. *Neural Networks*, 61:49–58, 2015.
[66] Cheng-De Zheng and Yongjin Xian. On synchronization for chaotic memristor-based neural networks with time-varying delays. *Neurocomputing*, 216:570–586, 2016.

APPENDIX

附　录

A.1　蔡少棠的忆阻器和忆阻建模系统

忆阻器这一名词是由“记忆”和“电阻”两个词结合而成的。由于缺少一种体现通量和电荷之间关系的元件，蔡少棠教授在其开创性的论文[1]中引入了这种元件。他注意到了以下四个电路变量，即电量(q)、电压(V)、通量(ϕ)和电流(i)，它们构成三个电路元件之间的联系，并假设第四种元件，他将其命名为忆阻器。图 A-1 是将所有四个电路变量与四个电路元件联系起来的重构图。

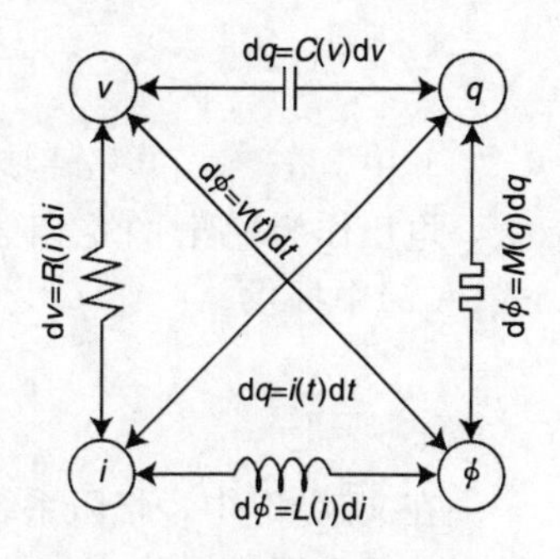

图 A-1　四种电路变量及其本构电路元件之间的关系

四个基本电路元件(电容、电感、电阻和忆阻器)如图 A-1 所示，之所以这样命名是因为它们不能定义为其他电路元件的网络。它们的关系总结为式(A-1a)～式(A-1d)，其中式(A-1d)为忆阻器相关电荷与通量的本构关系。

$$\mathrm{d}q=C(v)\mathrm{d}v \tag{A-1a}$$

$$\mathrm{d}v=R(i)\mathrm{d}i \tag{A-1b}$$

$$\mathrm{d}\phi=L(i)\mathrm{d}i \tag{A-1c}$$

$$\mathrm{d}\phi=M(q)\mathrm{d}q \tag{A-1d}$$

式(A-1d)是由术语“忆阻”(M)决定的 q 和 ϕ 之间的关系，其中定义的关系除以 $\mathrm{d}t$ 得到

$$v(t)=M(q(t))i(t) \tag{A-2}$$

这个方程类似于欧姆定律对电阻的定义，但是我们用 M 代替 R。当 M 为常数项时，式(A-2)为特殊的线性电阻态。但当 M 不为常数时，M 就像一个可变电阻器，根据流经元件的电荷量来记忆它之前的状态。

式(A-2)描述了一个电荷控制的忆阻器，但是相反的观点认为，可以用式(A-3)表示由通量控制的忆阻器。

$$dq = W(\phi(t))d\phi \tag{A-3}$$

从式(A-1d)来看，M 称为递增忆阻器，从式(A-3)的来看，W 称为递增忆导器。与这些本构关系相伴而来的是与电路理论相关的一些忆阻器的特性。在电路理论中，基本元件都是无源元件，因此为了保证忆阻器的无源性，无源性判据规定："当且仅当其递增忆阻器为非负时，以可微电荷控制曲线为特征的忆阻器是无源的。"

尽管如此，初始电荷-通量忆阻器只是一般动力系统中的特例。蔡少棠和 Kang 文献[2]中的忆阻器思想最终形成了一类称为忆阻系统的通用系统，该系统的状态方程如下：

$$\begin{cases}\dot{x} = f(x, u, t)\\ y = g(x, u, t)u\end{cases}$$

该系统状态方程将 x 定义为系统的状态，u 和 y 分别定义为系统的输入和输出。函数 f 是一个连续的 n 维向量函数，g 是一个连续的标量函数。y 到 u 结构的特殊性将忆阻系统与其他动态系统区分开来，因为无论何时 u 为 0 时，y 也为 0，与 x 的值无关。通过将忆阻器合并到这种形式中，结果如式(A-4)所示。

$$\begin{cases}\dot{w} = f(w, i, t)\\ v = R(w, i, t)i\end{cases} \tag{A-4}$$

其中，w、v 和 i 分别表示一个 n 维状态变量、端口电压和电流。这种以电流作为输入，电压作为输出的忆阻器，就是由电流控制的忆阻器。由电压控制的对应元件在式(A-5)中提供。

$$\begin{cases}\dot{w} = f(w, v, t)\\ i = G(w, v, t)v\end{cases} \tag{A-5}$$

在文献[2]中，忆阻系统被用来建模三个完全不同的系统。首先，忆阻系统被证明能够对热敏电阻进行建模，具体地说，使用特征热敏电阻方程，则热敏电阻不是一个无记忆温度依赖的线性电阻，而是一个一阶时不变电流控制的忆阻器。其次，将忆阻系统分析应用于霍奇金-赫胥黎模型：结果表明，钾通道为一阶时不变压控忆阻器，钠通道为二阶时不变压控忆阻器。最后，对放电管进行的分析表明放电管可以建模为一阶时不变电流控制忆阻器。忆阻系统的推广使得对不同的动态系统模型进行适当的分类成为可能。忆阻系统的定义允许这样的系统具有一些此处所述的属性。

忆阻系统是在电路的背景下定义的，即使前面提到的忆阻器的例子并不一定适用于电路。从电路的角度来看，如果式(A-4)中的 $R(x, i, t)=0$，则忆阻系统可以变为无源系统。如果系统是无源的，那么就没有能量从元件中释放出来，也就是说输入元件的瞬时功率总是非负的。电流控制的忆阻器在周期运行时，总是会形成 $v-i$ 李萨如图形，其电压 v 至多是 i 的双值函数。在时不变的情况下，如果 $R(x, i)=R(x, -i)$，则 $v-i$ 李萨如图形对于原点具有奇对称性。有关更多忆阻系统特性和特性的证明，请参考文献[2]。

A.2　忆阻器的实验实现

蔡少棠的工作为忆阻器的理论奠定了基础，但直到 2008 年该器件才被惠普实验室[3]

实现。尽管人们研究了不同的电阻 RAM 器件和材料[4-7]，但惠普是第一个将其器件特性与忆阻系统直接联系起来的公司。本节将讨论不同类型的忆阻器及其相关的传输机制。本节中总结的信息可以在文献[3，8-11]中找到。

HP 实验室的忆阻器采用 MIM 结构，其中铂电极夹在 TiO_2 薄膜中，如图 A-2 所示。二氧化钛薄膜由两部分组成：化学计量的高阻层(TiO_2)和缺氧的高导电层(TiO_2-x)。

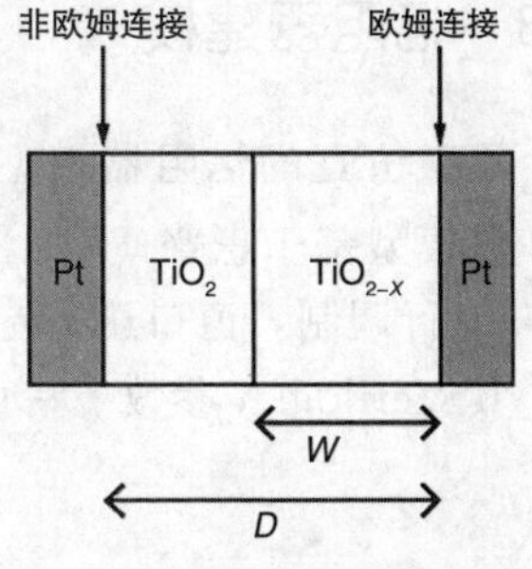

在低阻状态下，忆阻器的行为主要是通过载流子隧穿金属氧化物层，而在高阻状态下，忆阻器的行为是整流[12]。忆阻器电阻的变化是由于氧空位对外加偏压的反应而引起的。这种操作实际上是通过对图 A-2 中有效宽度 w 的调制来建模的。然后 w 可以作为状态变量，根据式(A-5)和式(A-4)中所支持的忆阻系统的定义来确定器件的传输特性。

图 A-2　惠普忆阻器器件近似层与识别欧姆与非欧姆连接

从器件测量数据[12]可以看出，所制备的忆阻器表现出整流特性，从而表明在 Pt/TiO_2 界面上的非欧姆连接影响了器件中的电输运。TiO_{2-x} 侧的氧空位使 TiO_{2-x}/Pt 触点成为欧姆触点，这使得模型可以将串联电阻归因于忆阻器的一侧，而将更复杂的整流行为归因于忆阻器的另一侧。由于通过 TiO_2 势垒的隧穿决定了通过忆阻器的电流，因此非欧姆界面被认为主导了惠普提出的结构。w 的值与施加到忆阻器上电压的时间积分成正比，并且在高阻状态和低阻状态下分别在 0 和 1 之间归一化。惠普忆阻器的电流行为由式(A-6)描述。

$$I=\omega^n\beta\sinh(\alpha V)+\chi(\exp(\gamma V)-1) \tag{A-6}$$

在式(A-6)中，第一项的 $\beta\sinh(\alpha V)$ 用来近似忆阻器的最低阻态，其中 α 和 β 是拟合参数。第二项 $\chi(\exp(\gamma V)-1)$ 用来近似忆阻器的整流特性，并用 χ 和 γ 作为拟合参数。n 的值表明空位漂移速度与施加在忆阻器件上的电压呈非线性关系。拟合参数后，n 的取值范围为 14～22，表明外加电压与空位漂移呈高度非线性关系[12]。这种高度非线性的行为导致了几个使用有效离子漂移值的漂移模型。

作为忆阻器的惠普薄膜元件描述的 w 的动力学在文献[8]中提供：

$$\dot{\omega}=f_{\mathrm{off}}\sinh\left(\frac{i}{i_{\mathrm{off}}}\right)\exp\left[-\exp\left(\frac{w-a_{\mathrm{off}}}{w_c}-\frac{|i|}{b}\right)-\frac{w}{w_c}\right],\ i>0 \tag{A-7a}$$

$$\dot{\omega}=f_{\mathrm{on}}\sinh\left(\frac{i}{i_{\mathrm{on}}}\right)\exp\left[-\exp\left(\frac{w-a_{\mathrm{on}}}{w_c}-\frac{|i|}{b}\right)-\frac{w}{w_c}\right],\ i<0 \tag{A-7b}$$

与式(A-6)一样，使用参数拟合来描述 w，因此 f_{off}、f_{on}、i_{off}、i_{on}、a_{off}、a_{on}、b 和 w_c 是根据文献[15]设置的参数。因此，利用式(A-7a)和式(A-7b)的动力学特性，结合当前的描述式(A-6)，完成描述特定惠普器件的 TiO_2 忆阻器的完整模型。

金属氧化物并不是忆阻器件的唯一候选材料。在文献[11]中，忆阻器的结构由银和硅组成，具体为 Ag/a-Si/p-Si。绝缘层为 a-Si，触点为 Ag 和重掺杂的 p 型晶体硅。该器件的忆阻状态变化是通过施加电压时银离子向 p-Si 的漂移实现的。银离子漂移到 a-Si 层导致陷阱，降低了整个器件作为一个整体的有效电阻。a-Si 忆阻器的通断电阻比为 10^3 到 10^7 之间。所建立的模型大部分参数与实验结果吻合。本书基于文献[14]中的工作，采用了一种更通用的方法。下一节将介绍用于仿真的忆阻器模型。

A.3　忆阻器建模

用于仿真的忆阻器模型是基于文献[14]和[15]定义的窗函数为 F_p 的非线性漂移模型。该模型基于惠普 TiO_2 器件，变量 w 和 D 如图 A-2 所示。根据式(A-8)对掺杂区域宽度 w 进行调制，窗口函数定义见式(A-9)。用 SPICE 仿真的忆阻器模型实现为一个功能块，其 Verilog-A 参数 $p=4$，忆阻器宽度 $D=10\text{nm}$，掺杂剂流动性 $\mu_D=10^{-9}\text{cm}^2/\text{V}\cdot\text{s}$。

$$\frac{\mathrm{d}w}{\mathrm{d}t}=\frac{\mu_D R_{\mathrm{ON}}}{D}i(t)F\,\frac{w}{D} \tag{A-8}$$

$$F_p(x)=1-(2x-1)^{2p} \tag{A-9}$$

忆阻器的电阻是在二维框架下，由缺氧区（或掺杂区）的有效电阻和未掺杂区的有效电阻加权相加得到的。这种线性组合如式(A-10)所示，其中 R_{OFF} 为未掺杂区电阻，R_{ON} 为掺杂区电阻。

$$M(w)=\frac{w}{D}R_{\mathrm{ON}}+\left(1-\frac{w}{D}\right)R_{\mathrm{OFF}} \tag{A-10}$$

Joglekar 和 Wolf[14]对提出的线性组合进行了两种不同的推导。第一种称为非线性漂移模型，由式(A-8)和式(A-9)与式(A-10)用整数参数 $p>1$ 组合而成。第二种方法是线性漂移模型，它是利用一个值为 1 的全通窗口函数得到的。线性漂移模型提供了式(A-11)中的封闭解析模型，而非线性模型必须进行数值求解。

$$M_T=R_0\sqrt{1-\frac{2\cdot\eta\cdot\Delta R\cdot\phi(t)}{Q_o\cdot R_0^2}} \tag{A-11}$$

忆阻器的阻值随时间的变化遵循式(A-11)中 M_T 的定义。在这个定义中，M_T 是整个忆阻器，R_0 是初始忆阻器的电阻值，η 与应用偏差（正为+1，负为−1），ΔR 是忆阻器的电阻范围（最大阻值和最小阻值之间的差），$\phi(t)$ 为通过器件的总通量，Q_0 是掺杂剂通过忆阻器边界移动距离与设备宽度所需的电荷。所以 $Q_0=D^2/(\mu_D R_{\mathrm{ON}})$，$D$ 表示器件的厚度，μ_D 是掺杂剂流动性。

忆阻建模和设置：忆阻器的交叉阵列结构是超高密度数字存储器的重要组成部分。该交叉阵列结构在每个交叉点处都有一个元件，因此与 CMOS 相比具有更密集的元件群质量。交叉阵列结构由连接忆阻器的纳米线组成，其节宽小于 CMOS。交叉阵列结构的伸缩性也比 CMOS 好，因此表明构建或制造这种结构的过程与标准 CMOS 过程不同。在内存模拟中，交叉点元件根据文献[16]对单个元件进行二极管隔离。忆阻器与双向二极管模型串联，是 MIM 二极管的典型代表。为了建模最坏情况下的效果，双向二极管模型的每个方向采用 P-N 二极管模型，每个正向路径如式(A-12)所示。

$$I_{\mathrm{Diode}}=I_0(\exp(qV_D/(nkT))-1) \tag{A-12}$$

总的来说，二极管的仿真参数为：$I_0=2.2\text{fA}$，$kT/q=22.85\text{mV}$，V_D 依赖于应用偏置，$n=1.08$。使用 P-N 二极管模型是因为它提供了比实际的 MIM 二极管更弱的隔离。因此，如果所提出的自适应方法适用于 P-N 二极管结构，那么它将更好地适用于实际依赖于隧穿电流的 MIM 结构，并提供比 P-N 二极管更好的隔离。仿真的纳米线建模是一个分布式的模型，但是为了便于手工计算，简单起见，将使用集中模型。为了得到公平的结果，交叉阵列所用的数值是每单位长度的电阻。基于 Snider 和 Williams 的文献[17]，纳米线电阻率如下：

$$\rho/\rho_0=1+0.75\times(1-p)(\lambda/d) \tag{A-13}$$

其中，ρ_0 为体电阻率，d 为纳米线宽，λ 为平均自由程。用于仿真的纳米线记录值为：4.5nm 厚铜膜中有 $24\mu\cdot\Omega\text{cm}$。接下来，保守估计在第 5 章内存应用纳米线的电阻值选为 $24\text{k}\Omega$。使用 $2.0\text{pF}\cdot\text{cm}^{-1}$ 的纳米线电容，使纳米线建模达到瞬态完全。

神经形态学工作的建模和设置：对于神经形态学的工作来说，忆阻器的交叉阵列没有被利用，因此单个忆阻器的特性更为重要。由于整个模型是基于惠普实验室的器件，相对于数字忆阻器，我们对模拟忆阻器的分离进行了详细的评估。惠普实验室的忆阻器模型提出了一个电阻变化与应用偏置成正比的器件。如果施加的偏置在一定时间内相对较小，则忆阻的变化很小，可以忽略不计。该思想允许建立一个器件阈值，当偏置低于该阈值时，假定忆阻器电阻不变。这种忆阻器的行为不仅出现在惠普的器件上，也出现在文献[11]的 a-Si 忆阻器上。a-Si 忆阻器符合内置阈值的思想，从而允许作者使用不同的电压偏置进行读/写解释。这种忆阻器能承受低电流而无电阻变化，其性能对忆阻器的模拟电路设计具有重要意义。

忆阻器允许创建一个基于阈值的 SPICE 模型，该模型与电导变化量(Δ_C)成比例，如式(A-14)。

$$\Delta_C=-M\times\sqrt[3]{(V_{\text{ab}}-V_{\text{thp}})(-V_{\text{ab}}-V_{\text{thn}})}+V_{\text{off}} \tag{A-14}$$

在上述关系中，M 为振幅校正因子，V_{ab} 为施加在忆阻器两端的偏置，V_{thp} 和 V_{thn} 分别为施加正偏置和负偏置的忆阻器阈值电压。V_{off} 在没有应用偏置的情况下校正并保持零变化。式(A-14)对于对称器件非常有效，在本文中所做的仿真使用了一个具有相同大小阈值电压的器件，该阈值电压用于正负两个方向。这种阈值行为，结合在文献[14]中提出的线性漂移模型，用来实现具有阈值特性的忆阻器。

忆阻器阈值模型不假设其在施加的阈值电压下变化为零。如图 A-3 中 Δ_C 与 V_{ab} 的归一化图所示，对于一些高于阈值的电压应用，变化虽小，但不可忽略。在电路设计中，根据不同的应用场合，读写脉冲之间的电压选择将决定忆阻器件的使用方式。选择读脉冲是为了避免引起忆阻的剧烈变化，而选择写脉冲是为了促使比读脉冲更高水平的电导变化。

对于手工设计，确定适当的脉冲宽度和近似的忆阻变化是有用的，因为每个脉冲的忆阻变化是非常重要的。需要对阈值因子 Δ_C 的确切作用进行量化。

对式(A-11)求 $\phi(t)$ 的导数，近似忆阻的变化为：

$$\Delta M_T=\frac{-R_0\cdot\eta\cdot\Delta R\cdot\phi(t)/(Q_0R_0^2)}{\sqrt{1-2\cdot\eta\cdot\Delta R\cdot\phi(t)/(Q_0R_0^2)}}\cdot\Delta_C \tag{A-15}$$

式(A-15)表明 $\Delta\phi$ 的连续小变化没有多大影响，那么忆阻的变化 ΔM_T，将固定回应为几乎不变的阶跃变化。对于模拟忆阻器的设计应用，设计师基本上是利用局部常数步进的 $\phi(t)$值。有关 $\phi(t)$的概念如图 A-4 所示。

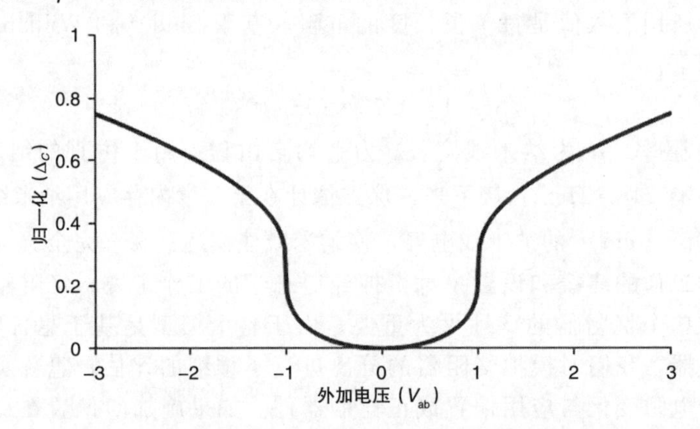

图 A-3　归一化的 Δ_C 与 V_{ab} 显示出电导变化的比例大小是施加偏置的函数。±1V 可视为阈值电压

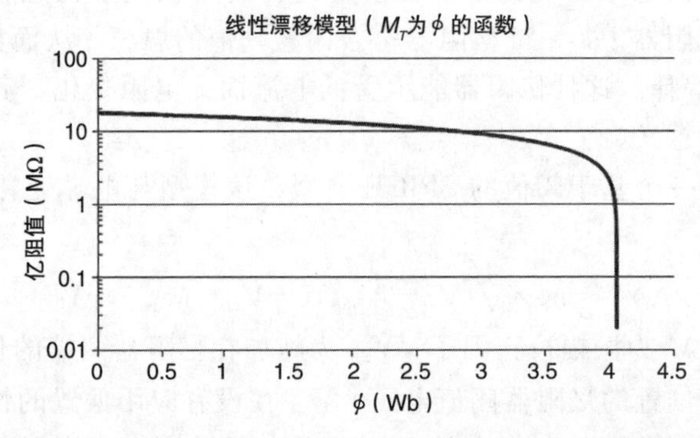

图 A-4　M_T 与 ϕ 显示两个区域对忆阻器的操作。在曲线缓慢变化的区域，阻值的大小变化幅度范围每 1Wb 通量变化从 2MΩ 到 3MΩ。当 ϕ>约 2.5Wb 忆阻值时，变化急剧增加（用于仿真模拟忆阻器的参数：R_0=18MΩ，$Q_0=5\times10^{-7}$C，$\Delta R\approx$20MΩ）

图 A-4 显示了忆阻器的模拟模式和数字操作模式。这种操作模式与前面讨论过的局部常数步进范围的概念密切相关。在图 A-4 中，忆阻值的下降一开始似乎是线性的，然后呈指数变化。近似线性的操作部分是模拟神经网络功能的忆阻器值所处的状态。在这个区域的操作，$\phi(t)\leqslant$2.6Wb，$\phi(t)$中每 1Wb 的变化会导致忆阻值减少 2MΩ 到 3MΩ 之间。这种操作区域是一种设计，它在选择电压电平和脉冲宽度方面有更好的灵活性。那些希望对所选择的应用偏置做出更大改变的设计，很可能会在更接近数字器件特性的区域运行。

参考文献

[1] Chua, L. O. (1971), Memristor – missing circuit element, *IEEE Transactions on Circuit Theory*, *CT18* (5), 507–519.

[2] Chua, L., and S. M. Kang (1976), Memristive devices and systems, *Proceedings of the IEEE*, *64*(2), 209–223, doi:10.1109/PROC.1976.10092.

[3] Strukov, D. B., G. S. Snider, D. R. Stewart, and R. S. Williams (2008), The missing memristor found, *Nature*, *453*(7191), 80–83.

[4] Scott, J., and L. Bozano (2007), Nonvolatile memory elements based on organic materials, *Advanced Materials*, *19*(11), 1452–1463.

[5] Waser, R., and M. Aono (2007), Nanoionics-based resistive switching memories, *Nature Materials*, *6*(11), 833–840.

[6] Pagnia, H., and N. Sotnik (1988), Bistable switching in electroformed metalinsulatormetal devices, *physica status solidi (a)*, *108*(1), 11–65, doi:10.1002/pssa.2211080102.

[7] Beck, A., J. G. Bednorz, C. Gerber, C. Rossel, and D. Widmer (2000), Reproducible switching effect in thin oxide films for memory applications, *Applied Physics Letters*, *77*(1), 139–141.

[8] Strukov, D. B., G. S. Snider, D. R. Stewart, and R. S. Williams (2008), The missing memristor found, *Nature*, 453(7191), 80–83.

[9] Strukov, D. B., J. L. Borghetti, and R. S. Williams (2009), Coupled ionic and electronic transport model of thin-film semiconductor memristive behavior, *Small*, 5(9), 1058–1063.

[10] Pickett, M. D., D. B. Strukov, J. L. Borghetti, J. J. Yang, G. S. Snider, D. R. Stewart, and R. S. Williams (2009), Switching dynamics in titanium dioxide memristive devices, *Journal of Applied Physics*, *106*(7), 074508, doi:10.1063/1.3236506.

[11] Jo, S. H., and W. Lu (2008), Cmos compatible nanoscale nonvolatile resistance, switching memory, *Nano Letters*, *8*(2), 392–397.

[12] Jo, S. H., T. Chang, I. Ebong, B. B. Bhadviya, P. Mazumder, and W. Lu (2010), Nanoscale memristor device as synapse in neuromorphic systems, *Nano Letters*, *10*(4), 1297–1301, doi:10.1021/nl904092h.

[13] Yang, J. J., M. D. Pickett, X. M. Li, D. A. A. Ohlberg, D. R. Stewart, and R. S. Williams (2008), Memristive switching mechanism for metal/oxide/metal nanodevices, *Nature Nanotechnology*, *3*(7), 429–433.

[14] Joglekar, Y. N., and S. J. Wolf (2009), The elusive memristor: properties of basic electrical circuits, *European Journal of Physics*, 30(4), 661–675.

[15] Biolek, Z., D. Biolek, and V. Biolkova (2009), Spice model of memristor with nonlinear dopant drift, *Radioengineering*, 18(2), 210–214.

[16] Rinerson, D., C. J. Chevallier, S. W. Longcor, W. Kinney, E. R. Ward, and S. K. Hsia (2005), Re-writable memory with non-linear memory element, patent Number: US 6 870–755.

[17] Snider, G. S., and R. S. Williams (2007), Nano/cmos architectures using a field-programmable nanowire interconnect, *Nanotechnology*, 18(3), 11.

缩 写 词

BRS Background Resistance Sweep 背景电阻扫描
CMOS Complementary Metal Oxide Semiconductor 互补金属氧化物半导体
CNN Cellular Neural/Nonlinear Network 细胞神经(非线性)网络
CPI Cycle Per Instruction 执行一条指令所需时钟周期数
DLC Diode Leakage Current 二极管泄漏电流
DRAM Dynamic Random Access Memory 动态随机存取存储器
DSP Digital Signal Processing 数字信号处理
EE Edge Extraction 边缘提取
FET Field Effect Transistor 场效应晶体管
FPGA Field Programmable Gate Array 现场可编程门阵列
HDD Hard Disk Drive 硬盘驱动器
HF Hole Filling 孔填充
HSS High State Simulation 高状态仿真
IOR Inhibition Of Return 返回抑制
IPC Instruction Per Cycle 每周期完成的指令数
KCL Kirchoff's Current Law 基尔霍夫电流定律
LIF Leaky-Integrate-and Fire 带泄漏积分激发模型
LTD Long Term Depression 长时程抑制
LTP Long Term Potentiation 长时程增强
M-CNN Memristor-based Cellular Neural/Non-linear Network 基于忆阻器的细胞神经(非线性)网络
MMD Magnetic Memory Device 磁性存储器件
MMOST Memristor-MOS Technology 忆阻-金属氧化物半导体技术
MOBILE MOnostable-BIstable Logic Element 单-双稳态逻辑元件
MPRTD Multi-Peak Resonant Tunneling Diode 多峰谐振隧穿二极管
MRAM Magnetic Random Access Memory 磁性随机存取存储器
MRAM Magnetoresistive Random-Access Memory 磁阻随机存取存储器
MRNN Memristor-based Recurrent Neural Network 基于忆阻器的循环神经网络
MRS Minimum Resistance Sweep 最小阻值扫描
MUX Multiplexer 多路复用器
NDR Negative Differential Resistance 负微分电阻
NMOS N-type Metal Oxide Semiconductor N型金属氧化物半导体
ODE Ordinary Differential Equation 常微分方程
PCRAM Phase-Change Random Access Memory 相变随机存储器
PCMD Phase-Change Memory Device 相变存储器件
PDR Positive Differential Resistance 正微分电阻
PE Processing Element 处理元件
PMOS P-type Metal Oxide Semiconductor P型金属氧化物半导体
PVCR Peak-to-Valley Current Ratio 峰谷电流比
RC Read Circuitry 读电路
RGB Red Green Blue 一种颜色标准，红、绿、蓝
RP Reverse Polarity 反向极性
RRAM Resistive Random-Access Memory 阻变式存储器
RTD Resonant Tunneling Diode 谐振隧穿二极管

SA Sense Amplifier 传感放大器

SDD Solid State Drive 固态硬盘

SRAM Static Random Access Memory 静态随机存取存储器

STDP Spike-Timing-Dependent-Plasticity 脉冲时间依赖可塑性

STT-RAM Spin-Transfer Torque Random-Access Memory 自旋转移转矩随机存取存储器

VLSI Very Large Scale Integration 超大规模集成电路

VP Peak Voltage 峰值电压

VTF Velocity Tuned Filter 速度调谐滤波器

WTA Winner-Take-All 赢者通吃

XOR Exclusive Or 异或